普通高等教育“十四五”规划教材

晶体缺陷导入教程

刘培生　程 伟　英敏菊　主编

北 京
冶 金 工 业 出 版 社
2024

内容提要

晶体缺陷知识属于固体科学的基本组成部分，对物质的制备、性能和应用等研究均可产生重要的作用。本书简要介绍晶体缺陷的基本知识，主要是比较系统地讨论晶体缺陷中最基本的形式即晶体点缺陷，呈现其基本知识、基本研究方法及基本理论应用，内容包括晶体缺陷的概念、点缺陷的类型、点缺陷的形成、点缺陷的表征、点缺陷热力学、点缺陷的运动、点缺陷的反应、点缺陷的平衡、点缺陷的作用、点缺陷的有关计算等。

本书非常适合于少学时学习晶体缺陷基本知识的入门课程教学，可作为高等院校物理类、化学类、材料类和核科技类等相关学科的高年级本科生和研究生选用的专业课教材，同时也可供涉及固体科学的广大科研人员参考阅读。

图书在版编目(CIP)数据

晶体缺陷导入教程/刘培生，程伟，英敏菊主编．—北京：冶金工业出版社，2024.6

普通高等教育“十四五”规划教材

ISBN 978-7-5024-9877-1

Ⅰ.①晶…　Ⅱ.①刘…　②程…　③英…　Ⅲ.①晶体缺陷—高等学校—教材　Ⅳ.①O77

中国国家版本馆 CIP 数据核字（2024）第 106051 号

晶体缺陷导入教程

出版发行	冶金工业出版社	**电　话**	(010)64027926
地　址	北京市东城区嵩祝院北巷 39 号	**邮　编**	100009
网　址	www.mip1953.com	**电子信箱**	service@mip1953.com

责任编辑　李培禄　卢　蕊　美术编辑　吕欣童　版式设计　郑小利

责任校对　范天娇　责任印制　禹　蕊

三河市双峰印刷装订有限公司印刷

2024 年 6 月第 1 版，2024 年 6 月第 1 次印刷

787mm×1092mm　1/16；15.25 印张；367 千字；229 页

定价 42.00 元

投稿电话　(010)64027932　投稿信箱　tougao@cnmip.com.cn

营销中心电话　(010)64044283

冶金工业出版社天猫旗舰店　yjgycbs.tmall.com

（本书如有印装质量问题，本社营销中心负责退换）

前　言

物质的性能取决于其内部结构，晶体的物理性质和化学性质都由其组织结构所决定。因此，晶体性质必然与其结构缺陷及缺陷浓度关联。实际晶体都会不同程度地偏离其理想的晶体点阵结构，这就是晶体中的缺陷，包括从原子、电子水平的微观缺陷（点缺陷）到显微缺陷（线缺陷、面缺陷、体缺陷）。晶体的许多性质（如光学、电学、磁学、力学等方面的性质）都与其缺陷结构密切相关，各种功能材料（如半导体材料、光导材料、发光材料、热电材料、热敏材料等）的物理性能都与固体中的点缺陷密切相关。可以说在很大程度上，控制了材料的缺陷就可以控制材料的性质，控制了固体中的点缺陷就可以控制功能材料的使用性能。研究晶体中的点缺陷，掌握晶体点缺陷的基本知识，对于改进晶体材料的性质、提高晶体材料的性能、拓宽晶体材料的应用和开发新型的功能材料，都具有深厚的意义。

实际晶体中不可避免地存在着缺陷，其中如位错、晶界、表面等缺陷已为人们广泛、深入而系统地研究。除有大量对其详细论述的著作外，还有很多相关教材（如《固体物理》《金属物理》《材料科学基础》《固体理论》《晶体缺陷》等）对其进行了相当全面的介绍。而晶体中的原子空位、间隙原子和置换原子等所谓点缺陷是晶体缺陷中最为简单和最为基本的类型，但对其涉及的内容显得比较零散和缺乏足够的总体性和系统性。有关专著和教材都是这样的情况。迄今为止，尚未发现关于晶体点缺陷基本知识方面比较系统的单本教材。为此，我们曾试图从固体科学相关研究的最一般意义出发，编写了《晶体点缺陷基础》（2010 年）一书，尝试较为全面而系统地总结晶体点缺陷的相关基础内容，以求较为体系化地介绍该领域普遍涉及且最为基础的晶体点缺陷知识。

经过若干年的教学实践，发现我们前期出版的《晶体点缺陷基础》（科学出版社，2010 年）存在很多问题，其中主要有：（1）内容比较冗长，不适合用于少学时的教学；（2）当时作者比较单一地为内部工作的需要和便利出发，对选用的诸多参考文献内容没有很好地组织，致使总体编排比较生硬、全文表达不够流畅；(3) 出书时间比较仓促，选用不同参考文献相关内容表达不统一和不一致之处，以及一些录入内容前后重复甚至错误之处，均未能校对出来。在此对读者表示深深的歉意。这次出版本书，力求解决上述问题和弥补前书不足，更是推陈出新，得到一本全新的读物。通过这本新的读物，读者也可厘清前期出版的译著《固体缺陷》(北京大学出版社，2012 年) 一书中存在的一些问题：在作者负责翻译的有关章节中，对原著的一些错误和不妥之处没有指明和校正，而是“照本宣科”地简单了事，以为“忠于原著”。在此对读者再次致歉。

本书是关于晶体缺陷的入门读物，用尽量少的篇幅，适应于需要短时较快地了解一般性晶体点缺陷相关知识的读者，适合于作为高等院校相关专业关于晶体缺陷的少学时教材，以简明易懂的编写方式，让晶体缺陷进入读者的视野，让读者对晶体缺陷（其中主要是对晶体中最基本的缺陷形式即晶体点缺陷）有初步的了解。全书共分 10 章：第 1 章对晶体的有关概念进行了简要描述，为学生学习本课程后续内容作铺垫；第 2 章介绍了晶体中存在的各种基本结构，让学生知悉晶体中不同的基本结构类型；第 3 章较为系统地介绍了实际晶体的内在结构，让学生了解不同实际晶体物质的结构状态；第 4 章简述了晶体中出现的各类缺陷，重点是晶体中存在的不同点缺陷，这是晶体结构中最基本的缺陷形式；第 5 章是晶体点缺陷在物理方面的基本描写，主要是点缺陷热力学和缺陷平衡浓度的表征；第 6 章是第 5 章晶体点缺陷物理基本知识的应用拓展，主要介绍晶体中的非平衡点缺陷以及点缺陷对晶体性能的影响等内容；第 7 章是晶体点缺陷在化学方面的基本描写，主要是缺陷反应和平衡反应的处理；第 8 章是第 7 章晶体点缺陷化学基本知识的应用拓展，主要介绍非整比化合物晶体中的点缺陷和氧化物中的点缺陷等内容；第 9 章专门介绍固溶体中的点缺陷；最后第 10 章集中介绍了关于晶体点缺陷的各种实验研究方法，包括衍射分析法、显微分析法、点缺陷浓度的测定、点缺陷形成能和形成熵的测定、空位迁移能的测定等。本书的编写对相关著作中的有关内容进行了荟萃、总结和整理，其中也包含了作者自己的理解和扩充。在此基础上，作者于各章后面都设计了对应的思考和练习题，以增进读者对所在章节内容的把握。

本书的三位作者均在固体科学领域从事了多年的科研和教学工作。其中刘培生教授主持这次编写工作，主要负责全书的总体设计、结构布局和基本内容组织，并承担全书的主体内容编写；程伟教授、英敏菊教授分别负责和主要承担全书的图片制作和全部书稿的校对工作，并负责承担参考文献中的相关内容复核。在编写过程中，作者主要参阅和利用了国内外近40年来的有关专著、教材、论文、专集等资料（包括其中的图表），在此谨向这些文献的所有作者表示衷心的感谢。同时，本书的写作得到本领域多位专家、学者的热情帮助和支持，书稿内容由本组的一些研究生协助录入和制作（参与者主要有孙进兴、宋帅、颜培烨、李信、陈靖鹤、李庆、陈斌等），同样也对他们致以诚挚的谢意。

本书作为学习晶体缺陷的入门教材，旨在以较小的篇幅和少课时的教学，较为系统地介绍晶体中最基本缺陷即点缺陷的相关基础知识，以期为学生日后从事涉及晶体缺陷等相关固体科学研究起到铺垫作用。通过本书的教学，可以让学生对晶体缺陷特别是对晶体点缺陷有比较清晰的了解，可借助于晶体点缺陷的知识，去研究晶体的相关性质，解决相关方面的问题，从而在晶体材料的实际应用以及晶体材料的性能改进等方面开展一些工作（这是最具有实质意义的工作，因为实际应用才是研究的最终目标，而性能研究则是为应用奠定基础）。此类教材的编写需要参阅大量不同学科领域的相关文献资料，具有较强的探索性。

由于作者水平有限，尽管在已出版前书的基础上努力地进行了提炼改进和重新编写，但本书难免仍然存在不妥之处，恳请读者批评指正。希望大家在使用本书的过程中，继续共同探讨、不断改进。

作　者
2024年2月

目　　录

1 晶体的基本概念

1.1 引　　言

固体是物质存在于自然界中的主要形态之一，人类用于制造各种器具、设备、装置、构架以及其他许多功能设施的材料也都是固体。固体物理、固体化学和材料工程学共同形成了现代固体科学和技术，进而用于解决新材料的科学技术问题。现代科技发展所需各种材料的设计、制备和检测等，都需要固体理论为之提供知识基础。

固体材料按其原子（离子或分子）的聚集状态，可分为晶体（物质内部的原子排列为长程有序结构）和非晶体两大类。通常情况下，多数固态物质都为晶体。根据结合键类型的不同，晶体又可分为金属晶体、离子晶体、共价晶体（又称原子晶体，如单质硅、SiO_2、金刚石晶体等）和分子晶体（分子间通过分子间作用力即范德瓦尔斯力构成的晶体，典型代表如冰、干冰 CO_2、固态乙酸、固态乙醇、葡萄糖、非金属氢化物等）。晶体中的原子（离子或分子）在三维空间的具体排列方式称为晶体结构。晶体的性质与其结构密切相关，因此研究和控制晶体的结构，对其制备和使用均具有重要的意义。

晶体的分布和应用都非常广泛，金属和非金属通常都是晶体。晶体科学是以晶体为研究对象的自然科学，它是伴随着数学、物理学、化学、地质学、材料科学以及现代测试分析技术和方法的进步而发展的。19 世纪末到 20 世纪 70 年代，X 射线的发现与应用使得对晶体的研究从晶体几何形态发展到对晶体内部结构的认识，从此晶体理论日臻成熟。

本章主要介绍关于晶体方面最基本的基础知识，作为学习本课程的铺垫。其中主要包括晶体的宏观特征和晶体的空间点阵等基本内容，开启读者对晶体的基本认知。

1.2 物 态 变 化

物质由气态冷却到凝结成液态，然后进一步冷却该液体直至固化为固态。对这一过程可表示为物质体积对温度的 V-T 曲线，参见图 1-1。如图 1-1 所示曲线是从右向左依次发展的，曲线上的明显转折标志着随温度的下降发生了相变。在沸点 T_b 首先发生气相（其体积取决于密封容器的大小）凝结成液相（其体积确定，但形状取决于容器）的相变。接着的继续冷却使液体的体积以连续的方式减小，V-T 曲线的斜率等于液体体积的热膨胀系数 $\alpha = \frac{1}{V}\left(\frac{\partial V}{\partial T}\right)_p$。当温度足够低时（平衡相变对应于物质的熔点 T_f，非平衡相变对应于物质的玻璃化转变温度 T_g），发生液体到固体的转变。然后，物质一直保持固态到 $T = 0$ K。固体的 V-T 曲线斜率越小，对应的热膨胀系数越低。

液态可以通过两种方式固化：一是不连续地转变为晶态固体；二是连续地转变为非晶

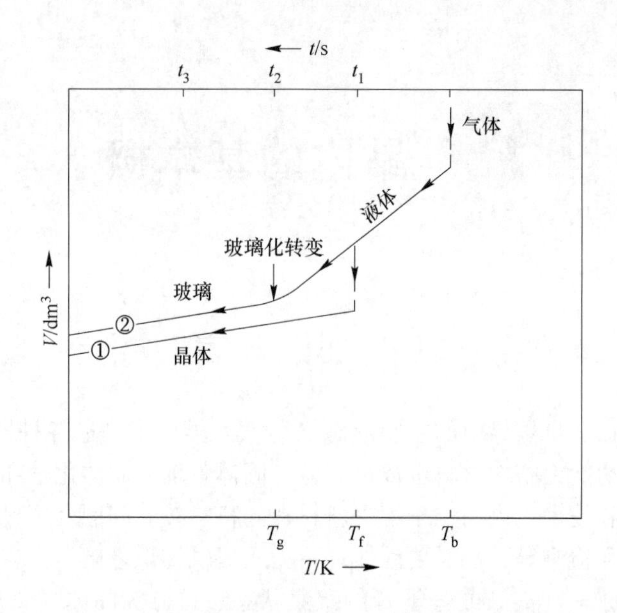

图 1-1　原子集合体凝聚成固态的两种冷却方式

（$t_1 = 10^{-12}$ s；$t_2 = 10^3$ s，$t_3 = 10^{10}$ s）

①平衡到达晶态；②快冷非平衡到达非晶态

态固体。在图 1-1 中，用①和②对应标明从两种完全不同的固化过程得到两种固体。过程①发生在凝固点（或熔点）温度 T_f，液体到晶体的转变可由物质体积的突然收缩（*V-T* 曲线上为突变）来表明。这是冷却速率足够低时降温过程中经常出现的情况。但在足够高的冷却速率下，发现大多数物质遵循②的途径，在经过 T_f 时没有发生相变，液相一直保持到较低的温度 T_g（称为玻璃化转变温度）。这种液态到非晶态的转变发生在非晶态转变温度 T_g 附近一个狭窄的温度区间内，物质体积发生连续性的变化，对应的 *V-T* 曲线变化缓慢。

晶体和非晶体中的原子都处在完全确定的平衡位置附近，并围绕平衡位置作振动，而气体和液体中的原子则可自由地不断作长距离的平移运动。这在宏观上对应于晶体和非晶体具有的固体性与气体和液体具有的流动性之间的区别。固体有确定的形状和体积，并具有抵抗切应力的弹性硬度。

宏观上看到的固体是连续态的物质，但微观上其实际是由分离的原子所组成的。固体内部十分复杂，每 1 m^3 中包含 10^{29} 个原子和更多的电子，而且它们之间存在很强的相互作用。

固体的宏观性质就是如此大量的粒子之间的相互作用和集体运动的总体表现。固体中的原子、电子的相互作用集中反映在化学键上。各向异性的晶体材料如石墨或辉铜矿等往往具有硬度低而熔点高的性质，这似乎有悖于硬度与晶格能之间的正比关系，其原因在于一些力学性质（如硬度和解理性等）取决于物质中存在的化学键中的最弱的那部分键，而固体的熔点和化学反应性则取决于化学键中的最强的键。

晶体和非晶体是按固体组成的原子排列差异而划分的。非晶体和晶体的最主要区别在于前者结构具有长程无序、短程有序的特点，且其状态属于热力学的亚稳态。在晶体中，原子的平衡位置形成一个平移的周期阵列，这种原子的位置显示出长程序。在非晶体中，每个原子的近邻原子的排列也具有一定的规律，呈现出一定的几何特征。例如，在许多非晶体中，仍然较好地保留着相应的晶体中所存在的近邻配位和一定结构的单元。在非晶态锗中保留着晶态锗的四面体结构单元，包括配位数、原子间距、键长和键角等。但非晶态材料中的这种短程有序的结构单元，或多或少都有某种程度的变形。例如，非晶硅中的四面体键长的变化为5%，键角的变化为5°～10°。正是由于大量的这种具有某种程度变形的短程有序的结构单元的无序堆积，组成了非晶态固体的整体。因此，非晶体结构的主要特征是长程无序而短程有序。非晶体和晶体同样具有高度的短程有序，这是化学键维持固体的结果。

1.3 晶体的宏观特征

晶体的宏观特征可概括为4条，即几何外形规则、晶面角守恒、固定的熔点和各向异性。

（1）几何外形规则。晶体都具有一定的几何外形，如石英晶体具有六方柱状的外形，食盐（NaCl）晶体具有规则的立方外形（见图1-2）。封闭的规则几何多面体外形标志着内部结构的规则性。然而，晶体的外形也会受到外界条件的影响，如这些宏观几何外形会受到生长条件的影响。当这些条件发生变化时，就可能形成各种不规则的形状。可见，晶体的结晶形貌除与晶体结构有关之外，晶体生长时的物理及化学条件也会对其造成一定影响，同一种晶体在不同生长条件下可以有不同的结晶形貌。

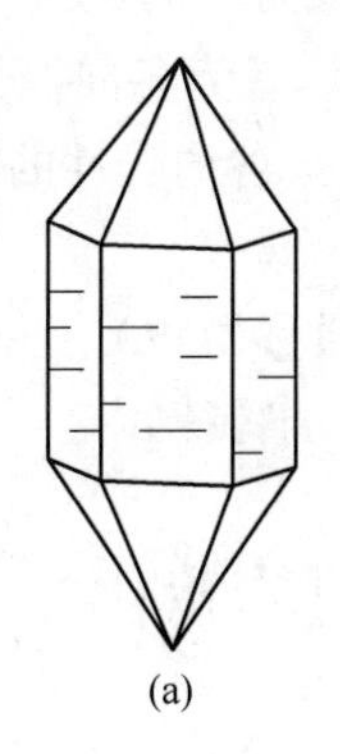
(a)

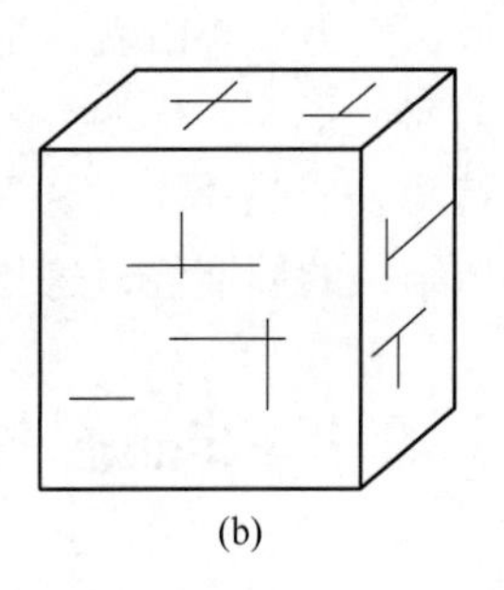
(b)

图1-2 晶体的几何外形
（a）石英；（b）食盐

（2）晶面角守恒。在适当条件下，晶体能自发地发展成为一个凸多面体形的单晶体，围成这样一个多面体的面称为晶面。实验测定表明，对于同一物质的各种不同晶体样品，相应的各晶面之间的夹角保持恒定。如图1-3所示，石英晶体的不同样品中 a 与 c 两晶面间的夹角总是113°08′，b 与 c 两晶面间夹角总是120°00′，可见晶面角才是晶体外形的特征因素。这一普遍的现象被概括为晶面角守恒定律：属于同一晶种的晶体，两个对应晶面间的夹角恒定不变。这一规律表明，同种晶体内部结构的规则性相同。

因为晶面的相对大小和形状都是不重要的，重要的是晶面的相对方位，故可用晶面法线的取向来表征晶面的方位，而以法线之间的夹角来表征晶面之间的夹角。

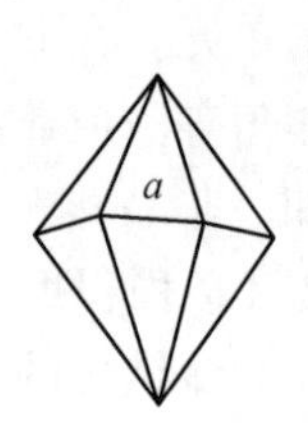

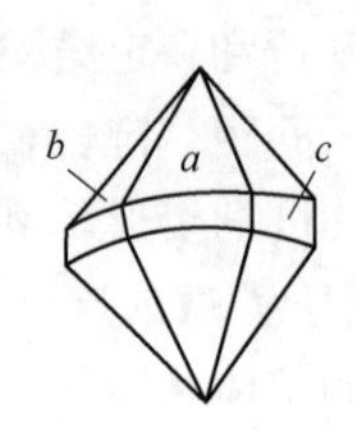

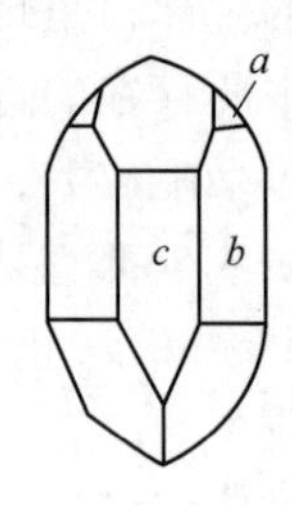

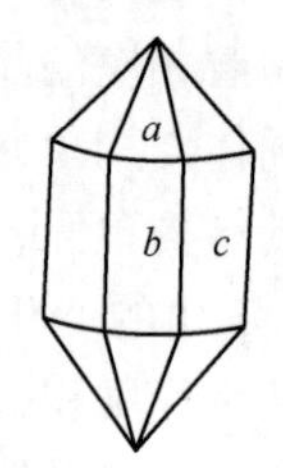

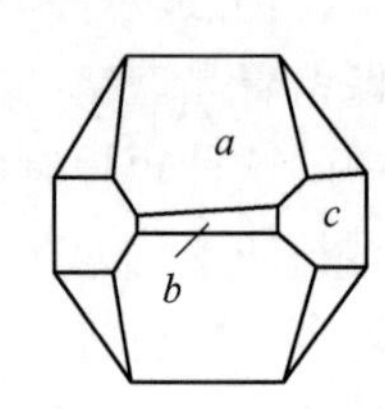

图 1-3　石英晶体的若干外形

（3）固定的熔点。晶体和非晶体的宏观性质有很大的不同，其中最明显的一个区别是在固体熔化过程中晶体有固定的熔点，而非晶体则没有。非晶体的熔化过程是随着温度的升高而逐渐完成的，如图 1-4 所示。

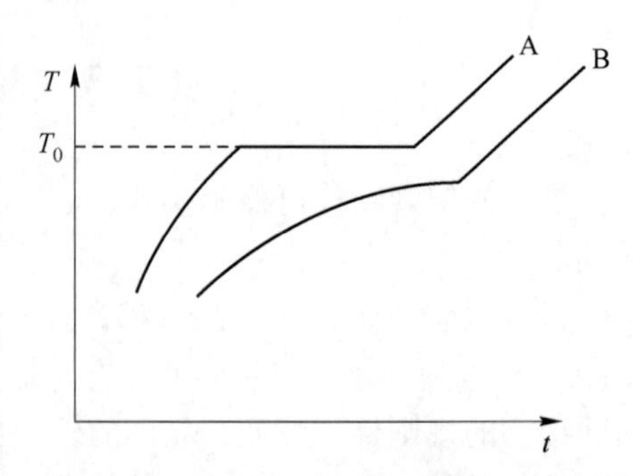

图 1-4　熔化时温度随时间的变化曲线
A—晶体；B—非晶体

当温度达到熔点时，继续加热晶体温度不会持续升高，而是等到全部熔化后才继续升高。这是因为熔化的过程就是晶体长程序解体的过程，破坏长程序所需的能量就是溶解热。可见，一定的熔点表明晶体内部结构的规则性是长程序。

（4）物理性质的各向异性。晶体和非晶体在宏观性质上的另一个明显区别是前者为各向异性（同一晶体在不同方向上具有不同的性质），后者为各向同性。例如，云母和方解石都有完好的解理性，受力后都沿着一定的方向裂开。各向异性的特点表明，晶体内部结构的规则性在不同方向上是不一样的。

晶体的这些宏观特性表明晶体中的原子、分子（通称微粒）是按一定方式重复排列的。这种性质称为晶体结构的周期性，这是晶体最基本的特征。

1.4　非晶态与晶态之间的转化

给定组分的非晶体比相应的晶体有更高的能量，即晶态取吉布斯自由能小的状态，而非晶态的吉布斯自由能总是高于晶态。非晶态是一种亚稳状态，所以非晶态固体总有向晶态转化的趋势，即非晶态固体在一定温度下会自发地结晶，转化到稳定性更高的晶体状态。但当温度不够高时，非晶态中的原子（或离子）的运动幅度较小，加之晶化所需晶核的形成和生长都较困难，因此非晶态向晶态的转化就不易发生。

吉布斯自由能较高的非晶态转化到吉布斯自由能较低的晶态，需克服一定的势垒。转变过程也可能分几步进行，中间经过某些过渡的亚稳态，而不是直接转变成稳定性高的晶态。从非晶态向晶态的转变带有突变的特征，一般伴随有幅度不大的体积变化，同时会释放出相变的热能（相变热）。

相对于处在能量最低的热力学平衡态的结晶相而言，非晶体是处于亚稳态，但从动力学上往往是难以达到晶状基态的。实际上，非晶态一旦形成就能够保持很长的时间。例如，碳原子结合的最低能量形态是石墨，通常温度和压力下石墨是稳定的热力学相，而金刚石则是亚稳相。尽管如此，实际上金刚石能够长期存在而不会转化为石墨。

晶态向非晶态的转化，是基于外界作用而产生的。例如，固体表面的研磨和破碎过程中的机械能可以导致晶体的非晶化，冲击波对于晶体的非晶化作用则更强。自然界中强烈的机械冲击作用也可引起晶体非晶化的现象。在小块陨石坠落造成的陨石坑里，在阿波罗飞船和登月自动车带回的月球岩石样品中，都发现有非晶化的痕迹。这些都是由于机械能的作用而造成晶体晶格中形成大量缺陷，当缺陷数量超过一定限度时，晶体的长程有序性就会消失。

1.5 晶体的空间点阵

1.5.1 晶体的特征和空间点阵

晶体中的原子、离子或分子在三维空间作规则的排列，即相同的部分具有直线周期平移的特点。为了概括晶体结构的周期性，人们提出了空间点阵（晶格点阵）的概念。对应的理论认为，一个理想晶体是由全同的结构单元在空间作无限重复而构成。这种基本结构单元简称为基元，基元可以是原子、离子、分子或基团。晶体中的所有基元是等同的，即它们的组成、位形和取向都是相同的。因此，晶体的内部结构可抽象为由一些相同的几何点在空间作周期性的无限分布，几何点代表基元的某个相同位置，点的总体就称作空间点阵或晶格点阵，简称点阵（见图 1-5），点阵中的点称为阵点或结点。三维晶格点阵中的阵点代表结构中的最小重复单位，即结构基元。可见，晶体中的原子或分子是按一定周期排列的，而晶体的这种周期特征可用晶格点阵（平移对称性）来描述。

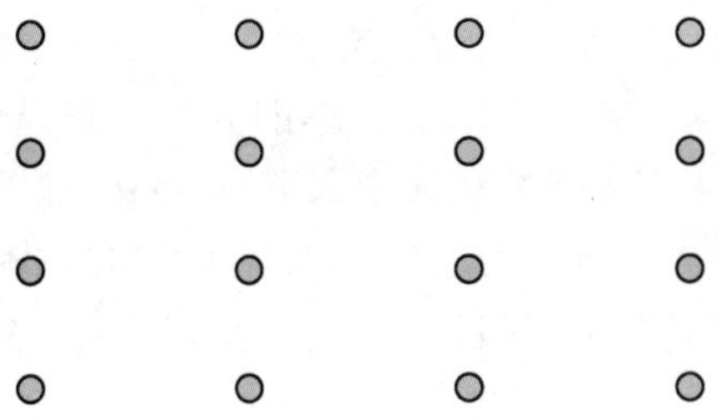

图 1-5　二维点阵

实际晶体的组成质点及其排列方式各不相同，可以存在的晶体结构也就多种多样。人为地将晶体结构抽象为空间点阵，目的是为便于对其规律性进行全面而系统的研究。

晶体的一个基本特征就是其中的原子（离子）、原子团（基团）或分子作规律性排列。这个规律就是周期性，即沿晶体的任何方向均为相隔一定距离就呈现相同的原子或原子团。这个距离称为晶体的周期。晶体中的原子或原子团排列的周期性规律，可用一些在空间有规律分布的几何点来表示。沿任一方向上相邻点之间的距离就是晶体沿该方向的周期。这样的几何点的集合就构成空间点阵，点阵的每个结点周围的环境（包括原子的种类和分布）都相同，亦即点阵的结点都是等同点。设想用直线将各结点连接起来，就形成空间网络状的晶格。

点阵是用来概括晶体结构周期性的数学抽象，整个晶体结构可视为基元阵点沿空间3个不同方向按一定距离周期性地平移而构成。因此，空间点阵是点阵中诸点的集合。

从前面的讨论可知，点阵概括了理想晶体在结构上的周期性，而这样的理想晶体实际上并不存在。只有在热力学0 K下忽略表面原子和体内原子的差别以及体内结构缺陷时，实际晶体才可较好地近似于理想晶体。

空间点阵是实际晶体结构的数学抽象，是一种空间几何构图，它突出了晶体结构中的微粒排列周期性这一基本特点。但只有点阵而没有构成晶体的物理实体——基元微粒，则不会成为晶体。在讨论晶体时，二者缺一不可，其逻辑关系为：点阵 + 基元 = 晶体结构。式中的基元就是构成晶体的原子、离子、分子或基团。图1-6中，（a）表示含有两个原子的基元，（b）中的黑点（即阵点）组成点阵。每个黑点上安置一个具体的基元，就得到了晶体结构。

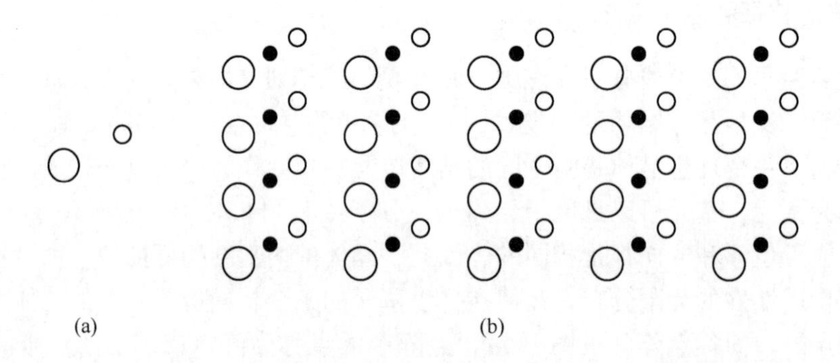

图1-6 二原子基元点阵图

（●代表结点，○代表原子）

晶格点阵和结构基元是构成晶体结构的两个最基本要素。研究和确定某种晶体结构，实际上就是确定它的晶格点阵和结构基元，亦即获悉划分晶格点阵的平行六面体格子（单胞）的类型和尺寸，以及基本结构单元中原子的空间坐标。

图1-7所示均为二维正方点阵，但（a）和（b）中的晶体结构并不同，因为两个结构中围绕各自结点的原子分布是不同的。

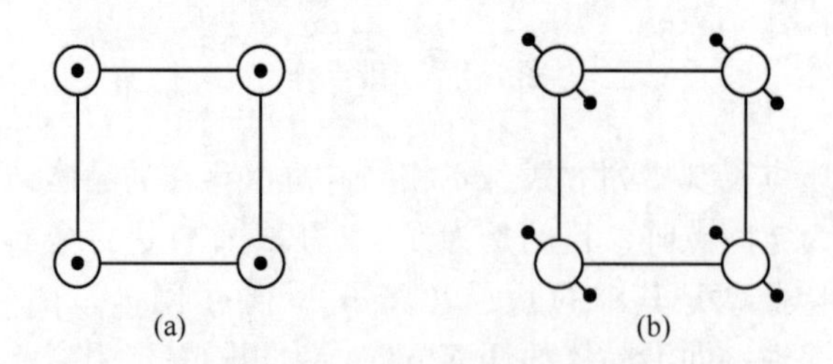

图1-7 二维正方点阵晶体结构示例

（○代表结点，●代表原子）

空间格子中的结点在实际晶体中可以代表晶体结构中的等同点位置。晶体中的一套等同点位置不但代表相同的基元，同时也代表它们具有相同的空间环境。因此，就结点本身而言，可以是几何意义上具有相同环境的等同点位置。

研究晶体的结构特征需从晶体结构的本质出发。晶体最本质的特点是其内部的原子、离子或原子团在三维空间以一定周期性重复排列，如氯化钠的结构由氯离子和钠离子相间排列而成（见图 1-8）。晶体的外形往往只反映晶体结构基元排列的几何特征，而晶体理论的基本内容是研究晶体中结构基元排列的共同规律和各类晶体中结构基元排列的几何特点。

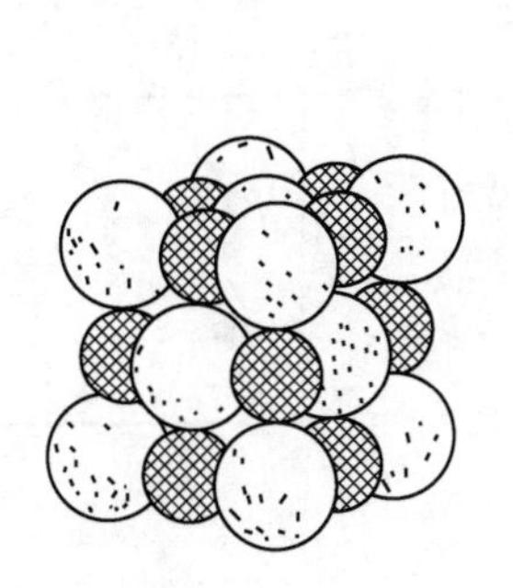

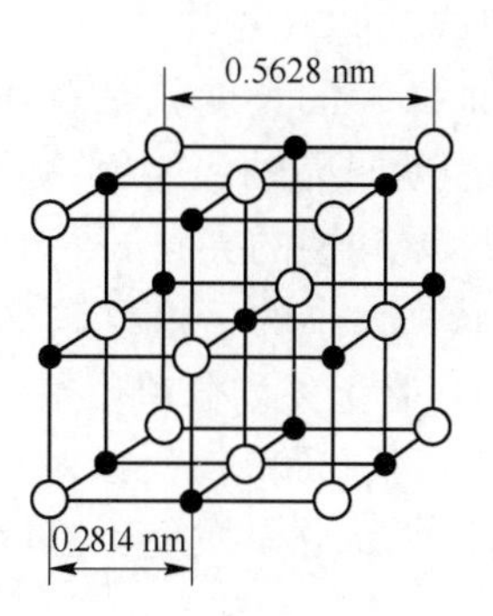

图 1-8 NaCl 结构

一切晶体所共有的性质即是晶体的基本性质，这些性质完全来源于晶体的空间格子构造。晶体的基本性质主要包括以下 5 点：

（1）自限性（自范性）：指晶体在适当条件下自发形成封闭几何多面体的性质。晶体的多面体形态是其格子构造在外形上的反映。

（2）均一性：指同一晶体的各个不同部分具有相同的性质。根据晶体的格子构造特点，晶体中不同部分的基元分布规律相同，这就决定了晶体的均一性。

（3）对称性：指晶体中的相同部分在不同方向上或不同位置上可以有规律地重复出现。这些相同部位可以是晶面、晶棱或角顶。晶体在宏观上的对称性反映了其微观格子构造的几何特征。

（4）各向异性：指晶体的性质因方向不同而异。如云母的层状结构显示其在不同方向上的结合强度不同。从微观结构上讲，代表云母晶体的空间格子在不同方向上具有排列不同的结点位置。

（5）稳定性（热力学能最小）：指在相同的热力学条件下，化学组成相同的晶体与气相、液相、非晶态相比，其热力学能（内能）最小，因此也是最稳定的结构。

1.5.2 晶胞、晶系和点阵类型

晶体的微观结构以点阵为基础，几何的平行六面体是反映点阵的空间格子构造特征的最小单位，单位平行六面体的堆叠构成晶体，因此平行六面体的几何特征应反映晶体的宏观对称特点。但是，晶体点阵中的任意 3 个不在同一平面的行列都可组成 1 个平行六面体，因此要使单位平行六面体能够反映晶体对称特点和空间格子构造的特征，就必须确定平行六面体的划分原则。单位平行六面体的正确划分，需遵循以下原则：

（1）所选单位平行六面体应反映整个空间点阵分布的对称性。

（2）在上述前提下，所选单位平行六面体的棱与棱之间应尽量正交。

（3）在遵循以上两个条件的前提下，所选单位平行六面体的体积应最小。

（4）在对称型中，棱与棱之间不作正交时，则在遵循前三条原则的前提下，应该选择结点间距小的棱作为平行六面体的棱。

空间点阵即可视为由上述最小的平行六面体单元沿三维方向重复堆积（或平移）而成。这样的平行六面体称为晶胞或单胞（见图1-9），其3条棱（图中的AB、AD和AE）的长度就是点阵沿对应方向的周期，这3条棱就叫晶轴。这种单位平行六面体的3条棱长a、b、c和棱的夹角α、β、γ等6个参量，是表示其形状、大小的一组参数（平行六面体参数或晶胞参数）。在上述划分单位平行六面体的原则条件中，第（2）条和第（3）条对平行六面体棱之间的夹角和棱长的划分实质上也是尽量使晶胞参数中的$a=b=c$，$\alpha=\beta=\gamma=90°$。

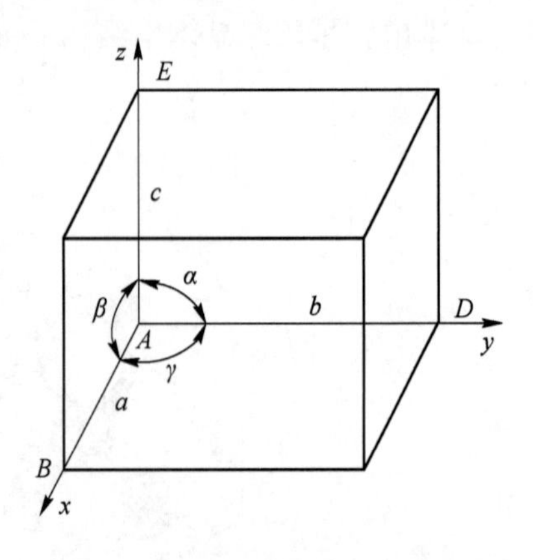

图1-9　晶胞和点阵常数（晶格常数）

为描述晶胞的形状和大小，建立坐标系时通常以晶胞角上的某一阵点为原点，以该晶胞上过原点的3条棱边为坐标轴x、y、z（称为晶轴），则晶胞的形状和大小即可由这3条棱边的长度a、b、c及其夹角α、β、γ这6个参数完全表达出来（见图1-10）。显然，只要任选一个阵点为原点，将$\boldsymbol{a}$、$\boldsymbol{b}$、$\boldsymbol{c}$这3个点阵矢量（称为基矢）作平移，就可得到整个点阵。点阵中任一阵点的位置均可用下列矢量式表示：

$$\boldsymbol{r}_{uvw}=u\boldsymbol{a}+v\boldsymbol{b}+w\boldsymbol{c} \tag{1-1}$$

式中，$\boldsymbol{r}_{uvw}$为由原点到某阵点的矢量；u、v、w分别为沿3个点阵矢量方向平移的基矢数，亦即阵点在x、y、z轴上的坐标值。

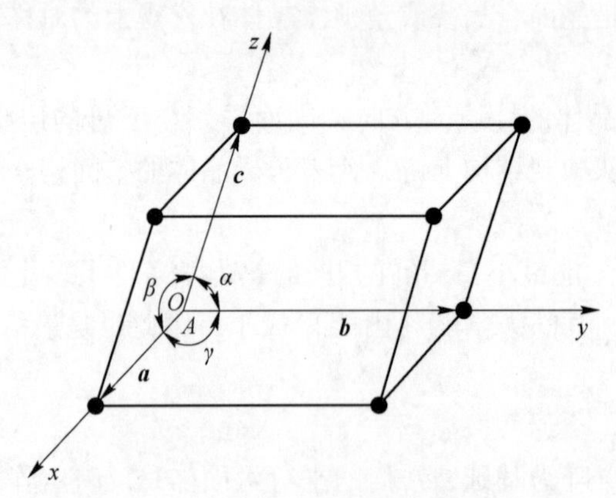

图1-10　晶胞、晶轴和点阵矢量

任何晶体的晶胞都可视为平行六面体，不同晶体的差别有二：其一是不同晶体的晶胞大小和形状可能不同；其二是围绕每个结点的原子种类、数量及分布可能不同。

晶胞的大小取决于其3条棱边的长度a、b、c，而晶胞的形状则取决于这些棱之间的

夹角 α、β、γ。因此，晶胞的棱边长度 a、b、c 和棱间夹角 α、β、γ 这 6 个参量即称为点阵常数或晶格常数（见图 1-9）。在晶体理论中，常根据晶胞外形即棱边长度之间的关系和晶轴之间的夹角情况对晶体进行分类。若分类时只考虑 a、b、c 是否相等，α、β、γ 是否相等及其是否呈直角等因素，即按照晶胞形状的特点（准确地说是根据其对称性），而不涉及晶胞中的原子具体排列情况，这样就可将各种晶体分成 7 种类型，即三斜、单斜、斜方（又称正交）、正方（又称四方）、立方（又称等轴）、六方、菱方（又称三方）等 7 个晶系（见表 1-1）。

表 1-1 7 个晶系的特点及实例

晶　系	点阵常数间的关系和特点	实　例
三斜	$a \neq b \neq c$，$\alpha \neq \beta \neq \gamma \neq 90°$	K_2CrO_7
单斜	$a \neq b \neq c$，$\alpha = \beta = 90° \neq \gamma$（第一种设置）	β-S
	$\alpha = \gamma = 90° \neq \beta$（第二种设置）	$CaSO_4 \cdot 2H_2O$
斜方（正交）	$a \neq b \neq c$，$\alpha = \beta = \gamma = 90°$	α-S，Ga，Fe_3C
正方（四方）	$a = b \neq c$，$\alpha = \beta = \gamma = 90°$	β-Sn（白锡），TiO_2
立方（等轴）	$a = b = c$，$\alpha = \beta = \gamma = 90°$	Cu，Al，α-Fe，NaCl
六方	$a = b \neq c$，$\alpha = \beta = 90°$，$\gamma = 120°$	Zn，Cd，Ni-As
菱方（三方）	$a = b = c$，$\alpha = \beta = \gamma \neq 90°$	As，Sb，Bi，方解石

注：表中“≠”的意义是不一定等于。

上述单位平行六面体的结点都位于 8 个角顶的位置，这样的平行六面体称为简单格子或原始格子（用字母 P 表示，但三方菱面体格子一般不用 P 而用 R 表示）。在微观点阵结构中，符合各晶系对称特点的点阵分布实际上并不限于简单格子一种，即不限于结点处在角顶位置的点阵分布。在简单平行六面体点阵中加入结点，如 6 个表面的中心（面心）、平行六面体的中心（体心）以及 2 个平行面的中心（底心），形成非原始格子，同样可以得到符合各晶系对称特点的点阵。简单平行六面体中加入这些结点的基本条件是新点阵的结点除反映晶系的对称特征外，还须符合等同点的原则，即点阵中的结点具有相同的空间环境。1848 年布拉维（A. Bravais）根据“每个阵点的周围环境相同”的要求，用数学分析法证明晶体中的空间点阵只有 14 种，并称之为布拉维点阵。它们归属于 7 个晶系。

由上述 7 个晶系可形成的空间点阵种数取决于每个晶系可以包含的点阵种数，即有多少种可能的结点分布方式。这个问题的基本前提是点阵的结点必须为等同点。由于晶胞的角隅、6 个外表面中心（面心）、2 个平行面的中心（底心）以及晶胞中心（体心）都是等同点，如果每个晶系都可以包括简单格子、面心格子、底心格子和体心格子这 4 种格子，亦即每个晶系都包括简单点阵、底心点阵、面心点阵和体心点阵这 4 种点阵，则 7 个晶系似乎总共可以形成 $7 \times 4 = 28$ 种点阵。然而，实际上并非每个晶系中都同时存在上述 3 种非简单格子。因为有的平行六面体中加入结点后，可能不满足其原有的对称特点，有的则不符合等同点原则。从对称性的角度来看，这 28 种点阵中有些点阵是完全相同的。所以，真正不同的点阵最后只有 14 种（见图 1-11），即简单三斜点阵、简单单斜点阵、底心单斜点阵、简单斜方（正交）点阵、底心斜方（正交）点阵、体心斜方（正交）点阵、面心斜方（正交）点阵、简单正方（四方）点阵、体心正方（四方）点阵、简单立方点阵、体心立方点阵、面心立方点阵、六方点阵和菱方（三方）点阵。

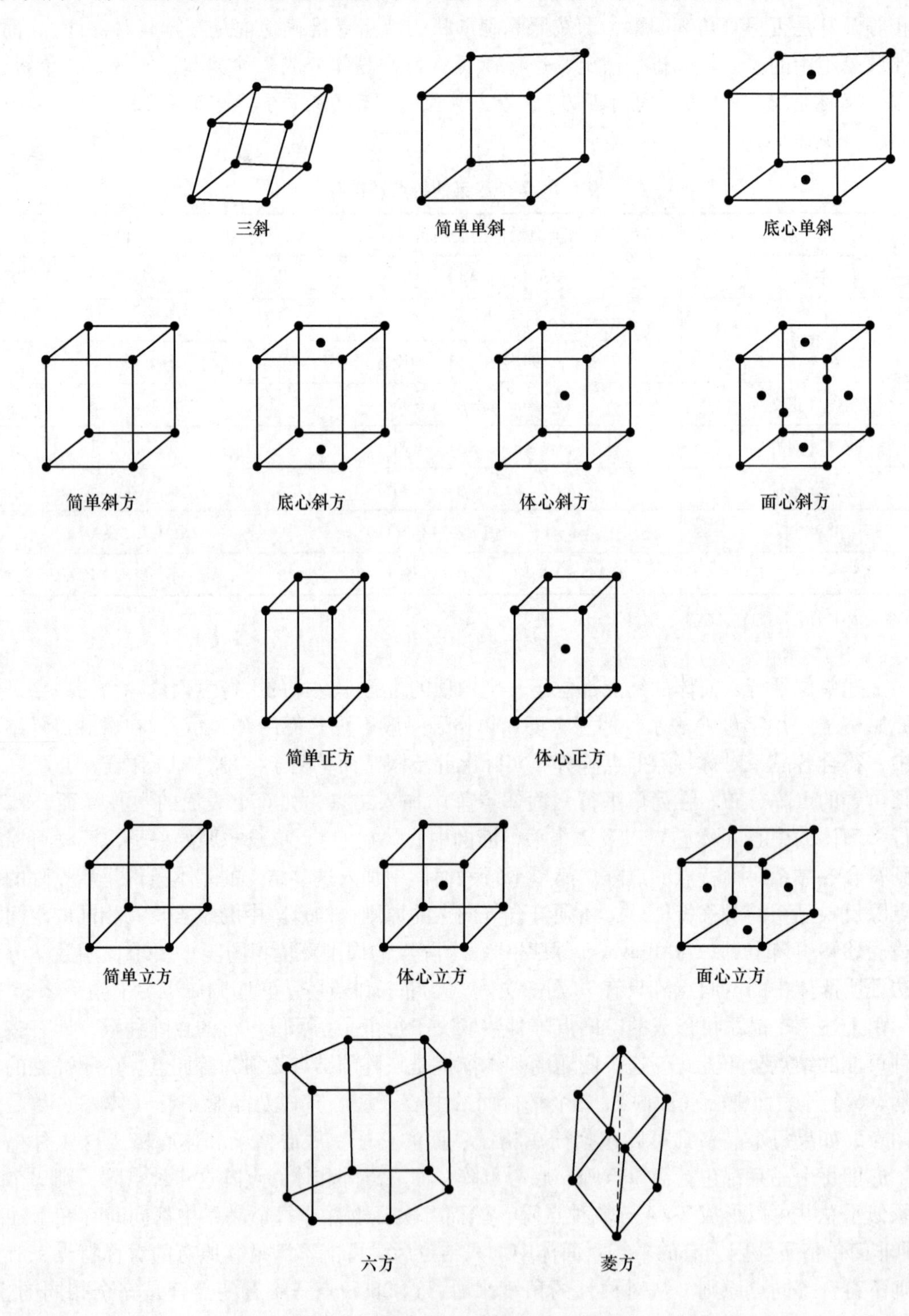

图 1-11　晶体的 14 种布拉维空间点阵

点阵的分类基于对称性。对称性是一定几何操作下物体保持不变的特性，是上述布拉维格子分类的依据。在反映对称性的前提下，有且仅有14种空间点阵。在上述14种点阵中，没有任何一种可以在连接结点后能将其晶胞演变成为另一种点阵的晶胞，而仍反映其对称性。虽然任何点阵的晶胞都可通过某种连接方式连成简单三斜点阵的晶胞，但后者不再反映前者的对称性。点阵不会多于14种，如果在某种晶胞的底心、面心或体心放置结点而形成一种所谓“新”点阵，则这个“新”点阵必然包含在上述14种点阵中；即在格子中加入结点后，反映的还是同一空间点阵。例如，体心单斜点阵不会成为一个新的点阵：因为从图1-12可知，这个点阵晶胞为*ABCDEFGH*，可以连成底心单斜点阵的晶胞*JACDKEGH*，所以不是新的点阵。又如，图1-13中面心单斜和底心单斜的点阵是相同的。再如，在简单六方点阵晶胞的*C*面（底面）中心添加结点后，也不会形成一个新的点阵类型（所谓底心六方点阵）：因为从图1-14可以看出，这样形成的点阵可以连成简单单斜点阵。还有，立方底心格子也是不能存在的，因为从结点分布看，不符合立方格子的对称特点（所谓“立方底心格子”只有1个4次对称轴）。

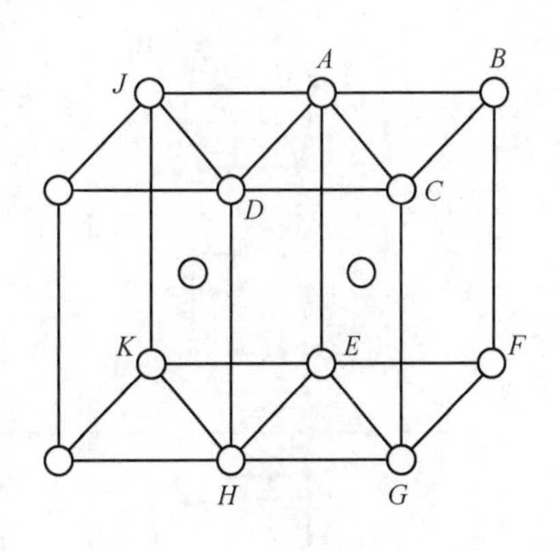

图1-12 体心单斜点阵可以连成底心单斜点阵

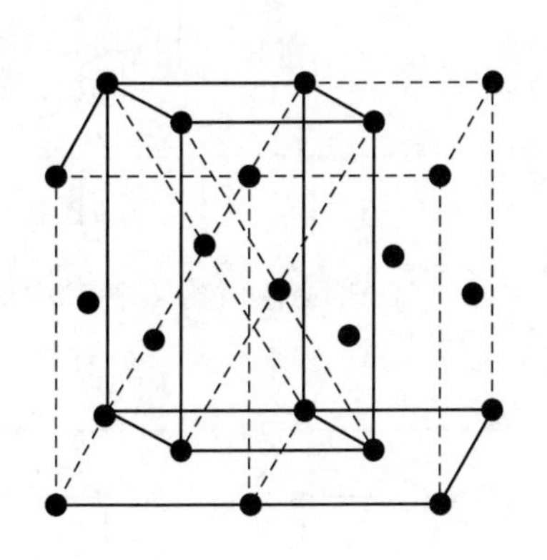
图1-13 面心单斜点阵与底心单斜点阵相同

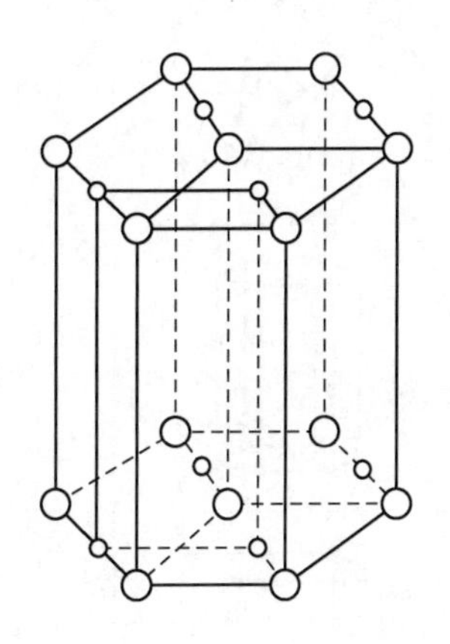
图1-14 简单六方点阵在*C*面（底面）添加结点后形成简单单斜点阵
（大圆是原有结点，小圆是新加结点）

如上所述，综合考虑单位平行六面体的形状和结点分布后，7个晶系可导出14种空间格子，称为14种布拉维格子。各晶系的单位平行六面体格子（空间格子）符号示于表1-2，其中原始格子用符号*P*表示，体心格子用符号*I*表示，面心格子用符号*F*表示；由于在平行六面体中有3对平行面，底心格子的符号可视结点具体所处晶面而定，表1-2为简单起见而仅以符号*C*代表各种情况下的底心格子。

晶体中的基元（原子、离子、分子或基团）具有各式各样的对称性，当其按一定方式排列成为晶体时就表现出宏观晶体的对称性。自然界中雪的六角图案即来自分子及晶体

表 1-2　14 种空间格子（布拉维格子）的符号

晶系	原始格子（*P*）	底心格子（*C*）	体心格子（*I*）	面子格子（*F*）
三斜晶系	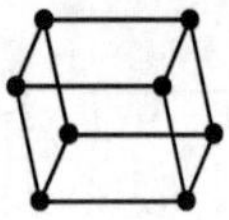	$C=P$	$I=P$	$F=P$
单斜晶系	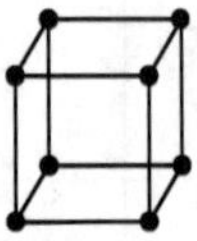	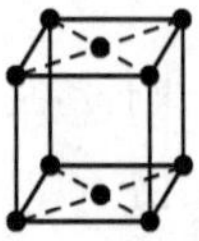	$I=C$	$F=C$
斜方晶系	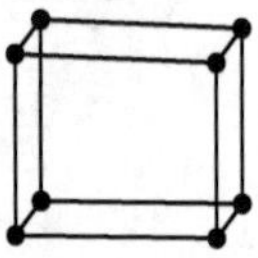	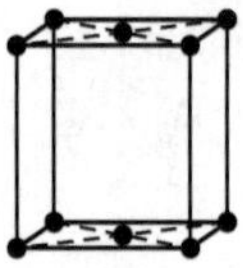	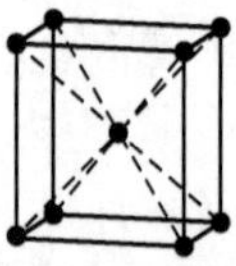	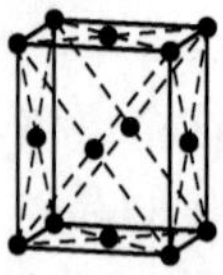
正方晶系	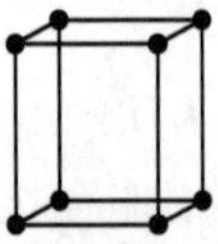	$C=P$	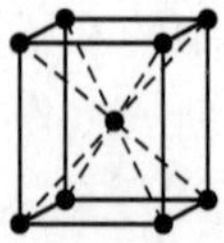	$F=I$
菱方晶系	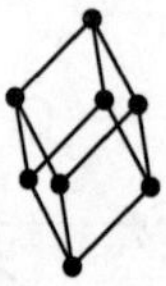	与本晶系对称不符	$I=P$	$F=P$
六方晶系	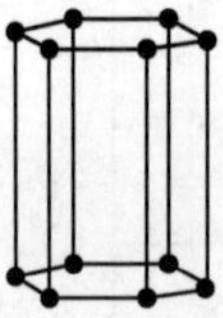	不符合六方对称	与空间格子的条件不符	与空间格子的条件不符
立方晶系	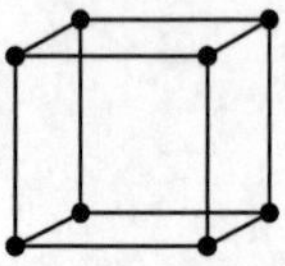	与本晶系对称不符	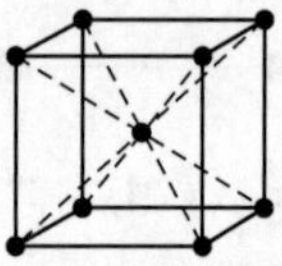	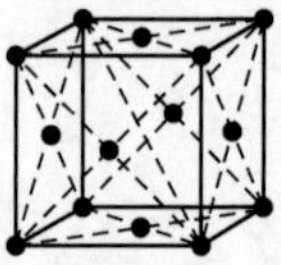

结构的对称。晶体的宏观对称性受晶体平移对称性所制约，它是晶体对称性的宏观表现，可以不同于基元本身的对称性。对称操作有旋转（对应于对称轴）、反演（对应于对称中心）、反映（又称镜像，对应于对称面）、旋转反演（对应于反轴）、旋转反映（对应于映轴）等多种形式。晶体中只存在满足晶体平移操作的对称操作，这些对称操作的组合构成了 32 种结晶学点群。基于这 32 种点群所包含的对称操作类型，可将晶体分成前面所述的 7 个晶系；根据对称性的高低，又将其中的立方晶系称为高级晶系，六方、菱方（三方）和正方（四方）晶系称为中级晶系，斜方（正交）、单斜和三斜晶系称为低级晶系。

关于晶体的点群、空间群、对称操作和对称性以及能带理论等相关知识，在固体物理、材料科学基础等对应书籍中有较详细和系统的介绍。这些内容与本书主题的关系不是十分直接，所以在此不作赘述。

1.5.3 布拉维点阵与复式点阵

上述点阵均由等同点构成，这样的点阵称为布拉维点阵。通常所指的点阵即布拉维点阵。但是，实际晶体中各原子并不一定是等同点。例如，合金中至少就有两种不同的原子，即使是纯金属晶体中也可能因为各原子周围的环境（近邻原子的分布）未必相同而使各个原子并非一定是等同点。因此，实际晶体中各原子的集合并不一定构成布拉维点阵。人们把晶体中实际原子的集合（或分布）称为晶体结构，把表示原子分布规律的代表点（几何点）的集合称为布拉维点阵（简称点阵），这些代表点均为等同点。对于一些简单的金属和合金，晶体结构和点阵并无差别。例如，铜、银、金、铝、镍、钯、铂、铅、γ 铁、不锈钢等的晶体结构和点阵都是面心立方（通常用 FCC 表示），碱金属、钒、铌、钽、铬、钼、钨、α 铁、碳钢等的晶体结构和点阵都是体心立方（通常用 BCC 表示）。然而，对于其他一些金属，特别是具有复杂结构的金属和合金，其晶体结构就不同于点阵。例如，锌、镉、镁、铍、α-钛、α-锆、铪等金属具有简单六方点阵，但晶体结构属于密排六方。可见，布拉维点阵的结点分布反映了晶体中的原子或原子团的分布规律，但结点本身并不一定代表原子，即点阵和晶体结构并不一定相同。

有时人们把实际晶体原子结构也视为一个点阵，但不是由单一的布拉维点阵构成，而是由若干个布拉维点阵穿插而成的复杂点阵，称为复式点阵。例如，上述密排六方结构就可视为由两个简单六方点阵穿插而成。显然，复式点阵的结点并非都是等同点，这是它和布拉维点阵的根本区别。

1.5.4 晶胞（单胞）和原胞

如前所述，根据晶体的宏观对称特点可将晶体划分为 7 个晶系，这些对称特点与晶体内部微观构造中的点阵有着内在的联系，从而也对应着不同的晶胞结构。

由于从同一点阵可以选出大小和形状都不相同的平行六面体单元，相应的点阵常数也就会随之各不相同，这样就会为晶体描述带来混乱。为确定起见，须对平行六面体单元晶胞的选取方法作出某种规定，根据前面所述的最小平行六面体单元划分原则，即规定所选晶胞应尽量满足以下 3 个条件：（1）能反映点阵的周期性（将晶胞沿 a、b、c 三个晶轴方向无限重复堆积或平移就能得出整个点阵）；（2）能反映点阵的对称性；（3）晶胞的体积最小。其中第（1）条是所有晶胞都要满足的必要条件，而第（2）条和第（3）条若不能同时满足，则要求至少满足一条。这样就产生了两种选取方法。

第一种选取方法是在保证对称性的前提下选取体积尽量小（但不一定是最小）的晶胞。在金属学、金属物理、材料科学、X 射线衍射、电子衍射等学科中以及在实际材料的科研、生产中大都选取这种晶胞，而晶体的点阵常数即由这种晶胞来决定。这种反映点阵对称性的晶胞也称为结构胞，通常所言“晶胞”即指的这一类。

第二种选取方法只要求晶胞的体积最小，而不一定反映点阵的对称性。这样的晶胞通常称为原胞。布拉维点阵的原胞只包含一个结点，故原胞的体积就是一个结点所占的体积。在固体物理中常采用原胞。

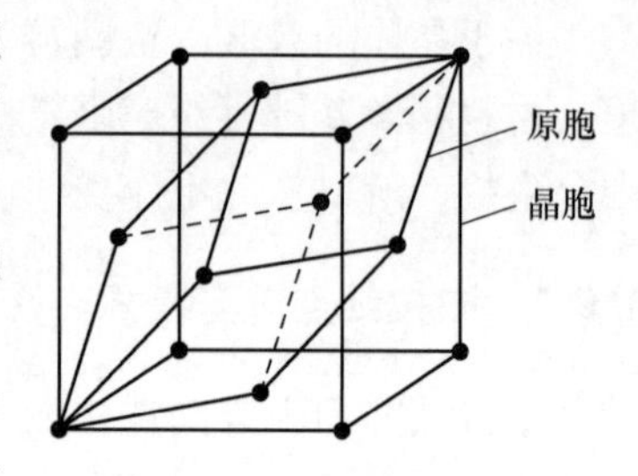

图 1-15　FCC 点阵结构的原胞与晶胞

图 1-15 和图 1-16 分别示出了 FCC 和 BCC 点阵的原胞和晶胞，可见 FCC 和 BCC 的晶胞都是高度对称的立方体，但体积不是最小。FCC 晶胞的体积（a^3）是 4 个结点所占的体积，而 BCC 晶胞的体积（a^3）则是 2 个结点所占的体积。它们的原胞都只包含 1 个结点，故 FCC 和 BCC 的原胞体积分别是 $a^3/4$ 和 $a^3/2$。

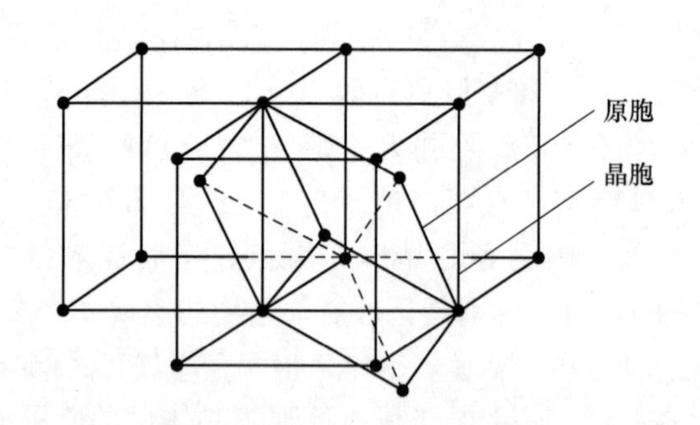

图 1-16　BCC 点阵结构的原胞与晶胞

如前所述，空间点阵的平行六面体可用多种方式来划分，但划分出来的平行六面体单胞应具有与晶格点阵一致的对称性，同时单胞的体积应尽量地小。以 NaCl 晶体为例说明晶胞选取的基本原则：NaCl 为面心立方结构，在立方单胞中有 4 个 Na 原子和 4 个 Cl 原子［见图 1-17(a)］，单胞沿 3 个相互垂直的基轴方向分别进行平移操作，可在三维空间中得到整个 NaCl 晶体的结构。NaCl 面心立方单胞中包含了 4 个点阵点，分别位于立方体的顶点和面心位置［见图 1-17(b)］，每个点阵点代表的结构单元是 NaCl。如果取图 1-17(b) 所示的三方格子（虚线）作为 NaCl 的单胞，则该单胞中只含有 1 个点阵点，称作三方素格子。这个三方格子只保留了 1 个 3 次轴，因此未保持面心立方点阵所具有的全部对称性。在实际体系中，一些面心立方结构的晶体在一定条件下会发生结构畸变，从而使结构的对称性降低。

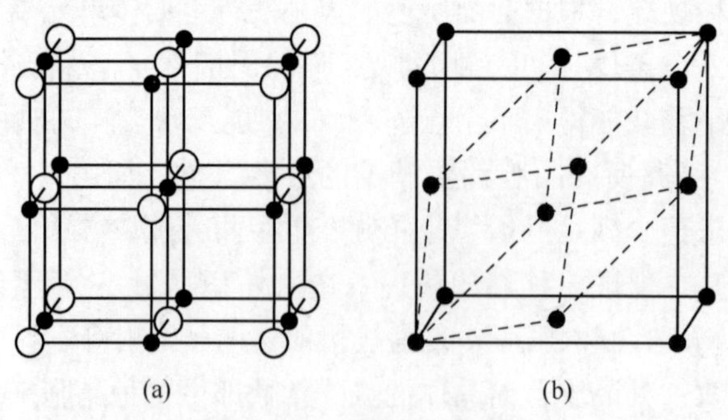

图 1-17　NaCl 晶体
(a) 晶体中的原子结构；(b) 对应的面心立方格子

单胞中只含有 1 个点阵点的格子称作简单格子（P）。在很多情况下，需要 2 个或 2 个以上的点阵点才能符合关于单胞对称性的要求，此即相应的复格子。例如，对于立方晶系的晶体而言，可以有简单立方（P）、面心立方（F）和体心立方（I）等 3 种点阵形式，其中面心立方和体心立方的单胞为复单胞，分别包含了 4 个和 2 个点阵点（见表 1-2）。

晶体学中习惯用单胞（或称惯用单胞）来表示晶体中周期性重复排列的最小单元。原胞只含 1 个格点；而单胞则可含若干个格点，体积可以是原胞的一倍或数倍。单胞的边长称为晶格常数，立方晶系晶体的晶格常数可用单一数 a 表示。为便于使用，实践中晶体的晶面（晶体中的原子面，晶体学上等价的晶面构成 1 个晶面族）、晶向（连接晶体中任意原子列的直线方向，晶体学上等价的晶向构成 1 个晶向族）等参量通常以单胞为准。

1.6 准晶、非晶和液晶

1.6.1 准晶

晶格结构具有平移周期性和旋转对称性。其中平移周期性是指沿连接两个格点的方向平行移动这两个格点的整数倍距离以后，得到的所有格点均能与平移前的格点重合。旋转对称性是指以穿过一个格点的直线为旋转轴旋转一定角度后，所有的格点均能与旋转前的格点重合。如果对应的旋转角度为 $2\pi/n$，则称为 n 次对称性。例如，旋转 360°后才能重合的称为 1 次对称性，旋转 180°后才能重合的称为 2 次对称性，旋转 90°后才能重合的称为 4 次对称性。

晶格中只能存在 $n=1$、$n=2$、$n=3$、$n=4$、$n=6$ 次旋转对称性。证明如下：

如图 1-18 所示，A、B 为晶格中相邻的两点，设 AB 间距为 a。先以穿过 B 点与纸面垂直的轴为旋转对称轴，假设存在某种旋转对称性，使得 AB 旋转角度 θ，A 点与 A'点重合。同样，以穿过 A 点的轴为旋转轴，反方向旋转相同的角度 θ，B 点一定会与另一个格点 B'重合。于是，易证出 AB 平行于 $A'B'$。又由于平移周期性，格点 A'与 B'之间的距离必为 AB 长度的整数（N）倍。所以有

$$\overline{A'B'} = Na = -2a\cos\theta$$

得

$$-\cos\theta = N/2$$

可见，N 的取值只可以为 $N=0$、$N=1$、$N=2$、$N=-2$、$N=-1$，即 θ 的取值只能是 0°、60°（6 次对称性）、90°（4 次对称性）、120°（3 次对称性）、180°（2 次对称性）。

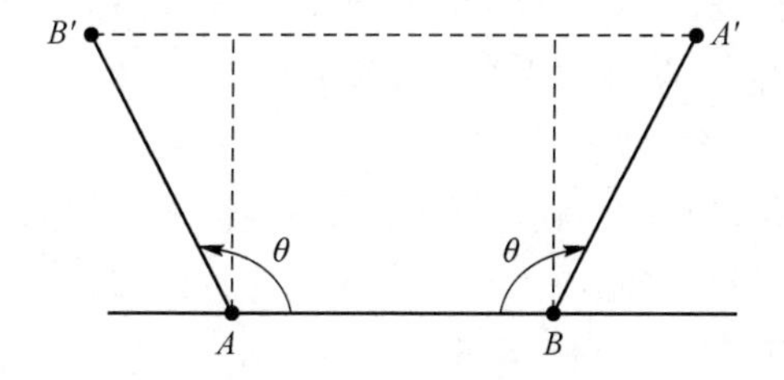

图 1-18　旋转对称性证明

从以上证明可知，晶体材料中不会出现5次、8次、10次等旋转对称性。但1984年在急速冷却的Al-Mn合金中却发现了5次对称性的点阵结构。目前已有的研究表明，格点的排列可以只有旋转对称性，而不具有平移周期性。图1-19示出了这种没有平移周期性但具有旋转对称性的二维点阵排列。为区别于具有平移周期性的晶体，人们将这种不具有平移周期性的材料称为准晶（quasicrystal）。后来，具有8次和10次等对称性的准晶也被不断发现。可以说，有规律地排列的空间点阵并不一定需要周期平移性。人们希望通过准晶这种具有新型结构的材料获得一些晶体材料所难以得到的奇特性能。

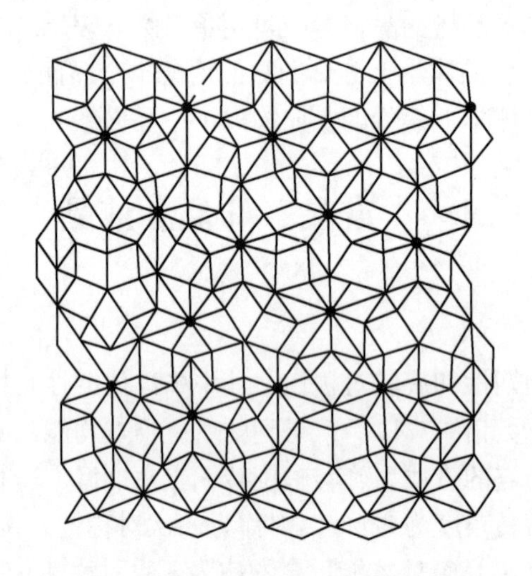

图1-19　具有5次对称性的二维平面点阵

1.6.2　非晶

当液体冷却到熔点并开始凝结成固体时，原子将借助于扩散而排列成既具短程有序又具长程有序的晶体。如果冷却速度足够快，使得原子来不及扩散，液体就可能不会形成晶体，而是凝固成玻璃态，这种玻璃态即称为非晶。

在非晶态材料中，原子的排列只有短程序，没有长程序，总体来说属于无序结构。非晶为各向同性，没有规则的外形和固定的熔点。

通常使用的以SiO_2为主要成分的氧化物玻璃就是一种非晶。这些氧化物玻璃在液态时就具有很强的黏滞性，导致原子的扩散非常困难，因此在冷却过程中晶核的形成和长大速率都很低。一般的冷却速率（$10^{-4}\sim10^{-1}$ K/s）就足以使这些液态的氧化物避免结晶，而形成玻璃（非晶）。

对于金属或合金而言，由于原子的扩散很快，故而一般的冷却速率无法形成非晶。只有利用一些特殊的冷却方法，例如将金属液滴喷射到导热性极强的水冷旋转铜板上，才有可能得到金属非晶（又称为金属玻璃）。

按照材料的性质，可将非晶态材料分为非晶态绝缘体、非晶态半导体和非晶态金属。

非晶态的长程无序，使得其组成元素种类的选择可以较广泛，其成分也可大幅度的变化；某些不能制备晶态材料的组成，却能以非晶态存在。例如氧化硅，晶态时只能是SiO_2，而非晶态时其成分比就可以变化。这样，通过改变材料的元素种类或成分比，就可大幅度地改变材料的物理特性，如密度、硬度、耐热性、电导率、磁性、折射率和禁带宽度等。

1.6.3 液晶

晶体一般是各向异性的，而液体则是各向同性的。在晶体和液体之间，还存在一些中间状态，其中之一就是液晶。液晶具有液体的流动性，又有晶体的某些各向异性。液晶不是固体，其分子的质心位置没有完全的周期性；但液晶又不是液体，其分子有着明显的取向性（见图 1-20）。

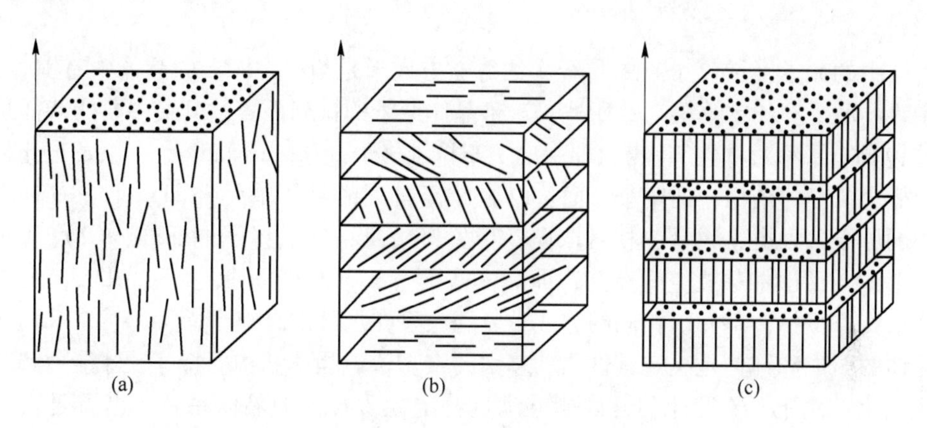

图 1-20 几种液晶的分子排列示意图

（a）向列相；（b）胆甾相；（c）近晶相

从分子的排列来看，液晶分子往往具有一维或二维的长程有序。正是这种长程有序，才使得液晶在光学、电学和磁学等方面呈现出各向异性。液晶中分子的位置不固定，即具有流动性，但流动时其分子轴基本保持定向。

液晶分子的这种定向排列可以影响到其光学性能，且排列状态可受外电场调控，因此液晶常用来制作显示器。

液晶可分为热致液晶和溶致液晶两种：热致液晶是使某些熔融液体冷却到一定程度后发生分子的有序取向而得到的，常用于显示器；溶致液晶存在于生物组织内，它是将有机分子溶解于溶剂中，改变其溶度，而使有机分子取向有序化。

思考和练习题

1-1 晶体结构中的晶格能同时决定晶体的硬度和熔点，晶体的硬度越高，是否意味着其熔点也越高？

1-2 晶体具有几何外形规则、晶面角守恒、固定的熔点和各向异性等宏观特征，请问同种物质的晶体几何外形是否一定会相同？

1-3 晶体的基本性质有哪些？

2 晶体的基本结构

2.1 引　　言

晶体中的原子（或离子）数量级大约每立方厘米是 10^{23}，1 kg 的晶体中有 $10^{24}\sim10^{26}$ 个数量级的原子。如本书第 1 章所述，对于晶体原子的排列而言，其最主要的特征是周期性（或说具有平移对称性），由此即引出了布拉维格子（Bravais lattice），以及与此相关的原胞等概念。晶体结构包括两个方面：（1）重复排列的具体单元［即基元（basis）］，包括其中的原子的种类、数量、相对取向及位置等信息，依晶体不同而异；（2）基元重复排列的形式［一般抽象成空间点阵，即晶体格子（crystal lattice），简称晶格］，由布拉维格子的形式来概括，基元以相同的方式重复地放置在点阵的结点上。

晶体的组成和结构是决定其性质的基本要素。认识晶体结构的特征，才能理解其具有的物理和化学性能。要设计和合成能够满足特定性质要求的晶体材料，也需要认识其组成、结构和性质之间的内在关系。本章在进一步认识晶体布拉维格子的基础上，介绍常见的晶体结构及其特征。

2.2 布拉维格子

布拉维格子可定义为矢量

$$\boldsymbol{R}_n = n_1\boldsymbol{a}_1 + n_2\boldsymbol{a}_2 + n_3\boldsymbol{a}_3 \tag{2-1}$$

全部端点的集合。其中，n_1、n_2、n_3 取整数（零和正、负整数）；$\boldsymbol{a}_1$，$\boldsymbol{a}_2$，$\boldsymbol{a}_3$ 是 3 个不共面的矢量，称为布拉维格子的基矢（primitive vector）；$\boldsymbol{R}_n$ 称为布拉维格子的格矢，其端点称为格点（lattice site）。

可见，所有格点的周围环境相同，在几何上完全等价，以此可判断某一点阵是否为布拉维格子。布拉维格子忽略了实际晶体中的结构缺陷和原子瞬间位置对平衡位置的微小偏离，但体现了晶体结构中原子作周期性规则排列这一主要特点，即平移对称性，这就是平移任一格矢 $\boldsymbol{R}_n$ 后晶体保持不变。

原胞（primitive cell）是晶体中体积最小的周期性重复单元，当其平移时布拉维格子的格矢 $\boldsymbol{R}_n$ 将精确地填满整个空间。常取其为以基矢为棱边的平行六面体，体积为

$$\Omega = \boldsymbol{a}_1 \cdot (\boldsymbol{a}_2 \times \boldsymbol{a}_3) \tag{2-2}$$

对某一晶格，常取 3 个不共面的最短格矢为基矢，但原则上取法并不唯一。原胞也有多种取法，但各种取法的原胞体积相同，每个原胞只含一个格点。例如，常选用的维格纳-塞茨（Wigner-Seitz）原胞（简称 WS 原胞）取法如下：以晶格中某一格点为中心，作其与近邻格点连线的垂直平分面，这些平面所围成的以该点为中心的最小体积即属于该点的

WS 原胞。对有限大的晶体，所含原胞数和格点数相等。

布拉维格子中的格点相互等价，每一格点都有相同的最近邻格点数，这就是该格子的配位数，用符号 CN（coordination number）或 z 表示。配位数是提供晶体信息最多的单一参数。如 CN12（或 $z=12$）表示配位数为 12，这样的格子是一种密堆积结构，同一层内任一格点有 6 个最近邻的格点，相邻上下层中还各有 3 个最近邻的格点。这种情况大多属于金属或惰性气体元素组成的分子晶体，而 $z=4$ 时则大多是共价晶体。

在几种常见的布拉维格子中，简单立方（simple cubic，简称 SC）格子的格点配位数 $z=6$，体心立方（body-centered cubic，简称 BCC）格子的格点配位数 $z=8$，面心立方（face-centered cubic，简称 FCC）格子的格点配位数 $z=12$，简单六角（simple hexagonal，简称 SH）格子的格点在 xy 平面上的配位数为 6。

基元中的原子数为 1 的晶格称为简单晶格，基元中的原子数等于或大于 2 的晶格称为复式晶格。复式晶格可视为两套或多套简单晶格的相互穿套。例如，金刚石结构相当于两套面心立方格子，它们沿体对角线方向相对平移 1/4 个对角线的长度。

晶体各向异性，在不同方向上测得的电阻率等物理性质往往是不同的。因此，晶体中的取向需要明确描述。对于晶体结构的表述，应给出相应的布拉维格子以及 1 个原胞内基元中各原子的位置。

布拉维格子的格点既可视为分布在一系列相互平行等距的直线族（晶向）上，又可视为分布在一系列平行等距的平面族（晶面）上。对于同一晶体，格点的体密度保持不变，故面间距越大，面内格点的密度就较高。

2.3 常见晶体结构及其几何特征

2.3.1 常见的晶体结构

（1）体心立方结构（符号表示为 BCC）：属于此类结构的金属有碱金属、难熔金属（V、Nb、Ta、Cr、Mo、W）、α-Fe 等。

（2）面心立方结构（符号表示为 FCC）：属于此类结构的金属有贵金属、Al、γ-Fe、Ni、Pb、Pd、Pt 及奥氏体不锈钢等。

（3）密排六方结构［符号表示为 HCP（hexagonal close-packed）或 CPH］：属于此类结构的金属有 α-Be、α-Ti、α-Zr、α-Hf、α-Co、Mg、Zn、Cd 等。

2.3.2 几何特征

（1）配位数：1 个原子周围的最近邻原子数，它是 1 个原子周围各元素的最近邻原子之和（见图 2-1）。在单质晶体（单一元素晶体）中这些最近邻原子到这个原子的距离全部相等，但在多元素晶体中不同元素的最近邻原子到这个原子的距离则不一定相等。

应当指出，理想密排六方结构中只有 $c/a=1.633$ 时配位数才为 12；$c/a\neq1.633$，是近密排六方结构，有 6 个最近邻原子（同一层的原子）和 6 个次近邻原子（上、下层的各 3 个原子），配位数可计为 6+6=12。

（2）1 个晶胞内的原子数 n：这可从晶胞图中直观看出，对于立方晶格来说，位于晶

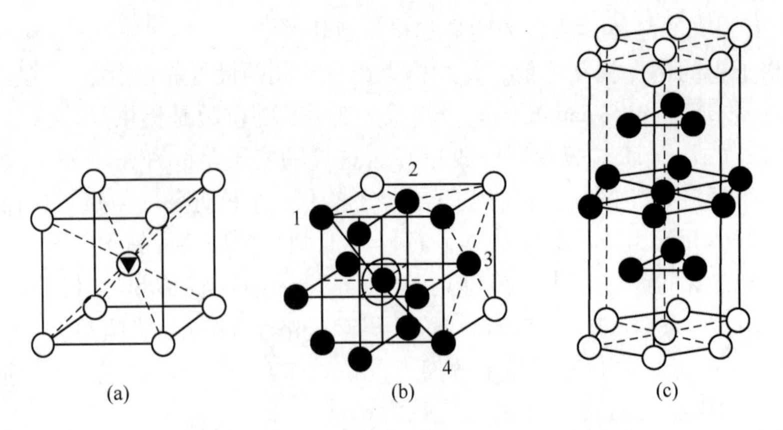

图 2-1 3 种常见晶格的配位原子和配位数示意图

(a) 体心立方；(b) 面心立方；(c) 密排六方

胞顶点的原子为相邻 8 个晶胞所共有，故属于 1 个晶胞的原子数是 1/8；位于晶胞棱上的原子为相邻 4 个晶胞所共有，故属于 1 个晶胞的原子数是 1/4；位于晶胞外表面上的原子为 2 个晶胞所共有，故属于 1 个晶胞的原子数是 1/2。

(3) 紧密系数 ξ：又称堆垛密度或密排度（或原子致密度），其定义为：

$$\xi = \frac{\text{晶胞中各原子的体积之和}}{\text{晶胞的体积}}$$

计算 ξ 时假定原子是半径为 r 的刚性球，而且相距最近的原子彼此相切（刚性球密排模型）。作为示例，下面介绍最基本的两种结构密排度。

第一种 FCC 晶胞（见图 2-2）。

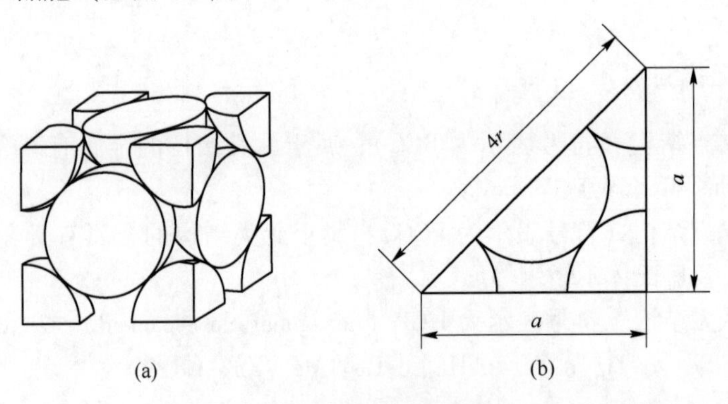

图 2-2 面心立方晶胞的密排度计算

[其中图（b）是由图（a）中面的对角线与正方形的两个边形成的三角形]

(a) 模型；(b) 三角关系

图 2-2(a) 显示，每个 FCC 晶胞包含 4 个原子，即每个面心原子均分属 2 个相邻的晶胞，晶胞角顶上每个原子分属 8 个相邻的晶胞：

$$\text{晶胞原子数} = 6 \times \frac{1}{2} + 8 \times \frac{1}{8} = 4$$

$$4\text{ 个原子的体积和} = 4 \times \frac{4\pi r^3}{3}$$

式中，r 为原子半径。

由图 2-2(b) 所示的三角关系，有晶格常数

$$a=\frac{2r}{\sin 45^\circ}=\frac{4r}{\sqrt{2}}$$

从而得出晶胞体积为

$$a^3=\left(\frac{4r}{\sqrt{2}}\right)^3$$

因此，密排度为

$$\xi=\frac{4\text{ 个原子的体积和}}{\text{晶胞体积}}=\frac{4\times\frac{4\pi r^3}{3}}{\left(\frac{4r}{\sqrt{2}}\right)^3}=\frac{2\sqrt{2}\pi}{12}\approx 0.74=74\%$$

第二种 BCC 晶胞（见图 2-3）。

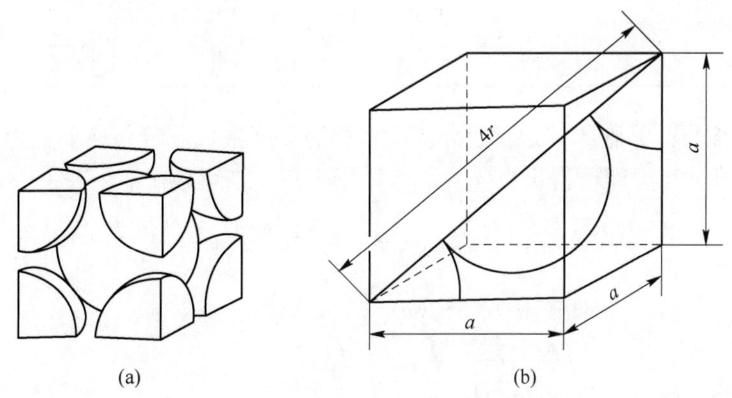

图 2-3　体心立方晶胞的密排度计算

［其中图（b）的三角形由立方体的对角线与底面对角线和立方体的一个棱所构成］

（a）模型；（b）三角关系

图 2-3(a) 显示，每个晶胞含 2 个原子，即体心原子的全部，顶角上每个原子为 8 个晶胞所共有：

$$\text{晶胞原子数}=1+8\times\frac{1}{8}=2$$

$$2\text{ 个原子的体积和}=2\times\frac{4\pi r^3}{3}$$

由图 2-3(b) 的三角关系，有

$$a^2+a^2+a^2=(4r)^2$$

得晶格常数

$$a=\frac{4r}{\sqrt{3}}$$

从而得出晶胞体积为

$$a^3=\left(\frac{4r}{\sqrt{3}}\right)^3$$

因此，密排度为

$$\xi=\frac{2\text{ 个原子的体积和}}{\text{晶胞体积}}=\frac{2\times\frac{4\pi r^3}{3}}{\left(\frac{4r}{\sqrt{3}}\right)^3}=\frac{2\sqrt{3}\pi}{16}\approx 0.68=68\%$$

根据以上定义和说明，还可算出 BCC、FCC 和 HCP 这 3 种最常见晶胞结构除密排度 ξ 之外的配位数 CN 和晶胞所含原子数 n，见表 2-1。表 2-1 中还给出了对应的原子半径 r、原子体积 v 和晶胞体积 V。

表 2-1 常见晶体的几何参数

晶体	CN	n	r	v	V	ξ
BCC	8	2	$\frac{\sqrt{3}a}{4}$	$\frac{\sqrt{3}\pi a^3}{16}$	a^3	0.68
FCC	12	4	$\frac{\sqrt{2}a}{4}$	$\frac{\sqrt{2}\pi a^3}{24}$	a^3	0.74
HCP	12	6	$\frac{a}{2}$	$\frac{\pi a^3}{6}$	$\frac{3\sqrt{3}}{2}\left(\frac{c}{a}\right)a^3$	0.74

（4）点阵常数：晶胞的棱边长度 a、b、c 称为点阵常数。若将原子视为半径为 r 的刚性球，则由几何学知识即可得出点阵常数与原子半径 r 之间存在如下关系：

$$\text{体心立方结构}(a=b=c)\qquad a=\frac{4\sqrt{3}}{3}r \tag{2-3}$$

$$\text{面心立方结构}(a=b=c)\qquad a=2\sqrt{2}r \tag{2-4}$$

$$\text{密排六方结构}(a=b\neq c)\qquad a=2r \tag{2-5}$$

点阵常数的单位可用纳米（nm）。

（5）间隙：球形原子不可能无空隙地充满晶体的整个空间，故晶体中必然存在间隙，其间隙的大小、数量和位置也是晶体的一个重要特征，对于分析一些复杂的晶体结构很有用处。

2.4 晶体结构中的间隙及原子堆垛

2.4.1 晶体结构中的间隙

从晶体原子排列的刚性球模型可以看出，晶体中存在许多间隙（见图 2-4 ~ 图 2-6）。其中，位于 6 个原子所组成的八面体中间的间隙称为八面体间隙［中心位于图 2-4(a)、图 2-5(a)、图 2-6(a) 中的小圆圈］，位于 4 个原子所组成的四面体中间的间隙称为四面体间隙［中心位于图 2-4(b)、图 2-5(b)、图 2-6(b) 中的小圆圈］。设单质晶体原子的半径为 r_A，间隙中所能容纳的最大圆球半径为 r_B（间隙半径），则根据刚性球模型的几何关系，可求出 3 种典型晶体结构中四面体间隙和八面体间隙的 r_B/r_A（见表 2-2）。面心立方结构中的八面体间隙及四面体间隙形状分别类似于密排六方结构中的同类型间隙，均为正八面体和正四面体；如果原子半径相同，则两种结构中同类型间隙的大小也对应相等，且八面体间隙大于四面体间隙。而体心立方结构中的八面体间隙和四面体间隙二者的形状都是不对称的，其棱边长度也不完全相等。

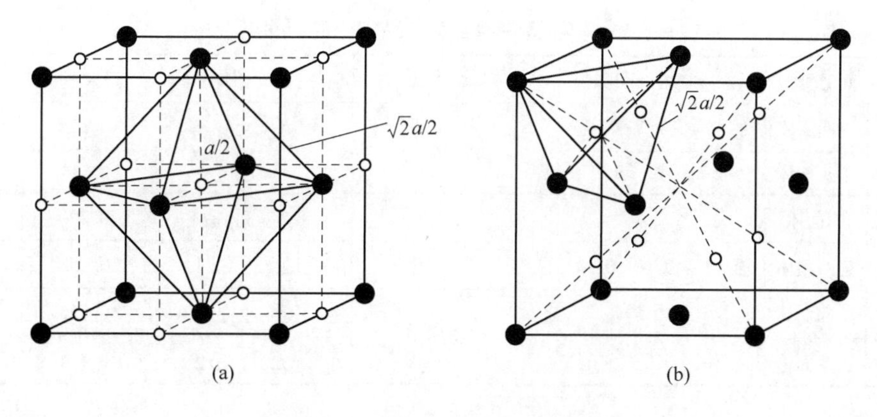

图 2-4 面心立方结构中的间隙
（a）八面体间隙；（b）四面体间隙

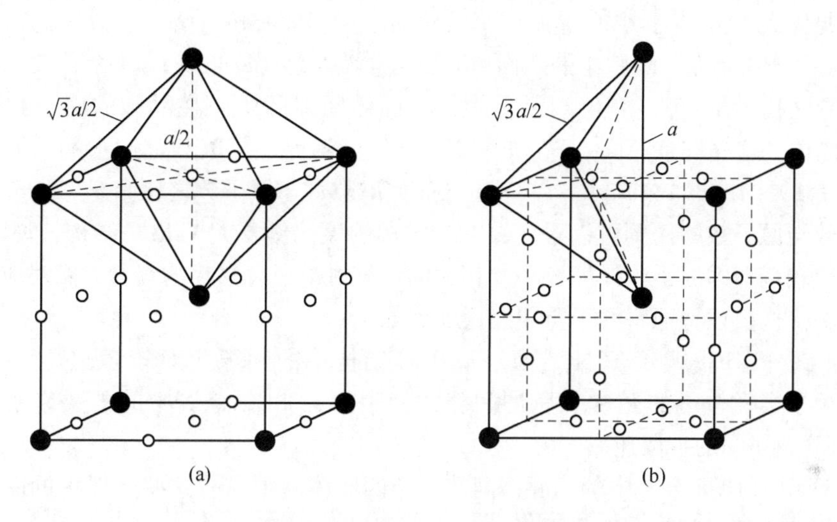

图 2-5 体心立方结构中的间隙
（a）八面体间隙；（b）四面体间隙

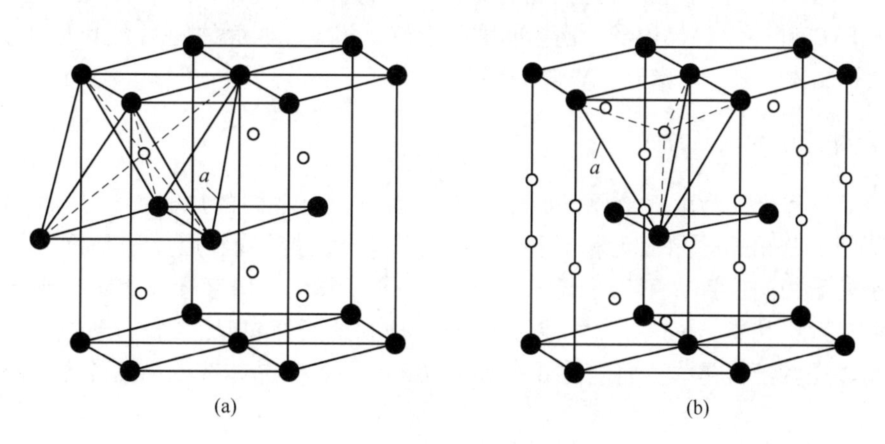

图 2-6 密排六方结构中的间隙
（a）八面体间隙；（b）四面体间隙

表 2-2 3 种典型晶体结构中的间隙

晶体类型	间隙类型	1 个晶胞内的间隙数	晶体原子半径 r_A	间隙半径 r_B	r_B/r_A	备注
FCC	正四面体	8	$\sqrt{2}a/4$	$(\sqrt{3}-\sqrt{2})a/4$	0.225	
	正八面体	4		$(2-\sqrt{2})a/4$	0.414	
BCC	四面体	12	$\sqrt{3}a/4$	$(\sqrt{5}-\sqrt{3})a/4$	0.291	
	扁八面体	6		$(2-\sqrt{3})a/4$	0.155	
HCP	正四面体	12	$a/2$	$(\sqrt{6}-2)a/4$	0.225	
	正八面体	6		$(\sqrt{2}-1)a/2$	0.414	

在 BCC、FCC 和 HCP 晶体中有两类重要的间隙，那就是上文已提及的八面体间隙和四面体间隙。例如，在 FCC 晶体中晶胞的 6 个面心原子可连成一个边长为$\sqrt{2}a/2$ 的正八面体间隙（见图 2-4）。由于 FCC 晶胞中每条棱的中点和体心位置等同，故它们都是八面体间隙的中心。显然，1 个晶胞中的八面体间隙数量为 $12\times(1/4)+1=4$ 个，故八面体间隙数与原子数之比为 1∶1。在 BCC 晶体中，八面体间隙的中心在晶胞的面心和棱的中点（对 BCC 晶体，这些都是等同点），如图 2-5(a) 所示。1 个 BCC 晶胞中的八面体间隙数量为 $6\times(1/2)+12\times(1/4)=6$ 个，于是八面体间隙数与原子数之比为 6∶2=3∶1。从八面体间隙数与原子数的比例可以看出，BCC 结构的该比例要大于 FCC 结构，说明 BCC 结构的间隙数较多，即原子密排度较小。相关的详细讨论请有兴趣的读者参阅对应的教材或专著，本书不作赘述，但将几个重要结论罗列如下：

(1) FCC 和 HCP 均为密排结构，而 BCC 结构中的间隙相对较多，故氢、硼、碳、氮、氧等原子半径较小的元素（所谓间隙式元素）在 BCC 金属中的扩散速率远快于在 FCC 及 HCP 金属中的扩散速率。

(2) FCC 和 HCP 金属中的八面体间隙大于四面体间隙，故这些金属中的间隙式元素的原子必位于八面体间隙中。

(3) FCC 和 HCP 中的八面体间隙远大于 BCC 中的八面体或四面体间隙，因而间隙式元素在 FCC 和 HCP 中的溶解度往往比在 BCC 中大得多。

(4) FCC 和 HCP 晶体中的八面体间隙大小彼此相等、四面体间隙大小也相等，其原因是这两种晶体的原子堆垛方式非常相似。

2.4.2 晶体原子的堆垛方式

任何晶体都可视为由任给原子面逐层堆垛而成，但不同的原子面（晶面）有不同的堆垛次序。若相邻的晶面无相对错动，即沿其法线方向看各层原子是重合的，此时各层原子处于相同位置（不计法线方向位移）。若每层位置用字母 A 表示，则晶体按该晶面的堆垛次序就是 AAAA…。如果相邻层有规则地反复错动，若一层的位置用 A 表示，则相邻层就不再是 A，而应由 B 来表示（B≠A），故晶体按此晶面的堆垛次序就是 ABAB…。

对于 HCP 和 FCC 晶体的密排面（原子排列密度最大的晶面）堆垛方式，若只看一层密排面，两者并无差别，因为其密排面上的每个原子都是与临近的 6 个原子相切。若看相邻的两层密排面，两者仍无差别，因为两层的相对位移均相同，且在一层上的每个原子都与另一层的 3 个最近邻原子相切。正是由于两种晶体中相邻两层密排面的堆垛情况完全相同，两种晶体中的八面体间隙和四面体间隙才都分别相等，因为这些间隙都存在于相邻两层密排面之间。若看相邻的三层密排面，则 HCP 结构按密排面的堆垛次序是 ABAB…，而 FCC 结构则对应为 ABCABC…（见图 2-7）。

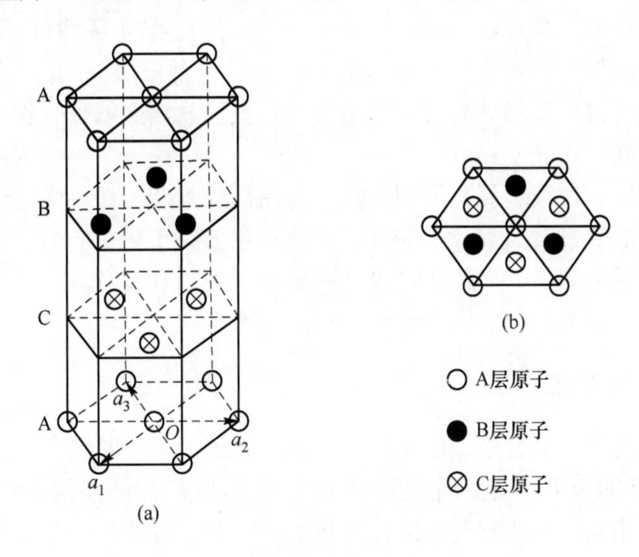

图 2-7 六方晶轴表示的 FCC 堆垛方式

（a）晶胞；（b）密排面上的投影

如上所述，FCC 晶体中密排面的正常堆垛次序是 ABCABC…，但有时在局部区域这种正常的堆垛次序会受到破坏。例如，若将其某一个 A 层原子抽走，堆垛次序就变成 ABC ¦ BCABC…，虚线处不再符合正常堆垛次序，此处即称出现了堆垛层错。又如，在 HCP 晶体中，密排面的正常堆垛次序是 ABABAB…，若在某个 A 层和相邻的 B 层之间插入一个 C 层，则堆垛次序变成 ABABA ¦ C ¦ BAB…，这样就在 A—C 和 C—B 两处出现了两层层错。

2.5 晶体中的电子结构

2.5.1 晶体的结合键

固体中的原子结合力本质上均源于原子核和电子之间的静电交互作用（库仑力），根据电子围绕原子的分布方式可将原子的结合键（化学键）分为离子键、共价键、金属键、分子键（范德瓦尔斯力）和氢键等 5 类。这 5 种结合键都可在相应的晶体中找到，如 NaCl 晶体中的原子是通过离子键而结合的，金刚石晶体是通过共价键而结合的，典型金属的结合键是金属键，卤族元素晶体（分子晶体）的结合键是分子键，而冰晶体中则存在着氢键。只有 NaCl、金刚石和典型金属等为数不多的晶体中仅包含一种结合键，多数晶体一般包含两种或多种结合键。例如，在卤素晶体中，虽然各分子间是通过分子键结合成晶体，但组成分子的一对原子间存在着很强的共价键。

2.5.2 固体中的电子状态

固体中的电子状态可以是局域或离域两种极限状态，一些体系的电子状态处于这两者之间。离域电子状态可以用能带理论描述，局域电子则需要用离子模型描述。一般地，s 和 p 轨道之间的相互作用较强，当固体中的原子或离子的价轨道主要为 s 和 p 轨道时，电子基本上处于离域状态。如在碱金属或碱土金属中，价轨道（s 轨道）是完全离域的，属于典型的金属晶体结构。而稀土离子中的 4f 电子是另一种极限情况，由于受外层 5d 和 6s 的屏蔽，4f 轨道处于高度局域状态，一般不参与成键。过渡金属化合物中的 d 电子介于上述两种极限情况之间。

在固体化合物中，过渡金属离子间的相互作用比较复杂。在一些过渡金属固体化合物中，特别是在 4d 和 5d 过渡金属化合物中，d 轨道主要是离域的；在另一些化合物中，d 电子处于局域和离域之间，d 轨道之间通过一定途径发生相互作用，但形成的能带较窄。这使得过渡金属化合物表现出非常丰富和独特的物理性质。

2.5.3 晶体中的电子能态

当两个原子趋近而形成分子或原子团时，孤立原子的每个能级会分裂成两个能级，即成键能级 E_s 和反键能级 E_a。这两个能级相对于原子能级 E_0 的差值（$E_0 - E_s$ 和 $E_a - E_0$）只取决于原子间的距离，与相互趋近的原子数无关。原子数越多，分裂成的相邻能级间距就越小，即能级越密。对于 1 mol 的固体，其所含粒子数 $N = 6.02 \times 10^{23}$，因而相邻能级间距非常小，原能级分裂后包含了数量巨大的分裂能级，它们近乎成为连续的能带。带的宽度只取决于原子间的距离。

能级分裂是相邻原子的各轨道相互作用（或电子云交叠）的结果。当原子间距等于实际固体中的原子平衡距离时，就只有外层（和次外层）电子的能级有显著的交互作用而展宽成带，内层电子仍处于分立的原子能级上。常将价电子（即参加化学键合的电子）的原子能级展宽而成的带称为价带，由价电子能级以上的空能级展宽而成的带称为导带。电子填充能带时仍遵循能量最低原则和泡利不相容原理，即电子尽量占据能带底部的低能级，且每个能级上最多只能有两个自旋相反的电子。

在平衡的原子间距时，相邻能带的相对位置极大地影响着固体的性质，特别是价带和导带的相对位置。根据这两个能带所对应的原子能级的能量间隙和固体中平衡的原子间距，可能有两种相对位置情况：一是两带交叠；二是两带分开。两个分开能带之间的能量间隔 ΔE_g 称为能隙，或称禁带（固体中的价电子能量不允许在这个范围内）。

导体的特点是外电场可改变价电子的速度分布或能量分布，从而导致电子的定向流动。这里又有两种情形：其中一种情形是固体中的价电子浓度（即平均每个原子的价电子数）比较低，没有填满价带，因而在很小的外电场作用下处于最高的被填充能级（称为费米能级，即对应于半导体和绝缘体的价带顶）的电子就能跃迁到相邻的空能级导带上去，从而形成定向电流。另一种导电的情形是价带和导带交叠（此即金属的导电情形），因而在外电场作用下填入导带的电子可形成定向电流。绝缘体的特点是在价带与导带之间存在着较大的能隙 ΔE_g，而价带填满了电子，因此通常外电场不能改变电子的速度和能量分布。半导体的价带也填满了电子，它与导带之间也有能隙 ΔE_g，但 ΔE_g 较小

（一般小于 2 eV）。半导体具有一定导电性的原因有下述 3 种情形：

（1）ΔE_g 非常小，热激活就足以使价带中处于费米能级的电子跃迁到导带底，同时在价带中留下电子空穴。于是，在外电场作用下，导带中的电子和价带中的空穴都可以发生迁移。这类半导体称为本征半导体。

（2）ΔE_g 比较小，在能隙中存在着由高价杂质元素产生的新能级（如 Si 晶体中掺入 P 元素）。热激活足以使电子从杂质能级跃迁到导带底。于是，在外电场作用下，通过导带中电子的迁移而导电。这类半导体称为 n 型半导体，而杂质原子称为“施主”原子，因为它将电子“施给”导带。

（3）ΔE_g 比较小，在能隙中存在着由低价杂质元素产生的新能级（如 Si 晶体中掺入 B 元素）。热激活足以使价带中处于费米能级的电子跃迁到杂质能级，从而在价带中留下电子空穴。于是，在外电场作用下，通过价带中的空穴迁移而产生电流。由于空穴的行为类似于带正电荷的粒子，故这类半导体称为 p 型半导体，而杂质原子称为“受主”原子，因为它的能级“接受”价带的电子。

2.5.4 离子键与晶格能

很多无机固体化合物由离子构成，其中化学键主要是离子键或含有相当大的离子键成分。在离子晶体中，金属原子的价电子全部或部分转移到非金属原子，因此离子晶体的电子结构具有电子迁移的特征。这里首先简要介绍离子键的基本特点，然后利用离子键的特点讨论这类晶体的电子结构。离子键的本质是不同电荷离子之间的库仑（Coulomb）引力，键能近似等于体系的晶格能。根据库仑定律，电荷相反的两个离子之间的静电引力为

$$F = \frac{z_1 z_2 e^2}{R^2} \tag{2-6}$$

式中，z_1 和 z_2 分别为正、负离子所带的单位电荷数；e 为电子电量（绝对值）；R 为正、负离子之间的距离。当一对正、负离子从无限远逐步靠近到距离为 R 时，体系所释放的能量为

$$u = \int_{\infty}^{R} -F\mathrm{d}R = -z_1 z_2 e^2 \int_{\infty}^{R} \frac{1}{R^2}\mathrm{d}R = \frac{z_1 z_2 e^2}{R} \tag{2-7}$$

当 1 mol 正、负离子结合成晶体时，每个离子与晶体中的所有其他离子都存在库仑作用，计算离子化合物的晶格能要考虑离子与晶格中所有其他离子的相互作用，可见离子晶体的晶格能与其晶体结构密切相关。

考虑 NaCl 晶体中某个离子与周围离子的相互作用。从 NaCl 的晶体结构（见图 2-8）可以发现，每个离子周围有 6 个距离为 R 的相反电荷离子，次近邻有 12 个距离为 $\sqrt{2}R$ 的同电荷离子，再次近邻是 8 个距离为 $\sqrt{3}R$ 的相反电荷离子，类推后得到每个离子与周围离子的相互作用能 u 为

$$u = \frac{e^2}{R}\left(\frac{6}{\sqrt{1}} - \frac{12}{\sqrt{2}} + \frac{8}{\sqrt{3}} - \frac{16}{\sqrt{4}} + \cdots\right) = \frac{e^2}{R}A \tag{2-8}$$

式中的级数 A 是与晶体结构类型有关的马德隆（Madelung）常数，部分常见无机固体化合物结构类型的马德隆常数见表 2-3。

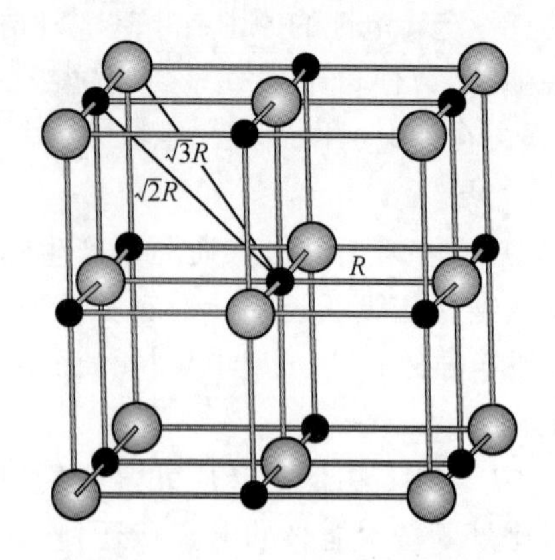

图 2-8 NaCl 结构中原子间的距离

表 2-3 部分常见结构类型的马德隆常数

结构类型	配位数	晶系	马德隆常数
NaCl	6 : 6	立方	1. 74756
CsCl	8 : 8	立方	1. 76267
立方 ZnS	4 : 4	立方	1. 63806
六方 ZnS	4 : 4	六方	1. 64132
萤石	8 : 4	立方	5. 03878
金红石	6 : 3	四方	4. 81600
刚玉	6 : 4	三方	25. 0312

式（2-8）表示一个离子与晶体中其他所有离子的相互作用。如果晶体中有 N 个正离子和 N 个负离子，并注意不要重复计算每个离子的贡献，可得整个晶体的离子晶格能为式（2-8）的 $2N/2=N$ 倍，即

$$U=Nu=\frac{e^2}{R}AN \tag{2-9}$$

上式只考虑离子间的库仑引力。当正、负离子接近到一定程度时，离子间的斥力迅速增加，其排斥作用能为

$$u_{\mathrm{r}}=\frac{B}{R^m} \quad (m\geqslant 2) \tag{2-10}$$

式中，B 为常数；m 为与晶体结构以及离子的极化能力有关的参数，部分晶体的 m 值见表 2-4。

表 2-4 一些典型离子晶体的 m 值

化合物	LiF	LiCl	LiBr	NaCl	NaBr
m	5. 9	8. 0	8. 7	9. 1	9. 5

最后得到离子晶体的晶格能为

$$U=N\left(\frac{e^2}{R}A-\frac{B}{R^m}\right) \tag{2-11}$$

需要指出的是，对于共价键成分较大的体系，晶格能并不能给出全部键能，共价键成分的键能还需另作补充。

2.5.5 轨道相互作用

固体中原子轨道之间的相互作用是固体能带理论的基础。在很多化合物中，原子之间的相互作用不是完全靠静电库仑作用，原子轨道之间的相互作用可以形成分子轨道。如果电子填充在成键分子轨道，会使体系稳定，形成共价键。除典型的离子晶体（如 NaCl 等）外，多数离子晶体的化学键都含有不同程度的共价成分。化学键不仅决定了固体的结构，同时也决定其物理性质和化学性质。但是，固体中的化学键有时不像分子中那样直观，需要借助能带等固体电子结构的观点来理解。

2.5.5.1 d 轨道的能级分裂

过渡金属在形成化合物时，失去外层价电子（s 或 p）或一部分 d 轨道中的电子，因而过渡金属化合物可视为离子晶体。然而，过渡金属离子 d 轨道与负离子的原子轨道（通常是 s 或 p 轨道）之间存在一定的共价键成分。此外，过渡金属的固体化合物具有非常丰富的性质，有些是半导体或绝缘体，有些则具有金属性，这些都与化合物中的 d 轨道与配体原子轨道相互作用的强弱有关。在探讨过渡金属化合物的电子结构时，一般先考虑中心离子与配位的负离子之间的相互作用，了解金属离子 d 轨道在配位场中的分裂情况，然后再考虑 d 轨道之间的相互作用和形成的固体能带等问题。

配位场可以影响晶体结构中离子的格位选择。离子的格位配位状况首先由离子半径决定，但也受晶体场的影响。例如，尖晶石结构有四面体和八面体两种格位，Fe_3O_4 中的三价铁离子倾向于占据四面体格位，二价铁离子倾向于占据八面体格位。因此，Fe_3O_4 中的 Fe^{3+} 占据四面体格位，Fe^{2+} 和剩余的 Fe^{3+} 共同占据八面体格位，Fe_3O_4 属于反尖晶石结构。还可以利用 d^n 过渡金属离子的能级分裂理解体系光谱和磁学性质。d^n 过渡金属化合物的吸收光谱主要对应于电子在 d 轨道之间的跃迁。例如，受激的红宝石晶体（主要成分是氧化铝 Al_2O_3）可以发生辐射跃迁发射，辐射跃迁发射主要是从最低激发态跃迁到基态，属于禁阻跃迁，衰减时间较长，这也是红宝石可以产生受迫发射跃迁即产生激光的原因。过渡金属离子能级受晶体场的影响很大，当晶体场变化时，d 轨道能级发生相应的改变。而稀土离子的 f 轨道受到外层轨道的屏蔽，故其能级分裂受晶体场环境的影响很小。因此，很多稀土化合物的光谱可以很好地对应自由离子光谱，晶体场只影响光谱的精细分裂。需要指出，很多稀土掺杂的无机晶体具有非常好的荧光性质，人们也常利用稀土离子的精细光谱研究晶体中格位的点对称性。

2.5.5.2 分子轨道

当原子互相接近时，原子轨道之间发生相互作用，从而形成成键和反键分子轨道。两个原子轨道形成分子轨道时，以原子轨道为重心，成键轨道能量下降，反键轨道的能量上升。价电子进入成键分子轨道，使体系的能量降低，形成稳定的分子。

当构成分子的原子的电负性相近时，原子结合以共价键为主；而当构成分子的原子的电负性相差较大时，原子之间的结合以离子键为主。电负性较大的原子对轨道的束缚较强，原子轨道的能量较低；而电负性较小的原子轨道则能量较高。因此，构成分子的原子的电负性相差较小时形成较强的共价键，原子轨道之间的能量差别较大时共价键较弱。但这并不表示两个原子之间的化学键弱，因为在形成分子时电子发生迁移，化学键具有一定的离子键成分。这时的成键分子轨道主要来源于电负性较大的原子轨道，电子填充在成键分子轨道，相当于电子从电负性较小的原子往电负性较大的原子迁移。

随着原子数目的增加，分子轨道数目增加。但分子轨道数目总是与原子轨道数目相同，且能量最低的分子轨道是成键轨道，能量最高的分子轨道是反键轨道，在两者之间的分子轨道可以是成键、非键或反键轨道。

2.5.6 固体中的能带

固体中的原子数目很大，用分子轨道理论描述很不方便，另外也不可能完全描述体系的电子结构。借助晶体结构的周期性（或平移对称性）来描述固体中的能量状态，可使问题大为简化。

2.5.6.1 能带的形成

对于单个原子来说，电子是处在不同的分立能级上的。例如，1 个原子有 1 个 2s 能级、3 个 2p 能级、5 个 3d 能级。每个能级上可容许有 2 个自旋方向相反的电子。但当大量原子组成晶体后，各个原子的能级会因电子云的重叠而发生分裂。理论计算表明，在由 N 个原子组成的晶体中，每个原子的 1 个能级将分裂成 N 个，每个能级上的电子数不变。这样，N 个原子组成晶体后，2s 态上就对应有 $2N$ 个电子，2p 态上就对应有 $6N$ 个电子，等等。能级分裂后，其最高能级与最低能级之间的能量差只有几十电子伏，组成晶体的原子数对它影响不大。但对于实际晶体，体积即使小到只有 1 mm^3，所包含的原子数也是 $N=10^{19}$ 的量级。当分裂成的 10^{19} 个能级只分布在几十电子伏的范围时，每一能级的间隔非常小，可视为连续变化，这就是所谓的能带（见图 2-9）。因此，对固体而言，主要讨论的是能带而不是能级，相应地就是 1s 能带、2s 能带、2p 能带，等等。在这些能带之间，存在着一些无电子能级的能量区域，称为禁带。

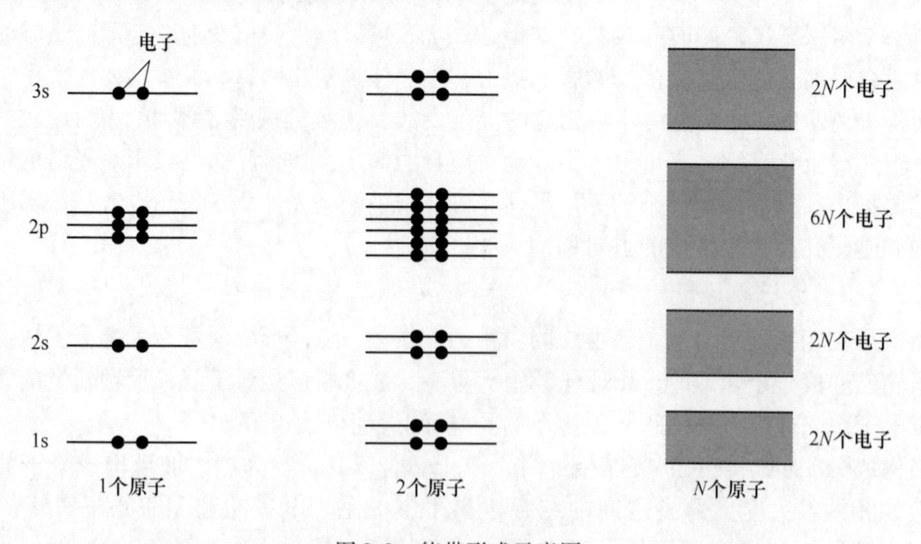

图 2-9 能带形成示意图

轨道波函数可用周期函数（平移对称性）进行描述，晶体轨道波函数的成键特性与原子波函数对称性有关。对于宏观固体材料，晶胞数目非常大，因而能级是准连续的，大量的晶体轨道能级就构成了能带。能带宽度是能带结构中的一个重要参数。原子轨道之间的相互作用越强，成键与反键轨道间的能量差值就越大，相应的能带分布也就越宽。可见，变化较陡峭的能带所对应的化学键较强，变化较平缓的能带所对应的化学键较弱。利用该原理，可在复杂的能带结构中辨别能带的成键类型和相互作用大小。

能带的能态密度（density of states，DOS）反映的是单位能量间隔内的状态数目，即晶体轨道的数目。单位能量间隔内的状态数目较大，对应的能态密度也较大；而在能带中部变化较陡，单位能量间隔内的状态数目较小，相应的能态密度也较小。

很多过渡金属化合物都具有金属性，这可用能带模型加以解释。金属性化合物的能态密度可用实验方法测量，最常用的方法是光电子能谱。

固体中的离域电子也可用能带描述。固体物理一般从自由电子出发，考虑边界条件和晶格周期性对电子结构的影响而引出能带概念，这对于阐明简单金属（如碱金属）的电子结构是非常直观和有效的；而化学工作者则一般基于化学键的原理而用能带概念来处理复杂的结构体系，因此是从原子轨道的线性组合出发而引出能带概念。

2.5.6.2 费米能（Fermi 能）

气体分子的能量服从麦克斯韦-玻耳兹曼分布规律，但对于固体中的电子，其状态和能量都已量子化，不再符合以经典力学为基础的玻耳兹曼分布规律，而要用费米-狄拉克（Fermi-Dirac）量子统计来描述。

按照费米-狄拉克统计，固体中能量在 E 到 $E+\mathrm{d}E$ 之间的电子数为

$$N(E)\mathrm{d}E = S(E)f(E)\mathrm{d}E \tag{2-12}$$

式中，$N(E)$ 为能量为 E 的电子数；$S(E)$ 为状态密度。

$$S(E) = 4\pi V_c \frac{(2m)^{3/2}}{h^3}E^{1/2} \tag{2-13}$$

式中，V_c 为晶体体积；m 为电子质量；h 为普朗克常数。$f(E)$ 为费米分布函数，代表在一定温度下电子占有能量为 E 的状态的概率，可由量子统计导出费米函数为

$$f(E) = \frac{1}{e^{(E-E_F)/(kT)}+1} \tag{2-14}$$

式中，E 为热力学温度为 T 时电子的能量；E_F 为体系费米能级的能量，简称费米能，相应的能级称为费米能级。E_F 在固体物理特别是在半导体中是一个十分重要的参量，其数值决定于能带中的电子浓度和温度。

由式（2-14）可知，当 $T=0$ 时：若 $E<E_F$，则 $f(E)=1$；若 $E>E_F$，则 $f(E)=0$。这就是说，在 0 K 时，凡是能量小于费米能的所有能态全部为电子占据，而超过费米能的各能态全部空着（没有电子占据）。此时 E_F 就代表了为电子所占有能级的最高能量水平。

若 $T\neq0$，则由式（2-14）可知：$E=E_F$ 时，有 $f(E)=1/2$；$E<E_F$ 时，有 $1>f(E)>1/2$；$E>E_F$ 时，有 $0<f(E)<1/2$。这表明温度较高时，电子由于热运动而可从价带跃迁到导带，成为导带电子，并在价带中留下空穴。不同温度下的费米分布示例于图 2-10。

费米分布在 E_F 两侧是对称的。虽然温度会影响到费米分布，但因 E_F 很大，kT 很小，故 $f(E)$ 变化剧烈的部分通常只在离 E_F 左右为 0.1 eV 的区间，由 $f(E)=1$（$E<E_F$）很

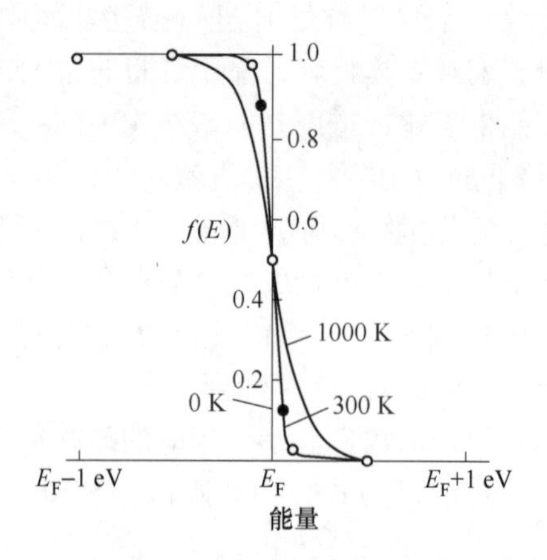

图 2-10 不同温度下的电子费米分布示例图

快过渡到 $f(E)=0$ $(E>E_F)$。

金属体系的费米能级是指电子在能带中占据的最高能级。在热力学零度，费米能级以下的能量状态被占据，高于费米能级的能量状态全空。在高于热力学零度的实际体系中，电子分布状况符合上述费米函数。图 2-11 为 $T=0$ K 和 $T>0$ K 时的费米分布函数示意图。当 $T=0$ K 时，金属中低于费米能级的能量状态的占有率为 1，费米能级以上能量状态的占有率为 0。当 $T>0$ K 时，低于费米能级的能量状态没有被完全占据，而高于费米能级的能量状态有一定的占有率，这是因为一部分电子被热激发到能量较高的状态中。

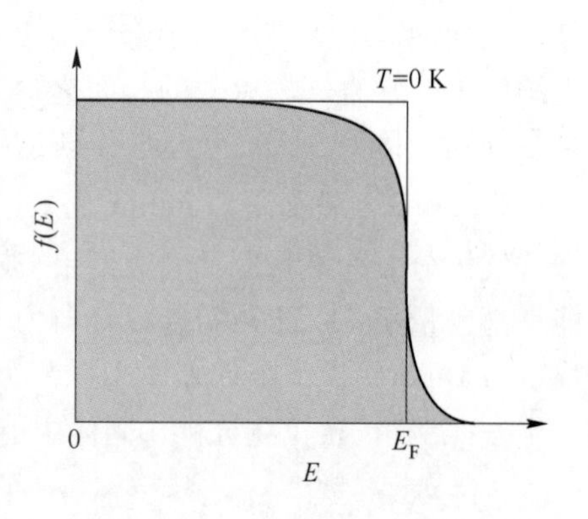

图 2-11 费米分布示意图

费米能级和费米分布是无机固体的重要概念，很多物理性质都与费米能级附近的电子状态有关。例如，电子对金属的热容有贡献，但能带理论认为不是其中的所有电子都有贡献，只有处于费米能级附近的电子能够热激发到较高的能量状态，而处于较低能量状态的电子对热容并没有贡献。因此，金属的电子热容可表示为

$$C_e=\frac{\pi^2}{3}k^2T\cdot N(E_F) \tag{2-15}$$

式中，T 为热力学温度；k 为玻耳兹曼（Boltzmann）常数；$N(E_F)$ 为费米能级附近的能态密度。热容与温度和费米面附近的能带密度成比例。

很多情况下需要了解费米面的几何形状，即已占据的能量状态与未占据的能量状态的边界。从一维、二维和三维结构的能带特点可知，一维链状材料的费米面为平面，二维层状结构的费米面呈柱状，三维材料的费米面是具有一定对称性的类球面。

由上分析，可以这样理解费米能级的意义：

（1）E_F 以下的能级基本为电子填满，E_F 以上的能级基本为空。

（2）虽然一旦 $T\neq0$，处于 E_F 能量水平的能级被电子占据的概率只有 1/2，但未被电子填满的能级必定就在 E_F 附近。

（3）由于热运动，电子可获得大于 E_F 的能量而跃迁到导带中，但只集中在导带的底部，价带中的空穴也多集中在价带的顶部。

（4）一般金属的 E_F 处于价带和导带的分界处，半导体的 E_F 位于禁带中央。

2.5.7 离子键近似

2.5.7.1 满壳层构型的离子晶体

形成离子晶体时，金属原子上的价电子向非金属原子迁移，形成满壳层的正离子和负离子。以 NaCl 为例，Na 原子和 Cl 原子的电子组态分别为 [Ne]$3s^1$ 和 [Ne]$3s^2 3p^5$。当形成 NaCl 时，Na 原子的 3s 轨道电子转移到 Cl 原子的 3p 轨道上，形成满壳层离子。由于 Na 原子的 3s 轨道能量远高于 Cl 原子的 3p 轨道能量，分子轨道理论认为 NaCl 的成键轨道主要是 Cl 原子的 3p 轨道，而反键轨道主要是 Na 原子的 3s 轨道。

离子晶体由大量离子构成，1 cm^3 晶体中的原子数量级是 10^{23}，故可将晶体中的轨道能量视为连续，即构成能带。固体能带理论常用价带和导带的概念描述电子的能量状态，导带是指最低的未被占据的能带或未被完全占据的能带，价带是固体中完全被占据的最高能带。在价带与导带之间没有电子的能量状态称为禁带。价带与导带间的能量差称为禁带宽度，禁带宽度是表征晶体性质的一个重要参数。NaCl 晶体的价带主要是 Cl 原子的 3p 轨道，导带主要由 Na 原子的 3s 轨道构成。所有离子晶体都具有这种特点，即其中价带主要由负离子的原子轨道构成，而导带主要由正离子的原子轨道构成。

离子晶体在一定波长光的激发下，电子可从价带跃迁到导带。对于 NaCl 晶体，这种跃迁对应于电子从 Cl 离子的 3p 轨道跃迁到 Na 离子的 3s 轨道。由于这种电子跃迁发生在不同离子之间，常称为电荷迁移跃迁（charge transfer）。在许多材料的吸收光谱中，电荷迁移跃迁是允许跃迁，比组态内的电子跃迁强得多。讨论晶格能时将离子视为点电荷，但实际离子由原子核和核外电子构成，具有一定体积。在库仑场中，核外电子的分布会产生一定的变化，因而晶体中离子之间既有强的库仑作用，还有极化作用。当离子晶体是由体积小、电荷高的正离子与体积大、易极化的负离子构成时，这种极化作用可以很大。极化效应使离子中的原子核外电子云发生畸变，从而使离子的有效电荷（q）降低。极化作用总的效果是减小正、负离子之间的能量差，提升共价性。例如，TiO_2 中的钛离子是正四价，因此对负离子的极化作用很大。换言之，TiO_2 中钛与氧之间的化学键已不再是纯粹的离子键，而是包含了很大的共价键成分。

固体可视为由 10^{23} 量级的原子构成，大量的原子轨道交叠使分立的能级展宽成能带。能带宽度与离子间相互作用的强弱有关，是固体电子理论中的一个重要参数。光电子能谱表明，MgO 中氧的 2p 能带宽度约为 5 eV，镁的 3s 能带则更宽。满壳层离子晶体的禁带宽度一般都较宽，常用作光学基质材料、介电材料等。

2.5.7.2 过渡金属离子晶体

许多固体化合物的物理性质都可用能带观点来加以说明。例如，ReO_3 中氧的 p 轨道构成价带，铼的 d 轨道构成导带，由于 d 能带中有一个电子，因此具有金属导电性。然而，很多过渡金属化合物的物理性质却无法用能带模型来解释。例如，第一过渡系列金属

（第4周期的B族和Ⅷ族元素，如Ti、V、Mn、Fe、Co、Ni等）的氧化物可以具有金属或半导体性质，且其既可以是顺磁性（一种弱磁性，即对磁场响应很弱的磁性，其磁化率为正值），也可以是反铁磁性（磁矩排列方向相互平行，且相邻磁矩大小相等、方向相反，即磁矩反平行交错有序排列；其微小磁矩像铁磁性在磁畴内排列整齐，但为反平行排列相互对立）。如果从能带的观点看，这些过渡金属离子形成的MO应该都具有金属导电性，因为体系只能形成不充满的导带。而实际上这些一氧化物中只有TiO和VO呈现金属性，其他均为半导体。这是由于能带理论基于单电子假设，即假设能带不随电子数目的变化而变化。这种假设对于能带较宽的体系是成立的，如碱金属的能带、第二过渡系列（第5周期的B族和Ⅷ族元素）和第三过渡系列（第6周期的B族和Ⅷ族元素）金属化合物的d轨道。但若体系的能带较窄，电子之间的排斥作用较强，电子数目的变化将引起体系能带结构的改变。这时单电子近似并不成立，而需要根据体系的化学物理性质来确定能带结构。第一过渡系列金属形成的化合物一般属于这种情况。

ReO_3中铼的d轨道与氧的p轨道之间有较强的相互作用，可形成较宽的能带。相反，第一过渡系列金属的d轨道径向分布较小，且随元素核电荷数增大，原子核对d轨道电子的束缚逐步加强，因而只有TiO和VO中的d轨道是离域的，表现为金属性。其他过渡金属氧化物中的d轨道基本是局域的，表现为反铁磁性的半导体。半导体材料中的价带是全充满的，而导带为全空，两者之间存在能隙。能隙主要来自电子之间的排斥作用，其中的能带不同于前述单电子能带。电子之间的强排斥作用使电子不能成对地填充在能带中，不同的能量状态中填充自旋状态不同的电子，亦即不同自旋状态的电子填充在不同的轨道上。不同自旋状态的能带具有不同的能量位置，因而体系的能带实际上是不同自旋状态的能带。

2.5.8 哈伯德（Hubbard）模型

上述关于固体电子结构的两种主要观点中，能带理论适用于原子轨道间的相互作用较强、能带较宽、电子处于离域状态的体系；而离子模型的能量状态则具有较强的局域特性，相应的能带较窄，电子之间的排斥作用较强。3d过渡金属（第一过渡系列金属）氧化物的性质反映了能量状态从离域到局域的变化，即随着过渡金属原子序数的增加，3d过渡金属氧化物从金属性逐步过渡到反铁磁性半导体。这是因为，随原子序数增加，3d轨道的局域性增强，能带变窄，电子之间的排斥作用增强，因而需要用离子模型来描述体系的电子结构。能带宽度的数值可通过能带理论估算，也可利用光电子能谱测量。

哈伯德模型对过渡金属固体化合物性质的变化提出了如下解释：对于固体能带较窄的体系，电子之间具有较强的排斥作用，从而使d轨道能带分裂成两个子能带（subband），不同子能带的自旋状态不同，因此化合物表现出磁性半导体性质（一些3d过渡金属属于这种情况）。如果体系的能带逐步变宽，在某一临界值能带被部分填充，固体就表现出金属性质。随着核电荷数的增加，过渡金属d轨道的径向分布减小。这不仅减小了d轨道与氧的p轨道之间的交叠积分，使能带宽度变窄，而且d电子运动的空间分布减小，加大了电子之间的排斥作用。因此，就造成了d轨道更加局域化。所以，从TiO到NiO，过渡金属氧化物由金属导体转变成反铁磁性半导体。

思考和练习题

2-1　计算晶体结构中某一晶面的原子密度（单位面积上的原子个数），与计算晶胞结构中的原子密度（单位体积内的原子个数），有何异同之处？

2-2　试计算 FCC 结构中不同晶面的原子密度，并指出哪个面是密排面。

2-3　晶面上的原子密度与其晶面间距（相邻两个平行晶面之间的距离）有何关系？

2-4　晶体外露表面一般是何种晶面？为什么？

3 晶体的主要结构类型

3.1 引　　言

实际晶体结构可由其布拉维格子及其格点基元来描述，经常是一种结构形式可以衍生出数以百计的化合物结构。例如，对于离子晶体，在密积结构的基础上进行不同的填隙、置换以及晶胞变形，就可得到新的化合物晶体结构。这种情况在常见的、组成简单的无机化合物晶体中更为普遍。本章介绍实际晶体的几个主要结构类型，以及一些简单、常见的具体晶体结构，这有助于了解更复杂的结构；在第 2 章所述常见晶体结构及其特征的认知基础上，重点分析金属晶体和离子晶体中的典型结构类型，让读者了解到实际晶体物质的具体结构状态。

3.2 元素的晶体结构

按照晶体结构，可将周期表上的元素分为 3 类（见图 3-1）。第Ⅰ类包括ⅠA 和ⅡA 族元素、ⅡB 族外的其他 B 族元素以及第Ⅷ族元素。这些元素大都具有典型的金属结构，即面心立方、密排六方和体心立方结构，其特点是配位数高。在讨论第Ⅱ类元素的结构之前先讨论第Ⅲ类元素的结构。这类元素包括ⅣA ~ ⅦA 族元素，其结构特点是每个原子具有 $8-N$ 个近邻原子（这里 N 是该元素所属的族数）。该特点称为 $8-N$ 规则，此规则显然是原子为通过共价键达到八电子层结构的必然结果。在第Ⅲ类元素中，ⅣA 族元素碳（金刚石，结构见图 3-2）、硅、锗和灰锡都具有人们熟知的金刚石结构，其中碳原子位于 FCC 点阵的结点及 4 个不相邻的四面体间隙位置，每个碳原子有 4 个距离为 $\sqrt{3}a/4$ 的最近邻原子，即配位数为 4，符合 $8-N$ 规则（其中 $N=4$，$8-N=4$）。

ⅤA 族元素砷、锑、铋等属于菱方晶系，ⅥA 族元素的硒、碲也属于菱方晶系。

ⅠA	ⅡA	ⅢB	ⅣB	ⅤB	ⅥB	ⅦB	ⅧB			ⅠB	ⅡB	ⅢA	ⅣA	ⅤA	ⅥA	ⅦA	ⅧA
H																	
Li	Be											B	C	N	O	F	Ne
Na	Mg											Al	Si	P	S	Cl	Ar
K	Ca	Sc	Ti	V	Cr	Mn	Fe	Co	Ni	Cu	Zn	Ga	Ge	As	Se	Br	Kr
Rb	Sr	Y	Zr	Nb	Mo	Tc	Ru	Rh	Pd	Ag	Cd	In	Sn	Sb	Te	I	Xe
Cs	Ba	La	Hf	Ta	W	Re	Os	Ir	Pt	Au	Hg	Tl	Pb	Bi	Po	At	Rn
					Ⅰ							Ⅱ				Ⅲ	

图 3-1　按晶体结构的元素分类

讨论了第Ⅰ类和第Ⅲ类元素之后，对第Ⅱ类元素的结构特点就易于了解。这类元素往往兼有Ⅰ、Ⅲ两类元素的某些特点。例如，汞虽然具有简单菱方（或略微畸变的立方）结构，但其配位数也符合 $8-N$ 规则（每个汞原子有 $8-2=6$ 个近邻原子）。锌和镉虽具有密排六方结构，但 a/c 很大（$a/c=1.86>1.633$），故并非严格的密排结构。虽然符合 $8-N$ 规则，但ⅡB 族元素只有 2 个价电子，故不可能形成共价键。事实上，这些元素的晶体都是金属。

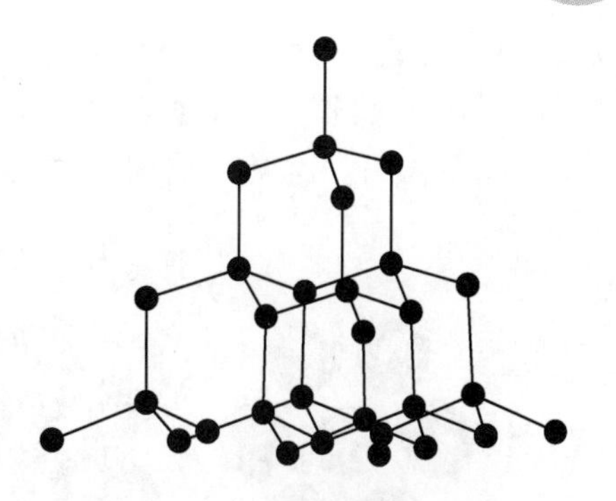

图 3-2　金刚石的晶体结构
（碳原子组成的四面体网络）

3.2.1　金属单质结构概述

金属中的价电子可视为三维势阱中运动的自由电子，这些价电子将金属原子结合在一起形成金属。金属键没有方向性和饱和性，因此金属单质结构中的金属原子的排列方式和配位数主要决定于空间因素，即金属原子半径的大小。图 3-3 列出了部分单质金属在通常条件下的晶体结构。

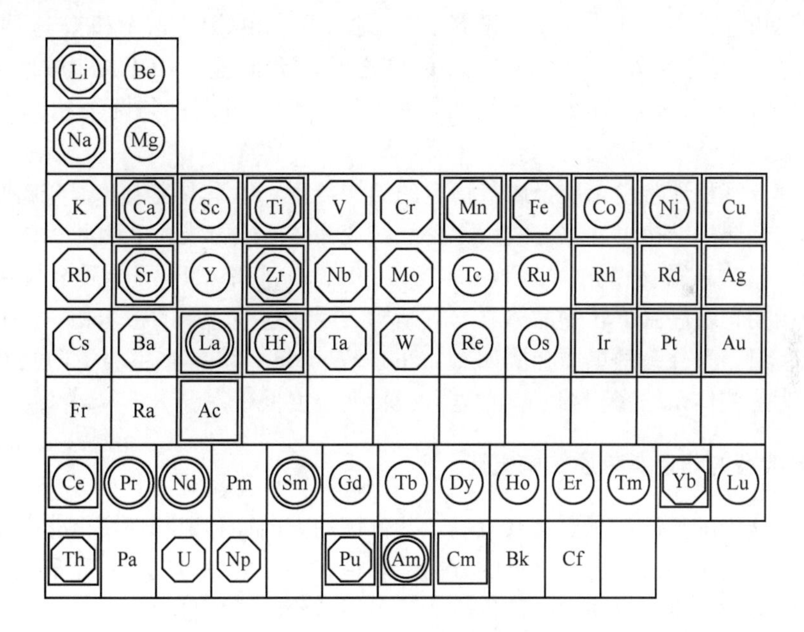

图 3-3　单质金属的晶体结构
（只给出了在通常条件下稳定的物相，很多单质金属具有很多不同的物相）
正八边形—体心立方（BCC）；正方形—立方密积（CCP）；单层圆圈—六方密积（HCP）；
双层圆圈—六方-立方密积（HC）

在通常条件下，单质金属的结构形式主要有体心立方（BCC）、六方密积（HCP）、立方密积（CCP）和六方-立方密积（HC），这些结构都基于等径圆球的有效堆积。等径圆球以最紧密的方式排列形成密置层 A［见图 3-4(a)］，在其上继续排列新的密置层时，则有如图 3-4 所示的 B 和 C 两种可能位置。如果第 2 个密置层放在位置 B，则第 3 层可以放置在 C 或 A，形成的密置方式分别为 ABCABC 和 ABABAB。其中 ABCABC 为立方密积［见图 3-4(b)］，呈面心立方结构；而 ABABAB 为六方密积［见图 3-4(c)］，属于六方晶系。另一种常见结构为体心立方堆积［见图 3-4(d)］，该结构不是密排堆积方式。

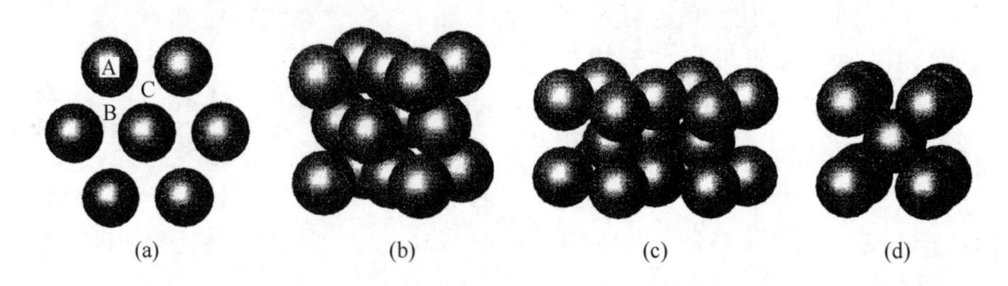

图 3-4 单质金属的几种结构类型
（a）密置层；（b）立方密积；（c）六方密积；（d）体心立方堆积

立方密积和六方密积都是等径圆球的密积，两者的堆积密度相同，因此一些单质金属常采用立方-六方复合堆积方式，这也是一种有利的密积方式。在立方-六方复合密积中，立方和六方密积的交替排列有多种可能的方式。FCC 结构的立方密积中密置层按 ABCABC 方式排列，其任一密置层（例如 B）相邻的是 A 和 C 这两个不同的密置层，故立方密置层处于两个不同密置层之间。类似地，HCP 结构的六方密积中密置层的排列方式为 ABABAB，其中每个密置层（例如 B）都与两个相同的密置层 A 相邻。

立方和六方密积通常是单质金属最稳定的结构类型。体系温度上升，金属原子的热振动加剧，单质金属的结构可从立方或六方密积转变为体心立方堆积。因此，体心立方结构通常为单质金属的高温物相。Ca、Sr、La、Ce、Tl、Zr、Th、Mn 等单质金属在通常条件下具有密积结构，在高温下转变为体心立方结构，因此这些金属的密积相—体心立方相转变温度高于室温。另外一些单质金属如 Li、Na、Fe、Mn、Ca 等在室温下即具有体心立方结构，可认为这些体系的密积相—体心立方相转变温度低于室温。

3.2.2 部分典型的非金属单质结构概述

非金属单质中的化学键主要是共价键，共价键的方向性和饱和性使得非金属单质具有确定的配位数和配位多面体。共价键的方向性和饱和性是由参与成键的原子轨道种类和数目决定的，大多数非金属单质中的共价键数目可以从价电子数目得到。

第Ⅳ主族元素 C、Si、Ge、Sn（灰锡）有 4 个价电子，常以 sp^3 杂化与周围 4 个原子形成共价键，其单质可以形成金刚石结构（见图 3-2），其中每个原子都以四面体方式与相邻原子成键。在压力作用下，非金属单质倾向于采用配位数较高的结构类型，如 Si 和 Ge 在高压下可转变为配位数为 6 的白锡结构。

常见的碳单质为石墨（见图 3-5），其为碳的另一种同素异构体。它是一种层状结构，每个碳原子以 sp^2 杂化与同一层面内的 3 个碳原子形成 σ 键，碳原子上的另一个 p 轨道形成离域 π 键。在高温和高压下石墨可以转化为金刚石。

石墨具有简单六方点阵，如图 3-5(a) 所示晶面的堆垛次序也是 ABAB…，但对应晶

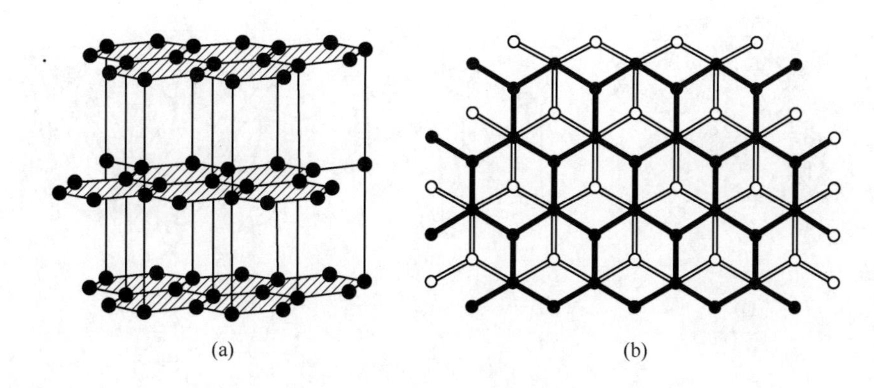

图 3-5　石墨的晶体结构
（a）晶体的分层结构；（b）层间碳原子的位置关系

面不是密排面（这不同于密排六方结构）。石墨同时有原子晶体、分子晶体和金属晶体这三者的属性：呈层状结构，相邻层原子之间的结合键是范德瓦尔斯力，故层与层之间很易滑动；在同一层原子间的结合键是 sp^2 杂化的 σ 键（共价键），结合牢固；由于每个碳原子只有 3 个最近邻原子，剩下的一个 p 轨道与层内其他碳原子相互重叠而形成离域 π 键，对应的那个电子可在层内自由运动，因而石墨在平行于基面的方向就有一定的导电性和传热性。

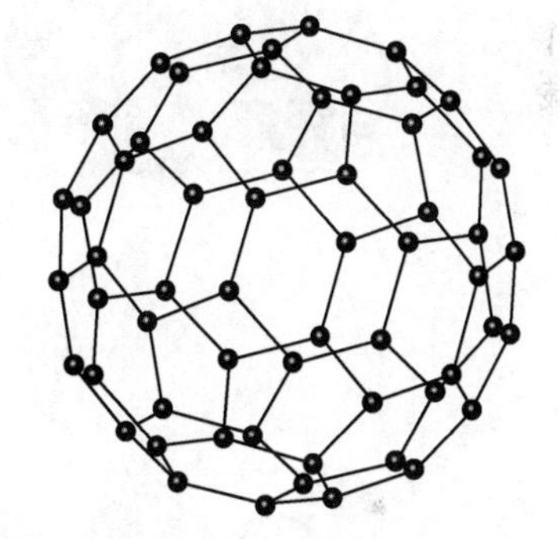

图 3-6　富勒烯（C_{60}）的结构

此外，单质碳还可呈 C_{60}、C_{70}和碳纳米管等多种结构形式。C_{60}是一种对称性很高的分子，由 60 个碳原子构成，结构中包含 12 个五边形和 20 个六边形（见图 3-6）。C_{60}中每个碳原子以 sp^2 杂化与相邻的 3 个碳原子形成 σ 键，剩余的 p 轨道在分子的外围和内腔中形成 π 键。从成键特点看，C_{60}与石墨相似，C_{70}和碳纳米管等其他分子也具有类似的成键特征。

3.3　纯金属的晶体结构

3.3.1　典型金属的晶体结构

金属晶体中的结合键是金属键，它没有方向性和饱和性，因此大多数金属晶体都具有排列紧密、对称性高的简单晶体结构。最常见的典型金属通常具有面心立方（FCC）、体心立方（BCC）和密排六方（HCP）等 3 种晶体结构。若将金属原子视为刚性球，则这 3 种晶体结构的晶胞分别如图 3-7 ~ 图 3-9 所示。

具有 3 种典型晶体结构的常见金属及其点阵常数列于表 3-1。表 3-1 中数据显示，密排六方结构的金属轴比（c/a），往往不同程度地偏离按原子为等径刚性球模型计算所得的轴比 $c/a = 1.633$，这说明视金属原子为等径刚性球只是一种近似假设。实际上，原子半径将随其周围近邻的原子数和结合键的变化而发生变化。

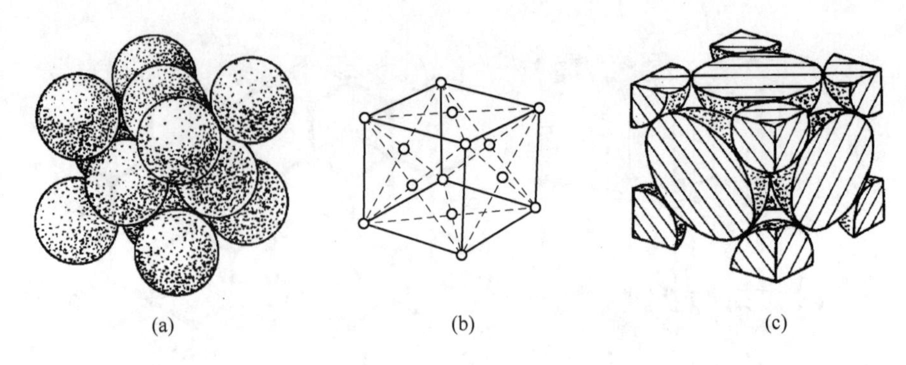

图 3-7 面心立方结构示意图

（a）刚性球模型；（b）晶胞模型；（c）晶胞中的原子数

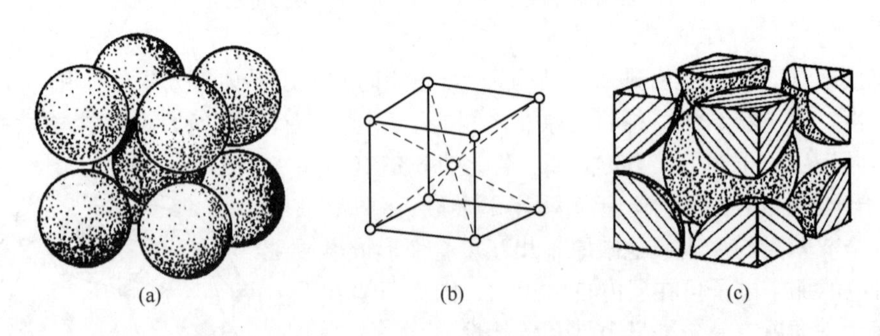

图 3-8 体心立方结构示意图

（a）刚性球模型；（b）晶胞模型；（c）晶胞中的原子数

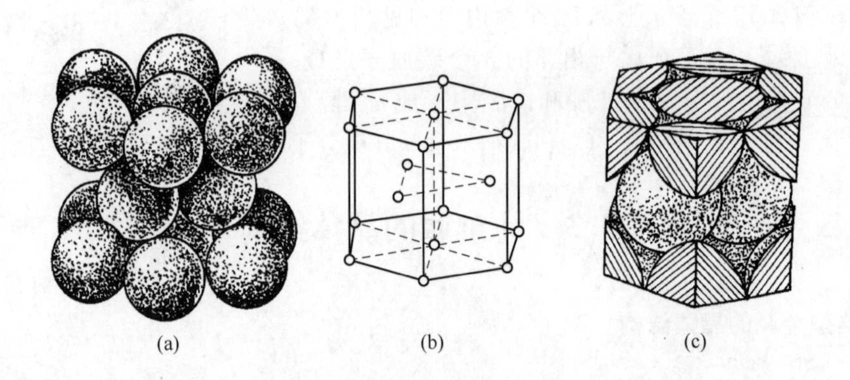

图 3-9 密排六方结构示意图

（a）刚性球模型；（b）晶胞模型；（c）晶胞中的原子数

表 3-1 一些重要金属的点阵常数[①]

金属	点阵类型	点阵常数/nm	金属	点阵类型	点阵常数/nm
Al	FCC	0. 40496	Cu	FCC	0. 36147
γ-Fe	FCC	0. 36468（916 ℃）	Rh	FCC	0. 38044
Ni	FCC	0. 35236	Pt	FCC	0. 39239

续表 3-1

金属	点阵类型	点阵常数/nm	金属	点阵类型	点阵常数/nm
Ag	FCC	0.40857	Mg	HCP	$a=0.32094$，$c=0.52105$（轴比 $c/a=1.6235$）
Au	FCC	0.40788			
V	BCC	0.30782	Zn	HCP	$a=0.26649$，$c=0.49468$（轴比 $c/a=1.8563$）
Cr	BCC	0.28846			
α-Fe	BCC	0.28664	Cd	HCP	$a=0.29788$，$c=0.56167$（轴比 $c/a=1.8858$）
Nb	BCC	0.33007			
Mo	BCC	0.31468	α-Ti	HCP	$a=0.29444$，$c=0.46737$（轴比 $c/a=1.5873$）
W	BCC	0.31650			
Be	HCP	$a=0.22856$，$c=0.35832$（轴比 $c/a=1.5677$）	α-Co	HCP	$a=0.25020$，$c=0.40610$（轴比 $c/a=1.6230$）

① 除注明温度外，均为室温数据。

3.3.2 多晶型性

周期表中有40多种元素具有两种或两种类型以上的晶体结构。晶体结构在外界条件（主要指温度和压力）改变时发生转变的性质称为多晶型性，这种转变称为多晶型转变或同素异构转变。例如，铁在912 ℃以下为体心立方结构（称为α-Fe），在912～1394 ℃为面心立方结构（γ-Fe），温度超过1394 ℃时又变为体心立方结构（δ-Fe），高压下（150 kPa）还可具有密排六方结构（ε-Fe）。又如，锡在温度低于18 ℃时为金刚石结构的α-Sn（亦称灰锡），而温度高于18 ℃时为正方结构的β-Sn（亦称白锡）。当晶体结构发生变化时，晶体的性能（如体积、强度、塑性、磁性、导电性等）往往要发生突变。

铁在912 ℃时由α-Fe（体心立方）转变为γ-Fe（面心立方），且碳存在于铁的间隙中。其中α-Fe和γ-Fe的致密度分别为0.68和0.74，即α-Fe中的总空隙量多于γ-Fe。如此看来，似乎是α-Fe中可溶解更多的碳。但通过间隙尺寸的计算可知，γ-Fe中的八面体间隙尺寸要大于α-Fe，而实验已证明碳原子溶入α-Fe和γ-Fe中所处的间隙位置均为八面体间隙。刚性球模型的几何计算（已知α-Fe、γ-Fe和碳的原子半径分别为0.125 nm、0.129 nm和0.077 nm）结果显示，碳的原子半径是γ-Fe中八面体间隙半径的1.45倍，是α-Fe中八面体间隙半径的4倍。可见，虽然α-Fe中总的间隙量多于γ-Fe，且间隙位置数也较多，但每个间隙的尺寸都很小，碳原子进入该间隙较困难。因此，碳在γ-Fe中的溶解度（质量分数最高可达2.11%）比在α-Fe中的溶解度（质量分数最高只有0.0218%）大。

3.3.3 晶体结构中的原子半径

对于由大量原子通过键合而形成的排列紧密的单质晶体，可借助于X射线测定的点阵常数，利用原子等径刚性球密堆模型，以相切两刚性球的中心距（原子间距）的一半来计算原子半径。但原子半径不是固定不变的，其不仅与温度、压力等外界条件有关，还受结合键、配位数以及外层电子结构等因素的影响。

(1) 温度与压力的影响：一般情况下给出的是常温常压下的原子半径数值。当温度发生改变时，原子热振动及晶体内点阵缺陷平衡浓度也会随之变化，这些可使原子间距产生改变，因而影响到原子半径的大小。另外，晶体中的原子并非刚性接触，原子之间有一定的可压缩性，所以压力改变时也会引起原子半径的变化。

(2) 结合键的影响：晶体中的原子平衡间距与结合键的类型以及其键合的强弱有关。离子键与共价键是较强的结合键，故原子间距相应较小；而范德瓦尔斯键的键能最小，因此原子间距也就最大。

(3) 配位数的影响：当金属自高配位数结构向低配位数结构发生同素异构转变，如果致密度减小而使晶体体积发生膨胀，则晶体中的原子半径将同时产生收缩，以求减少转变时的体积变化。例如，铁由面心立方结构的 γ-Fe 转变为体心立方结构的 α-Fe，致密度从 0.74 降低至 0.68，若原子半径不变则应产生 9% 的体积膨胀，但实际测出的体积膨胀只有 0.8%。这说明金属发生多晶型转变时，原子总是力图保持其所占体积不变，以维持其最低的能量状态。

(4) 原子核外层电子结构的影响：根据原子核外层电子分布的变化规律，各元素的原子半径随原子序数的递增而呈现周期性的变化。对于每一个周期来说，开始阶段随着原子序数的增加（电子壳层数目不变），电子壳层逐渐被电子填满，此时原子半径逐渐减小，达到最小值后又随原子序数的增加而增大。自第 2 周期至第 5 周期，每个周期内原子半径的最大值和最小值均随周期数的增大而增大。第 6 周期镧系元素的原子半径基本不变。

3.4 离子晶体结构

3.4.1 离子晶体的主要特点

离子晶体是由正、负离子通过离子键并按一定方式堆积而形成的。离子键的结合力很大，因此离子晶体的硬度高、强度大，熔点和沸点较高，热膨胀系数较小。离子键中很难产生可以自由运动的电子，且离子的外层电子被较牢固地束缚，可见光的能量一般不足以使其外层电子激发，因而典型的离子晶体往往呈无色透明。

3.4.2 离子半径、配位数和离子的堆积

3.4.2.1 离子半径

离子半径是指从原子核中心到其最外层电子的平衡距离。一般所了解的离子半径意指离子在晶体中的接触半径，即以晶体中相邻的正、负离子中心之间的距离作为正、负离子半径之和。

正、负离子的电子组态与惰性气体原子的组态相同，在不考虑相互间的极化作用时，其电子云的分布呈球面对称，因此可将离子视为带电圆球。于是，在离子晶体中，正、负离子间的平衡距离 R_0 等于球状正离子的半径 R_+ 与球状负离子的半径 R_- 之和：

$$R_0 = R_+ + R_- \tag{3-1}$$

必须指出，离子半径的大小也不是绝对的，同一离子随着价态和配位数的变化而变化。

3.4.2.2 配位数

在离子晶体中，与某一离子邻接的异号离子的数目即称为该离子的配位数。如在 NaCl 晶体中，Na^+ 与 6 个 Cl^- 邻接，则 Na^+ 的配位数为 6；同样，Cl^- 也与 6 个 Na^+ 邻接，故 Cl^- 的配位数也是 6。正、负离子的配位数主要取决于正、负离子的半径比 R_+/R_- 以及正、负离子之间的结合键等因素。

3.4.2.3 离子的堆积

在离子晶体中，由于正离子半径一般较小、负离子半径较大，因此离子晶体通常可视为负离子堆积成骨架而正离子处于相应的负离子空隙（负离子配位多面体）中。负离子相当于等径圆球，其堆积方式主要有立方最密堆积（立方面心堆积）、六方最密堆积、立方体心密堆积和四面体堆积等。

3.4.3 典型离子晶体结构

多数盐类、碱类（金属氢氧化物）及金属氧化物都形成离子晶体。离子晶体的结构十分丰富，但二元离子晶体可按不等径刚性球密积理论而归纳成 6 种基本结构类型（见图 3-10），即 NaCl 型、CsCl 型、闪锌矿（立方 ZnS）型、纤锌矿（六方 ZnS）型、萤石（CaF_2）型和金红石（TiO_2）型。有的则是这些典型结构的变形。

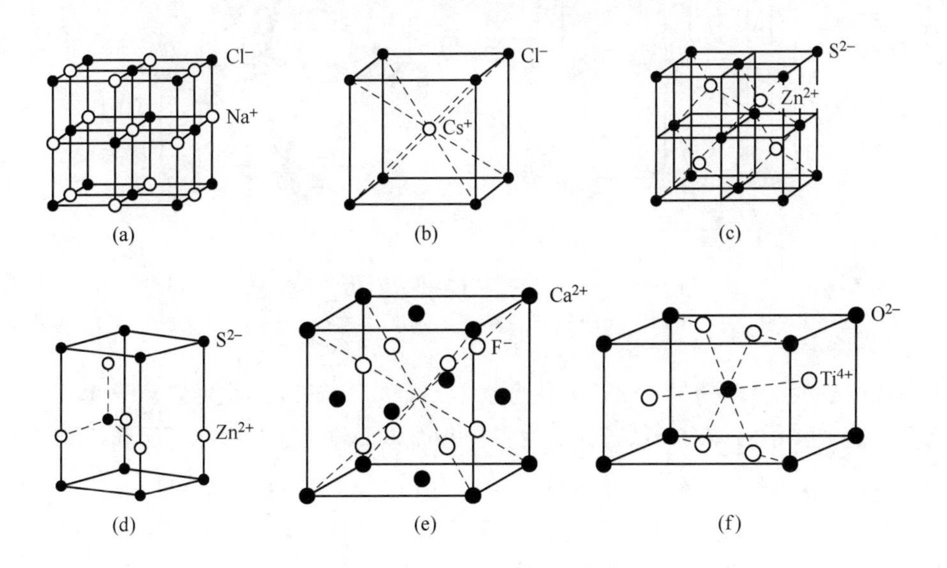

图 3-10 典型二元离子晶体的结构

（a）NaCl 型；（b）CsCl 型；（c）立方 ZnS 型；（d）六方 ZnS 型；（e）CaF_2 型；（f）TiO_2 型

3.4.3.1 氯化钠（NaCl）晶型（负离子作立方最紧密堆积的结构）

此类晶型以 NaCl 的点阵结构为代表［见图 3-10(a)］。可视为由负离子（Cl^-）构成面心立方点阵的密堆积，而正离子（Na^+）占据其全部八面体间隙。它属于立方晶系，面心立方点阵。正、负离子的配位数均为 6。对 NaCl 而言，Na 离子和 Cl 离子互为最近邻，晶格常数 $a_0 = 0.563$ nm。

如前所述，立方和六方密积均由密置层堆积而成，立方密积中的密置层按 ABCABC

方式排列。在许多无机化合物结构中，体积较大的负离子构成密积，而体积较小的正离子则是填充在其中的四面体或八面体空隙中。如果其中的八面体格位完全被正离子所占据，八面体就将共用所有的边，于是就形成了 NaCl 结构。

碱金属 Li、Na、K、Rb 和卤族 F、Cl、Br、I 等元素结合的化合物晶体属于这种 NaCl 结构，很多二价碱土金属和二价过渡金属化合物（包括氧化物和硫化物）也都具有 NaCl 结构，如 MgO、CaO、FeO、SrO、NiO、MnO、CaS、CaSe、BaSe 等。此外，Ag^+ 和 NH_4^+ 的卤化物和氢化物也具有 NaCl 型晶体结构。

NaCl 型结构是最常见和最简单的晶体结构类型之一，也是无机固体化合物中最重要的晶体结构类型，很多碱金属卤化物和为数众多的金属氧化物、硫族化合物、碳化物和氮化物都具有这种结构。在 NaCl 的晶体结构中，钠离子为八面体配位［见图 3-11(a)］，八面体与相邻八面体共用所有的棱构成三维结构。

NbO 和 TiO 都是与 NaCl 结构相关的化合物。在 NbO 结构中，有 1/4 的铌和氧格位未被占据，因而可看作 NaCl 的有序缺陷结构［见图 3-11(b)］。类似于 NbO，TiO 结构中也存在着有序的氧和钛的空位缺陷。

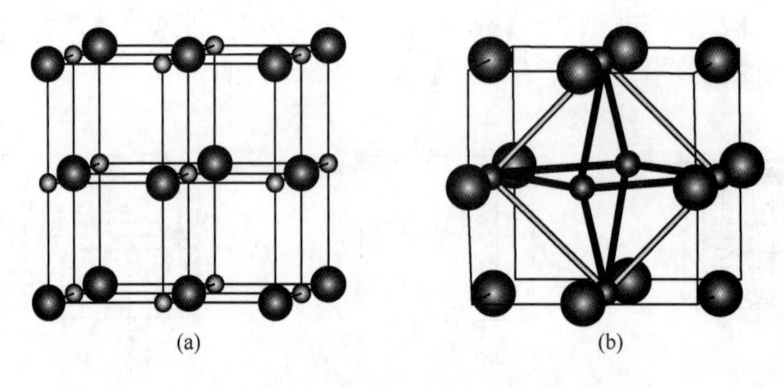

图 3-11　NaCl 结构和与其相关的化合物结构

(a) NaCl 结构；(b) NbO 结构

与 NaCl 结构相关联的另一个重要化合物是 $LiVO_2$。$LiVO_2$ 结构中氧离子构成立方密堆积，但两种金属离子沿体对角线方向交替占据八面体空隙，形成锂原子层和钒原子层。

3.4.3.2　氯化铯（CsCl）晶型（负离子作简单立方堆积的结构）

此类晶型以 CsCl 的点阵结构为代表［见图 3-12(a)］。晶体由 Cs^+ 和 Cl^- 构成，其中顶角位置为一种离子，体心位置为另一种离子，或两者位置交换。每种离子的最近邻是另一种离子。可视为由负离子（Cl^-）构成简单立方点阵，而正离子（Cs^+）占据其立方体间隙［见图 3-12(b)］。因此，铯离子和氯离子的配位数均为 8。若以 m 表示单位晶胞中的“分子”（因其并非以分子的形式存在，故加引号以特指）数，即相当于单位晶胞中包含的 CsCl 个数，则可得出 $m=1$。它属于立方晶系，简单立方点阵。正、负离子的配位数（最近邻数）均为 8，其中 CsCl 晶体的晶格常数 $a_0=0.411$ nm。很多大半径一价正离子的卤化物都具有 CsCl 结构，如 CsBr、CsI 等，大约有 1/4 的碱卤化合物属于这种晶型。

3.4.3.3　闪锌矿（立方 ZnS、β-ZnS）晶型（负离子作立方最紧密堆积的结构）

此类晶型以立方 ZnS 的点阵结构为代表（见图 3-13）。可视为由负离子（S^{2-}）构成

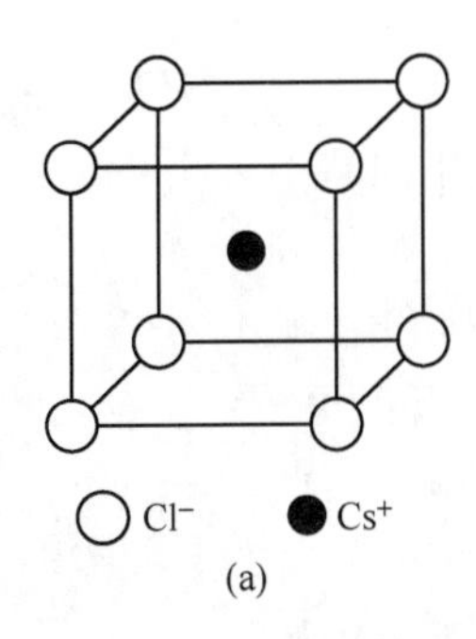

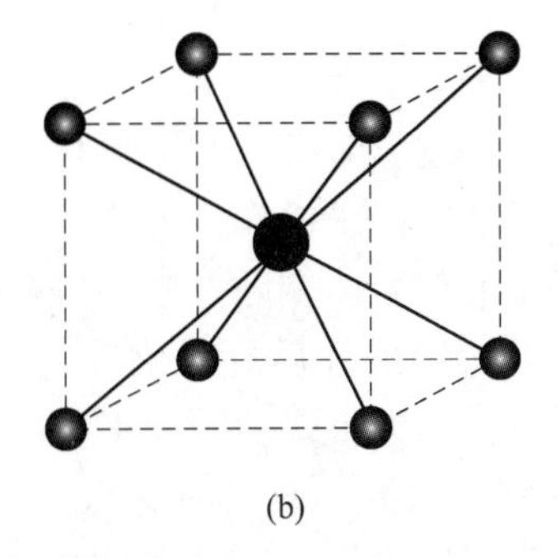

图 3-12　CsCl 晶体结构
（a）晶胞；（b）原子位置关系

面心立方点阵，而正离子（Zn^{2+}）则交叉分布在其四面体间隙中。它属于立方晶系，面心立方点阵。正、负离子的配位数均为 4，其中 β-ZnS 晶体的晶格常数 $a_0=0.543$ nm。

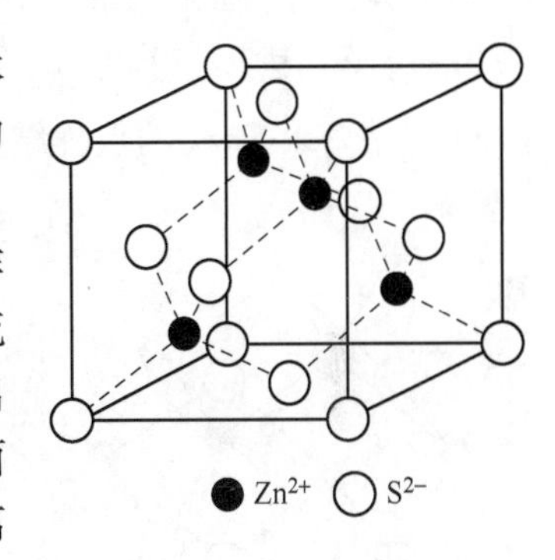

图 3-13　闪锌矿的晶胞结构

从图 3-13 中可见，在 β-ZnS 的晶体结构中，硫离子作面心立方密堆积，锌离子填入其中的四面体空隙。n 个硫离子密堆积中应有 $2n$ 个四面体空隙，据化学式可判断出 Zn 与 S 的化学计量比为 1：1，因此锌离子填入一半的四面体空隙，且上下层空缺的位置错开。闪锌矿结构中的负离子立方密堆积形成的所有八面体空隙均没有正离子填入。

根据锌离子和硫离子的半径比，锌离子似乎应进入硫离子密堆积形成的八面体空隙，但实际上锌离子却进入了四面体空隙。这是因为 Zn^{2+} 是铜型离子的电子结构，最外层为 18 电子。锌离子和硫离子之间存在明显的极化作用，使锌离子的配位数下降，键型从离子键向共价键过渡，因此 β-ZnS 属于共价晶体。很多ⅢA－ⅤA 族化合物半导体如 GaAs、AlP、InSb 等，以及 β-SiC 都具有 β-ZnS 的结构。这种结构类似于后面所述的金刚石结构，只是基元的两个位置上放置了不同的离子。

立方 ZnS 是自然界中存在的一种矿物。一般碱土金属的硫族化合物（S、Se、Te）具有 NaCl 结构，而相对共价性更强的二价 Be（ⅡA 族）、Zn（ⅡB 族）、Cd（ⅡB 族）和 Hg（ⅡB 族）的硫化物则具有闪锌矿结构。

3.4.3.4　纤锌矿（六方 ZnS、α-ZnS）晶型（负离子作简单六方堆积的结构）

此类晶型以六方 ZnS 的点阵结构为代表（见图 3-14）。如图 3-14 所示为纤锌矿六方晶格中的 1 个平行六面体晶胞（图中只画出了六方晶胞的 1/3），其六方对称性需要 3 个这样的平行六面体形成的六方柱形才能完整体现。该类结构实际上是由负离子（S^{2-}）和正离子（Zn^{2+}）各自形成的六方点阵穿插而成，其中一个点阵相对于另一个点阵沿 c 轴位移了 1/3 的点阵矢量。它属于六方晶系，简单六方点阵。正、负离子的配位数均为 4，其中 α-ZnS 晶体的晶格常数 $a_0=0.382$ nm，$c_0=0.625$ nm。ZnO 和 SiC 等亦属此种结构。

六方 ZnS 也是自然界中存在的一种矿物，其结构也可视为硫离子构成六方堆积，锌离子占据其中 1/2 的四面体空隙。在六方 ZnS 结构中，所有的四面体共用顶点形成三维结构。可通过图3-14所示的排列方式来了解该结构中四面体的连接方式。

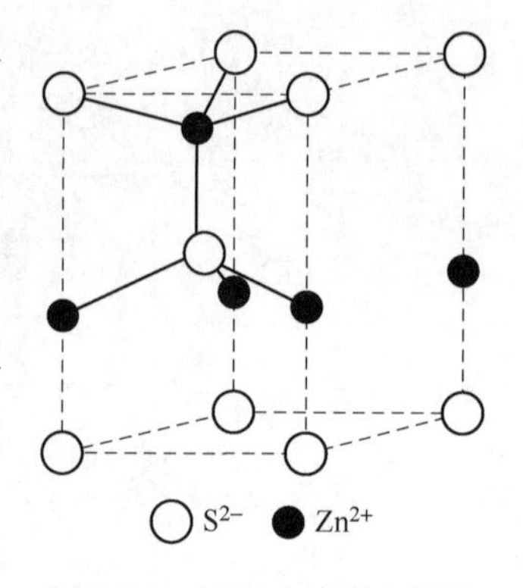

图3-14　纤锌矿的晶胞结构

六方ZnS纤锌矿和立方ZnS闪锌矿的化学组成相同，结构上的差别是硫离子在纤锌矿中作六方堆积，锌离子则与闪锌矿中一样填入一半的四面体空隙。与闪锌矿相同，纤锌矿中的结合键也具有共价键的性质。硫化锌是一种重要的Ⅱ-Ⅵ族半导体，同时也是一类重要的阴极射线荧光材料。与此类似，氧化锌ZnO和氧化铍BeO都具有六方ZnS结构。

六方堆积中的密置层按ABABAB方式排列。在无机固体化合物中，较大的负离子按六方密积方式排列，其中的四面体和八面体空隙被正离子部分或全部占据。

3.4.3.5　萤石（CaF_2）晶型（负离子作简单立方堆积的结构）

此类晶型以CaF_2的点阵结构为代表（见图3-15）。可视为由正离子（Ca^{2+}）构成面心立方点阵，而8个负离子（F^-）则位于该晶胞8个四面体间隙的中心位置。它属于立方晶系，面心立方点阵。每个正离子被8个氧离子包围，每个负离子被4个正离子包围，即正、负离子的配位数分别为8和4。

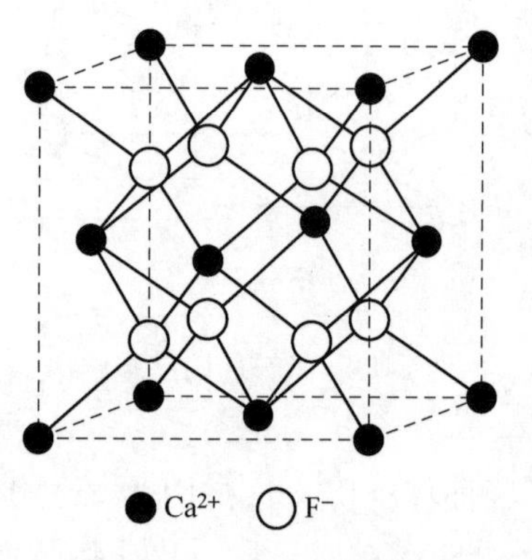

图3-15　萤石晶胞结构

在萤石结构中，也可认为氟离子是作简单立方堆积的。由于钙离子和氟离子的化学计量关系是1∶2，与CsCl结构相比，钙离子填充了一半的氟离子立方体空隙（见图3-15），另一半的立方体空隙是空的。

因此，在CaF_2萤石结构中，既可认为是正离子构成立方密堆积（面心立方点阵），负离子占据其中全部的四面体空隙；也可认为是氟离子构成简单立方堆积，钙离子占据其中一半的立方体空隙。在萤石的1个单胞结构中，金属离子为立方体配位，负离子为四面体配位。在用钙离子四面体表示的氟化钙结构中，四面体中心为氟离子，顶点为钙离子，钙四面体共用棱构成三维结构。这种描述方式突出了氟离子的位置，由于很多稀土氧化物的晶体结构是萤石缺陷结构，故该方式可较清楚地描述结构中的负离子空位缺陷。

属于萤石结构的典型晶体有BaF_2、PbF_2、SnF_2等卤化物以及ZrO_2、CeO_2、ThO_2、UO_2等稀土氧化物（这些都是MO_2型的高熔点金属氧化物）。此类氧化物结构中的八面体间隙空间较大，易于接纳间隙离子，如UO_{2+x}。此外，还有Mg_2Si、CuMgSb等合金也属此种结构。

3.4.3.6　反萤石（Na_2O）晶型（负离子作立方最紧密堆积的结构）

此类晶型以Na_2O的点阵结构为代表。Na_2O晶体属于立方晶系，晶格常数$a_0=0.555$ nm。反萤石结构中钠离子的配位数是4，而每个氧离子周围有8个钠离子，1个反萤石结构晶胞由8个钠氧四面体构成。其中氧离子作面心立方密堆积，而钠离子填充立方密堆积中的所有四面体空隙（其中钠离子位于四面体的中心），形成简单立方点阵。

反萤石结构通常是那些负离子体积较大、正离子体积较小的化合物，很多碱金属氧化物和硫化物即为这种结构。例如，除上述 Na_2O 外，反萤石结构的代表性碱金属氧化物还有 Li_2O、K_2O 等。

在晶体结构分析中，萤石结构经常和反萤石结构放在一起比较。这是因为两种结构的正、负离子位置相反，萤石（CaF_2）结构中面心立方点阵的钙离子占据了反萤石（Na_2O）结构中同样是面心立方点阵的氧离子位置，而萤石结构中简单立方点阵的氟离子占据了反萤石结构中同样是立方点阵的钠离子的位置。很多金属氟化物和氧化物具有萤石结构，还有很多化合物具有反萤石结构，见表3-2。

表3-2　部分具有萤石结构和反萤石结构的化合物及其晶胞参数

萤石结构				反萤石结构			
化合物	a/nm	化合物	a/nm	化合物	a/nm	化合物	a/nm
CaF_2	0.5463	CeO_2	0.5411	Li_2O	0.4611	K_2O	0.6449
SrF_2	0.5800	ThO_2	0.5392	Li_2S	0.5710	K_2S	0.7406
$SrCl_2$	0.6977	PaO_2	0.5600	Li_2Se	0.6002	K_2Se	0.7692
BaF_2	0.6200	UO_2	0.5372	Li_2Te	0.6517	K_2Te	0.8168
CdF_2	0.7311	NpO_2	0.5386	Na_2O	0.5555	Rb_2O	0.6740
HgF_2	0.5390	PuO_2	0.5376	Na_2S	0.6539	Rb_2S	0.7650
EuF_2	0.5537	AmO_2	0.5360	Na_2Se	0.6823		
β-PbF_2	0.5836	CmO_2	0.5940	Na_2Te	0.7329		
PbO_2	0.5349						

3.4.3.7　金红石（TiO_2）晶型（负离子作六方密积的结构）

此类晶型以 TiO_2 的点阵结构为代表。可视为由负离子（O^{2-}）构成稍有变形的密排立方点阵，或视为负离子作六方密堆积，而正离子（Ti^{4+}）则占据负离子构成的八面体间隙的一半（见图3-16）。它属于四方晶系，体心四方点阵。正、负离子的配位数分别为6和3，TiO_2 金红石晶体的晶格常数 a_0 = 0.4584 nm（4.584 Å），c_0 = 0.2959 nm（2.959 Å）。

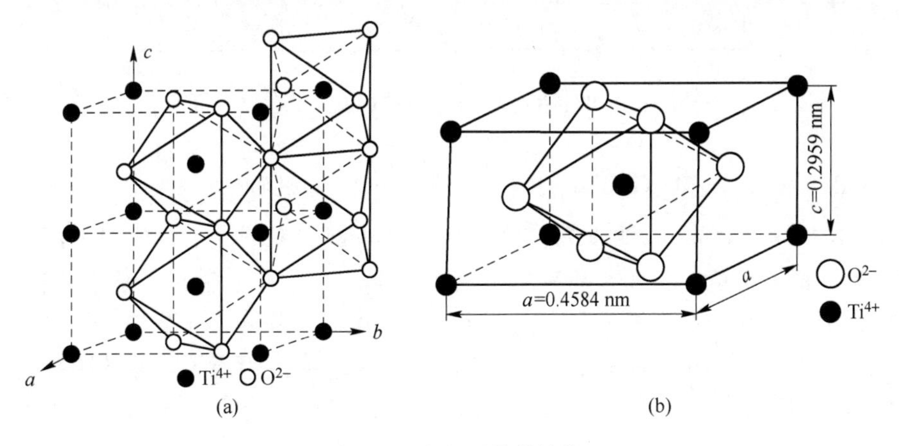

图3-16　金红石晶体结构

（a）晶胞结构；（b）晶格常数

对于金红石 TiO_2 结构，每个钛氧八面体（TiO_6 八面体）的 6 个氧处于八面体顶角。每个氧离子分属于 3 个相邻的八面体，故而氧的配位数为 3。这 6 个氧中的 2 个用于共顶、4 个用于共棱连接，结果导致 6 个 Ti—O 键中 2 个较长（0.198 nm）、4 个较短（0.145 nm）。因此，实际上金红石具有畸变的六方密积堆，畸变使实际的氧离子密堆层不再是一个完全的平面，而成为具有些微起伏不平的皱褶面。从图 3-16(a) 可见，钛氧八面体共棱连成链，钛氧八面体链与另一旋转 90°的钛氧八面体链共顶连接。

金红石（rutile）结构也是一种常见而且重要的晶体结构。具有金红石结构的化合物主要有两类：一是某些四价金属离子的氧化物，如 GeO_2、NbO_2、MnO_2、SnO_2、PbO_2 等；二是半径较小的二价金属离子的氟化物，如 MgF_2 和 FeF_2 等。

很多过渡金属的氧化物和氟化物都具有金红石结构（见表 3-3），此外还有一些化合物具有畸变的金红石结构，如 VO_2。

表 3-3 部分具有金红石结构化合物的晶胞参数

氧化物	a/nm	c/nm	氟化物	a/nm	c/nm
TiO_2	0.4594	0.2956	CoF_2	0.4695	0.3180
CrO_2	0.4410	0.2910	FeF_2	0.4697	0.3309
GeO_2	0.4395	0.2859	MgF_2	0.4623	0.3052
IrO_2	0.4490	0.3140	MnF_2	0.4873	0.3310
MnO_2	0.4396	0.2871	NiF_2	0.4651	0.3084
MoO_2	0.4860	0.2790	PdF_2	0.4931	0.3367
NbO_2	0.4770	0.2960	ZnF_2	0.4703	0.3134
OsO_2	0.4510	0.3190			
PbO_2	0.4946	0.3379			
RuO_2	0.4510	0.3110			
SnO_2	0.4737	0.3186			
TaO_2	0.4709	0.3065			
WO_2	0.4860	0.2770			

构成类似金红石结构的氧八面体 MO_6 是许多氧化物的基本结构单元，如 M_2O_5 型氧化物。

3.4.3.8 刚玉（α-Al_2O_3）晶型（负离子作六方密积的结构）

刚玉晶体属于三方晶系，晶格常数 $a_0 = 0.514$ nm。在 α-Al_2O_3 的结构中，氧离子作六方密堆积，铝离子填充于 2/3 的氧离子八面体空隙，另外 1/3 的八面体空隙是空的。每个金属离子最近邻有 6 个氧离子，而每个氧离子最近邻有 4 个金属离子，即正、负离子的配位数分别为 6 和 4。为保证晶体结构的稳定性，三价铝离子之间的距离应尽量远一些。因此铝离子填充每一层 2/3 的氧八面体空隙位置，各层的填充位置均作有规律的变化。

具有 α-Al_2O_3 结构的晶体包括 α-Fe_2O_3、Cr_2O_3、Ti_2O_3、V_2O_3 等。有些 $Me_{(1)}Me_{(2)}O_3$

型的双金属离子氧化物也属于刚玉结构，其中要求金属 $Me_{(1)}$ 和 $Me_{(2)}$ 的平均价数等于3且它们的离子半径相当，如 $FeTiO_3$ 中的 Fe^{2+} 与 Ti^{4+}，以及 $MgTiO_3$ 中的 Mg^{2+} 与 Ti^{4+} 等，即 $FeTiO_3$ 和 $MgTiO_3$ 也具有这种 α-Al_2O_3 结构。

3.5　共价晶体结构

3.5.1　共价晶体的主要特点

共价晶体是由同种非金属元素的原子或异种元素的原子以共价键结合而成的巨大分子，也称原子晶体。共价晶体中的原子以共用价电子形成稳定的电子满壳层的方式结合。被共用的价电子同时属于两个相邻的原子，使它们的最外层均为电子满壳层。共价键具有饱和性和方向性，因此共价晶体中的原子配位数要小于离子晶体和金属晶体。

共价键的结合力通常比离子键更强，所以共价晶体具有强度高、硬度高、脆性大、熔点高、沸点高和挥发性低等特性，结构也更为稳定。

3.5.2　典型共价晶体的结构

典型的共价晶体有金刚石（单质型）、ZnS（AB 型）和 SiO_2（AB_2 型）等3种。

3.5.2.1　金刚石晶型

金刚石是最典型的共价晶体，其结构如图3-17所示。它由碳原子组成，每个碳原子用4个价电子与周围的4个碳原子共有，从而形成4个共价键，构成正四面体结构：1个碳原子在中心，与它共价的4个碳原子处于4个顶角，故其配位数为4。金刚石属立方晶系，面心立方点阵，每一阵点上有2个原子，也可视为由2个面心立方点阵沿着体对角线方向相对位移了体对角线长度的1/4后构成的。其点阵参数 $a=0.3599$ nm，致密度为0.34。与碳同族的硅、锗、锡（灰锡）也是具有金刚石结构的共价晶体。

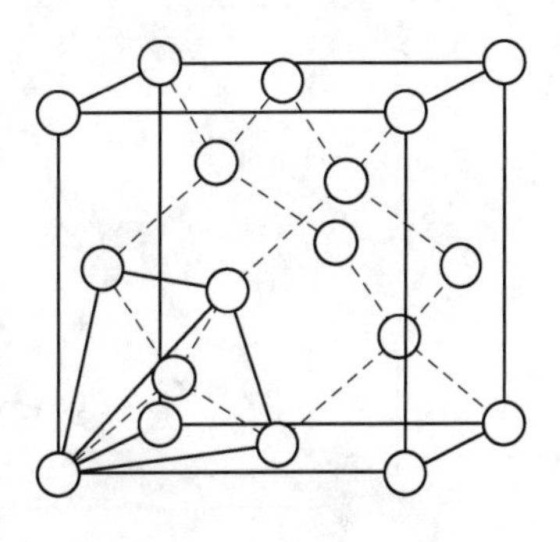

图3-17　金刚石的结构

3.5.2.2　ZnS 晶型

事实上，在立方 ZnS 和六方 ZnS 晶体中，其化学键的主要成分不是离子键，而是具有极性的共价键，因此它们本身都属于共价晶体。AB 型共价晶体的结构主要是立方 ZnS 型和六方 ZnS 型两种，其中 Zn 和 S 都是四面体配位，配位数均为4，其结构参考图3-13和图3-14。其他如 AgI、铜的卤化物、金刚砂（SiC）等也都是具有 ZnS 型结构的共价晶体。

很多无机固体化合物的晶体结构与非金属单质结构密切相关。等电子规则指出，非金属单质的结构是由价电子数目决定的，由此可以得到价电子相同的化合物应当具有类似的结构。例如，ZnS 是Ⅱ-Ⅵ族半导体，组成化合物原子的平均价电子数目与单质 Si 相同，应具有金刚石结构。如前所述，ZnS 有六方和立方两种不同的结构（见图3-13和图3-14），其中立方结构的闪锌矿（见图3-13）与金刚石结构（见图3-17）是相同的。

此处假定Ⅱ-Ⅵ化合物中每个原子都有类似于 Si 的电子构型。在利用等电子规则处理化合物结构时，并不要求结构中的所有原子或离子都以共价键结合。很多无机固体化合物既包含共价键，也包含离子键。例如，NaTl 中的钠以正离子（Na^+）的状态存在，铊以负离子（Tl^-）的状态存在。铊属于ⅢA 族，电子组态为 Xe $6s^2 6p^1$。如果 NaTl 中铊离子是以孤立的 Tl^- 存在，则其电子组态为 Xe $6s^2 6p^2$。根据固体电子结构理论，这时 NaTl 应具有金属性质，但实际上 NaTl 具有半导体性质。可这样理解这个化合物的结构和性质：Na 和 Tl 之间发生电荷迁移，形成 Na^+ 和 Tl^-；NaTl 结构中的 Tl^- 以 sp^3 杂化轨道与相邻的铊离子形成 4 个共价键，构成类似于金刚石结构的骨架（见图 3-18）；钠离子与铊离子骨架之间以离子键结合。事实上，NaTl 中铊离子间的确存在很强的共价键，其中的 Tl—Tl 距离要小于金属铊中的 Tl—Tl 间距，这种强的共价键使体系的分子轨道分裂为成键轨道和反键轨道，因此具有半导体性质。

离子键和共价键共存的情况普遍存在。一般来说，可先考虑离子键，即先考虑电子迁移，然后再利用等电子规则研究共价键连接部分的晶体结构。其中满壳层离子在化合物中不能形成同原子共价键，只能以孤立离子的状态存在。

3.5.2.3　SiO_2 晶型

白硅石（SiO_2）是典型的 AB_2 型共价晶体，其结构如图 3-19 所示。在白硅石晶体中，Si 原子与金刚石中 C 原子的排布方式相同，只是在每两个相邻的 Si 原子中间有一个 O 原子。硅的配位数为 4，氧的配位数为 2。

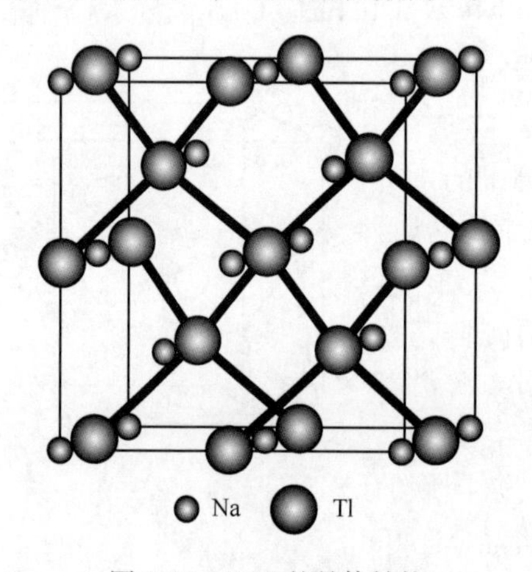

图 3-18　NaTl 的晶体结构

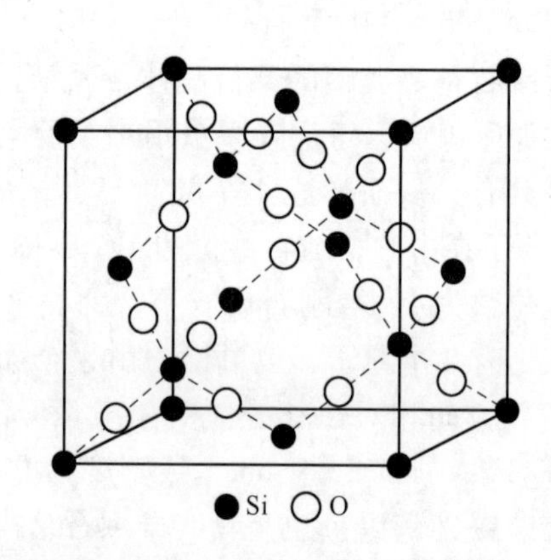

图 3-19　白硅石（SiO_2）的结构

晶态 SiO_2 在大气压下有 3 种主要形式，其稳定温度范围是

$$\text{石英} \xrightarrow{870\ ℃} \text{磷石英} \xrightarrow{1470\ ℃} \text{白硅石} \xrightarrow{1710\ ℃} \text{硅石熔体}$$

其中石英又称为水晶，非晶态的 SiO_2 则称为石英玻璃。这 3 种结晶 SiO_2 均由 Si—O 四面体构成，其中氧连接两个四面体，但 3 种结构中的四面体连接方式各异。非晶 SiO_2 的结构单元也是 Si—O 四面体，但四面体的有序连接范围（距离）很小。

3.6　合金的晶体结构

合金是人类最早应用的人造材料，如青铜在人类文明早期就被广泛使用。合金主要用作结构材料，也大量用于功能材料。金属体系可以分成金属固溶体和金属间化合物两类。

固溶体可视为组分在一定范围内变化时仍保持特定结构的体系，而合金则包括金属固溶体和金属间化合物以及由它们所组成的单相或多相体系。在实际应用领域，为了得到更好的应用性能，人们常将金属材料制成多相体系，如在 Nd-Fe-B 永磁材料中即含有 $Nd_2Fe_{14}B$ 铁磁性主相以及 $NdFe_4B_4$ 和富钕相。这些物相的存在不但有利于材料的烧结，同时还可提高材料的应用特性。

金属和合金是人类最早发现和使用的材料种类，也是人类社会赖以生存的最重要的材料。金属体系的很多独特性质是其他材料无法代替的。现在，人们已建立了金属体系中的大多数二元系和很多三元系相关系的数据库。

3.6.1 金属固溶体

固溶体的形成一般遵循如下规律：

（1）相似相溶。性质相近的金属易于形成固溶体，如 K-Rb、Ag-Au、As-Sb 和 W-Mo 等体系可形成完全互溶体系。

（2）性质相近的金属的互溶度依赖于金属原子的半径和化学性质。金属的原子半径差别在 15% 以上时一般不能生成互溶度较大的固溶体，而体系组分金属的电负性差别较大时则倾向于形成金属间化合物。

（3）两个金属之间的互溶度可以不同。例如，Zn 在 Ag 中的溶解度上限是 37.8%，而 Ag 在 Zn 中的溶解度上限为 6.3%。低价金属一般可以溶解更多的高价金属，反之则不然。

在固溶体中，组分金属原子在结构中占据相同的格位，不同的金属原子在格位上呈无序分布。同时，外界条件的改变可以使固溶体转变成多相体系或形成金属间化合物。例如，β-黄铜是 Cu 和 Zn 的合金，结构具有立方体对称性，在 470 ℃以上它属于体心立方结构，其中 Cu 和 Zn 无序分布于立方体的体心和顶点位置；在 470 ℃以下会发生连续相变，Cu 和 Zn 逐步分离占据不同的格位，使得结构从体心立方转变为简单立方的 CsCl 结构。

3.6.2 金属间化合物

当组分金属的物理和化学性质差别较大时，体系易形成金属间化合物。金属间化合物的种类繁多，下面介绍几种简单的结构类型，很多较复杂的结构与这些简单结构相关联。

（1）Laves 结构：Laves 结构是金属间化合物的一种重要结构类型，很多过渡金属形成的金属间化合物都具有这种结构，其相的组成为 AB_2，典型的 Laves 结构物相有 $MgZn_2$、$MgCu_2$ 和 $MgNi_2$ 等。在这种结构中，过渡金属可视为立方或六方密积，但其中有 1/4 的空位。结构中有两种过渡金属层，均由部分原子缺失的密置层构成。一种过渡金属层是密置层中缺失 1/4 的原子，另一种是缺失 3/4 的原子。这两种原子层可按六方密积的方式（ABABAB）或立方密积方式（ABCABC）构成三维结构骨架，分别形成六方和立方 Laves 结构。Laves 结构也可视作由过渡金属原子形成的四面体通过共用顶点或面（在六方密积中共用面）而形成，其中 Mg 处于过渡金属原子的空隙中，与 12 个过渡金属原子和 4 个 Mg 原子配位。

（2）Cr_3Si 型结构：Cr_3Si 型结构属于立方结构体系，也是金属间化合物的一种重要结构类型，通常由过渡金属和主族元素构成。结构中的过渡金属原子在 3 个方向上形成不相交的一维金属链，主族原子则位于立方体的顶点和体心位置。Nb_3Ge 具有 Cr_3Si 型结构，是一种重要的超导材料，其超导转变温度为 $T_c = 23$ K。在 Nb_3Ge 结构中，一维 Nb 金属链中的 Nb—Nb 间距为 0.227 nm，远小于 Nb 单质中的原子间距，这表明化合物中有很强的 Nb—Nb 结合键。

（3）$CaCu_5$ 结构：$CaCu_5$ 是又一种重要的结构类型，稀土永磁材料 $SmCo_5$、储氢材料 $LaNi_5$ 以及一些重要的金属化合物（如 $CaNi_5$、$CaZn_5$ 和 $ThCo_5$ 等）都属于该结构。$CaCu_5$ 结构中可看作有两种不同的结构单元层，其一为含 Ca 和 Cu 两种金属原子，另一则只含 Cu 原子。这两种结构单元层交替叠置而形成 $CaCu_5$ 的三维结构。在 Ca-Cu 构成的单元层中，Cu 构成石墨结构，Ca 原子位于六角形网络的中心。在 Cu 原子构成的单元层中，Cu 形成由六角形和三角形构成的二维网络。

很多重要的稀土-过渡金属间化合物功能材料都与 $CaCu_5$ 结构相关联，如 Th_2Ni_{17} 和 $ThMn_{12}$ 的结构可看作 $CaCu_5$ 结构中的主族金属被过渡金属原子取代而形成。设想用过渡金属双原子基团 Ni_2 取代 $ThNi_5$ 中的 Th 原子，就得到了 Th_2Ni_{17} 结构的化合物。很多重要的稀土磁性材料都具有这种结构，如具有很高的居里温度（Curie 温度）和饱和磁化强度的 Sm_2Co_{17}，可应用于航天和一些条件比较恶劣的环境。Sm_2Fe_{17} 也采取了 Th_2Ni_{17} 的结构类型，吸 N_2 后其中的 N 原子占据 Th_2Ni_{17} 结构的间隙格位，形成的 $Sm_2Fe_{17}N_3$ 是一类性能很好的稀土永磁材料。

3.7 几种重要的多元晶体结构

3.7.1 钙钛矿（$CaTiO_3$）结构

钙钛矿 $CaTiO_3$ 在高温时为立方晶系，晶格常数 $a_0 = 0.385$ nm。图 3-20 为 $CaTiO_3$ 的晶体结构。其中较小的钛离子位于立方晶胞的中心，大的钙离子位于立方体的 8 个顶角位置，氧离子则位于立方体的面心位置［见图 3-20（a）］。由图 3-20 可见，钛离子与 6 个氧离子配位，呈正八面体形。立方体顶角的 8 个钙离子，每个都与 12 个氧离子配位［见图 3-20(b)］。钙钛矿结构可视为钙离子和氧离子共同形成面心立方点阵，钛离子则填充在钙离子和氧离子共同密堆积形成的 1/4 的八面体空隙中。

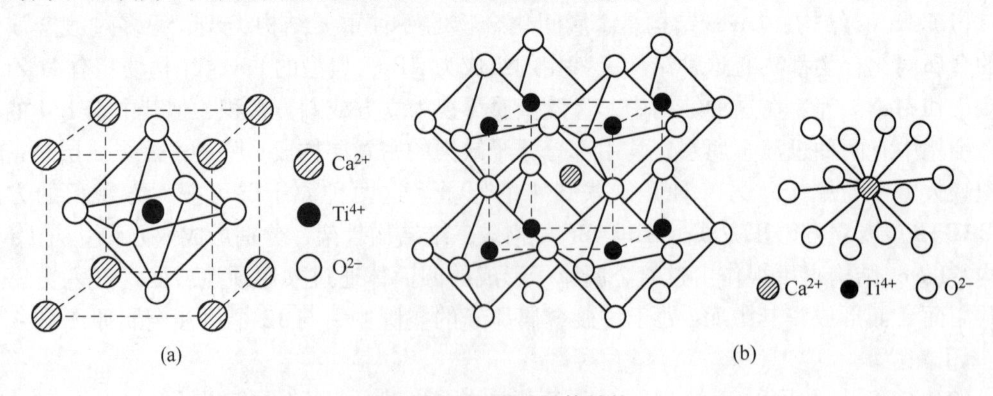

图 3-20 $CaTiO_3$ 晶体结构

（a）$CaTiO_3$ 晶胞；（b）晶体结构中配位多面体的连接方式

钙钛矿结构化合物的组成通式为ABO_3，其中A位离子是半径较大的碱金属、碱土金属或稀土金属离子，B位离子为过渡金属或主族金属离子。在该结构中，A、B离子分别为二价、四价正离子或一价、五价正离子，即A位和B位离子的价态组合可以是Ⅰ-Ⅴ、Ⅱ-Ⅳ或Ⅲ-Ⅲ。已知有许多成分不同的化合物采取这种晶型结构（见表3-4）。

表3-4 钙钛矿结构晶体

氧化物（Ⅰ-Ⅴ）	氧化物（Ⅱ-Ⅳ）			氧化物（Ⅲ-Ⅲ）	氟化物（Ⅰ-Ⅱ）
$NaNbO_3$	$CaTiO_3$	$SrZrO_3$	$CaCeO_3$	$YAlO_3$	$KMgF_3$
$KNbO_3$	$SrTiO_3$	$BaZrO_3$	$BaCeO_3$	$LaAlO_3$	$KNiF_3$
$NaWO_3$	$BaTiO_3$	$PbZrO_3$	$PbCeO_3$	$LaCrO_3$	$KZnF_3$
	$PbTiO_3$	$CaSnO_3$	$BaPrO_3$	$LaMnO_3$	
	$CaZrO_3$	$BaSnO_3$	$BaHfO_3$	$LaFeO_3$	

钙钛矿型结构在高温时属于立方晶系，降温过程中的某个特定温度范围内将产生结构变化，晶体的对称性下降。如$BaTiO_3$在温度高于393 K时属于立方钙钛矿结构，而在278～393 K温度范围内的四方晶系结构更为稳定，可视为立方晶胞沿c轴拉长（轴比为$c/a=1.01$）。温度的下降还能导致晶胞的两个晶轴方向同时发生变化，形成正交晶系的对称性；或者不在晶轴方向而在体对角线方向发生变化，形成三方晶系的棱面体格子。这几种立方钙钛矿的晶格畸变，在不同组成的钙钛矿结构中都可能存在。

立方钙钛矿结构比前述同属简单立方的CsCl晶体结构要复杂一些。很多ABO_3化合物属于这种结构，但相对于立方单胞常有畸变，因而对称性降低，如$BaTiO_3$即是这种情况。图3-21为立方$BaTiO_3$的晶体结构示意图，其中Ba、Ti和O的配位数分别为12、6和2。Ba离子周围有12个O离子，Ti离子周围有6个O离子，O离子周围有2个Ti离子。

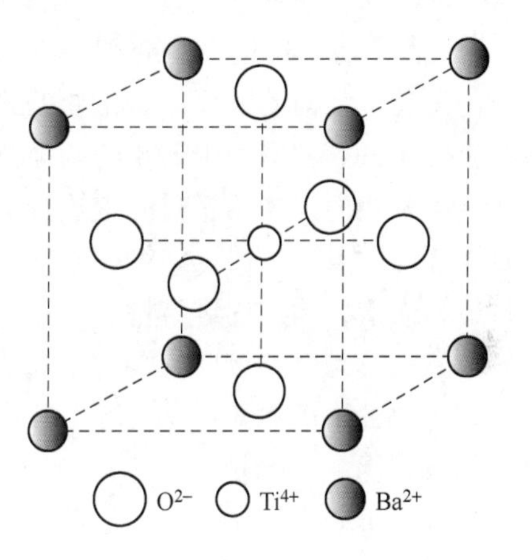

图3-21 立方$BaTiO_3$的晶体结构

很多化合物具有钙钛矿结构，而其中很多具有钙钛矿结构的化合物又是重要的功能材料，如$BaTiO_3$是重要的铁电晶体材料（如受机械应力作用时能产生电压的压电晶体、折射率在外电场作用下发生改变的电光晶体等）、钙钛矿锰系复合氧化物具有良好的巨磁阻效应（在有外磁场作用时，磁性材料的电阻率较之无外磁场作用时存在巨大变化的现象）等。此外，很多重要的功能材料都具有与钙钛矿相关的结构，如铜系氧化物高温超导体中就包含钙钛矿结构单元。$SrTiO_3$采取典型的立方钙钛矿型结构，钛离子位于立方体的顶点，锶离子位于立方体的体心，氧离子处在立方体棱的中心位置。另一种描述钙钛矿结构的方式是利用配位多面体：结构中钛离子为八面体配位，八面体共用所有顶点，相连成三维骨架，锶离子处于其中的立方八面体中心位置。

还有很多化合物具有与钙钛矿相关的结构类型，钙钛矿共生化合物由钙钛矿单元和其他结构单元按一定方式交替排列构成。关于这类钙钛矿的共生结构在此不作详细介绍，感兴趣的读者请参阅有关文献。

3.7.2 尖晶石（$MgAl_2O_4$）结构

尖晶石结构属立方晶系，其化学通式是 AB_2O_4。尖晶石的典型组成为 $MgAl_2O_4$，$MgAl_2O_4$ 的晶格常数 $a_0 = 0.808$ nm，配位数 $z = 8$。在镁铝尖晶石结构中，氧离子作面心立方密堆积，1 个尖晶石晶胞共有 32 个氧离子。二价 A 离子（镁离子）填充立方密堆积中 1/8 的四面体空隙，三价 B 离子（铝离子）填充 1/2 的八面体空隙，剩余的四面体和八面体空隙没有离子占据。二价和三价正离子的这一填充方式构成正尖晶石结构，可记为 $[A]_T[B_2]_OX_4$，其中下标 T 表示四面体空隙，下标 O 表示八面体空隙。由于四面体空隙比八面体空隙小，故通常 A 离子的尺度也应比 B 离子小。但许多尖晶石并不满足这个条件，而是有一半的三价 B 正离子分布在八面体空隙中，另一半进入四面体空隙，二价 A 离子则进入八面体空隙，从而形成反尖晶石结构，如 $MgFe_2O_4$ 和 $Fe_3O_4(Fe^{2+}Fe_2^{3+}O_4)$ 等。

尖晶石中的八面体和四面体格位可以被不同的离子占据，其中低价离子占据四面体格位的称为正尖晶石，高价离子占据四面体格位的称为反尖晶石。不同的金属离子的配位倾向有很大差别，镁离子既可为八面体配位，也可为四面体配位，而锌离子更倾向于四面体配位。$MgAl_2O_4$ 和 $ZnAl_2O_4$ 都属于正尖晶石结构，其中铝离子主要占据八面体格位。$MgFe_2O_4$ 则属于反尖晶石结构，其中三价铁离子倾于占据四面体格位，Mg^{2+} 与剩下的 Fe^{3+} 只能处于八面体格位。Fe_3O_4 中有二价和三价两种铁离子，其中三价铁离子占据四面体格位，Fe^{2+} 和剩下的 Fe^{3+} 共同占据八面体格位，因此也属于反尖晶石结构。

尖晶石（spinel）是自然界中存在的一类矿物，很多金属复合氧化物都具有这种结构。尖晶石结构的铁氧体是重要的磁性材料。在尖晶石结构中，氧离子构成立方密堆积。如前所述，立方密积中 1/8 的四面体空位被 Mg 离子占据，1/2 的八面体空位被 Al 离子占据。铝氧八面体共用相对的棱连接成八面体链，八面体链平行排列。镁氧四面体与铝氧八面体共用顶点连接成层状结构单元。在相邻的层状结构单元中，铝氧八面体链相互垂直并共边相连接，构成三维结构。

尖晶石是一类重要的混合金属氧化物，包含许多种晶体，部分列于表 3-5 中。在尖晶石结构中，一般 A 离子为二价、B 离子为三价，但也存在 A 离子为四价、B 离子为二价的尖晶石结构。

表 3-5 具有尖晶石结构的晶体

氟化物，氰化物	氧化物				硫化物
$BeLi_2F_4$	$TiMg_2O_4$	$ZnCr_2O_4$	$CoCo_2O_4$	$MgAl_2O_4$	$MnCr_2S_4$
$MoNa_2F_4$	VMg_2O_4	$CdCr_2O_4$	$CuCo_2O_4$	$MnAl_2O_4$	$CoCr_2S_4$
$ZnK_2(CN)_4$	MgV_2O_4	$ZnMnO_4$	$FeNi_2O_4$	$FeAl_2O_4$	$FeCr_2S_4$
$CdK_2(CN)_4$	ZnV_2O_4	$MnMnO_4$	$GeNi_2O_4$	$MgGa_2O_4$	$CoNi_2S_4$
$MgK_2(CN)_4$	$MgCr_2O_4$	$MgFe_2O_4$	$TiZn_2O_4$	$CaGa_2O_4$	$FeNi_2S_4$
	$FeCr_2O_4$	$FeFe_2O_4$	$SnZn_2O_4$	$MgIn_2O_4$	
	$NiCr_2O_4$	$CoFe_2O_4$		$FeIn_2O_4$	
		$ZnFe_2O_4$			

尖晶石结构是较为常见的，仅氧化物和硫化物就有200多种，还有很多化合物具有与尖晶石相关联的结构。尖晶石结构单元是铁氧体的基本结构单元之一。

3.8 硅酸盐结构

硅酸盐晶体是地壳中的主要矿物，也是陶瓷、玻璃、水泥、耐火材料等硅酸盐工业的主要原料。硅酸盐最重要的结构特征是以 $(SiO_4)^{4-}$ 为基本结构单位，其中4个氧原子以正四面体的方式与配位中心 Si^{4+} 形成硅氧四面体。其中Si—O间距为0.162 nm，而O—O间距为0.264 nm。由硅和氧的电负性差（Si和O的电负性分别为1.8和3.5，相差1.7），可知Si—O键的性质为离子键和共价键各占一半。由于硅酸盐与本书内容关联度较小，因此不作过多的介绍了。

思考和练习题

3-1 已知α-Fe（体心立方）和γ-Fe（面心立方）的致密度分别为0.68和0.74，那么是否α-Fe中可溶解更多的碳？

3-2 在金属晶体和共价晶体中，一般来说哪一种结构的原子配位数较大？为什么？

3-3 石墨结构为六方晶系，设其层内碳原子之间的距离为 a（约0.142 nm）、层间距为 c（约0.340 nm）、碳原子半径为 r（约0.070 nm），试计算该结构的紧密系数（原子致密度）。

3-4 氢原子半径为0.053 nm，氦原子半径为0.143 nm，那么氢负离子 H^- 半径是大于0.143 nm还是小于0.143 nm？

4 晶体中的缺陷

4.1 引　　言

晶体的性能取决于其内部结构。所谓结构是指一个系统中的组元及组元间联系的总和，晶体的结构则表明晶体的组元及其排列和运动方式。一般将晶体中的原子种类和数量称为其成分，将各种组元构成的结构称为相，由各个相构成了晶体的显微结构。晶体所有的物理、化学性质都是由其精确结构与显微组织所决定的，因此其性质必然与其缺陷结构及缺陷浓度相关。缺陷理论正是为了阐明这些关系而建立起来的，该理论已成为现代固体科学的一个基础部分。

理想的晶体结构具有完整的周期性，即晶体中的原子实或原子的排列具有严格的周期性，此时晶体具有平移不变性和长程有序性。但这种理想晶体只有纯物质在 0 K 并与环境无交换作用的系统中才能存在，而实际晶体往往是不完整的。一方面原子围绕平衡位置振动（其平均动能约为 $3kT/2$，可见其值取决于温度），另一方面晶体含有结构上的缺陷，因此它会局部或多或少地偏离理想的周期构造。其中晶格振动虽会导致原子瞬时位置相对平衡位置的偏离，但从时间的平均上看，这并不会破坏晶体的长程序。

实际晶体在高于 0 K 时，结构都存在偏离理想晶体点阵的现象。这种相对于理想点阵的偏离导致晶体结构的不完整性，该晶体结构现象称为晶体的结构缺陷。结构缺陷的存在并不影响晶体基本结构的对称特性，因为仅仅是晶体中少数原子的排列发生了改变。相对于晶体结构的周期性和方向性，晶体结构缺陷对外界条件的变化非常敏感。温度、压力、载荷、辐照等因素，都可明显地改变结构缺陷的数量和分布。而结构缺陷的数量和分布对晶体的性能又具有非常重要的影响，如其电学性质、力学强度、化学反应性等都会因为结构缺陷的存在而发生变化，缺陷对扩散和烧结等过程也有显著的影响。

晶体的许多性质（如光学性质、电学性质、磁学性质、力学性质等）都与其物质结构，特别是缺陷结构密切相关。各种功能材料，如半导体材料、光导材料、发光材料、热电材料、热敏材料等，都和精密的非化学计量缺陷有关。因此可以说，控制了晶体材料的缺陷浓度，就可以控制其性质。

无机非金属材料的制备常常要通过固相反应，这种固相过程也和晶体缺陷有着密切的关系。完整的晶体没有反应活性，只有打破这种完整性，才会有固相反应所需的缺陷及其缺陷移动，才会有固态反应过程的发生。烧结等许多高温物理化学过程也与晶体缺陷密切相关。

此外，矿物冶炼成金属的过程以及金属的腐蚀过程等也都与缺陷有关，通过反缺陷作用可以控制金属的腐蚀。离子导体的导电过程也是通过缺陷的移动来实现的，缺陷的性质和缺陷之间的相互作用对离子导电性有直接的影响。可见，某些场合要尽量避免晶体缺陷，而另一些场合则要人为地制造一些缺陷来改变材料的性能。

本章主要介绍晶体中的各类缺陷，重点是晶体中存在的不同点缺陷，让读者了解晶体结构中最基本的缺陷形式。其中包括晶体缺陷类型、晶体点缺陷、缺陷符号表示等基本内容。

4.2 晶体缺陷的类型

晶体中的缺陷包括从原子、电子水平的微观缺陷到显微缺陷。晶体缺陷的分类方式有若干种，分类根据主要是从以下几个角度来考虑，如缺陷区域与晶体的相对大小、缺陷的诱导因素、缺陷的热力学状态等。

4.2.1 按几何形态分类

晶体点阵缺陷的迁移性差、寿命长，便于对其作几何图像的描述。可以按纯几何的特征对点阵缺陷进行分类，即按其维数分类。这是对晶体缺陷的一种带主导性的常用分类方式。

（1）点缺陷（零维缺陷）：点缺陷在三维空间各方向上的尺度都远小于晶体或晶粒的尺度，因此也称为零维缺陷。这是一种晶格缺陷，这种缺陷在各个方向上的延伸都很小，仅发生在晶格中的一个原子尺寸范围，如空位、间隙原子、置换原子等。点缺陷在晶体中呈随机、无序的分布状态。

点缺陷是晶体中存在的最基本的缺陷类型，本书即主要介绍此类缺陷。

（2）线缺陷（一维缺陷）：晶体中沿某一条线附近的原子排列偏离了理想的晶体点阵结构，从而在一维方向上构成一定尺度的结构缺陷。这种缺陷只在一个方向上延伸，又称一维缺陷。位错是典型的线缺陷，有刃型位错（简称刃位错）、螺型位错（简称螺位错）等；此外还有点缺陷链等。这种缺陷在某一方向上的尺寸可以与晶体或晶粒的线度相比拟，而在其他方向上的尺寸相对于晶体或晶粒线度可以忽略不计。本书不讨论此类缺陷，有兴趣的读者可参阅固体物理、金属物理等相关书籍，其中有较详细和系统的介绍。

（3）面缺陷（二维缺陷）：这种缺陷是晶体内部偏离周期性点阵结构的二维缺陷，它在二维方向上构成了一定尺度的结构偏离。其缺陷区在共面的各个方向上的尺寸都可与晶体或晶粒的线度相比拟，而在穿过该面的任何方向上的尺寸都远小于晶体或晶粒的线度。表面、界面、晶界、相界等是典型的面缺陷，电磁材料中“电畴（极化方向一致的区域）”和“磁畴（磁化方向一致的区域）”的畴壁也属于面缺陷。另外，一个完整的晶体结构可视为许多相同的晶面以一定的方式堆积而成。如果在堆积过程中偶尔有一个晶面以不按照规定的方式来堆积，于是在这一层之间就产生了缺陷，这样的缺陷也是一种面缺陷。常见的有孪晶晶界、大角晶粒间界、面心立方晶体中的相干孪晶晶界以及面心立方、六方晶体中的堆垛层错等。本书不讨论此类缺陷，有兴趣的读者可参阅表面与界面物理、材料科学基础等相关书籍，其中有较详细和系统的介绍。

（4）体缺陷（三维缺陷）：这种缺陷是在三维方向上的相对尺寸都较大的缺陷，其缺陷区在任意方向上的尺寸都可以与晶体或晶粒的线度相比拟。例如，固体中的第二相区（沉淀相）、空洞（气泡、气孔）、畴（电畴、磁畴、其他结构畴）、镶嵌结构等。此类缺陷也不在本书讨论范围。

上述这些缺陷的浓度（或缺陷总体积与晶体体积之比）都非常低，但缺陷对晶体性质的影响却可以很大，如对于晶体的力学性质、物理性质（如电阻率、扩散系数等)、化学性质（如耐蚀性）和冶金性能（如固态相变）等。其中点缺陷对材料的性质就有很大的影响，材料的光学、电学、磁学性质与本征缺陷和杂质缺陷的种类和浓度都是相关的。微量的杂质即可对光纤和非线性光学材料的性质产生重大的影响，而半导体的掺杂则可获得 p 型或 n 型的导电性，掺杂 Cr^{3+} 的 Al_2O_3 红宝石是第一个实现激光输出的晶体，对一些铜氧化物进行不等价置换可得到高温超导材料，等等。线缺陷和面缺陷也可对材料的力学性能产生很大的影响，它们的存在可使材料的强度在理想晶体的基础上降低一个数量级。由此可见，理解材料的性质需要研究晶体中各类缺陷的结构和性质。

4.2.2 按缺陷来源分类

从缺陷的诱导因素出发，可将晶体缺陷分成如下几类：

（1）热缺陷。部分处于晶格结点上的原子会由于其热振动的能量起伏（能量涨落）而离开其正常位置，这样造成的缺陷称为热缺陷。

晶体中的质点在三维空间作有规律的周期性重复排列，但每个质点都不是静止地处在一个固定的位置上。只要温度高于 0 K，质点就会吸收热能而进行热振动。由于每个质点都受周围质点的束缚作用，故振幅一般都较小，只有原子间距的 1/10 左右，因此一般不会离开平衡位置。显然，这个平衡位置就是理想点阵中的结点位置。在晶体中，各质点的能量并不相同，总有一些质点的能量会高于或低于平均能量，同一个质点所具有的能量也会不断变化。这就是说，在晶体内存在着能量涨落。如果环境温度升高，晶体内质点具有的平均动能就会增大，质点热振动的振幅也会随之增大。当一些能量较高的质点所具有的能量足以克服周围质点对它的束缚时，它就可离开其平衡位置而发生迁移，于是在其原位置上留下一个空位。可见，这类缺陷完全是由质点的热运动所引起，其浓度随温度的变化而改变，因此称为热缺陷。

这种缺陷的形式为空位和间隙原子（或离子）之类的点缺陷，它们与温度密切相关。在温度高于 0 K 时，晶格粒子（原子或离子）的热运动即可导致点缺陷的生成，缺陷浓度与缺陷的形成能有关。缺陷形成能越低，则缺陷浓度越大。

（2）掺杂缺陷。掺杂缺陷是指不同于晶体本身原有的外来原子或离子进入晶格而产生的缺陷。由于杂质的存在或掺杂剂的加入，造成晶格结点上粒子分布的差异。这种缺陷浓度与杂质或掺杂剂的浓度有关。

外来杂质原子进入晶体不但会形成缺陷，还可能会生成固溶体。固溶体是一种“固态溶液”，可视其为杂质（溶质）在主晶体（基质或称溶剂）中溶解的产物。

（3）与环境介质交换所引起的缺陷。在环境介质的作用下，晶格原子逸出晶格或吸收外界原子进入晶格。

有些化合物的化学组成会明显地随着周围气氛的性质和分压大小的变化而偏离化学计量组成，这是因为其晶格结点中带有空位或含有处于间隙位置的填隙原子（或离子）。这种非化学计量缺陷也是某些固体材料所固有的，其浓度不仅会随温度而变化，而且会随周围气氛性质及其分压大小的改变而变化。

（4）外部作用所引起的缺陷。机械力、辐射损伤也可导致晶体缺陷，外电场或外磁场等外部作用也可能引入缺陷。

4.2.3 按热力学分类

从热力学出发，晶体缺陷又可分为可逆缺陷和不可逆缺陷。

（1）可逆缺陷（热平衡缺陷）：晶体规则的、严格周期性的结构只是理想的图像，实际上即使是理想的热力学平衡条件，晶体也将存在各种相对于理想结构的偏离，即晶体含有点阵缺陷。

在0 K以上，随着温度的升高，晶体中呈有序排列的原子在其点阵位置的振动加剧，平均振幅增大，某一时刻的一些原子获得的能量多于平均能量时，就会产生不按周期性点阵排列的内原子错序现象（internal disorder phenomena），即热力学平衡条件下的晶体中由热驱动产生了原子或离子的空阵点。对应地，这些具有较高能量的原子或离子则可进入正常点阵之间的位置即间隙位置，周围近邻原子则产生微小位移，构成一个稳定间隙位置，从而形成点缺陷，即空位与间隙原子。这种缺陷在晶体中的浓度是晶体所处环境温度和压力的函数，因此称为热力学可逆缺陷。

可逆缺陷的数量或浓度与环境及气体分压有关。例如，改变环境温度或氧分压可以改变氧化物中点缺陷的浓度，对氧化动力学产生显著影响。

（2）不可逆缺陷（非平衡缺陷）：这种缺陷的数量或浓度与环境的温度和气体分压无关，如不可逆点缺陷（由机械力、辐射损伤、淬火等外部作用引起），以及线缺陷（如晶体中的位错）、面缺陷（如晶体的表面、相界、晶界等）、体缺陷（如晶体中的微裂纹、显微孔洞等），还有各种不同形式的复杂缺陷和由点缺陷形成的复杂缺陷簇等。这是一种热力学不平衡的缺陷，即非平衡缺陷。

不可逆点缺陷产生的途径各异，如通过淬火而冻结下来的空位和间隙原子，通过辐照而产生的空位、间隙原子和蜕变原子等。这些非平衡点阵缺陷与晶体的形成和形成过程的条件不理想有关，它们即使经过很长的时间也不能仅仅由于热运动而完全消失，而是处于“冻结”状态。这是它们与热平衡点阵缺陷的根本区别。非平衡点阵缺陷常常在晶体生长、相变过程中或在外界影响下被电场、磁场或弹性场稳定下来。改进晶体的制备和处理方法，可显著降低非平衡点阵缺陷的密度。

4.3 点缺陷的相关概念

点缺陷普遍存在于晶体材料中，它是晶体中最基本的结构缺陷。点缺陷对材料的物理和化学性质影响很大，是缺陷研究的重点。本节主要介绍有关点缺陷的基本概念。

4.3.1 亚晶格（亚点阵）的概念

如前所述，为便于研究晶体的几何结构，可将晶体中的原子、离子、分子或基团抽象为几何学中的点。无数这样的点在空间中按照一定的规律重复排列而成的几何图形就称为点阵，每个点阵点对应于晶体中的一个结构单元，即对应于构成晶体的原子、离子、分子或基团。空间点阵按照确定的单位（平行六面体）划分之后称为空间格子，空间格子在晶体中称为晶格，晶格又可分解为若干个亚晶格。在理想晶体结构中包含一个或多个亚晶格，亚晶格可以含有单一或非单一原子、离子或基团，但出于方便一般取处于等效位置上的单一原子、离子或基团所构成的亚晶格。例如：NaCl 包含两个面心立方亚晶格，即 NaCl 可分解为一个 Na 的面心立方亚晶格和一个 Cl 的面心立方亚晶格，见图 4-1(a)，CsCl 包含两个简单立方亚晶格，即 CsCl 可分解为一个 Cs 的简单立方亚晶格和一个 Cl 的简单立方亚晶格，见图 4-1(b)；理想的钙钛矿结构可分为五个简单立方亚晶格，即 ABO_3 可分解为一个 A 亚晶格、一个 B 亚晶格和三个 O 亚晶格，见图 4-1(c)。

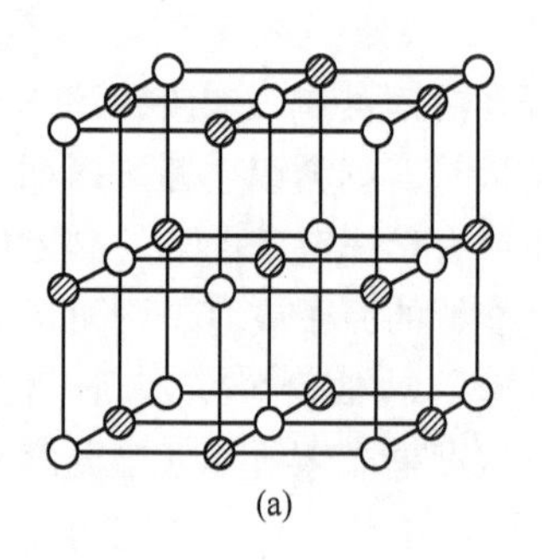
(a)

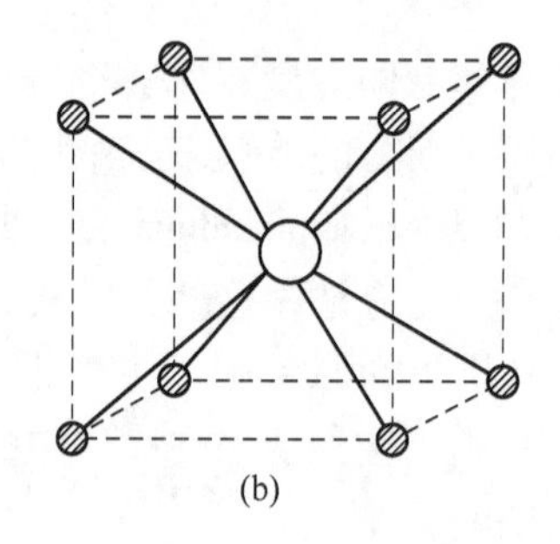
(b)

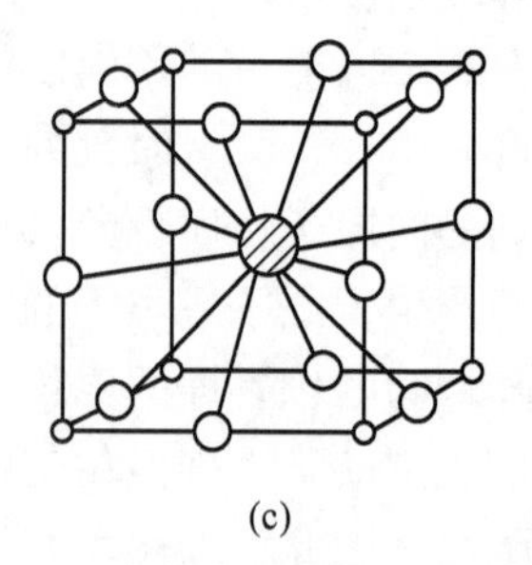
(c)

图 4-1 几种物质的晶体结构
（a）NaCl；（b）CsCl；（c）钙钛矿

在点缺陷的处理中，晶格的间隙位置也具有重要的意义，它们可能被本体或外来粒子所占据。因此，这些未被占据的间隙空位的组合也可视为一种空位亚晶格。在缺陷晶体内，这个空位亚晶格可被部分占据。从能量角度上看，势能低的间隙位置所组成的亚晶格被优先占据。如在 CaF_2 中掺入 BiF_3 而形成萤石结构的固溶体时，多余的 F 就会部分地占据这个空位亚晶格而形成间隙 F 离子。

4.3.2 点缺陷的名称

在各类晶体材料中都存在着点缺陷，而在无机非金属材料等晶体中，最重要也最基本的结构缺陷就是点缺陷。对于理想晶格位置可能出现的几种主要偏差状态，点缺陷主要表现为空位、间隙原子（或离子）及杂质原子（或离子）。

4.3.2.1 原子性缺陷

（1）空位（格点空位，点阵空位）：正常晶格格点上失去了原子或离子，即正常格点位置上出现的原子空缺或离子空缺。

（2）间隙原子（或离子）：指原子（或离子）进入正常格点位置之间的间隙位置，也称为填隙原子（或离子），简称间隙子。

（3）错位原子（错置原子）：又称原子错排和反占位缺陷，是指晶体中一种类型的原子（或离子）占据正常情况下应为另一种原子（或离子）所占据的位置上。

（4）杂质原子（或离子）：晶体组分以外的原子进入晶格中即为杂质，杂质原子若取代晶体中正常格点位置上的原子即成为置换原子（或离子），也可进入正常格点位置之间的间隙位置而成为间隙杂质原子（或离子）。它不是固体的固有成晶粒子，而是通过掺杂引入的外来原子，因此又称掺杂原子（或离子）。

应该指出的是，晶体受到高能粒子照射时，由于核衰变而形成的另一种新原子也将以杂质原子的形式存在于晶体中，也属原子性的点缺陷。

4.3.2.2 电子性缺陷（电子缺陷）

这类缺陷主要在半导体物理及相关的专业方向课程中介绍。除金属外，理想晶体中的电子位于低能级，价带中的能级完全被占，导带全空而没有电子。但实际晶体中存在点缺陷，导致导带中有电子载流子，价带中有空穴载流子。这类电子和空穴也是一种缺陷，称为电子缺陷。这些导带中的过剩电子或价带中的电子空穴束缚在带电的原子缺陷位置上，会形成一个附加电场，从而引起晶体中的周期性势场发生畸变。

出现上述导带中有电子和价带中有空穴的情况一般是具有半导性的晶体即半导体。费米能级是原子核外电子占据概率为50%的能级：金属中的外层电子没有排满（即其价带不是满带），因此其外层电子可以发生自由迁移进入导带，即其价带和导带是交叉重叠的（其间不存在禁带即带隙），可见其费米能级会处于其体系能带中的最高能级；对于半导体和绝缘体，则其费米能级会处于禁带中；本征半导体［即纯净半导体，不含杂质且无其他晶格缺陷，其导电能力通过本征激发，如硅、锗及砷化镓（GaAs）等］和绝缘体的价带是满带（占据概率100%），而导带全空（占据概率为0%），因此其费米能级正好处于禁带中央（占据概率为50%），本征激发产生电子–空穴对后仍然如此，因为导带中增加的电子数等于价带中减少的电子数而使禁带中央能级占据概率仍为50%；对于非本征半导体，掺杂会移动费米能级的位置，更多内容请参阅半导体物理方面的文献。

晶体中的上述导带中的过剩电子和价带中的电子空穴往往受到带电的原子缺陷的束缚，但又不专属于（或仅被束缚于）某个特定的点缺陷附近，它们在某种电、光、热等外力作用下可在晶体中产生运动。因此，这些导带中的电子可称为准自由电子（以与金属中的自由电子相区别），也常常直接简称为电子；而对于价带中的电子空穴，则常常直接简称为空穴。

有的文献将这种电子性缺陷单独列为一类缺陷进行讨论，但本书在相关的章节中将其与原子性缺陷按照统一的方法进行处理，因此将它们一并列为点缺陷来介绍。而在其他章节的有关讨论中，本书提到点缺陷时一般不包括此类电子缺陷。

从能带理论来看，固体具有价带、禁带和导带。绝缘体的禁带较宽，一般情况下价带的电子不能被激发到导带，故而不具有可观察到的导电性。对于不含杂质且晶体结构完整的本征半导体，其0 K时的导带也为全空（又称空带），价带也被电子全充满（对应为满带），表现出绝缘体的性质。但其禁带宽度比绝缘体窄，在热或光辐射等外界因素作用下，其价带中的少数电子有可能被激发到导带，表现出程度不同的导电性。此时价带留下空穴，导带存在电子，产生了所谓电子–空穴对。反之，导带电子也可能返回价带空穴处，发生电子–空穴复合的过程。正常状态下的晶体，其电子–空穴对的产生和复合达到了平衡，因此导带中具有处于平衡状态的一定浓度的电子，价带中的空穴浓度也相应地保持一定。

4.3.2.3 声子和激子

声子和激子主要是在固体物理及相关课程中介绍。温度上升时原子的振动频率随之增大，其运动能量呈量子化，单位能量子 $h\nu$ 称为声子。电子可激发到较高能级，并在通常充满电子的能带上留下空穴。如果该激发电子仍与空穴紧密结合，则这个“电子–空穴对”就称为激子，也可将激子视为处于激发态的原子或离子。关于声子和激子的问题，不在本书的讨论范围。

点缺陷的显著特征在于其种类和浓度一般都与体系的平衡态性质有关。另外，还有一些类似于点缺陷的不完善性。例如，光子（photons）、荷电辐射或粒子以及中性高能粒子等，它们仅在晶体中存在较短的时间，与晶体并不呈热力学平衡。这些暂时的不完善性可通称为“暂态”点缺陷，它们既可由外部引入，也可来自固体内部。例如，作为缺陷相互作用的产物或激发态的蜕变，包括电子性的或原子核的蜕变形成的产物。

由于简单缺陷的构型不一定都是最稳定的结构，所以点缺陷还可相互缔合而形成不同的构型，具有不同的性质。当晶体中的点缺陷浓度较高时，如摩尔分数大于 $10^{-3} \sim 10^{-2}$（即0.1% ~1%），则点缺陷就可能发生缔合而形成更稳定的缺陷簇（一般到0.1%就可能发生）。例如，紧密结合在一起的一对空位的能量要低于两个分离的空位的能量，此时就形成双空位（又称空位对）、复合空位，与此类似的还有双间隙原子等。当点缺陷浓度较高时，这种缔合现象就会发生。在某些结构中，点缺陷也可能形成其他的缺陷集合体（后面本书将有进一步介绍）。

4.3.3 点缺陷的类型

点缺陷可以有不同的形成机理，按其形成原因一般可将其分为3种类型。

4.3.3.1 热缺陷

如前所述，热缺陷是指由构成晶体的原子或离子偏离原有格位所形成的各种缺陷，常见的有空位缺陷、间隙缺陷和错位缺陷。

当晶体处于0 K以上时，晶格内的原子吸收能量，在其平衡位置附近作热振动。温度越高，则热振动幅度越大，原子的平均动能随之增加。因为热振动的无规性和随机性，晶体中各原子的热振动状态和能量并不相同。在一定温度下，不同能量原子数量的分布遵循麦克斯韦（J. G. Maxwell）分布规律。热振动的原子在某一瞬间可能获得较大的能量，这些较高能量的原子可以挣脱周围质点的作用而离开平衡位置，进入晶格内的其他位置，于是在原来的平衡格点位置上留下空位。这种由于晶体内部质点热运动而形成的缺陷称为热缺陷。根据原子进入晶格内的不同位置，可将热缺陷分为弗仑克尔（Frenkel）缺陷和肖特基（Schottky）缺陷。

（1）弗仑克尔缺陷：如果离开平衡位置的原子进入晶格的间隙位置，则晶体中形成弗仑克尔缺陷（见图4-2）。这种缺陷的特点是间隙原子（或离子）与晶格结点空位成对地同时出现，晶体内的局部晶格有畸变，但晶体的总体积不发生改变，亦即晶体不会因为出现空位而产生密度变化。由于热运动，一对对的间隙原子和空位在晶体内处于不断的运动中，或者复合，或者运动到其他位置上去。

弗仑克尔缺陷形成的这种间隙原子是晶体本身所具有的，因此又称为自间隙原子，以区别于杂质间隙原子。

从能量角度来看，这些挤入晶格间隙的原子的能量要高于处在点阵结点平衡位置上的稳定态原子。因此，当弗仑克尔缺陷浓度增大时，结构的能量升高，同时熵（结构无序度）也增加。在较高的温度下，熵值较大的形式有利于达到热力学稳定性所需的自由能极小状态。从动力学上分析，原子一旦进入间隙位置，要离开该位置就需克服周围原子对

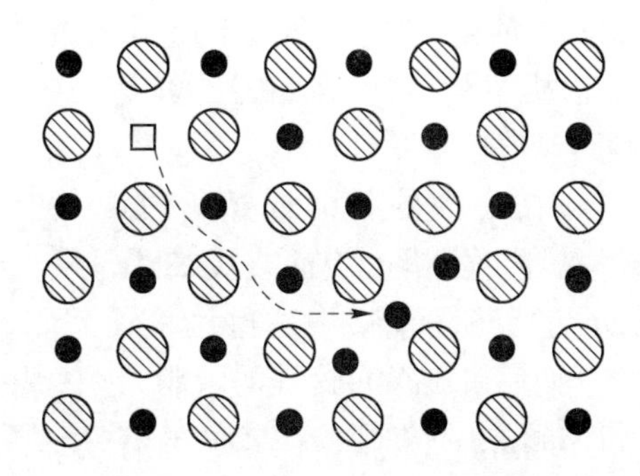

图 4-2 弗仑克尔缺陷示意图

其束缚所造成的势垒。由于热涨落，间隙原子可能再获得足够的动能而返回原稳定态的平衡位置，或者与其邻近的另一空位缔合，也可能跃迁到其他间隙中去。缺陷的产生和复合是一个动态平衡的过程，即在一定温度下，弗仑克尔缺陷的数目对某一晶体材料来说是确定的，并且是无规则和统计均匀地分布在整个晶体中。

在不同的晶体中，弗仑克尔缺陷浓度的大小与晶体结构有很大的关系。例如，在 NaCl 结构的离子晶体中，由于仅有的四面体间隙空间较小，故而很难产生弗仑克尔缺陷。但在 AgBr 和 AgCl 晶体中，由于正、负离子半径相差较大，小的质点易填入由大的质点所围成的间隙中而形成弗仑克尔缺陷，并成为占优缺陷。

然而，在氟化钙结构中，正离子形成近似面心立方结构。正离子的配位数为 8，存在着［CaF_8］配位多面体；负离子的配位数为 4，存在着［FCa_4］配位多面体。因此，每形成 1 个负离子空位（同时产生 1 个间隙负离子 F_i'）只要断开 4 个 Ca—F 键，而每形成 1 个正离子空位则要断开 8 个 Ca—F 键，所需能量较高。具有萤石和反萤石结构的另一些晶体材料，如 ZrO_2（O^{2-} 间隙子）和 Na_2O（Na^+ 间隙子），也有类似的缺陷。但总的来说，在离子晶体及共价晶体中形成弗仑克尔缺陷是比较困难的。

弗仑克尔缺陷的晶体结点空位和间隙原子带有相反的电荷，当它们彼此接近，就会相互吸引成对。虽然整个晶体表现出电中性，但缺陷对带有偶极性，它们可相互吸引而形成较大的聚集体或缺陷簇。形式类似的缺陷簇在非化学计量化合物中也可能出现，此时它们会起到第二相的晶核的作用。

（2）肖特基缺陷：如果离开平衡位置的原子迁移至晶体表面的正常格点位置，而晶体内仅留有空位，不出现等量的间隙原子，则晶体中形成的就是所谓肖特基缺陷（见图 4-3）。晶体内部的原子向表面移动，其结果是晶体表面增加新的原子。因此，肖特基缺陷的特点是晶体中仅有空位存在，晶体体积膨胀，密度下降。当然，由于缺陷数量在晶体中只占非常小的比例，晶体密度的变化很小。

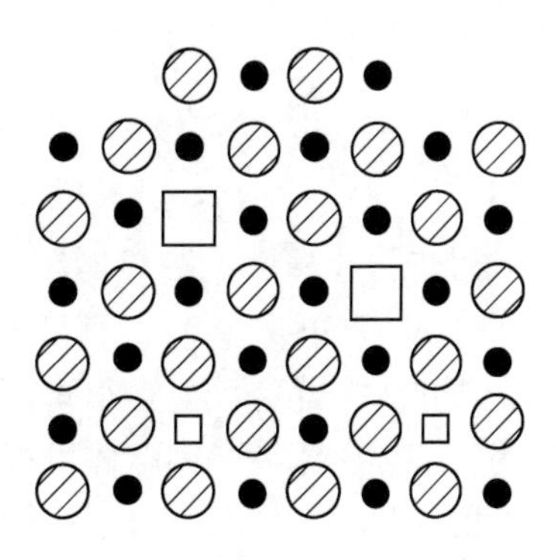

图 4-3 肖特基缺陷示意图

肖特基缺陷是由于晶体表面附近的原子热运动而迁移到表面，并在原位置留下空位，然后内部邻近的原子进入这个空位，这样逐步进行造成的，看起来就像是晶体内部原子跑到晶体表面上来了（见图 4-3）。除了表面外，肖特基缺陷也可在位错或晶界上产生。这种缺陷也可在晶体内进行运动，也存在着产生和复合的动态平衡。对一定的晶体来说，在确定的温度下，缺陷的浓度也是一定的。空位缺陷的存在可用场离子显微镜直接观察到。

肖特基缺陷和弗仑克尔缺陷之间的一个重要区别，就是前者的形成需要一个像晶界、位错或表面之类的晶格混乱区域，使得内部的质点能够逐步移到这些区域，并在原来的位置上留下空位，而后者则没有这样的限制。

对于单质晶体，要在晶格间隙中挤入一个同样大小的原子是十分困难的，故一般在晶体中产生弗仑克尔缺陷的数量要远少于肖特基缺陷。

离子晶体中的正、负离子空位总是成对出现，而单质则不然。这是因为对保持电中性（晶体内部保持不出现净电场，否则将引起电荷的定向迁移）的要求，在离子晶体中通常需有正离子空位和负离子空位的同时存在（见图4-4）。

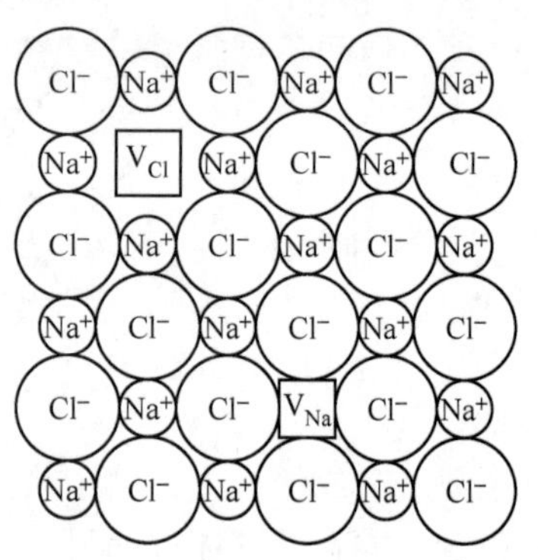

图4-4 NaCl晶体的肖特基缺陷示意图

4.3.3.2 杂质缺陷

杂质原子进入晶体，既可能进入基质晶体的正常格位，置换晶格中的原子而形成置换型杂（溶）质原子［见图4-5(a)］，也可能进入基质晶体格点的间隙位置而形成间隙型杂（溶）质原子［见图4-5(b)］。这些缺陷统称为杂质缺陷。以点缺陷的形式存在的掺杂原子是进入晶格间隙位置或取代主晶格原子，其在晶格中随机分布，不形成特定的结构。因此，也可将这种点缺陷杂质原子在主晶格中的分布视为溶质在溶剂中的分散。杂质进入晶体可视为溶解，杂质可看成溶质，原晶体则可当作溶剂（主晶体）。

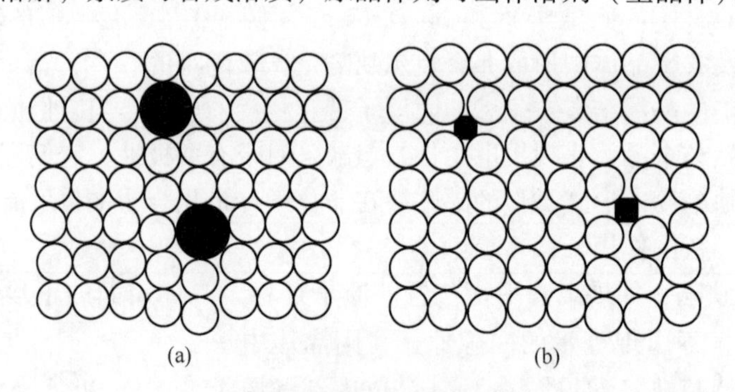

图4-5 杂质缺陷示意图

(a) 置换型；(b) 间隙型

对于多数晶体，杂质原子在主晶格中要符合随机分布的状态，其含量一般都小于0.1%（摩尔分数），且该含量的限制随晶体的不同和掺入杂质的不同而会有所区别。某些杂质进入主晶格，能在很大的组成范围内“互溶”而不出现新的结构，这样的系统特称为固溶体。因此，固溶体可视为一种特殊的杂质缺陷结构。如果杂质的含量不大，而且温度的变化不会使其超过固溶体的溶解度极限，则晶体的杂质缺陷浓度仅取决于加入晶体中的杂质含量，而与温度无关。这是掺杂缺陷（非本征缺陷）形成与热缺陷（本征缺陷）

形成的重要区别。

杂质原子进入晶体之后，由于其性质不同于原有的原子，因此它不仅破坏了原有原子的排列规则，从而引起晶体中的周期性势场改变，并使原有晶体的晶格发生局部畸变。图4-6表示了晶格畸变的几种不同情况，其中第一种情况是形成空位，第二种情况是杂质原子进入晶体点阵的间隙位置而形成间隙原子，第三种情况是较小的杂质原子置换原晶体原子，第四种情况是较大的杂质原子置换原晶体原子。后三种情况可能直接与杂质缺陷有关，前一种产生空位的情况也可能会由杂质缺陷引起。杂质缺陷是一种重要的缺陷，对陶瓷材料及半导体材料的性质都有重要的影响。

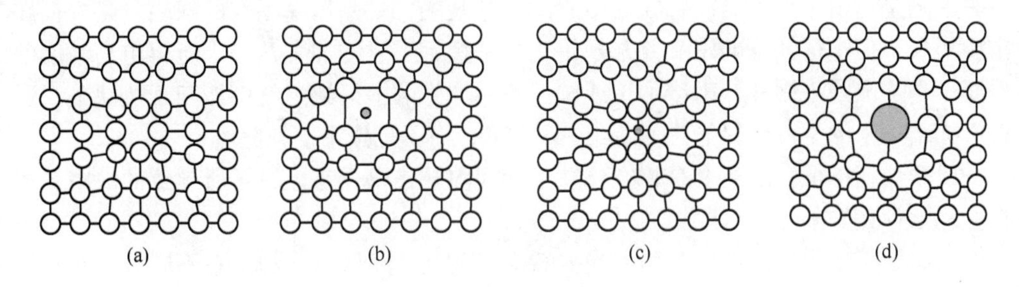

图4-6 晶格畸变的几种情况

（a）产生空位；（b）间隙原子；（c）较小的置换原子；（d）较大的置换原子

外来原子的尺寸或电负性不同于基体原子，因此其引入必然导致周围晶格的畸变。如果外来原子的尺寸很小，则可能挤入晶格间隙；若其尺寸与基体原子相当，则会置换晶格的某些结点。

杂质缺陷或其他点缺陷周围的电子能级不同于正常结点处原子的能级，因而会在晶体的禁带中插入各种不同能量的能级。这些缺陷通过能带之间的电荷交换而发生电离，从而赋予晶体不同于纯的完整晶体的导电性能。

4.3.3.3 非化学计量结构缺陷（非整比化合物）

化合物的整数比或化学计量关系是形成化合物的判据和准则，化合物的许多性质都可用定组成定律来解释。但在原子或离子晶体化合物中并不总是符合整数比关系，同一种物质的组成可在一定范围内变动，这种组成可变的结构称为非化学计量结构缺陷，也称为非化学计量化合物（即非整比化合物）。非化学计量结构缺陷的形成需要在化合物中掺入杂质或存在多价态元素（如过渡金属氧化物）。当环境中的气氛和压力发生改变时，可引起化合物的组成偏离化学计量关系，形成非化学计量结构缺陷，这时多价态元素可保持化合物的电价平衡。例如，在还原气氛中形成的TiO_{2-x}，其晶体结构中缺少氧离子，钛和氧的比例偏离1∶2的整数比。此时有部分钛离子从四价变为三价以使晶体保持电中性。从能带结构来看，氧离子的缺失使被电离的钛外层价电子得以部分保留，少量三价钛离子的出现可视为氧化钛晶体的导带存在电子，从而形成n型半导体。因此，非化学计量化合物缺陷也被称为电荷缺陷。对于半导体氧化物晶体，该类缺陷使晶体的导带中出现电子或价带中出现空穴，这是生成n型半导体和p型半导体的重要途径之一。可见，非化学计量结构缺陷的形成需要有气氛和压力偏离热力学平衡状态，这是其不同于热缺陷和杂质缺陷形成的地方。

4.3.4　本征缺陷和非本征缺陷

晶体中的本征缺陷，是指在低温下实际存在的“完整”晶体中，纯粹依靠温度作用而引进的缺陷，如上文提到的肖特基缺陷和弗仑克尔缺陷等。可见，要在一定温度下的晶体中避免本征缺陷实际上是不可能的。而结构缺陷则包括了所有对理想晶体的结构偏离，如通过晶体生长时引进晶体的缺陷（像晶界、位错、杂质等），或者通过高能粒子轰击引起核衰变而产生的杂质原子，或者通过扩散过程而引进的溶质原子，等等。因此，通过控制相关的条件，有些结构缺陷是可以避免的。

热缺陷是指由于热平衡而存在或引起的本征缺陷，是晶体中固有的缺陷，是本征缺陷的主要形式。但本征缺陷的定义并未规定是热平衡，通过冷加工及淬火所得更高浓度的缺陷也属于本征缺陷。因此，由冷加工或辐照等所产生的本征缺陷就不能归于热缺陷，通过淬火所冻结下来的空位也只能是“冻结热缺陷”，而不是热平衡缺陷。

一般来说，本征缺陷主要是指空位缺陷和间隙缺陷以及错位原子所导致的缺陷，但有人将非化学计量缺陷也归入此类。

掺杂离子是典型的非本征缺陷。当掺杂离子与基质晶体离子的价态不同时，常会诱发本征缺陷，以补偿掺杂缺陷的电荷，产生电荷补偿缺陷。可见，本征缺陷和非本征缺陷往往会同时存在于同一晶体中。

4.4　典型晶体中的点缺陷

4.4.1　金属中的点缺陷

4.4.1.1　纯金属中的点缺陷

在纯金属中，只存在空位和间隙原子的点缺陷方式，其产生的主要途径可分为如下几种：

（1）热振动：原子依靠热振动而脱离正常点阵位置，产生空位和间隙原子等缺陷。这种缺陷受热振动的控制，其浓度与温度有关，在平衡状态时称为热平衡态点缺陷。其浓度的大小随温度的升高而增大。例如，将晶体加热到高温，就会形成较高的空位浓度，然后快速冷却而使空位在该过程中来不及消失，就得到较低温度下含有过剩空位的晶体，从而形成非平衡态空位。用此法所得过饱和空位称为淬火空位。

（2）冷加工：金属在塑性变形时会产生大量的位错，适当条件下位错之间的交互作用将形成点缺陷。由于塑性变形是在较低温度下进行的，故所产生的点缺陷不会像退火过程那样消失，而是以过饱和的状态保存下来。

（3）辐照：具有很大动能的高能粒子（如中子、α 粒子、高速电子等）轰击金属晶体时，原子由于这些粒子的轰击而离开原来的位置，从而形成空位和间隙原子。如果辐照的高能粒子动能非常大，致使最初被碰撞的原子获得足够高的能量，从而有可能继续对其他原子发生碰撞，那么就会产生大量的空位和间隙原子。

对于纯金属，间隙原子除在极低温度的高能粒子辐照下产生外，一般很少存在。而空位的存在却比较普遍，对金属晶体的影响也较大，因此空位在点缺陷中显得更为重要。

4.4.1.2 有序合金中的点缺陷

在固溶体（如 CuAu）和金属间化合物（如 CoGa）中都是长程原子有序。许多金属间化合物的有序无序转变的临界温度都超过熔点，这意味着有序化能量高。例如 CoGa，其具有 CsCl 型晶体结构，这个结构由两个分别被 A（Co）和 B（Ga）原子占据的 α 和 β 简单立方亚点阵（分点阵）组成，后一种原子处于前一个原子点阵的体心立方位置。两个亚点阵中的空位能量不相等，数量份额也不相同，在 α 亚点阵中的空位被 B 原子所包围。要在 α 亚点阵中形成超额空位，就需将 A 原子移入 β 亚点阵，形成反位置缺陷。这些空位在淬火甚至在慢冷过程中不湮没而保留下来，许多金属间化合物在室温下有 1% 的数量级的空位，因而很易观察。此外，有序度不仅取决于有序能，而且也取决于 α 空位的形成能。

在某些金属间化合物中，由于荷电缺陷的库仑力作用，空位之间存在显著的排斥现象，相互排斥作用导致空位呈分散性分布，如在 FeAl 中即是这样。

一些金属间化合物（如 Nb_3Sn、V_3Ga 和 Nb_3Ge 等）具有极好的超导性能。其中 V_3Ga 的超导态到正常态的转变温度（居里点）与淬火温度密切相关，这可用在淬火温度下热无序产生反位置缺陷来加以解释。

金属中的空位是固有的点缺陷，而自间隙原子仅出现在高能粒子辐照过的晶体中。离子注入或核反应堆辐照后的金属材料损伤结构即主要决定于自间隙的性质。

4.4.2 离子晶体和氧化物中的点缺陷

离子晶体具有宽的能带间隙，是良好的电绝缘体。离子晶体中的点缺陷往往显示不同的电荷状态，带电缺陷会有效地陷获电子或空穴，从而控制自由载流子的寿命。它们也可起到散射中心的作用，从而控制这些载流子的移动性。

在离子晶体中，带有正、负电荷的点缺陷以多种形式保持电平衡而存在于晶体中。其中弗仑克尔缺陷由数量相同的同种电荷离子空位和间隙离子组成，肖特基缺陷由数量相同的正、负离子空位组成。间隙原子呈电中性，但在高温时可能离子化。

在卤化物离子晶体中，每个亚点阵都会出现空位，这些空位的形成将引起电荷的重新分布，以保持该绝缘体的电中性。其中最简单的情形是陷获一个电子的卤素（负离子）空位。在碱金属蒸气中加热碱金属卤化物，将过量的碱金属离子引入晶体。为了保持晶格结构不变，就需在卤素亚点阵中形成等量的空位。碱金属原子的价电子并不束缚在原子上，它可以迁移穿过点阵，并最终束缚在卤素空位上。卤素空位在完整的离子点阵中起正电荷作用，电子实际主要分布在与空位相邻的金属正离子上。这是通过晶体其余部分的静电力作用而得以保持的，实质上，这个缺陷是没有原子核的一个价电子。这些电子可以有许多能态，可以通过光吸收而从基态转移到第一激发态。每一种碱金属卤化物都存在着源于这种缺陷的特定吸收带，其经常出现在光谱的可见光部分，使晶体显示出颜色。

氧化物材料中存在许多复杂的缺陷，这种复杂性是由于氧化物具有混杂键合的性质，即这些材料的点阵结构由离子键和共价键共同组成。对于不同种类的氧化物，离子键和共价键的影响程度各不相同。相应地，缺陷的性质就分别更多地取决于离子键或共价键的特点。某些氧化物的点缺陷性质主要取决于离子键，如 MgO；另一些氧化物则取决于共价键，如石英（SiO_2）。氧化物材料已经得到广泛应用，并涉及诸多不同的现代技术领域。

例如，用于激光器的激光材料，用于集成镜片的集成光学材料，用于压电致动器的压电材料，以及高 T_c 超导材料和燃料电池固体电解质的材料。因此，研究氧化物中的缺陷就具有重要的意义。多数情况下，点缺陷或缺陷的聚合体决定了氧化物使用时所需的具体性质。

4.5 点缺陷对晶体性能的影响

晶体中的点缺陷可引起晶格畸变，如空位周围的原子将产生一定的位移，以降低空位缺陷所导致的内应力。间隙缺陷则在一定范围内影响了原子的排列。晶体中形成点缺陷后，就会因缺陷的存在而破坏晶体结构的完整性，这将极大地影响晶体的一系列性能。在一般情况下，点缺陷主要影响晶体的物理性质，如密度、比热容和电阻率等，其中密度和电阻率是较为明显的。

4.5.1 密度与线度

在晶体内部产生一个空位，需将该处的原子移动到晶体表面上的新原子位置，这就造成晶体体积增加。

如果将点阵中的一个原子转移到表面上去，就会在点阵内产生一个空位。假若空位周围的原子不发生移动，则晶体将净增加 1 个原子体积，而点阵参数保持不变。但实际上空位周围的原子会产生位移，因此晶体的体积和点阵参数都会改变。理论计算表明，一个空位引起的体积膨胀只有 0.5 个原子体积，而一个间隙原子引起的体积膨胀为 1 ~ 2 个原子体积。

有的文献则是采用了一个与密度相当的概念，即比容。比容是密度的倒数，表示物质单位质量的体积。

4.5.2 晶体电阻（电阻率）

就物理意义而言，电阻是表征电子在运动过程中所处状态被改变的概率。金属的电阻来源于金属原子对传导电子的散射。实际上，位于晶体点阵上的原子是不断振动的，其与电子的相互作用改变了电子的状态，因而赋予了金属晶体电阻，且温度越高电阻越大。

点缺陷的存在会对传导电子产生附加散射，从而引起电阻增大。完整晶体中的电子基本是在均匀电场中运动的；而在带缺陷的晶体中，缺陷区的点阵周期性受到破坏，电场分布急剧变化，因此对电子产生强烈散射，从而增大了晶体的电阻率。

关于点缺陷的电阻计算，一般是将点缺陷视为不同价态的杂质原子。但间隙原子所引起的畸变较大，效应不易正确估计，结果的差异也较大。

4.5.3 半导体的性能

硅、锗等第Ⅳ族元素的共价晶体在热力学温度 0 K 时为绝缘体，温度升高时其电导率也随之增大，但电导率的值仍远小于金属，因此称这种晶体为半导体。晶体呈现半导性能的根本原因就是填满电子的最高能带与导带之间的禁带宽度很窄，温度升高时会有部分电子可以从满带跃迁到导带而成为传导电子。晶体的半导性取决于禁带的宽度和参与导电的载流子（电子或空穴）数目及其迁移率。缺陷影响禁带的宽度以及载流子的数目和迁移率，因而会对晶体的半导性产生严重的影响。

硅和锗的本征半导体晶体结构为金刚石型，其中每个原子与4个近邻的原子作共价结合。杂质原子的引入或空位的形成都会改变参与结合的共价电子的数目，从而影响晶体的能级分布。

为改善本征半导体的性能，往往有意地掺入一些ⅢA族和ⅤA族的元素，使其形成掺杂半导体。当五价原子（如砷）掺入后，其5个价电子中的4个会与近邻的4个基体原子组成共价键，还多出一个电子。该电子易被激活到导带。这种多出来的电子称为逾量电子，贡献逾量电子的这类掺杂原子称为“施主”。同样，若将三阶原子（如硼等）掺入硅、锗基体中，则其3个价电子全部与3个近邻的基体原子组成共价键，而第4个近邻的基体原子由于不能形成共价键而出现空的能级。这种空能级可吸收其他原子的成键电子，因而该空能级就构成了电子的空穴。这类掺杂原子称为“受主”，贡献的空穴称为逾量空穴。可用类氢原子的模式来计算逾量电子或逾量空穴的能级。

其他点缺陷，如空位或除ⅢA、ⅤA族以外的别的杂质原子，原则上也会形成附近能级。由于空位等点缺陷与本征半导体原子的价电子电荷相差往往不是一个单位，因此这样一个点缺陷所提供的逾量电子或逾量空穴有多个，计算其能级比较繁琐，但定性结论仍然是在晶体的禁带区形成了若干附加的能级。

4.5.4 其他性质

除上述性质外，点缺陷还会影响晶体的其他物理性质，如比热容、扩散系数和介电常数等。由于形成点缺陷需向晶体提供附加的能量（如空位形成能），因而引起附加的比热容。在碱金属的卤化物晶体中，由于杂质或过剩金属离子等点缺陷对可见光的选择性吸收，会使晶体呈现色彩。这种点缺陷称为色心。

此外，点缺陷还将影响晶体的强度和范性（塑性），特别是对于金属材料的高温力学性能。点缺陷不但会影响金属的屈服、形变、强化和高温蠕变等力学行为，也会影响粉末烧结等工艺过程。但在一般情形下，点缺陷对金属力学性能的影响较小，它只是通过和位错交互作用，阻碍位错运动而使晶体强化。而在高能粒子辐照下，由于形成大量的点缺陷，则会引起晶体的显著硬化和脆化，这种现象称为辐照硬化。

4.6 点缺陷的符号表示

晶体中出现的点缺陷（见图4-7）种类很多，相应的表示方法也有多种。为了系统地描述诸多不同的缺陷，有必要采用统一的符号来表示。目前用得最多的是克罗格-明克（Kröger-Vink）符号，此外还有瓦格纳符号和肖特基符号等其他多种缺陷符号，但其中以克罗格-明克符号最为方便和清楚，因而该套符号在国际上通用。

4.6.1 符号表示的方法

为描述晶体中不同类型的点缺陷，克罗格（Kröger）和明克（Vink）于1974年提出

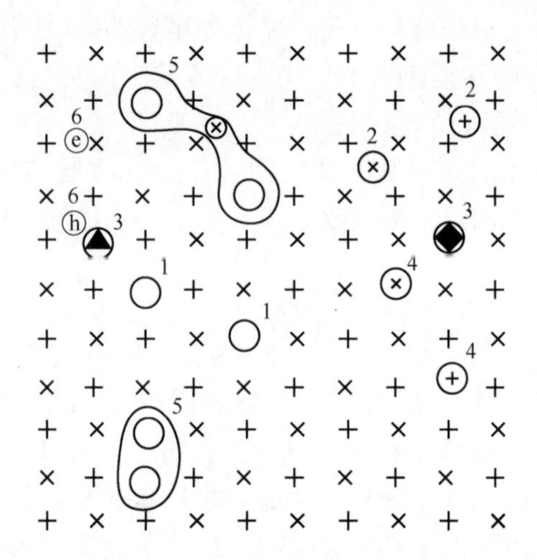

图4-7　各种点缺陷的示意图

1—空位；2—间隙原子；3—置换；4—错位（错置，反位，反占位）；5—缺陷簇；6—电子性缺陷

了一套缺陷符号，并应用质量作用定律来处理晶格缺陷之间的关系。在该符号系统中，用M表示电负性较低的组分，X表示电负性较高的组分，F表示异类杂质；用符号V表示原子格点出现的空位（意指vacancy），本书在遇到矾元素符号V时会特别说明；符号i表示间隙位置（意指interstitial），本书为避免与碘元素符号I和常用数字序号Ⅰ混淆而一律用小写字母i表示间隙位置（由于书写适配度的考量，空位符号V则不宜用小写）。

4.6.1.1　克罗格-明克（Kröger-Vink）方法概述

缺陷符号分主体部分和上标、下标。其中主体部分：空位缺陷用字母V表示，间隙缺陷用处于间隙格位的原子（或离子）的元素符号表示，置换原子和错位原子均用对应自身的元素符号来表示。缺陷的具体分布位置情况用下标注明，即下标的符号表示缺陷所在的格位或间隙位置。例如，V_A表示晶体格点A上的空位，这个位置本来应由A原子占据但未占据，而碱金属卤化物晶体MX的正、负离子空位缺陷就可分别用V_M和V_X来表示；A_i表示间隙原子A，即A原子处于间隙位置，而MX晶体中的间隙正、负离子则可分别表示为M_i和X_i；F_A表示晶格A的格点被杂原子F占据；A_A表示正常格点A上的A原子；V_i表示未被占据的间隙。若MX中产生错位原子，则X原子占据了应该由M原子正常占据的位置，就用X_M表示。例如，BaFCl是一种复合卤化物，F^-和Cl^-的性质相近，可产生错位缺陷，可能的两种错位缺陷是处于氟离子格位上的氯离子和处于氯离子格位上的氟离子，可分别表示为Cl_F和F_{Cl}。

复合缺陷是另外一种缺陷，是与其他缺陷缔合起来而形成的，如$V_M V_X$表示相邻的M和X在晶格上同时出现的空位缔合在一起。

4.6.1.2　带电缺陷（荷电缺陷）

带电缺陷（荷电缺陷）的电荷数用有效电荷表示，即在缺陷符号的右上角标明缺陷所带的有效电荷数。有效电荷的定义为缺陷的实际电荷数减去其所在位置的正常格位的电荷数。可见，缺陷的有效电荷不是缺陷带有的实际电荷，而是相对于正常格位的相对电荷。对于电子和空穴而言，它们的有效电荷与实际电荷相等。为区别于离子电荷的表示方法，分别用“·”表示缺陷带有正的有效电荷数，“′”表示缺陷带有负的有效电荷数，“×”表示缺陷呈中性（但为简化书写，常常在一些显而易见缺陷呈中性的场合省略“×”）。一个缺陷共带几个单位的有效电荷，则用几个这样的符号标出。例如，可用“·”“′”和“×”分别表示有效电荷为 +1、-1 和 0。

在单质原子晶体（如硅、锗的晶体）中，正常晶格位上的原子不带电荷，所以其空位和间隙原子的有效电荷就等于零。除像单质晶体中的空位和间隙原子这类缺陷外，晶体中缺陷的有效电荷一般不等于其本身的实际电荷。以 NaCl 晶体中钠离子和氯离子空位缺陷（V_{Na}和 V_{Cl}）为例。空位缺陷上没有离子，实际电荷为 0，而晶体中正常钠离子格位的实际电荷为 +1，故钠离子空位缺陷的有效电荷是 $0-(+1)=-1$，可表示为 V'_{Na}；晶体中正常氯离子格位的实际电荷为 -1，故氯离子空位缺陷的有效电荷为 +1，依此可表示为 $V^{\bullet}_{Cl}$。又如，BaFCl 晶体中错位缺陷的电荷不变，则可表示为 $Cl^{\times}_{F}$ 或 $F^{\times}_{Cl}$。

不同价的离子之间的替代也会形成除离子空位以外的又一种带电缺陷。例如，Ca^{2+} 进入 NaCl 晶体而取代 Na^+，就将产生带一个单位正电荷的置换缺陷 $Ca^{\bullet}_{Na}$；如果 Ca^{2+} 进入 ZrO_2 晶体而取代 Zr^{4+}，则会产生带两个单位负电荷的置换缺陷 Ca''_{Zr}。

4.6.1.3 掺杂缺陷（杂质缺陷）

外来原子或离子占据正常格位则形成掺杂置换缺陷，掺杂置换缺陷的表示方法类似于错位缺陷。例如，在 NaCl 中掺杂少量 TlCl，铊离子占据基质晶体中钠离子的格位，形成铊离子掺杂缺陷，缺陷符号 $Tl^{\times}_{Na}$表示处于钠离子格位上的铊离子，且铊离子的电荷与钠离子相同（同为 +1）。若掺杂离子的氧化态不同于基质晶体离子，则形成离子的不等价置换。例如，NaCl 中掺杂少量 $CaCl_2$，Ca^{2+} 取代晶体中 Na^+ 的位置，将会产生带一个有效正电荷的掺杂缺陷 $Ca^{\bullet}_{Na}$。为补偿这一掺杂缺陷所带来的额外有效电荷，补偿缺陷可以是间隙负离子 Cl'_i，也可以是正离子空位 V'_{Na}。由于氯离子的体积较大，正离子空位更为有利，因而掺杂 $CaCl_2$ 的 NaCl 晶体中的缺陷应当是 $Ca^{\bullet}_{Na}+V'_{Na}$。从含有少量（如 1%）$CaCl_2$ 的 NaCl 熔体中生长出来的 NaCl 晶体中，即可以发现有少量的 Ca^{2+} 取代了晶格位置上的 Na^+，同时也有少量的 Na^+ 的晶格位置空着。掺杂原子或离子也可以占据基质晶体的间隙格位，形成间隙掺杂原子缺陷，这种缺陷的表达方式与本征间隙缺陷相同。

还有，当在氯化氢（HCl）气氛中焙烧 ZnS 时，晶体中将产生 Zn^{2+} 空位和 Cl^- 取代 S^{2-} 的杂质缺陷。这两种缺陷则可分别表示为 V''_{Zn}和 $Cl^{\bullet}_{S}$。

有些体系的基质晶体中存在可变价的金属离子，当进行不等价置换时，这些金属离子的价态发生变化，产生补偿缺陷。例如，在复合氧化物 La_2CuO_4 中掺杂 Sr^{2+}，产生掺杂缺陷 Sr'_{La}，晶体中的部分铜离子由原来的正二价转变为正三价，产生的 $Cu^{\bullet}_{Cu}$可补偿不等价掺杂缺陷的电荷。

4.6.1.4 表示方法的总结

根据以上介绍，下面将克罗格-明克表示法和另一种也较常用的符号表示法总结于表 4-1 中。设 MX 为本体晶体，NY 为置换 MX 的外来组分，对应缺陷表示法亦见表 4-1。

表 4-1 晶体 MX 由 NY 部分置换所形成的缺陷表示法

缺陷名称	缺陷符号：第一种表示法	缺陷符号：第二种表示法
正常位置	M_M，X_X	M|M|，X|X|
空位	V_M，V_X	|M|，|X|
间隙原子	M_i，X_i	M，X
错位	X_M，M_X	X|M|，M|X|
置换	N_M，Y_X	N|M|，Y|X|
错(反)置换	Y_M，N_X	Y|M|，N|X|
正电荷	·	+
负电荷	′	−
空穴	h（意指 hole）	|e|，h
电子	e（意指 electron）	e

对于表 4-1 中的不同缺陷，其中错位的 X_M 和 M_X 需要 M 和 X 这两种元素的原子性能相近才能实现，如 BC、GaAs 等；错（反）置换的 Y_M 和 N_X 则需要 M、N、X 和 Y 这四种元素的原子性能都相近才能实现，如 BC 和 GaAs。

表 4-1 中的第一种表示法就是最常见的克罗格-明克法，一般记为 A_a^b。其中，A 为元素符号或空位 V；a 为原子位置，其中间隙位置用“i”表示，表面位置用“s”表示；b 为有效电荷，其中正电荷表示为“·”，负电荷表示为“′”，无电荷表示为“×”。本书采用克罗格-明克法。

4.6.2 特殊缺陷的说明

4.6.2.1 电子和空穴

在强离子性晶体中，电子通常局限在特定的原子位置上，这可用离子价来表示。但在有些情况下，有的电子并不一定属于某个特定位置的原子，在某种光、电、热的作用下，它们可以在晶体中运动。同样，也可能出现某些缺少电子的缺陷，即所谓空穴。它们都不属于某个特定的原子，也不固定在某个特定的原子位置。

4.6.2.2 缔合中心和缺陷簇

除单一缺陷存在方式外，一种或多种晶格缺陷可能会相互缔合在一起。例如，一个带电的点缺陷即可能通过库仑力与另一个带相反电荷的点缺陷相互缔合在一起。通常将发生缔合的缺陷放在括号内来表示，如 V_M'' 和 $V_X^{\bullet\bullet}$ 的缔合可记为（$V_M''V_X^{\bullet\bullet}$）。在有肖特基缺陷和弗仑克尔缺陷的晶体中，有效电荷符号相反的点缺陷之间存在着库仑力，当其靠近距离足够小，就会在库仑力的作用下产生一种缔合作用。如在 NaCl 晶体中，最邻近的钠空位和氯空位就可能缔合成空位对，形成缔合中心，反应可以表示如下：

$$V_{Na}' + V_{Cl}^{\bullet} \rightleftharpoons (V_{Na}'V_{Cl}^{\bullet})$$

空位、间隙离子和杂质离子等点缺陷在晶体中一般呈无序分布，但在一定条件下，如当缺陷浓度很高时，两个或更多的缺陷会占据相邻的晶格位置，这样就形成了缺陷缔合体。

两个荷电相反的点缺陷相互吸引缔合而成的最小的缺陷簇是一个正离子空位/负离子

空位对［如上述的（$V'_{Na}V^{\bullet}_{Cl}$）］，或是一个异价杂质离子/空位对（如二价杂质正离子置换一价正离子/正离子空位对）。虽然这些簇在整体上呈电中性，但均带有偶极性，可吸引别的缺陷而成为缔合中心。

4.6.3 本征缺陷的再描述

4.6.3.1 本征缺陷的基本性质

最常见的本征缺陷有间隙缺陷和空位缺陷两类，这两类缺陷在离子晶体、金属晶体和原子晶体（共价晶体）等各种类型的材料中都可能出现。当组成晶体的原子或离子性质相近时，也会出现错位缺陷。间隙缺陷是正常格位上的原子或离子进入间隙格位所形成的缺陷。例如，AgCl 具有 NaCl 结构，正常格位上的银离子是八面体配位，当正常格位的银离子迁移到间隙格位时（见图 4-8），产生 1 个间隙银离子和 1 个八面体空位。

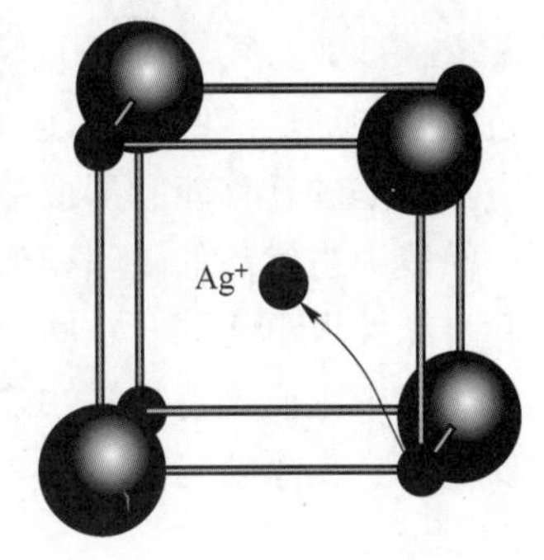

图 4-8　AgCl 中的间隙离子缺陷

最常见的本征缺陷是肖特基缺陷和弗仑克尔缺陷。肖特基缺陷是指一成对的正离子（又称阳离子）空位和负离子（又称阴离子）空位缺陷，如图 4-9(a) 所示。以 NaCl 为例说明肖特基缺陷的形成过程。表面附近的钠离子和氯离子扩散到表面，在表面形成新的 NaCl 层，同时在晶体中留下钠离子和氯离子空位。这两种空位缺陷可以扩散到晶体的内部，形成肖特基缺陷，表示为"$V'_{Na}+V^{\bullet}_{Cl}$"。晶体中的原子在平衡位置附近作热运动，某些动能较大的原子可以离开平衡位置进入间隙位置，并在格位上留下一个空位。这种空位缺陷和间隙缺陷构成的成对缺陷就是弗仑克尔缺陷，如图 4-9(b) 所示。晶体间隙格位的体积比较小，只有体积较小或极化作用较强的原子或离子才易于形成弗仑克尔缺陷（这是由于该形态的原子产生弗仑克尔缺陷的形成能较低）。例如，AgCl 和 AgBr 都容易形成弗仑克尔缺陷，表示为"$V'_{Ag}+Ag^{\bullet}_{i}$"。

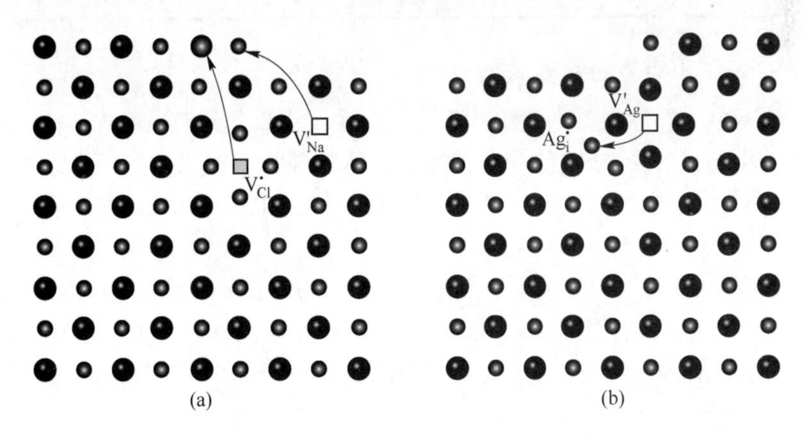

图 4-9　晶体中最常见的本征缺陷

（a）NaCl 中的肖特基缺陷；（b）AgCl 中的弗仑克尔缺陷

晶体中的本征缺陷浓度通常较低，如 NaCl 中的肖特基缺陷数目大约是正常格位的 $1/10^{15}$，数目虽小，但对 NaCl 的光学和电学性质影响却很大。纯净的 NaCl 晶体是绝缘体，电导主要源于空位缺陷的迁移：

$$\sigma = \sigma_0 \exp\left(\frac{E_f/2 + E_m}{kT}\right) \tag{4-1}$$

式中，E_f 和 E_m 分别为空位缺陷的形成能和迁移能。

NaCl 晶体的电导随温度的变化可分为两部分：一是本征缺陷的导电区域；二是杂质的导电区域。任何 NaCl 晶体中都会有一定浓度的杂质存在。在 493 K 以下，NaCl 的电导主要源于晶体中的杂质和空位缺陷，该区域中电导率曲线的斜率对应于空位缺陷的迁移能 E_m；在 493 K 以上，本征肖特基缺陷成为晶体中的主要缺陷，电导率曲线的斜率对应于空位缺陷的形成能和迁移能（$E_f/2 + E_m$）。因此，从 NaCl 晶体的电导率曲线，可分别得到空位缺陷的迁移能和形成能。

晶体中占优势的缺陷是形成能较低的缺陷，不同晶体中出现肖特基缺陷和弗仑克尔缺陷的可能性大不相同。一些典型晶体中的主要本征缺陷见表 4-2，碱金属卤化物和碱土金属氧化物中主要是肖特基缺陷，银的卤化物、萤石结构的碱土金属氟化物和稀土氧化物中主要是弗仑克尔缺陷。

表 4-2　一些晶体中的主要本征缺陷

晶　体	结 构	主要的本征缺陷
碱金属卤化物	NaCl	肖特基
碱土金属氧化物	NaCl	肖特基
AgCl，AgBr	NaCl	正离子弗仑克尔
卤化铯，TlCl	CsCl	肖特基
BeO	纤锌矿	肖特基
碱土金属氟化物，CeO_2，ThO_2	萤石	负离子弗仑克尔
ZnCu	简单立方	错位缺陷

4.6.3.2　本征点缺陷的能量状态

在 NaCl 晶体中，价带主要来源于 Cl^- 的 p 轨道，导带主要来源于 Na^+ 的 s 轨道，价带与导带之间有很宽的禁带。缺陷的存在破坏了晶体势场的周期性，相当于施加了一个局域的微扰势场，使晶体中电子的局域运动状态发生改变。因此，缺陷会在禁带中形成局域缺陷能级。

以 NaCl 晶体中的 Na^+ 空位为例（见图 4-10），Na^+ 处于 6 个 Cl^- 形成的八面体中心。当出现 Na^+ 的空位时，缺陷周围的 Cl^- 向八面体中心方向偏移，使 Cl^- 的 p 轨道之间的相互作用发生变化，从而在价带附近形成一个局域的缺陷能级。由此可知，V_{Na}' 的能量状态由 Na^+ 空位对价带的微扰所造成，故缺陷的能级位于价带附近的禁带中。同样可知，$V_{Cl}^{\bullet}$ 的能量状态由 Cl^- 空位对导带的微扰所造成，故 $V_{Cl}^{\bullet}$ 的能级位于导带附近的禁带中。禁带中的缺陷能级相当于载流子的陷阱，它可束缚晶体中的载流子。NaCl 晶体中的 Cl^- 空位 $V_{Cl}^{\bullet}$ 是电子陷阱，俘获电子后形成 $V_{Cl}^{\times}$。同样，Na^+ 空位缺陷 V_{Na}' 是空穴陷阱，俘获空穴形成 $V_{Na}^{\times}$。图 4-11 为俘获了电子或空穴的 Cl^- 和 Na^+ 空位缺陷的能级示意图。

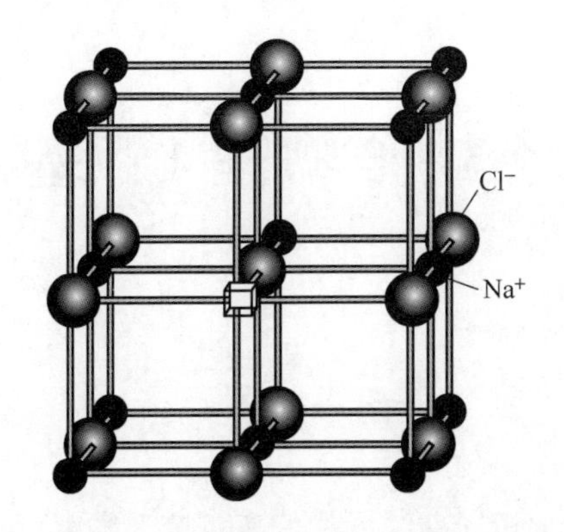

图 4-10　NaCl 晶体中 Na^+ 空位缺陷示意图

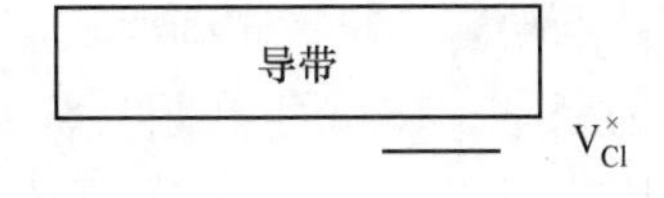

图 4-11　NaCl 晶体中 Na^+ 和 Cl^- 空位缺陷能级示意图

思考和练习题

4-1　为什么说实际晶体总是不可避免地存在着缺陷？什么情况下才能获得理想晶体？

4-2　简答热缺陷的概念及其主要形式。

4-3　形成间隙缺陷后，这些处于晶格间隙的原子或者离子是否会构成新的晶面？

4-4　请说出热缺陷和本征缺陷的异同。

4-5　电子和空穴的有效电荷与实际电荷相等，这与原子性缺陷的有效电荷规则（即缺陷的实际电荷数减去其所在位置的正常格位的电荷数）是否不一致？

4-6　非金属晶体中的缺陷电子与金属晶体中的自由电子有什么异同？

5 点缺陷物理 1：基本部分

5.1 引　　言

晶体中的缺陷是对晶体理想周期结构的偏离，按其维度可分为零维点缺陷、一维线缺陷、二维面缺陷和三维体缺陷。晶体点缺陷即是其中尺度为原子大小的零维缺陷，它们在晶体中大都可呈热平衡状态存在，而位错和晶界等其他缺陷则呈热力学不稳定性。因此，可用统计物理的相关知识来研究点缺陷。早在 1926 年，弗仑克尔（Frankel）为解释离子晶体的导电性就提出了点缺陷的概念；1942 年塞兹（Seitg）等为探讨晶体扩散机制而研究了金属点缺陷的一些基本性质；到 20 世纪 50—60 年代，原子反应堆技术发展过程中出现的高能粒子对固体的辐照效应，促使人们对晶体点缺陷的研究进一步深入；20 世纪 70 年代，由于点缺陷及其与位错的交互作用大大影响了半导体的性能，人们又开始关注到半导体材料中的点缺陷问题，并对点缺陷周围的电子状态展开了研究。

本章和第 6 章着重讨论有关晶体点缺陷在物理方面的一些基础性问题，如点缺陷的产生、点缺陷的运动、点缺陷的平衡、点缺陷热力学等。至于点缺陷与位错之间的相互作用等问题，也是一些颇具价值的内容，但其在很多涉及位错的专著和教材中都有详细的阐述，本教材就不再展开讨论了。本章介绍晶体点缺陷的基本物理表征，主要是点缺陷热力学和缺陷平衡浓度的表征，让读者了解晶体缺陷在物理描写方面的方法及其可以解决的相关问题。其中主要包括晶体点缺陷的组态、热平衡点缺陷的统计理论、点缺陷形成的重要热力学量（形成能和形成熵）等基本内容。

5.2 热平衡点缺陷及其组态

5.2.1 热缺陷的基本类型

众所周知，固体中的原子是围绕其平衡位置作热振动的。由于热振动的无规性，原子在某一瞬间可能获得较大的动能或较大的振幅而脱离其平衡位置。这种由于热涨落而产生的空位和间隙原子称为热缺陷。这是一种典型的并且是主要的本征缺陷，因此在一些相关的文献中，经常将热缺陷和本征缺陷视为同一个概念或是相当的概念。其实，前面的章节中已经提到过，热缺陷和本征缺陷两者还是有区别的。本征缺陷可以是所有无外来原子介入的晶体缺陷，所以不一定是热缺陷。

缺陷物理重点研究的点缺陷类型是热缺陷。热缺陷的产生过程可以作如下描述：晶体中的原子（或离子）在格点平衡位置会产生热振动，这种粒子热振动的能量大小具有涨落（起伏）的特点。当能量高到某一程度时，原子会脱离其平衡格点位置而迁移到邻近的晶格间隙中，这样就形成一个间隙原子，同时也在原格点位置产生一个空位。由于热涨落，这一间隙原子也可以再获得足够的能量，从而返回原位置与空位复合，或进入较远的间隙。当空位和间隙原子相距足够远，它们就可较长期地并存于晶体内部。常见的热缺陷有如下几种：

(1) 弗仑克尔缺陷。原子脱离正常格点位置而形成间隙原子（见图 5-1），这种热缺陷称为弗仑克尔缺陷。形成弗仑克尔缺陷的空位和间隙原子的数目相等。在一定温度下，弗仑克尔缺陷的产生和复合将达到平衡。

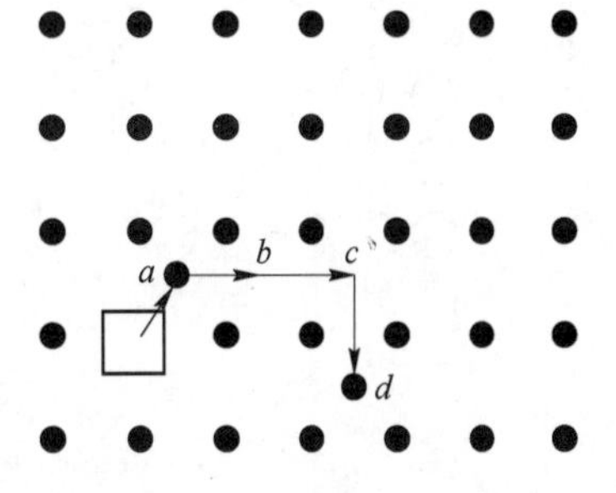

图 5-1 弗仑克尔缺陷示意图

(2) 肖特基缺陷。晶体的内部只有空位，这样的热缺陷称为肖特基缺陷。原子脱离格点后，并不在晶体内部构成间隙原子，而是迁移到晶体表面上的正常格点位置，构成新的一层（见图 5-2）。在一定温度下，晶体内部的空位和表面上的原子处于平衡状态。

(3) 间隙原子（反肖特基缺陷）。晶体表面上的原子进入晶体内部的间隙位置（见图 5-3），这时晶体内部只有间隙原子。在一定温度下，这些间隙原子和晶体表面上的原子处于平衡状态。

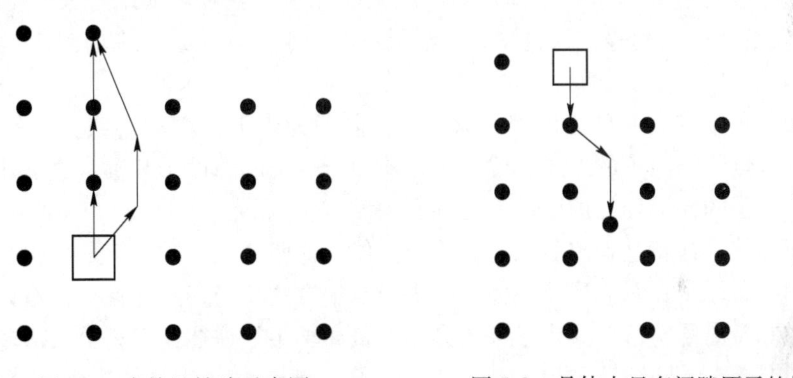

图 5-2 肖特基缺陷示意图　　图 5-3 晶体中只有间隙原子的情形

由上述晶体中的空位和间隙原子的形成机理可知，一定温度下的热缺陷产生和复合过程相互平衡，缺陷将保持一定的平衡浓度。通常情况下，由于形成间隙原子时要使原子挤入晶格的间隙位置，其中所需能量大于形成空位的能量（注：空位扩散机制，是晶体表层或次表层的原子迁移到晶体表面而在其原来的位置上形成空位，晶体内层原子进行填补而使空位向深层迁移，这种方式所需能量较小），因此存在肖特基缺陷的可能性要远大于弗仑克尔缺陷。

任何一种点缺陷的存在，都将破坏原有原子间的作用力平衡，所以点缺陷周围的原子必然会离开原平衡位置，作相应的微量位移，这就是晶格畸变（见图 5-4）或应变，它们对应着晶体能量的升高。

离子晶体也会产生相应的点缺陷，但情况更复杂些，应保证缺陷的存在不致破坏正、负电荷的平衡。对于正、负离子尺寸差异较大、结构配位数较低的离子晶体，小离子移入相邻间隙的难度并不大，故此时弗仑克尔缺陷是一种常见的点缺陷。相反，那些结构配位

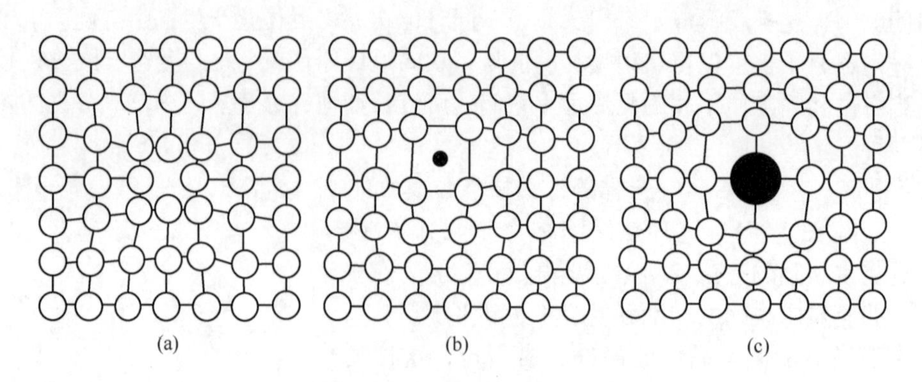

图 5-4　点缺陷导致的晶格畸变
（a）空位；（b）间隙原子；（c）置换原子

数高，即原子排列比较密集的晶体（如 NaCl），则是肖特基缺陷比较重要，而弗仑克尔缺陷则较难形成。离子晶体中的点缺陷对晶体的导电性起了重要作用。

显然，形成过程所需能量（形成能，亦即形成缺陷所需做的功）最低的那种缺陷将占优势。实验证明，在金属和卤化物晶体中，最常见的缺陷是肖特基缺陷。而实际情况可能非常复杂，弗仑克尔缺陷和肖特基缺陷可能同时存在，空位可能结合成双空位（亦称空位对）、空位群、空位片等，通过淬火、辐照及冷加工等作用还可在非热力学平衡的条件下产生缺陷。

点缺陷的两种基本类型是空位和间隙原子，前者为未被占据的（或空着的）原子位置，后者是进入点阵间隙中的原子。除外来杂质原子这类间隙原子和置换原子外，晶体中的空位和间隙原子的形成均与原子的热运动有关。

对于金属晶体，肖特基缺陷就是金属原子空位，而弗仑克尔缺陷就是金属原子空位和位于间隙中的金属原子；对于离子晶体，则由于电中性的要求，其肖特基缺陷只能是等量的正离子空位和负离子空位。又由于离子晶体中负离子半径往往比正离子大得多，故弗仑克尔缺陷一般是等量的正离子空位和间隙正离子。例如，NaCl 晶体中含有肖特基缺陷（Na^+ 和 Cl^- 空位），而弗仑克尔缺陷则主要出现在 AgCl 和 AgBr 中。

5.2.2　点缺陷的基本组态

晶体中的点缺陷包括空位、间隙原子、杂质或溶质原子（置换式或间隙式）及其组合而成的复杂缺陷（如双空位或空位集团等）。下面介绍最简单的缺陷组态形式。

5.2.2.1　空位

1 个原子从正常阵点中脱离后就形成了点阵的空位。经典的空位图像很简单，认为原子脱离平衡位置后其周围原子基本保留在原位置上，只向空位处作微小的移动，产生弛豫，留下 1 个明显的空位图像。另外一种图像认为，如果空位周围的原子朝空位作较大的弛豫（甚至崩塌到空位中去），则会形成一种弥散的空位或十几个到几十个原子构成的弛豫集团，类似于局部融化，称为弛豫群。这两种不同的图像很难通过实验直接观察来证实。一般认为，在通常温度下空位呈经典图像，而接近熔点时则可能出现弛豫群那样的图像或类似的图像。由经典图像可知，产生空位时破坏了点阵的周期排列，且使晶体发生膨胀（形成 1 个空位约增加 0.5 个原子的体积），并引起少量的点阵畸变。

在一定能量条件下，晶体中的 2 个单空位有可能结合成为 1 个双空位，晶体中的 3 个单空位则有可能结合在一起成为 1 个三空位的组态。图 5-5 示出了面心立方金属铜中三空位的几种可能形式：图（a）为 3 个空位成直线排列，空位彼此之间不是最近邻的，从能量角度看这种结构最不稳定；图（b）中的 3 个空位是最近邻的，因此更为稳定，且其间的键合也更有利；图（c）表示了空位附近的 A 原子弛豫进入 4 个空位的中心，即由三空位进一步演变成空位四面体中间含有 1 个间隙原子，当然也可由 4 个空位或更多的空位结合在一起形成空间群。为区别于空位群，在光学显微镜和电子显微镜下可以观察到的大的空孔称为空洞。

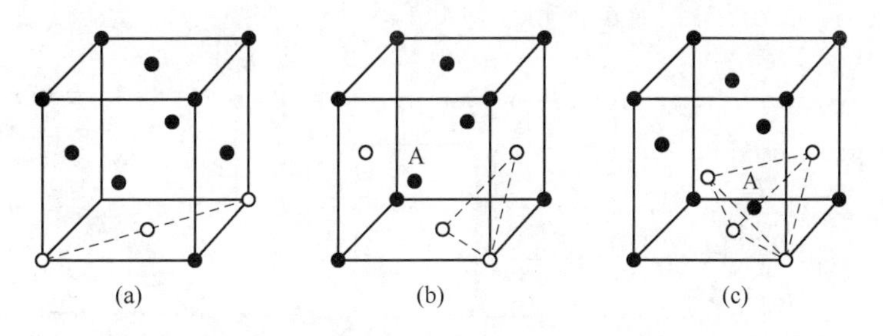

图 5-5 面心立方晶体中三空位的几种可能形式

（a）直线排列；（b）平面结构；（c）四面体结构，其中的 A 原子弛豫到四面体中心

5.2.2.2 间隙原子

在晶体点阵的间隙位置挤进 1 个原子就造成了 1 个间隙原子。金属晶体大多是体心立方、面心立方和密排六方结构。这些晶体中都存在间隙位置，进入晶体点阵间隙位置的原子即为间隙原子。这种间隙位置通常是晶体点阵的最大间隙位置，进入其间的间隙原子可以是晶体本身固有的原子（这就是所谓自间隙原子），也可能是外来的尺寸较小的杂质原子。

如本书第 2 章所述，面心立方晶体中的间隙位置有八面体和四面体两种（参见第 2 章图 2-4）。其中八面体间隙的中心位于晶胞的体心位置，如图 2-4(a) 所示。显然，面心立方晶体的八面体间隙相似于体心立方晶体的八面体。但面心立方晶体的八面体间隙是对称的，这是因为其间隙中心距相邻的 6 个原子的距离均为 $a/2$，计算得出该间隙半径 r 约为 0.414 个原子半径。面心立方晶体的四面体间隙［见图 2-4(b)］也是对称的，计算得出其间隙半径 r 约为 0.225 个原子半径，可见其明显小于八面体间隙。

体心立方晶体中的间隙位置也有八面体和四面体两种（参见第 2 章图 2-5）。其中八面体间隙的中心位于晶胞各面的中心，如图 2-5(a) 所示，该间隙是不对称的，其间隙中心与上下 2 个原子的距离为 $a/2$，而与其余 4 个原子的距离为 $\sqrt{2}a/2$。几何计算得出间隙半径 r 约为 0.155 个原子半径，而四面体间隙中心［见图 2-5(b)］与相邻 4 个原子的距离均为 $\sqrt{5}a/4$。这表明该间隙是对称的，几何计算得出其间隙半径 r 约为 0.291 个原子半径。

间隙原子的情况较空位复杂。下面讨论一下面心立方晶体中的间隙原子的各种组态。该类晶体中的最大间隙位置为八面体型，其间隙原子的可能组态有如下三种（见图 5-6）：

第一种可能的组态称为体心组态［见图5-6(a)］，间隙原子处于6个面心原子所围成的八面体中心，并将周围原子略微挤离其正常位置，所产生的畸变具有球面对称性。第二种可能的组态称为对分组态［见图5-6(b)］，间隙原子将点阵上的一个近邻面心原子挤离其平衡位置，从而形成由2个间隙原子组成的类似于哑铃式的填隙组态，即对分的填隙组态，所产生的畸变具有四方对称性。此外还有第三种可能的组态，称为挤列组态［见图5-6(c)］，它是沿密排方向有 $n+1$ 个原子挤占了 n 个原子的位置的形态。这些组态中的能量最低者即为稳定的平衡组态。只有对这些不同组态的间隙原子的能量进行细致的计算，才能判定哪一个组态具有的能量最低，因而是平衡组态。根据能量计算可知，面心立方晶体中的自间隙原子的稳定位置是按对分组态的形式，因为这样有2个原子共用1个晶格位置。实验结果也表明，对分组态的能量是最低的。

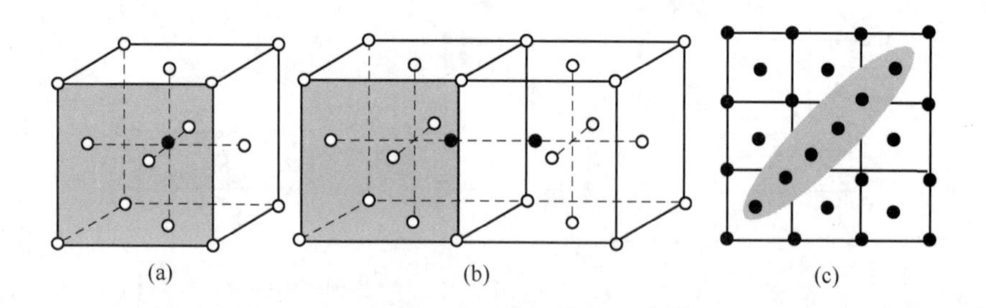

图5-6　面心立方晶体中的间隙原子（离子）
（a）体心组态；（b）对分组态；（c）挤列组态

间隙原子的挤列组态是在高能粒子辐照条件下产生的，这是由于传递的能量较低时，沿点阵密排方向的一列原子发生连续碰撞，每个原子都沿密排方向运动，结果使 $n+1$ 个原子占有正常情况下 n 个原子的位置。此外，当1个原子从它的点阵位置脱出并移动到点阵的其他位置上形成间隙原子，此间隙原子与原点阵位置的空位一起组成了“弗仑克尔对”，这种点缺陷在辐照时相当普遍。

密排六方晶体也有八面体间隙和四面体间隙，其形状完全相似于面心立方晶体中的相应间隙，且原子半径相同时其两种间隙的大小也都各自相同，只是位置不一样。

间隙原子可使晶体点阵产生局部性的周期性排列破坏，导致整个晶体发生膨胀，其引起的畸变大于空位引起的畸变。

间隙原子既可以是晶体本身内在固有的（自间隙原子），也可以是外来的（杂质间隙原子）。自间隙原子位于规则点阵位置之间的间隙内，每个自间隙原子所造成的体积膨胀大于1个原子体积 Ω，其引起的点阵畸变通常显著地大于空位和置换杂质原子所引起的畸变。小的杂质原子处在八面体或四面体的间隙内，而自间隙原子却倾向于形成类似哑铃（对分）或挤列的形态。

由于空位和间隙原子都只有1个原子大小的尺度，因此很难通过实验对其进行直接观察。通过场离子显微镜可分辨金属表面上的原子排列而直接观察到金属表层中的空位位置，利用电子显微镜薄膜透射法可观察到空位片或间隙原子片，但研究缺陷时利用最多的还是借助于缺陷对晶体性质的影响。例如，通过测量晶体的膨胀率和电阻率的变化规律，即可对点缺陷的存在、运动和交互作用等方面展开研究。

5.3　热平衡点缺陷的统计理论依据

在一定温度下，热缺陷处于不断产生和消失的平衡之中。新的热缺陷不断产生，已有的热缺陷不断复合而消失。单位时间内产生和复合消失的数目相等时，热缺陷的数目即保持不变，达到动态平衡，其平衡热缺陷数目可由晶体热力学平衡条件求得。

线缺陷和面缺陷在很大程度上依赖于晶体的生长条件，与晶体所受应力强烈相关，因此无法求出其浓度与形成因素之间的定量关系。然而，热平衡点缺陷是由于晶体中的热涨落而自然产生的，故而其平衡浓度的数值可从晶体热力学的平衡条件求得。

5.3.1　晶体的特性函数

5.3.1.1　基本热力学关系

晶体系统的吉布斯（Gibbs）自由能为

$$G = H - TS \tag{5-1}$$

式中，H、S 和 T 分别为系统的焓、熵和热力学温度；且

$$H = U + pV \tag{5-2}$$

式中，U 为系统的热力学能（旧称内能）；p 和 V 分别为系统的压力和体积。

一般情况下，吉布斯自由能是晶体的特性函数。缺陷的产生会引起自由能的改变，一定温度 T 和压力 p 下体系点缺陷的产生将引起的自由能改变为

$$\Delta G = \Delta H - T\Delta S \tag{5-3}$$

式中，ΔG、ΔH 和 ΔS 分别为体系的吉布斯自由能变化、焓的变化和熵的变化。对于固体系统，如在一定温度 T 和压力 p 下缺陷的产生过程中，晶体的体积 V 变化一般可以忽略（即 $\Delta V \approx 0$），因此

$$\Delta H = \Delta U + p\Delta V \approx \Delta U \tag{5-4}$$

可见，在一定压力 p 和忽略晶体体积 V 变化的情况下，系统的焓增量约等于系统的热力学能增量，所以在一定温度 T 下有

$$\Delta G \approx \Delta U - T\Delta S = \Delta F \tag{5-5}$$

式中，ΔF 为亥姆霍兹（Helmholtz）自由能 F 的变化，其中

$$F = U - TS \tag{5-6}$$

点缺陷统计理论表明，通常情况下，可将晶体缺陷的形成过程近似处理成等温等容过程。可见，此时亥姆霍兹自由能 F 即成为晶体的另一个可用来处理缺陷形成的特性函数。

当体系处于热力学平衡态时，吉布斯自由能 G 和亥姆霍兹自由能 F 具有最小值。

5.3.1.2　自由能的变化

设一定温度 T 下 1 mol 缺陷所引起的晶体的吉布斯自由能变化为

$$\Delta G = \Delta H - T\Delta S = \Delta H - T\Delta S_{\mathrm{m}} - T\Delta S_{\mathrm{v}} \tag{5-7}$$

式中，ΔH 和 ΔS 分别为形成 1 mol 缺陷引起的焓变和熵变；ΔS_{m} 为由体系混乱程度增加而引起的结构熵变，即位形熵，所指为位置形成熵（产生缺陷后晶体原子需要重新布局），其常常被直接另称为混合熵（形成的点缺陷与晶体中的原子混合排布组成新的布局），又

称组态熵或构型熵；ΔS_v 为1 mol缺陷引起周围原子在热振动方面的振动熵变。

在忽略振动熵变的情况下，即有 $\Delta S_v \approx 0$ 和 $\Delta S \approx \Delta S_m$，于是式（5-7）可简化为

$$\Delta G = \Delta H - T\Delta S \approx \Delta H - T\Delta S_m \tag{5-8}$$

晶体中的缺陷形成为自发过程，有 $\Delta G < 0$。缺陷的形成是从晶格上移掉原子或离子，或者它们进入间隙位置，这个过程总需一定的外部能量，因此 $\Delta H > 0$。

振动熵变化 ΔS_v 表示原子位置改变而引起振动混乱程度的增大，其产生于临近缺陷的原子（或离子）与未受干扰的原子（或离子）之间振动频率的差异。通过统计力学可求出 ΔS_v 与原子振动频率变化的关系为

$$\Delta S_v = K\ln(\nu/\nu') \tag{5-9}$$

式中，K 为常数；ν 和 ν' 分别为晶体中原子的初始振动频率和缺陷周围原子的振动频率。

当缺陷为空位时，$\nu' < \nu$；而当缺陷是间隙原子（或离子）时，$\nu' > \nu$。由此可见，ΔS_v 是可正可负的，它取决于缺陷的类型。形成空位有增加原子振动幅度而减少振动频率的趋势，因此有 $\nu/\nu' > 1$，ΔS_v 为正值。当晶格中的缺陷由同时产生的空位和间隙原子所组成（即弗仑克尔缺陷），ΔS_v 为0。一般情况下，振动熵的变化不会超过每开每摩尔几个焦耳，所以决定吉布斯自由能变化 ΔG 符号的是位形熵的变化 ΔS_m。该熵表示体系达到最大概率的状态，即体系具有最大的混乱程度。根据统计物理可知，结构上的位形熵可由玻耳兹曼定律确定：

$$S_m = k\ln W_m \tag{5-10}$$

$$\Delta S_m = S_m - S_0 = k\ln W_m - k\ln W_0 = k\ln W_m - k\ln 1 = k\ln W_m \tag{5-11}$$

式中，k 为玻耳兹曼（Boltzman）常数，约为 8.62×10^{-5} eV/K 或 1.38×10^{-23} J/K；S_m 和 S_0 分别为形成缺陷后晶体对应的熵和无缺陷时完整晶体对应的熵（对应组态数为1）；W 为热力学概率，其中 W_m 具体表现为所形成点缺陷在晶体点阵中的可能排布方式数，W_0 具体表现为没有缺陷时晶体中的原子在结点上的分布方式（只有1种），$W_0 = 1$。

可知缺陷形成引起的结构熵变化总为正（$\Delta S_m > 0$），因此可建立与体系吉布斯自由能的最小值对应的缺陷平衡浓度（见图5-7）。由完全类似于后文第5.4.1节“近似处理的基本关系”分析还可知：体系吉布斯自由能变化 ΔG 的最小值，即对应着吉布斯自由能 G 本身的最小值；它们一同指向图5-7中的同一个横坐标值，即缺陷平衡浓度。

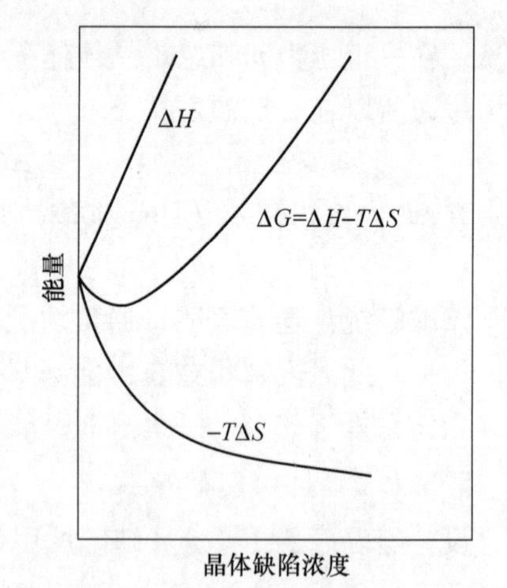

图5-7　温度 T 下晶体系统的熵、焓和自由能与点缺陷浓度的关系（ΔG 曲线的极值点对应于温度 T 下晶体缺陷的平衡浓度）

如图5-7所示，缺陷的形成伴随晶体能量的增加（$\Delta H > 0$），同时又有熵的增加（$-T\Delta S$）而使这一能量得到一定的抵消。可见，0 K以上的理想晶体在热力学上不稳定，紊乱趋势大于完全有序。但当紊乱程度增加时，熵增加的趋势则会下降，而从正常位置移出原子所需能量却几乎不变。可见，晶体能量的增加是缺陷浓度的线性函数；而位形熵是缺陷浓度的指数函数，故而有晶体吉布斯自由能先是下降：

$$\left|\frac{\mathrm{d}(\Delta H)}{\mathrm{d}n}\right| < \left|\frac{\mathrm{d}(T\Delta S)}{\mathrm{d}n}\right| \tag{5-12}$$

然后达到最小值：

$$\left|\frac{\mathrm{d}(\Delta H)}{\mathrm{d}n}\right| = \left|\frac{\mathrm{d}(T\Delta S)}{\mathrm{d}n}\right| \tag{5-13}$$

之后又上升：

$$\left|\frac{\mathrm{d}(\Delta H)}{\mathrm{d}n}\right| > \left|\frac{\mathrm{d}(T\Delta S)}{\mathrm{d}n}\right| \tag{5-14}$$

式中，n 为缺陷数目，对应于缺陷浓度。显然，ΔG 的最小值对应于缺陷的平衡浓度。

总之，晶体中产生点缺陷是使体系的自由能升高还是降低，需要作综合分析。在一定温度下，点缺陷将从两个方面影响自由能：从点缺陷的形成导致点阵畸变和晶格应变这一角度看，会使体系的热力学能（U 或 H）增加，即式（5-3）和式（5-5）中的 ΔU 或 ΔH 为正值，进而引起体系的自由能（F 或 G）升高，这是一方面的影响；简单地说，就是产生缺陷需要能量而使系统的热力学能增加 ΔU 或 ΔH。另一方面，点缺陷的存在又提高了体系的混乱程度，从而造成系统的熵值 S 增加，这里主要是位形熵的贡献，原子的振动熵变相对很小；也就是说，形成的缺陷增大了原子排布的无序度而使系统的位形熵随之增加，即式（5-3）和式（5-5）中的 ΔS 为正值，故引起体系的自由能降低。而且，少量点缺陷的存在就可大大增加体系的排布方式，即显著地增加熵值。

当缺陷浓度较低时，缺陷的形成能（ΔU 或 ΔH）较小，而位形熵 S 变化较大，故而缺陷的存在可降低体系的自由能（F 或 G）。随缺陷浓度增大，位形熵引起系统的熵变化 ΔS 越来越慢，但缺陷形成能 ΔU 或 ΔH 始终随缺陷浓度的增大而线性上升。因此，在一定缺陷浓度下，体系达到平衡，继续增大缺陷浓度将不利于体系能量的降低，此时对应的缺陷浓度是该温度下的平衡浓度。图 5-7 示出了体系熵、焓和吉布斯自由能随缺陷浓度的变化。只要温度高于热力学零度，晶体中就会存在一定浓度的缺陷，对应于体系自由能的极小值（亦为其自由能的最小值），且随温度的提高而增大（即随温度的提高，图 5-7 中的 ΔG 最小值位置会向右移动）。

5.3.2　热力学近似处理假定

根据自由能 F 取极小值的平衡条件来确定点缺陷的平衡浓度（或热缺陷数目）时，需作如下假定：

（1）晶体中包含的 N 个原子全部相同。

（2）热缺陷数目 n 远小于晶体原子数 N，在温度不太高时总有 $n \ll N$。

（3）点缺陷相互独立，点缺陷之间的相互作用可忽略，这在 $n \ll N$ 时也能成立。

（4）温度引起的晶体体积变化可忽略。

进一步的简化处理包括忽略点缺陷对晶格中的原子振动频率的影响，即认为其原子振动自由能与点缺陷无关（其实是产生点缺陷后，晶格中的原子振动频率改变很少，因而作此近似假定）。这个假定不总成立，因为实际缺陷周围的恢复力系数将发生改变，因而振动频率也将改变。

这些假设将大大简化计算，从而可以较容易地求出点缺陷的平衡浓度。

5.4　热平衡统计理论的近似处理

5.4.1　近似处理的基本关系

实际晶体结构中存在着各种微观缺陷，对晶体的性能以及其内部发生的变化都具有重要的影响，应用热力学可判定晶体中缺陷的存在及其变化。事实上，没有任何缺陷的完整晶体在热力学上并不是最稳定的。热力学分析表明，在高于0 K的任何温度下，晶体最稳定的状态是含有一定浓度的点缺陷。这个浓度就称为在该温度下晶体点缺陷的平衡浓度，对应于体系自由能的最小值。在一定温度下，热缺陷的产生和消失速率相等，即保持热力学平衡，所以平衡状态下的热缺陷浓度不变。根据统计理论来处理热平衡缺陷，可得出令人满意的结果。

对于固态晶体，在等温等压下体积的变化可以忽略，故可采用亥姆霍兹自由能 F 判据处理。根据热力学平衡条件，在温度和体积不变的情况下，自由能最小的状态是热力学最稳定的平衡状态。按照热力学的要求，等温等容条件下决定热力学过程的是亥姆霍兹自由能 F（即等容位）。由热力学定义，其表达式见式（5-6），即 $F = U - TS$。这一关系表明，要 F 最小，就要 U 尽可能地小，而 S 则尽可能地大。热力学能 U 尽可能地小，这就要求晶体内的原子排布尽可能有序，所以对晶体周期性结构的任何破坏都会引起系统热力学能的增大。但根据统计物理，熵 S 代表热力学系统的混乱程度（无序度），系统越混乱则其熵值就越大。可见，决定热力学系统平衡时的热力学能和熵是相互矛盾的两个方面，从热力学能考虑要求系统尽可能地有序，而从熵考虑则要求系统尽可能地混乱无序。因此，存在一定量的点缺陷反而有可能使晶体的自由能下降，根据自由能最小的条件，可求出热力学平衡状态下的点缺陷浓度。

当晶体中存在热缺陷时，系统的热力学能增大，而熵也增大。如果熵增引起的自由能比热力学能引起的自由能更大，则热缺陷的存在可降低系统的自由能，从而使晶体更加稳定。平衡状态下，系统的自由能应为最小，即在一定温度下热缺陷数目 n 应满足

$$\left(\frac{\partial F}{\partial n}\right)_T = 0 \tag{5-15}$$

即

$$\left(\frac{\partial(F_0 + \Delta F)}{\partial n}\right)_T = 0 \tag{5-16}$$

式中，F_0 为体系在无缺陷时的自由能，因此在确定温度下是一个定值；ΔF 为体系在形成缺陷后的自由能增量。可见，ΔF 和 F 的最小值将对应着热缺陷数目的同一个值，即缺陷平衡浓度。由此结合上述两式可得

$$\left(\frac{\partial(\Delta F)}{\partial n}\right)_T = 0 \tag{5-17}$$

总之，在较低的压力 p 和一定的温度 T 下，平衡时点缺陷的浓度由系统的亥姆霍兹自由能 F 取最小值的条件所决定。当热缺陷浓度增大时，由于产生缺陷需要能量，因此系统的热力学能将增加 ΔU，位形熵也增加 ΔS（可粗略地归因于体系无序度的增加）。其中两个因素相互制约，使得 n/N（n 为点缺陷的数目，N 为晶体的晶格格点数目）取一定值

时自由能 F 为最小。在热力学系统平衡状态下，热力学能和熵这两个方面作用往往是不均衡的，一定条件下总有一方是主要的方面并起决定性的作用。温度较低时，TS 项较小，热力学能成为主要方面；温度极低时，TS 项就可忽略，故自由能最小这一热力学判据就可用热力学能最小替代，此时的热力学能最小状态也就是热力学平衡状态。但温度很高时，TS 项会很大，此时熵 S 起着重要的作用，甚至会转化为主要方面。

空位的出现破坏了点阵结构的周期性，使热力学能增加，从而使自由能增加；但空位的存在同时又加大了体系的混乱程度，这样就增大了熵值，从而使自由能降低。据此，当自由能出现最小状态时，就可得到平衡状态的空位浓度。

为简化计算，可先假设各点缺陷之间不存在相互作用，且它们不改变点阵振动的基本频率。

5.4.2　单质晶体中的弗仑克尔缺陷和肖特基缺陷

5.4.2.1　弗仑克尔缺陷

设晶体由 N 个相同的原子组成，其中有 N' 个间隙位置。在一定的温度 T 和压力 p 下，有 n 个原子脱离格点位置而进入间隙位置，形成 n 个弗仑克尔缺陷。每个弗仑克尔缺陷包括 1 个空位和 1 个间隙原子。

产生的 n 个空位在点阵位置上的可能排布方式（C_N^n）为

$$W' = \frac{N!}{(N-n)!n!}$$

而 n 个原子在间隙位置上的可能排布方式（$C_{N'}^n$）相应为

$$W'' = \frac{N'!}{(N'-n)!n!}$$

因此，形成 n 个弗仑克尔缺陷的可能方式数（这种状态的热力学概率），即微观态增加数 W 为

$$W = W'W'' = \frac{N!N'!}{(N-n)!(N'-n)!(n!)^2} \tag{5-18}$$

根据统计物理中的玻耳兹曼公式，这 n 个缺陷引起的位形熵增量 ΔS 为

$$\Delta S = k\ln W \tag{5-19}$$

式中，k 为玻耳兹曼常数；W 为在理想晶体的基础上缺陷所引起的微观态数的增量。

结合上述两式，即可求得系统的位形熵增量为

$$\Delta S = k\ln W = k\ln(W'W'') = k\ln W' + k\ln W'' \tag{5-20}$$

因为 $n \ll N$、$n \ll N'$，所以振动熵增量远小于位形熵增量。因此，系统的熵增量近似为位形熵增量。也就是说，为简便起见，在这里只考虑位形熵（混合熵）而不考虑振动熵。于是，由上述关系式，有系统的熵增量为

$$\Delta S_n = k\left[\ln\frac{N!}{(N-n)!n!} + \ln\frac{N'!}{(N'-n)!n!}\right] \tag{5-21}$$

式中，ΔS 的下标 n 表示有 n 个缺陷。按斯特林（Stirling）近似公式

$$\ln x! \approx x\ln x - x \quad (x\text{ 很大时}) \tag{5-22}$$

最后得出晶体中出现 n 个弗仑克尔缺陷时系统的熵增量为

$$\Delta S_n = k[N\ln N - (N-n)\ln(N-n) - n\ln n] + k[N'\ln N' - (N'-n)\ln(N'-n) - n\ln n] \tag{5-23}$$

设将1个原子从原阵点位置移到晶体内部远离该位置（否则就容易复合而成为不稳定的缺陷）的点阵间隙处所需做的功为 W_F（这也就是1个弗仑克尔缺陷的形成能），则当晶体内部形成 n 个弗仑克尔缺陷时的热力学能增量为

$$\Delta U_n \approx nW_F \tag{5-24}$$

作一级近似，将间隙原子对近邻原子振动频率及晶体体积的影响忽略不计，则某一温度 T 时对应的体系自由能变化（即晶体自由能的增量）为

$$\Delta F = \Delta U_n - T\Delta S_n \tag{5-25}$$

将式（5-23）和式（5-24）代入式（5-25）得

$$\Delta F = nW_F - kT[N\ln N - (N-n)\ln(N-n) - n\ln n] - kT[N'\ln N' - (N'-n)\ln(N'-n) - n\ln n] \tag{5-26}$$

在给定温度下，按式（5-15）~式（5-17）的平衡条件（缺陷数量应对应于体系的最小自由能），即可结合式（5-26）得出

$$\left(\frac{\partial F}{\partial n}\right)_T = \left(\frac{\partial(\Delta F)}{\partial n}\right)_T = W_F - kT\ln\frac{(N-n)(N'-n)}{n^2} = 0$$

因此

$$W_F = kT\ln\frac{(N-n)(N'-n)}{n^2} \tag{5-27}$$

又由于

$$n \ll N, \quad n \ll N'$$

有

$$N - n \approx N, \quad N' - n \approx N'$$

故可将式（5-27）简化为

$$n \approx \sqrt{NN'}\exp\left(-\frac{W_F/2}{kT}\right) \tag{5-28}$$

可见，弗仑克尔缺陷的数目（对应于平衡浓度）随温度呈指数律变化，其激活能为

$$Q = W_F/2 \tag{5-29}$$

即弗仑克尔缺陷的激活能是其形成能的一半。

5.4.2.2 肖特基缺陷

A 第一种方式获得结果——直接套用

在前述假设的基础上，设按肖特基机构形成一个空位所需能量即其形成能为 W_S，则在 N 个相同原子组成的晶体中形成 n 个肖特基缺陷后（注意此时只有空位），体系的自由能变化为

$$\Delta F = nW_S - kT\ln\frac{(N+n)!}{N!n!} \tag{5-30}$$

按式（5-17）知平衡时有

$$W_S = kT\ln\frac{N+n}{n} \tag{5-31}$$

由 $N \gg n$，知 $N+n \approx N$，故得

$$n \approx N\exp\left(-\frac{W_S}{kT}\right) \tag{5-32}$$

上式表明，肖特基缺陷的激活能就是其形成能（产生1个肖特基空位所需的能量，即将晶格内部1个原子移到晶体表面层上所需的能量）：

$$Q = W_S \tag{5-33}$$

相对于形成弗仑克尔缺陷来说，形成肖特基缺陷无需原子挤入间隙，因而也就无需挤进间隙所耗费的能量，故肖特基缺陷的形成能小于弗仑克尔缺陷的形成能，即 $W_S < W_F$。

B 第二种方式获得结果——重新推演

晶体中形成1个肖特基空位所增加的热力学能，在数值上应等于表面1个原子进入晶体内部填补空位所减少的热力学能。表面原子进入晶体内填补空位的过程需经3个步骤：(1) 表面原子进入空位并达到平衡尺寸；(2) 进入空位的原子与周围其他原子发生电子组态相互作用（如重新成键等）；(3) 由于填补过程的发生而偏离晶格结点的所有原子回到其结点位置。

对含有 N 个原子的单质理想晶体，若将 n 个原子从内部移到表面（形成肖特基缺陷），则晶体的热力学能将增加

$$\Delta U = nu_V \tag{5-34}$$

式中，u_V 为生成1个空位所需的平均能量。

当晶格中有 n 个空位时，整个晶体将包含 $N+n$ 个格点，n 个空位的可能排布方式有 $(N+n)!/(N!n!)$ 个，从而使晶体中的原子排布的位形熵增加

$$\Delta S = k\ln[(N+n)!/(N!n!)] \tag{5-35}$$

作一级近似，将空位对近邻原子振动频率及晶体体积的影响忽略不计，则某一温度 T 时对应的晶体体系自由能变化为

$$\Delta F = \Delta U - T\Delta S = nu_V - kT\ln[(N+n)!/(N!n!)] \tag{5-36}$$

利用关于阶乘的斯特林公式即式 (5-22) 可得

$$\Delta F \approx nu_V - (N+n)kT[\ln(N+n)-1] + NkT(\ln N - 1) + nkT(\ln n - 1) \tag{5-37}$$

令

$$\left(\frac{\partial \Delta F}{\partial n}\right)_T = 0$$

得到温度 T 时空位的平衡浓度 C 为

$$C = n/(N+n) \approx \exp[-u_V/(kT)] \tag{5-38}$$

一般来说，有 $N \gg n$，由此作进一步近似得

$$n \approx N\exp[-u_V/(kT)] \tag{5-39}$$

上述讨论可同样用于间隙原子，只要将上述式子中的 u_V 改成1个间隙原子的形成能 u_i，将 N 视为晶格中间隙原子可占据的总的间隙数。

5.4.2.3 间隙原子缺陷（反肖特基缺陷）

若按照肖特基机构形成1个间隙原子，即晶体表面原子进入晶体中的间隙位置。设形

成这样1个间隙原子的形成能为 W_i，根据上述类似的推演方式，可得反肖特基缺陷（间隙原子）的平衡数目应为

$$n = N' \exp\left(-\frac{W_i}{kT}\right) \tag{5-40}$$

式中，N' 为晶体中的间隙位置总数；W_i 为形成1个间隙原子所需的能量，与弗仑克尔缺陷形成能 W_F 相比，W_i 少了形成空位所需的能量，因而也有 $W_i < W_F$。

对于单质晶体来说，晶体中的间隙位置总数 N' 近似等于晶体中的原子总数 N，即 $N' \approx N$，因此有

$$n \approx N \exp\left(-\frac{W_i}{kT}\right) \tag{5-41}$$

5.4.3 非单质晶体中的弗仑克尔缺陷和肖特基缺陷

5.4.3.1 弗仑克尔缺陷

在二元晶体（N 对离子组成）中，每种原子各自形成弗仑克尔缺陷，在上述假定条件下它们的理论平衡浓度都服从式（5-28）：

$$n \approx \sqrt{NN'} \exp\left(-\frac{W_F/2}{kT}\right)$$

当然，由热力学的结果可知，激活能低的缺陷会占优势，因此双原子（或离子）晶体中实际上只存在激活能低的那一种原子的弗仑克尔缺陷。

5.4.3.2 肖特基缺陷

晶体中正常位置的正、负离子离开平衡位置，到晶体表面建立新的正常晶体点阵层，同时在晶体内留下等数的正离子空位和负离子空位，伴随着晶体体积的增大和密度的减小。若是晶体表面层的正离子与负离子离开晶格位置而进入间隙位置，则称为反肖特基（Anti-Schottky）缺陷。

离子晶体中的肖特基缺陷与单质晶体不同，为保持晶体的电中性，带正、负电荷的空位必须成对产生（即匹配产生）。设这样1对肖特基缺陷的形成能为 W_p（产生1对异电点缺陷所需能量，亦即产生1对分离的正、负离子空位所需要的能量总和），则在 N 对离子组成的晶体中，肖特基缺陷对的平衡数目为

$$n = N \exp\left(-\frac{W_p}{2kT}\right) \tag{5-42}$$

事实上，不同电荷的肖特基缺陷（空位）由于静电作用可能相互吸引而结合成正、负离子的双空位；如果在晶体中同时存在弗仑克尔缺陷和肖特基缺陷，情况就更加复杂。本书对此不再深入讨论。

由以上分析可知，影响缺陷平衡浓度的主要因素是温度和激活能，温度越高，激活能越小，缺陷浓度就越高。由于缺陷平衡浓度与激活能呈指数关系，故在激活能相差很小时，其平衡浓度也会相差很大。

在一般金属中，间隙原子（反肖特基缺陷）的形成能比空位（肖特基缺陷）的形成能大，因此空位浓度会远大于间隙原子浓度。例如，铜的空位形成能约为1 eV，而其间隙原子的形成能约为4 eV，按这两个数据计算得知，即使温度高到熔点附近，铜晶体中

的间隙原子和空位两者浓度也会相差若干个数量级。

离子晶体中的空位有正离子空位和负离子空位之分。对于AB型晶体，正、负离子空位成对出现。在大多数情况下，存在有适当数量的正、负离子空位是有利于能量最低的。在实际晶体中，肖特基空位通常远多于弗仑克尔空位，所以对空位形成机制研究的深化，重点应该是对肖特基空位的定量描述。

5.4.3.3 平衡浓度计算举例

上述热缺陷的平衡浓度可由热力学中的自由能最小原理推出，也可直接由缺陷反应的平衡常数计算得出（见本书第7章）。下面按热力学方法举例说明。

在MgO晶体中的肖特基缺陷形成能为6 eV，现计算其在25 ℃和1600 ℃时的热缺陷浓度。

根据肖特基缺陷的热缺陷浓度计算公式

$$\frac{n}{N}=\exp\left(-\frac{u}{2kT}\right)$$

因

$$u=6\ \text{eV}=6\times1.602\times10^{-19}\ \text{J}=9.612\times10^{-19}\ \text{J}$$

所以，当 $T=25$ ℃ $=298$ K 时，有

$$\frac{n}{N}=\exp\left(-\frac{9.612\times10^{-19}}{2\times1.380\times10^{-23}\times298}\right)=1.76\times10^{-51}$$

而当 $T=1600$ ℃ $=1873$ K 时，则有

$$\frac{n}{N}=\exp\left(-\frac{9.612\times10^{-19}}{2\times1.380\times10^{-23}\times1873}\right)=8\times10^{-9}$$

可见，25 ℃和1600 ℃时MgO晶体中的热缺陷浓度分别为 1.76×10^{-51} 和 8×10^{-9}，两者相差超过 10^{40} 的数量级。

5.5 按吉布斯自由能的处理

上面的讨论和得出的结果有3个前提：一是假定晶体体积保持不变；二是缺陷激活能与温度无关；三是缺陷的存在对固体原子的振动频率没有影响。但实际上这些假设都只是近似处理的方式。当缺陷形成时，晶体的体积也会随之有所变化，而且缺陷的存在也必然会影响到缺陷周围点阵原子的振动频率，因此更精确的计算需要考虑吉布斯自由能而非亥姆霍兹自由能。本节在重新讨论“单空位的平衡浓度”而进行推演时，将振动熵项和体积变化都并入其中，举例介绍。

5.5.1 单空位的平衡浓度

在一定的温度 T 和压力 p 下，若在 N 个原子组成的完整单质晶体中形成 n 个空位，则需将 n 个原子移至晶体表面，为此需要做功，所以当晶体内含有空位时，体系的热力学能将增加。如果形成1个空位所引起的热力学能增加为 u，则形成 n 个空位所引起的热力学能增加就是 nu。另外，在晶体中形成 n 个空位后，改变了原来相同原子聚集的状态，而成为 N 个原子和 n 个空位组成的混合物。因此，晶体中分布这些空位将增大晶体的熵值，

这就是空位组态的位形熵（混合熵）。

设完整晶体和含有 n 个空位的晶体的吉布斯自由能分别为 G_0 和 G。由于引进空位后原子间的键能和晶体体积都要发生变化，故晶体的热力学能和焓都要随之改变。由于空位在晶体中的各原子位置上有多种可能的分布，故引进空位后晶体增加了位形熵 S_m；又由于引进空位后原子的振动频率有所变化，故振动熵 S_v 也要改变。因此，体系的自由能增量为

$$\Delta G = G - G_0 = \Delta H - T\Delta S = n(u + p\Delta V) - T(S_m + \Delta S_v) \tag{5-43}$$

式中，ΔH、ΔS 和 ΔS_v 分别为引进 n 个空位后晶体的焓变、熵变和振动熵变；u 为引进 1 个空位而引起的热力学能增量；ΔV 为引进 1 个空位而引起的晶体体积变化；S_m 为引进空位后晶体增加的位形熵，是点缺陷对位置的选择并形成与晶体原子的混合组态所引起的熵变。令 1 个空位的生成焓（产生 1 个空位所需做的功，亦即产生 1 个空位的形成能）

$$\Delta h = u + p\Delta V \tag{5-44}$$

又令

$$\Delta S_v = n\Delta s_v \tag{5-45}$$

式中，Δs_v 为增加 1 个空位引起的振动熵变。产生 1 个缺陷所导致的该振动熵变，系由原子振动频率的改变所引起。

将以上各量代入式（5-43）得

$$G = G_0 + n\Delta h - TS_m - nT\Delta s_v \tag{5-46}$$

如前，位形熵 S_m 可按玻耳兹曼公式求得：

$$S_m = k\ln W = k\ln C_{N+n}^{n} = k\ln\frac{(N+n)!}{N!n!} \tag{5-47}$$

式中，W 为出现 n 个空位和 N 个原子这种组态的热力学概率，即 n 个空位在 $N+n$ 个晶格位置上的分布数，亦即从 N 个原子位置中取出 n 个原子而形成 $N+n$ 个格点后的组合数 C_N^n。

利用斯特林公式

$$\ln x! \approx x\ln x - x \quad (\text{当 } x \gg 1 \text{ 时})$$

可将式（5-47）进一步展开：

$$\begin{aligned} S_m &\approx k[(N+n)\ln(N+n) - (N+n) - n\ln n + n - N\ln N + N] \\ &= -(N+n)k\left[\left(\frac{n}{N+n}\right)\ln\left(\frac{n}{N+n}\right) + \left(\frac{N}{N+n}\right)\ln\left(\frac{N}{N+n}\right)\right] \\ &= -(N+n)k[C_V\ln C_V + (1-C_V)\ln(1-C_V)] \end{aligned} \tag{5-48}$$

式中，

$$C_V = n/(N+n) \approx n/N$$

即为晶体中的空位浓度。

将式（5-48）代入式（5-46）得

$$G \approx G_0 + (N+n)C_V\Delta h + (N+n)kT[C_V\ln C_V + (1-C_V)\ln(1-C_V)] - (N+n)C_V T\Delta s_v \tag{5-49}$$

根据定义，空位的平衡浓度 C_V 对应于最小吉布斯自由能（$G = G_{min}$）。因此，只要令

$$\frac{dG}{dC_V} = 0 \tag{5-50}$$

即可由式（5-49）解出 C_V。由于实际晶体中的 $C_V \ll 1$，故在求导时可近似认为 Δs_v 与 C_V 无关。因此，可由式（5-49）求导得

$$\frac{dG}{dC_V} \approx (N+n)\Delta h + (N+n)kT[\ln C_V + 1 - \ln(1-C_V) - 1] - (N+n)T\Delta s_v = 0 \quad (5\text{-}51)$$

进而得

$$\ln \frac{C_V}{1-C_V} = \frac{T\Delta s_v - \Delta h}{kT} \quad (5\text{-}52)$$

考虑到

$$C_V \ll 1$$

故而有

$$C_V \approx \exp\left(\frac{\Delta s_v}{k}\right)\exp\left(-\frac{\Delta h}{kT}\right) = \exp\left(\frac{\Delta S_v}{R}\right)\exp\left(-\frac{\Delta H_V}{RT}\right) \quad (5\text{-}53)$$

式中，ΔS_v 为增加 1 mol 空位引起的振动熵变；ΔH_V 为 1 mol 空位的生成焓（产生 1 mol 空位所需做的功，亦即产生 1 mol 空位的形成能）；R 为摩尔气体常数，取 8.314 J/(mol·K)。

上式还可写成

$$C_V \approx A\exp\left(-\frac{\Delta H_V}{RT}\right) \quad (5\text{-}54)$$

其中

$$A = \exp\left(\frac{\Delta S_v}{R}\right) \quad (5\text{-}55)$$

式中，A 表示空位形成引起的振动熵增量项的影响，而位形熵已在前面晶体缺陷排布的可能方式表达中体现。

式（5-53）表明，晶体在一定温度下存在一个平衡的空位浓度，体系对应此时的吉布斯自由能最低，因而晶体也最稳定。由该式还可看出，晶体中的空位平衡浓度随温度的升高而呈指数急剧增加。空位形成能越低，温度越高，则空位浓度就越高。这些都是点缺陷的基本特点。

即使在很高的温度下，平衡浓度也是很低的，但由于晶体中的原子数 N 极大，故空位（或其他点缺陷）的绝对数量并不小。例如，1 mol 的金在 1000 K 下的空位数约有 $6.02 \times 10^{23} \times 10^{-4} = 6.02 \times 10^{19}$（个）。

作为示例，表 5-1 给出了一些金属的空位形成能和形成熵项的参考值。

表 5-1 某些金属的空位形成能和对应振动熵项的测定值示例

金属	单个空位的形成能/eV	空位形成的振动熵项 A
Al	0.75	0.11
Cu	0.90	4.50
Ag	1.10	4.50

5.5.2 间隙原子的平衡浓度

间隙原子的平衡浓度可用关于空位的相似方法求得。假设晶体中可进入间隙原子的间

隙位置数为 N'(在一般晶体中，可取 $N' \approx N$)，间隙原子数为 n，间隙原子形成能为 u'，间隙原子形成的振动熵变为 $\Delta s'_{\mathrm{v}}$，则由亥姆霍兹自由能 F 近似可得间隙原子的平衡浓度 C'为

$$C' \approx \frac{n}{N'} = \exp\left(\frac{\Delta s'_{\mathrm{v}}}{k}\right)\exp\left(-\frac{u'}{kT}\right) \tag{5-56}$$

间隙原子的形成能 u'高于空位，如铜的 u'约为 3 eV。若仍视振动熵项 $\exp\ (\Delta s'_{\mathrm{v}}/k)$ 近似为1，则可求得铜的间隙原子平衡浓度在500 ℃时为 10^{-22}，在1000 ℃时为 10^{-12}。

可见，相对于空位来说，间隙原子的数量少到可以忽略的程度，即在热平衡状态下金属晶体中只能观察到空位点缺陷存在。但是，金属经高能粒子（如中子）辐照后可产生相等数量的空位和间隙原子，在这种情况下两种点缺陷都将起到重要的作用。

总之，热平衡时的点缺陷浓度公式可统一地写成如下的一般形式：

$$C \approx \frac{n}{N} = \exp\left(\frac{\Delta s_{\mathrm{v}}}{k}\right)\exp\left(-\frac{u}{kT}\right) = A\exp\left(-\frac{u}{kT}\right) \tag{5-57}$$

式中，C 为某一类型的点缺陷平衡浓度；N 为晶体的原子总数或间隙位置数；A 为晶体的材料常数，其值常近似取作1；T 为体系所处的热力学温度；k 为玻耳兹曼常数；u 为该类缺陷的形成能。

由上式可知，影响点缺陷平衡浓度的因素为温度 T、形成能 u 和振动熵变 Δs_{v}。Δs_{v} 越大，浓度越大；u 越大，浓度越小；T 越高，浓度越大。由于形成能对热平衡浓度的影响是按指数规律变化的，所以 u 的微小变化就会引起浓度的很大变化。因此，1 个晶体中同时存在几种点缺陷的机会很小，其中形成能低的那种点缺陷将是该晶体的主要缺陷类型。

上式还说明，点缺陷形成过程的本质是原子热运动导致的热激活过程。只有比平均能量高出缺陷形成能的那部分原子才可能形成点缺陷，因此点缺陷的平衡浓度随温度呈指数关系变化。另外，点缺陷的形成能也以指数关系影响点缺陷的平衡浓度。由于间隙原子的形成能是空位形成能的数倍，故而间隙原子的平衡浓度远低于空位，因此一般情况下晶体中的间隙原子点缺陷可忽略不计。

晶体的缺陷是不可避免的，实际晶体中的空位或间隙原子必然存在，但其数目与统计平衡值则未必一致。例如，从高温迅速冷却到室温，可使高温下的空位和间隙原子“冻结”下来而得以保留，其数目将远多于平衡值。

5.5.3　离子晶体中的肖特基缺陷浓度和弗仑克尔缺陷浓度

对于离子晶体的肖特基缺陷，其正离子空位和负离子空位的平衡浓度也可按照上述热力学方法进行分析，得到类似于式（5-54）的表达：

$$C_{\mathrm{VC}} \approx A_{\mathrm{VC}}\exp\left(-\frac{\Delta H_{\mathrm{VC}}}{RT}\right) \tag{5-58}$$

$$C_{\mathrm{VA}} \approx A_{\mathrm{VA}}\exp\left(-\frac{\Delta H_{\mathrm{VA}}}{RT}\right) \tag{5-59}$$

式中，C_{VC}和 C_{VA}分别为正、负离子空位的平衡浓度（其中下标 C 和 A 分别是正、负离子英文单词 cation 和 anion 的首写字母）；A_{VC}和 A_{VA} 分别表征形成正、负离子空位的振动熵项；ΔH_{VC}和 ΔH_{VA}分别为正、负离子空位的摩尔形成能。由以上两式还可得

$$C_{VC}C_{VA} \approx A_{VC}A_{VA}\exp\left(-\frac{\Delta H_{VC}+\Delta H_{VA}}{RT}\right)=A\exp\left(-\frac{\Delta H_S}{RT}\right) \tag{5-60}$$

式中，

$$A = A_{VC}A_{VA} \tag{5-61}$$

A 是形成肖特基缺陷（即正、负离子空位对）的振动熵项，而

$$\Delta H_S = \Delta H_{VC} + \Delta H_{VA} \tag{5-62}$$

是肖特基缺陷（即正、负离子空位对）的摩尔形成能。

从数学的角度看，某种空位（或间隙原子）的平衡浓度就是该种空位（或间隙原子）出现的概率，故式（5-60）右边就是同时出现 1 个正离子空位和 1 个负离子空位的概率，亦即出现一个肖特基缺陷的概率，这就是肖特基缺陷的平衡浓度 C_S：

$$C_S = C_{VA}C_{VC} = A_{VA}A_{VC}\exp\left(-\frac{\Delta H_S}{RT}\right)=A\exp\left(-\frac{\Delta H_S}{RT}\right) \tag{5-63}$$

对于弗仑克尔缺陷，通过类似的分析可得

$$C_F = C_{iC}C_{VC} = A_{iC}A_{VC}\exp\left(-\frac{\Delta H_{iC}+\Delta H_{VC}}{RT}\right)=A\exp\left(-\frac{\Delta H_F}{RT}\right) \tag{5-64}$$

式中，C_F 为弗仑克尔缺陷的平衡浓度（即同时形成 1 个正离子空位和 1 个间隙正离子的概率）；C_{iC} 和 C_{VC} 分别为间隙正离子和正离子空位的平衡浓度；ΔH_{iC}、ΔH_{VC} 和 ΔH_F 分别为间隙正离子、正离子空位和弗仑克尔缺陷的摩尔形成能。

在式（5-60）和式（5-63）的推导过程中并未假定 $C_{VA}=C_{VC}$，同样在式（5-64）中也未假定 $C_{iC}=C_{VC}$。实际上，在一些复杂的离子晶体（如包含两种或多种不同价态的金属离子晶体）中，C_{VA} 未必等于 C_{VC}，C_{iC} 也未必等于 C_{VC}，但式（5-63）和式（5-64）是仍然成立的。

5.5.4 热缺陷平衡浓度的影响因素

根据热缺陷浓度的计算公式，可见影响热缺陷浓度的因素主要是温度和缺陷形成能。相关内容已在前文多次提及，本节主要是稍加讨论一下其形成能。

（1）温度的影响：热缺陷浓度随温度的升高而呈指数律增加。由热缺陷浓度关系式可知，当缺陷形成能为 2 eV 时，100 ℃时的空位浓度为 $n/N=3\times10^{-14}$，1000 ℃时的空位浓度则为 $n/N=1\times10^{-4}$，可见温度升高 10 倍，而缺陷浓度则增加 10^{10} 倍。因此，通过控制温度来控制晶体内的热缺陷浓度是一种有效的方法。

（2）缺陷形成能的影响：等温等压下晶体中产生 1 个点缺陷所导致的焓变，即为形成 1 个点缺陷所需做的功，也称 1 个点缺陷的形成能。根据热力学定义的关系，系统的焓 $H=U+pV$（其中 U、p 和 V 分别为系统的热力学能、环境压力和晶体的体积），在忽略固体体积变化的前提下，可知在等压条件下的焓变即近似等于系统的热力学能变化：$\Delta H\approx\Delta U$。在温度不变的条件下，缺陷浓度随缺陷形成能的升高而呈指数律下降。缺陷形成能越高，表明形成缺陷时需要的能量越多，故而形成缺陷就越困难，因此缺陷浓度也就越低。反之，缺陷形成能越低，形成缺陷就越易，晶体中的缺陷浓度也就越高。由热缺陷关系式可知，在 1000 ℃的温度下，若缺陷形成能由 6 eV 降低到 2 eV，则缺陷浓度就会由 1×10^{-12} 升高到 1×10^{-4}，增加幅度为 10^8 倍。

可见，当晶体的缺陷形成能较低而温度又较高时，有可能形成数量较大的热缺陷。

缺陷形成能的大小与晶体组成、结构及离子极化率等均有关系，实际上还与温度有关。对于具有 NaCl 型结构的碱金属卤化物这类离子晶体，生成 1 个间隙原子和 1 个空位的形成能为 7 ~ 8 eV，此时温度高达 2000 ℃的缺陷浓度也只不过 1×10^{-9}。但在具有萤石结构的晶体中，由于有较大的空隙存在，故生成间隙原子较易，如萤石晶体中的弗仑克尔缺陷形成能仅为 2.8 eV。

在同一种晶体中生成弗仑克尔缺陷与肖特基缺陷的能量往往有很大的差别，这使得在某种特定的晶体中会有某种缺陷占优势。根据缺陷的形成能数据和平衡浓度关系可知，在 NaCl 型结构的晶体中以肖特基缺陷为主，而在萤石结构的晶体中一些弗仑克尔缺陷的形成能较低，如 CaF_2 中 F^- 形成弗仑克尔缺陷的形成能只有 2.3 ~ 2.8 eV，UO_2 中 O^{2-} 的弗仑克尔缺陷形成能也仅为 3 eV 左右，因此其以弗仑克尔缺陷为主。但总的来说，离子晶体中形成肖特基缺陷所需能量一般要小于形成弗仑克尔缺陷所需能量。

根据大量有关空位和间隙原子的实验资料来看，在较高温度时其实际数目即已与统计平衡值一致，这表明它们在高温时可相当快速地达到平衡。根据上面导出的公式，随着温度的降低，其统计平衡要求的空位数目会迅速减少。当然，若从高温迅速冷却到室温，可使高温存在于晶格中的空位冻结下来，使其空位数目远大于在室温下的空位平衡值。

5.5.5 金属中热平衡点缺陷的浓度

原子离开平衡的结点位置而形成空位，有两种可能的方式：一种是原子到达表面、晶界或与位错结合；另一种是 1 个原子进入间隙位置后形成 1 个间隙原子和 1 个空位。金属晶体大多为密排结构，通常更可能以第一种方式来形成热平衡空位。

5.5.5.1 平衡条件

金属中存在空位和间隙原子这两种热平衡态缺陷，其存在将引起系统体积和原子振动频率的同时变化，可按等温（T）等压（p）的条件进行处理。在等温等压条件下，热力学过程取决于系统的吉布斯自由能（G）。平衡条件为

$$\left(\frac{\partial G}{\partial n}\right)_{p,T}=0 \tag{5-65}$$

即

$$\left[\frac{\partial(G_0+\Delta G)}{\partial n}\right]_{p,T}=0 \tag{5-66}$$

式中，n 为体系形成缺陷的数量；G_0 为体系在无缺陷时的自由能，因此在确定温度 T 下是一个定值；ΔG 为体系在形成缺陷后的自由能增量。由此结合上述两式可得

$$\left[\frac{\partial\Delta G}{\partial n}\right]_{p,T}=0 \tag{5-67}$$

由此参照前述方法和过程，即可分别推导出金属中空位和间隙原子的平衡浓度公式，其对应形式与前述空位浓度公式和间隙原子浓度公式相同。

在金属晶体中，1 个空位和 1 个间隙原子的平均形成能分别约为 1 eV 和 5 eV。这就是说，将晶格中的 1 个原子搬到间隙位置比形成 1 个空位要困难得多。因此，在讨论热激活产生的缺陷时，常忽略间隙原子的存在。

平衡浓度随温度的上升而增大，其值强烈地依赖于点缺陷的形成能。一般金属中的空位形成能约为 1 eV，因子 A 一般在 1 ~ 10。在接近于熔点的温度，空位浓度可高达 10^{-4} ~ 10^{-3}。若加热金属到高温后快冷，则可将高温时的高浓度空位冻结到低温，以便于研究。如此得到的不平衡空位则称为淬火空位，淬火空位浓度可以远远高于平衡浓度。

自间隙原子的形成能为几电子伏，同样是远大于空位的形成能，因此其通过热激活而产生的数量相对于空位来说也是可以忽略的。用高能粒子辐照，将该量级甚至更高的能量转移给点阵上的原子核，这样就可以产生较多的自间隙原子。例如，具有 400 keV 动能的 1 个电子与 1 个 Cu 原子核发生正面碰撞，造成的反冲能约为 20 eV；由铀裂变发射的 2 MeV 动能的中子发生正面碰撞，可将 125 keV 的反冲能转移给 Cu 原子核。

5.5.5.2 计算举例

如果知道 Cu 晶体单个原子的空位形成能 u_V 为 0.9 eV 或 1.44×10^{-19} J，材料常数 A 近似取 1，玻耳兹曼常数 k 取 1.38×10^{-23} J/K，下面计算 500 ℃时每立方米 Cu 中的空位数目及对应的平衡空位浓度。

Cu 晶体在 1 m^3 体积内的 Cu 原子总数（Cu 的摩尔质量 $M_{Cu}=63.54$ g/mol，500 ℃时 Cu 的密度 $\rho_{Cu}=8.96\times10^6$ g/m^3）为

$$N=\frac{\rho_{Cu}}{M_{Cu}}N_0=\frac{8.96\times10^6}{63.54}\times6.023\times10^{23}=8.49\times10^{28}\ (个)$$

将 N 代入式（5-57）得空位数目为

$$n_V=N\exp\left(-\frac{u_V}{kT}\right)=8.49\times10^{28}\exp\left(-\frac{1.44\times10^{-19}}{1.38\times10^{-23}\times773}\right)=1.2\times10^{23}\ (个)$$

对应的空位浓度则为

$$C_V=\frac{n_V}{N}=\exp\left(-\frac{u_V}{kT}\right)=\exp\left(-\frac{1.44\times10^{-19}}{1.38\times10^{-23}\times773}\right)=1.4\times10^{-6}$$

即在 500 ℃时每 10^6 个原子中才有大约 1.4 个空位。

5.6 点缺陷的形成能和形成熵

由前面的分析可知，点缺陷的形成能是控制点缺陷浓度的主要参数。此外，影响因素当然还有形成熵。对这些参数的相关研究多限于铜、银、金、铝等少数面心立方金属，下面简单介绍研究所得的一些主要结果。

5.6.1 点缺陷的形成能

前已提及，点缺陷的形成能是形成 1 个点缺陷所需做的功，在忽略晶体体积变化的情况下可近似地定义为形成 1 个点缺陷所引起的体系热力学能增加。因此，空位的形成能可定义为从晶体内部取出 1 个原子（或离子）并放到晶体表面所需的能量，而间隙原子的形成能则可定义为从晶体表面取走 1 个原子并挤入间隙位置所需的能量。

实际上，点缺陷的形成能与晶体的体积以及原子的热振动均有关，因此它与温度有关。在形成能与温度的关系难于有可靠的理论计算和实验测定方法的情况下，一般可以 0 K 下原子静止不动的形成能来作为计算标准。

当晶体中引进1个点缺陷时，一方面改变了电子能量（势能和动能），另一方面因产生了畸变而有畸变能的变化。从自由电子理论的计算可知，在空位形成能中，电子能量占主要地位，畸变能较小；而在间隙原子形成能中，则是畸变能占主要地位，电子能量较小。计算结果还表明，间隙原子具有较大的形成能，比空位大几倍。因此，金属中平衡点缺陷的基本类型为空位。例如，铜的空位形成能和间隙原子形成能分别为 $H_V=1$ eV 和 $H_i=3$ eV，在1000 K时 $n_V/n_i=10^{10}$。

首先来分析一下空位的情况。从晶体内取出1个原子放到晶体表面而不改变晶体的表面能，所需能量即称为空位的形成能。要对晶体的表面积不产生影响，取出的原子就应置于晶体表面的台阶处（见图5-8）。

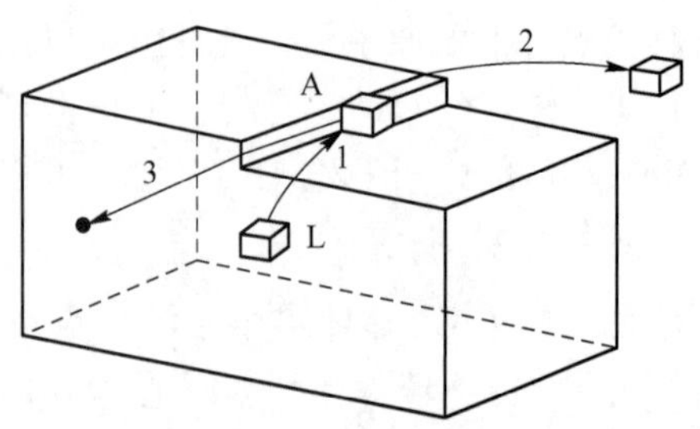

图5-8 点缺陷的形成能
1—形成空位；2—蒸发；3—形成间隙原子

对空位形成能的简单估测可设想晶体为面心立方结构，原子间的相互作用局限于最近邻的区域。如果从面心立方晶体内取出1个原子，就要割断12个键（面心立方结构的配位数为12），而在表面台阶处放置1个原子又会形成6个键，因而净效应是割断6个键。这等于晶体的结合能，即蒸发能（蒸发热）或升华能（升华热）。于是，空位的形成能就应等于晶体表面的蒸发热或升华热。蒸发可发生在任何温度下，它指的是晶体表面上的原子跑出晶体的现象。晶体表面台阶处的原子是最易蒸发的，这是因为台阶处的原子蒸发所需割断的键数最少，与A处原子L所割断的键数相等，故在近似的情况下可用表面蒸发热来表示空位的形成能。这种估测未考虑金属的特征以及空位周围原子的位移。考虑到金属键的特征，以及空位周围原子的位移会降低其形成能，因而精确一些的估计认为空位形成能只有蒸发热（结合能）的1/4～1/2。蒸发热越大，熔点越高，则空位形成能也越大（见表5-2）。

表5-2 部分金属的空位形成能

金属	杨氏模量/MPa	熔点/℃	空位形成能/eV	
			计算值	实验值
Al	7.1×10^4	660	—	0.75～0.76
Ag	8.0×10^4	961	0.6～1.0	1.00～1.10
Au	8.1×10^4	1063	0.6～0.9	0.95～1.00
Cu	12.5×10^4	1083	0.8～2.0	0.90～1.00
Pt	17.5×10^4	1774	—	约1.30
W	39.5×10^4	3410	—	约3.30

类似地，间隙原子的形成能即定义为从表面台阶上取出1个原子挤入晶体的间隙位置所需能量。计算显示，间隙原子具有较大的形成能，比空位大3～4倍。在面心立方晶体的3种可能间隙组态中，以对分组态能量最低，为平衡组态。

点缺陷的形成能可用实验方法测得（见后面第10章），也可从理论上进行计算，如有研究者根据电子有效半径变化等方法，对碱金属中的点缺陷进行计算等。表5-3列出了一些点缺陷形成能的计算值。

表 5-3 研究者们计算所得某些点缺陷的形成能

缺陷类型	金属	形成能/eV
空位	锂	约 0.55
	钠	约 0.53
间隙原子	钾	0.36 ~ 5.00
	铜	2.50 ~ 3.00

较精确地计算点缺陷的形成能，需要全面考虑缺陷周围的畸变情况及缺陷对于电子状态的影响，因而是一个复杂的问题。在为解决这一问题而提出来的方法中，比较有代表性的是富米（F. G. Fumi）计算，下面予以简要介绍。

金属键的特点是自由电子或说价电子的公有化。纯金属的结合能

$$E = E_0 + E_k + E_i + E_e \tag{5-68}$$

式中，E_0 为正离子与公有价电子之间的静电相互作用能；E_k 为价电子的平均动能；E_i 为离子间的相互作用能；E_e 为电子间的相互作用能，其对结合能的贡献很小而可忽略。

当纯金属中加入合金化元素时，E_0、E_k 和 E_i 均会发生不同程度的变化。将空位看成零价合金元素，它使上述 3 项能量均发生变化，但 E_i 的变化可以忽略，因为合金元素对 E_i 的影响体现为原子尺寸不同而引起的畸变能，空位引起周围原子的畸变只在接近熔点温度时才显现。因此，产生 1 个空位所引起的热力学能增加为

$$\Delta E \approx \Delta E_0 + \Delta E_k \tag{5-69}$$

此即空位的形成能。

富米用莫特的电子屏蔽模型来计算点缺陷的形成能。当合金元素的原子置换了基体原子时，由于该合金元素的价态不同，在此位置产生了干扰电荷，其周围产生了干扰电势。干扰电势的产生使金属中这一部分的电子状态发生了变化。设 Z 为溶质原子与溶剂原子的价电子数之差，则干扰电荷为 $-Ze$（其中 e 为电子电荷）。当 $Z>0$ 时干扰电荷为正，吸引公有价电子；当 $Z<0$ 时干扰电荷为负，排斥公有价电子。因此，干扰电荷被异号电荷所包围。作为例子，下面介绍单价金属中的空位形成能推演方法。

设想空位按照下述程序形成：

(1) 取出点阵中的 1 个正离子，并将其所带正电荷均布到整个晶体中以保持电势平衡。在单价贵金属中，空位的附加电荷为 $-e$，即 $Z=-1$。带有附加电荷的空位即排斥公有价电子（注：对于金属，公有价电子为导带电子），在其周围形成干扰电势 V_p。达到平衡后，空位周围只保留这一局部的干扰电势 V_p。设干扰电势影响范围内的公有价电子浓度为 n，则单位体积的公有价电子在干扰电场中获得的附加能量为 nV_p。设干扰电势的影响半径为 R，将其对影响区域积分，即得静电相互作用能（静电能）的增量：

$$\Delta E_1 = \int_0^R 4\pi n V_p r^2 \mathrm{d}r \tag{5-70}$$

式中，r 为影响区中某一点到空位中心的距离。根据电子屏蔽模型，并考虑到总的干扰电荷为 $Z=-1$，V_p 与 Z 应近似满足下列关系：

$$\int_0^R -N(E_F)V_p 4\pi r^2 \mathrm{d}r = Z = -1 \tag{5-71}$$

式中，$N(E_F)$ 为晶体导带价电子处于费米能级 E_F 态的能态密度。

从式（5-70）和式（5-71）中消去积分式，得

$$\Delta E_1 = n/N(E_F) \tag{5-72}$$

对于自由电子，由固体物理知识有

$$n = \int_0^{E_F} N(E)\mathrm{d}E = C\int_0^{E_F} E^{1/2}\mathrm{d}E = \frac{2}{3}CE_F^{3/2} \tag{5-73}$$

$$N(E_F) = CE_F^{1/2} \tag{5-74}$$

式中，C 为常数。将式（5-73）和式（5-74）代入式（5-72）得

$$\Delta E_1 = \frac{2}{3}E_F \tag{5-75}$$

（2）将晶格中取出的正离子放到表面台阶上，将使自由电子气膨胀，导致价电子能量的降低。因为价电子的平均能量为$\frac{3}{5}E_F$，故而总的价电子能量的降低为

$$\Delta E_2 = \frac{3}{5}\Delta E_F N \tag{5-76}$$

式中，N 为晶体中总的价电子数，在单价金属中也就是晶体中总的原子数。此时由式（5-73）的关系：

$$n = \frac{2}{3}CE_F^{3/2}$$

还可将费米能 E_F 表示为

$$E_F = \left(\frac{3}{2}\times\frac{n}{C}\right)^{2/3} = \left(\frac{3}{2}\times\frac{N}{CV}\right)^{2/3} \tag{5-77}$$

式中，V 为晶体的总体积。

当原子总数不变而体积变化时，会引起费米能 E_F 的变化。体积膨胀 ΔV 时，费米能 E_F 的变化为

$$\Delta E_F = -\frac{2}{3}E_F\frac{\Delta V}{V} \tag{5-78}$$

当产生 1 个空位时，ΔV 约为 1 个原子的体积，所以有

$$\frac{\Delta V}{V} = \frac{1}{N} \tag{5-79}$$

因此，将式（5-79）代入式（5-78），可得出产生 1 个空位时引起晶体中费米能的总变化为

$$\Delta E_{F0} = N\Delta E_F = -\frac{2}{3}E_F \tag{5-80}$$

代入式（5-76）得

$$\Delta E_2 = \frac{3}{5}\Delta E_{F0} = \frac{3}{5}\times\left(-\frac{2}{3}E_F\right) = -\frac{2}{5}E_F \tag{5-81}$$

将式（5-75）和式（5-81）相加，即得单价金属的空位形成能：

$$\Delta E = \Delta E_1 + \Delta E_2 = \frac{4}{15}E_F \tag{5-82}$$

用上式算得的空位形成能高于实验值，富米将其修正为

$$\Delta E = \frac{1}{6}E_F \tag{5-83}$$

此外，空位周围的原子略有松弛，这可能会降低能量。若在上述修正结果的基础上再将这种原子松弛的畸变能的估计值也一并计入，则可得到更接近于实验值的空位形成能，因而还有第3项能量 ΔE_3 值得考虑。对铜的 ΔE_3 估测值为 -0.3 eV。这样，ΔE_1、ΔE_2、ΔE_3 三项的叠加就接近于实验值。

空位引起的畸变较小，在形成能的计算中以电子能为主，畸变能只引起附加的校正项；间隙原子的情形正好相反，畸变能占据主要地位，所以 ΔE_3 这一项相当重要，不可忽略。长程的弹性畸变可用连续弹性介质模型来处理，近程畸变则应采用更确切的点阵模型（考虑各原子按照特定的势函数相互作用，通过数值计算确定最低能量的组态）。计算结果表明，间隙原子具有较大的形成能，比空位形成能大好几倍。对于面心立方晶体，在间隙原子的3种可能组态中，以对分组态（哑铃组态）的能量为最低，应为平衡组态。

除用自由电子理论计算空位形成能以外，还可用金属的熔点和原子对作用能等方式来计算空位形成能，即一部分密积结构金属的空位形成能可分别表示为金属熔点的函数或原子对作用能的函数。

数个单体点缺陷还可能组合起来形成能量更低的缺陷集团，如双空位、三空位、空位集团，以及点缺陷与杂质原子的组合（如大的置换式原子与空位结合成对）等。集团中单个缺陷的形成能的总和与缺陷集团形成能的差值就代表缺陷集团的结合能。

5.6.2 点缺陷的形成熵（振动熵增量）

本书这里只简单介绍一下根据量子力学求取形成熵的方法。

引起形成熵的原因是点缺陷的存在使晶体中的原子振动频率发生了变化（虽然这一变化很小，但确实存在）。由量子统计可知，晶体中1个特征频率为 ν_i 的简谐振动方式所引起的自由能为

$$\Delta f_i = kT\ln[1 - e^{-h\nu_i/(kT)}] \tag{5-84}$$

故晶体中各种振动方式所引起的自由能变化为

$$\Delta F_0 = \sum_i \Delta f_i = kT\sum_i \ln[1 - e^{-h\nu_i/(kT)}] \tag{5-85}$$

若体系温度远高于德拜温度［注：德拜温度是固体热力学性质量子效应是否显现的临界温度，固体在高于该特定温度后其摩尔热容接近于一个常数，金属的此常数值约为 25 J/(mol·K)］，则有 $kT \gg h\nu_i$，于是得到

$$\Delta F_0 \approx kT\sum_i \ln[h\nu_i/(kT)] \quad \text{（数学近似）} \tag{5-86}$$

若令完整晶体中的原子振动频率为 ν_{i0}，引进缺陷后晶体中的原子振动频率为 ν_{if}，则两者的自由能差为

$$\Delta F = \Delta F_{0f} - \Delta F_{00} \approx kT\sum_i \ln\frac{h\nu_{if}}{kT} - kT\sum_i \ln\frac{h\nu_{i0}}{kT} = -kT\sum_i \ln\frac{\nu_{i0}}{\nu_{if}} \tag{5-87}$$

利用热力学公式

$$\Delta S = -\left[\frac{\partial(\Delta F)}{\partial T}\right]_V \tag{5-88}$$

得出空位形成熵 S_V 或间隙原子形成熵 S_i 为

$$S_V \text{ 或 } S_i = \Delta S = k\sum_i \ln\frac{\nu_{i0}}{\nu_{if}} \tag{5-89}$$

此外，还有利用格氏（Grüneisen）系数估算空位形成熵的方法等，本书在此就不作介绍了。

思考和练习题

5-1 在一定温度 T 的平衡状态下，对应着体系的缺陷平衡浓度，要满足 $[\partial(\Delta G)/\partial n]_T=0$（其中 ΔG 是吉布斯自由能变化，是平衡状态下热缺陷数）的条件，其实质意义是什么？

5-2 在体系自由能随晶体缺陷浓度的变化图（见图5-7）中，随温度的提高，体系的自由能变化 ΔG 最小值位置会向右移动，这在本质上意味着什么？

5-3 在弗仑克尔缺陷和肖特基缺陷的形成能 W_F 和 W_S 表达式｛即 $W_F=kT\ln[(N-n)(N'-n)/n^2]$ 和 $W_S=kT\ln[(N+n)/n]$｝中，是否意味着形成能随产生的缺陷数目 n 而变化？

5-4 为什么空位周围原子的位移会降低其形成能？

5-5 已知某元素M（其相对原子质量为 m，数值上对应于每摩尔物质的克数）的单质晶体的空位形成能 u 为 a（单位是eV/mol），材料常数 A 近似取1，玻耳兹曼常数 $k=1.38\times10^{-23}$ J/K，请计算25 ℃时质量为 b（单位是kg）的M晶体中有多少个空位？

5-6 对于组成为 MX_2（设定X为一价离子）的晶体形成肖特基缺陷，设 W_S 是该晶体产生1个肖特基缺陷所需的能量（其表示1个M正离子和2个X负离子移动到表面并留下1组空位所需的能量之和，即1个肖特基缺陷的形成能，也是产生1个肖特基缺陷所需做的功），请根据点缺陷物理中“按统计理论处理热平衡缺陷”的方法，推演其不同缺陷的浓度。

6 点缺陷物理 2：拓展部分

6.1 引　　言

基于第 5 章关于点缺陷物理的基本内容，本章接着主要介绍晶体中的点缺陷运动、非平衡点缺陷以及点缺陷对晶体性能的影响等点缺陷物理知识。读者通过本章学习，可以在上一章对点缺陷物理方面基本认知的基础上，进一步拓展对点缺陷物理的了解，为其理论运用于实践起到一定的铺垫作用。其中主要包括点缺陷的运动和结合、点缺陷迁移的重要热力学量（迁移能和迁移熵）、金属中的淬火空位、金属辐照产生的点缺陷、点缺陷对晶体密度的影响，以及点缺陷对晶体电、热、光等物理性能的作用等内容。

6.2 点缺陷的运动

晶体中的原子都在以其平衡位置为中心不停地作热振动。温度低时，原子振动微弱；温度升高，振动加剧，振幅增大，但频率基本保持不变。晶体中的原子热振动具有能量起伏的性质，任一时刻晶体中各处原子的振幅总是有大有小；而对于某个原子来说，其振幅和能量则随时间在平均值附近忽大忽小地变化。既可通过能量涨落产生点缺陷，也可通过能量涨落使这些缺陷在晶体中进行运动。

6.2.1 点缺陷运动方式

由于热振动的能量起伏，点缺陷可以在晶体中不断地运动，从而使点缺陷的迁移成为可能。空位并不固定在某个原子的位置上，而是不断地与周围原子交换位置，空位在晶体中的分布平衡是一个动态的平衡。当空位周围的原子由于热振动和能量起伏获得足够的能量时就会跳入空位，其结果是那个原子和空位交换了位置。图 6-1 示意了空位从位置 A 运动到位置 B 的过程。图 6-1 中（a）和（c）分别表示空位迁移前后的两个状态。从图 6-1（a）到图 6-1(c)，空位向左迁移了 1 个原子间距，实际上是处于 B 位置的 P 原子跳入空位的位置 A。

空位 A 的移动相当于 P 原子通过位置 C 移入空位 A 处，原子处于位置 C 时引起的点阵畸变较大，因而能量较高，称为鞍点组态。这一空位迁移所需达到的鞍点组态能量和平衡能量之差即为空位迁移激活能 E_1，简称迁移能（见图 6-1）。也就是说，原子通过鞍点时需要能量涨落来克服势垒 E_1，这个 E_1 就是空位移动的激活能。在许多金属中，空位移动激活能与形成能相差不大。由于鞍点组态为不平衡状态，难以精确计算其能量，因此点缺陷移动激活能的计算值存在较大的差异。

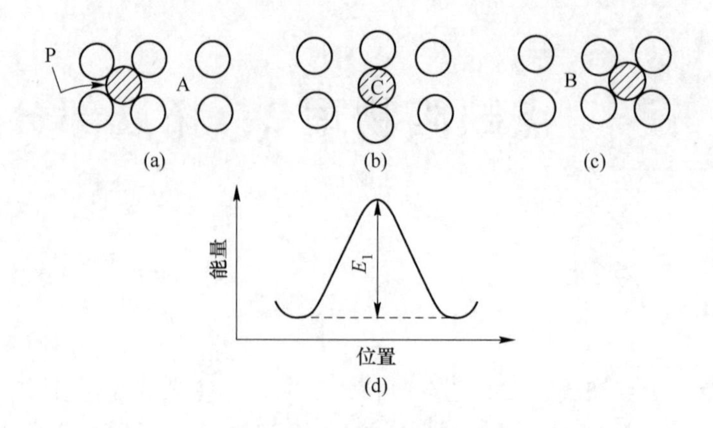

图6-1 空位的移动

（a）空位处于位置A；（b）原子移至位置C；（c）原子移至位置A而空位移至位置B；（d）空位移动过程的能量变化

可见，P原子跳入空位除应具备与空位相邻的几何条件外，还需通过能量起伏获得足够的自由能使其达到鞍点状态。因此，空位的迁移概率也要取决于周围原子获得足够能量的概率，而空位在单位时间内的迁移概率则首先取决于空位的近邻原子数，即配位数 z。

空位运动过程的点阵示意见图6-2，空位A处被近邻原子B占有后，则空位就从A处移动到B处，空位的运动对应于原子的反向运动。

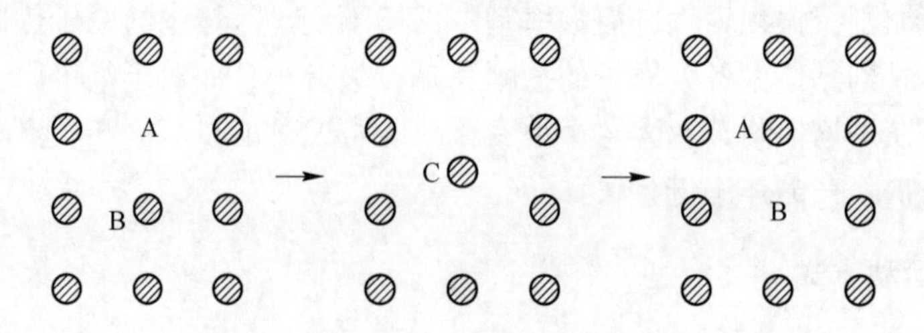

图6-2 晶体点阵中的空位运动过程

间隙原子形成能比空位形成能大3~4倍，但间隙原子移动激活能却较小，一般会小于空位移动激活能。这是因为产生1个间隙原子将在其附近引起很大的畸变，间隙原子本身会处于一个能量较高的状态，因而较易产生运动。

间隙原子的运动有直接式、间隙式和对分间隙原子运动式三种，其中直接式所需迁移能大于另外两种。图6-3示出了间隙原子的这些运动方式，图6-4则为相应的晶体点阵示意。

6.2.2 跃迁概率推演

在热涨落条件下，点缺陷可产生运动，这种运动是简单的扩散过程，其运动概率可用统计物理方法来处理。下面以一维晶格为例推导跃迁概率的表达式，n 维情况类同。

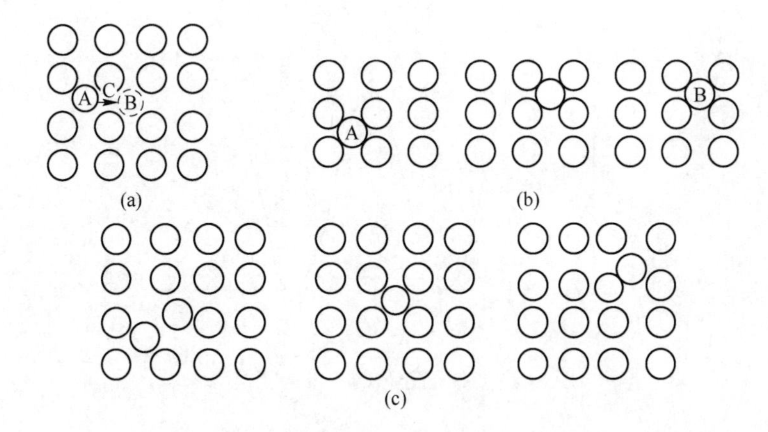

图 6-3 间隙原子运动的三种机制

（a）直接式：间隙原子直接越过鞍点 C 移至 B；（b）间隙式：间隙原子从 A 将与之紧邻的格位原子推到 B；（c）对分式：间隙原子对的运动

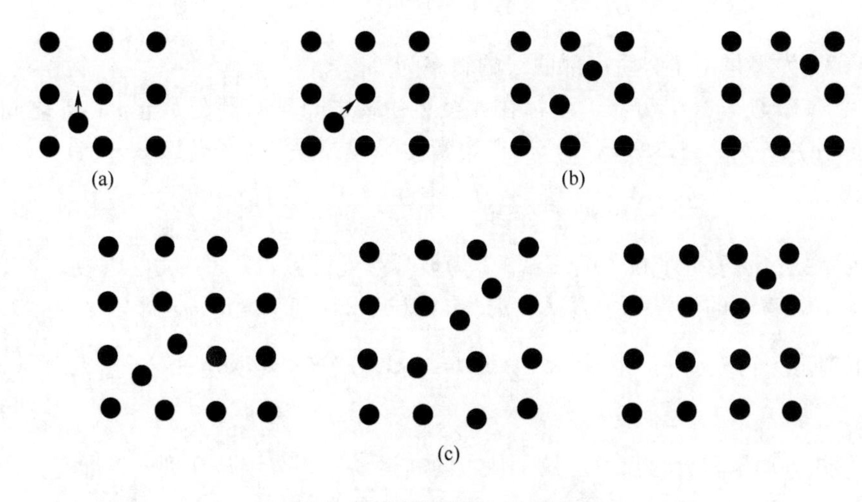

图 6-4 间隙原子的点阵运动

（a）直接式；（b）间隙式；（c）对分间隙原子运动式

将点缺陷视为微观粒子，其处于如图 6-5 所示的一维势能 V 谷 A 中，从热涨落获得足够的能量越过势垒 C 进入 B。假定在势阱 A 中有 n 个无相互作用的粒子，它们中的一部分将超过势垒 C 从左向右移至 B，则粒子的跃迁概率（单位是“$1/(m^2 \cdot s)$”）：

$$P = \frac{\text{C 处粒子的流量}}{\text{A 中粒子的总数}} \tag{6-1}$$

式中，粒子流量的单位为“个$/(m^2 \cdot s)$”；分母总数的单位为“个”。

若 A 处在 x 坐标原点位置，并假设

$$V(\mathrm{A}) = V(0) = 0 \quad (\text{A 恰好处于原点：} x = 0) \tag{6-2}$$

$$V(\mathrm{A}) \approx V(0) = 0 \quad (\text{A 略偏离于原点：} x \approx 0) \tag{6-3}$$

这是允许的，因为粒子的跃迁仅与“$V(\mathrm{C}) - V(\mathrm{A})$”有关，于是迁移能为

$$U = V(\mathrm{C}) - V(\mathrm{A}) = V(\mathrm{C}) - 0 = V(\mathrm{C}) \tag{6-4}$$

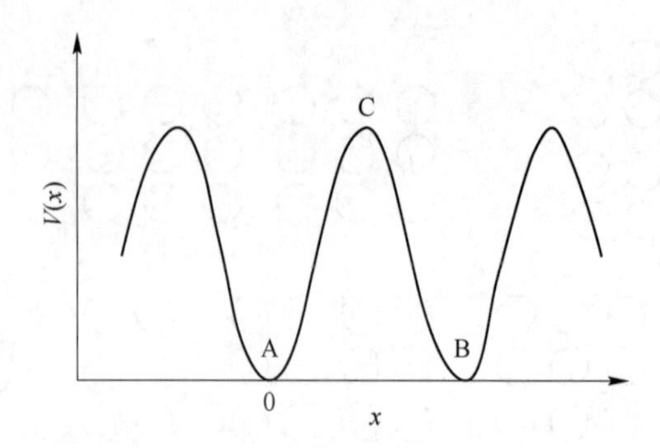

图 6-5　点缺陷迁移的一维势能模型

或者

$$U=V(\mathrm{C})-V(\mathrm{A})\approx V(\mathrm{C})-0=V(\mathrm{C}) \tag{6-5}$$

另外，$V(\mathrm{A})$ 还可用泰勒展开式中第一个不为零的项作近似进行代替，即

$$V(\mathrm{A})=V(0)+V'(0)x+\frac{1}{2}V''(0)x^2+\cdots\approx\frac{1}{2}V''(0)x^2 \tag{6-6}$$

式中，$V'(0)x$ 为零是由于势阱底部曲线的斜率为零。

按麦克斯韦-玻耳兹曼分布，坐标在 x 至 $x+\mathrm{d}x$ 之间且动量在 p 至 $p+\mathrm{d}p$ 之间的粒子数目为 $N(x,p)\mathrm{d}x\mathrm{d}p$，其中 $N(x,p)$ 为概率密度（单位是"个/m^3"）：

$$N(x,p)=a\exp\left[-\frac{V(x)+p^2/(2m)}{kT}\right] \tag{6-7}$$

式中，a 为常数；m 为 1 个粒子的质量；k 为玻耳兹曼常数；T 为热力学温度。

这样，C 处粒子的流量等于 $N(\mathrm{C},p)$ 乘以粒子的速度 $v=p/m$，即

$$\text{C 处粒子的流量}[\text{个}/(\mathrm{m}^2\cdot\mathrm{s})]=N(\mathrm{C},p)\cdot v=N(\mathrm{C},p)\cdot\frac{p}{m}=a\exp\left[-\frac{V(\mathrm{C})+p^2/(2m)}{kT}\right]\cdot\frac{p}{m} \tag{6-8}$$

结合上面两式对动量积分，仅考虑粒子从左向右运动，积分限从 0 到∞，即有

$$\text{C 处粒子的流量}=a\exp\left(-\frac{U}{kT}\right)\int_0^{\infty}\frac{p}{m}\exp\left(-\frac{p^2}{2mkT}\right)\mathrm{d}p \tag{6-9}$$

式中，粒子迁移能 $U=V(\mathrm{C})$。

势阱 A 中的粒子总数等于 A 处的概率密度 $N(\mathrm{A},p)$ 对坐标和动量的积分，动量的积分限为 $-\infty$ 到 $+\infty$。在 $kT\ll U$ 时，坐标积分限也可取为 $-\infty$ 到 $+\infty$，这是因为此时除势阱底部外，其他部分的粒子密度可以忽略。于是由式（6-7）有

$$\begin{aligned}\text{A 中粒子数}&=a\int_{-\infty}^{+\infty}\exp\left[-\frac{V(\mathrm{A})}{kT}\right]\mathrm{d}x\int_{-\infty}^{+\infty}\exp\left(-\frac{p^2}{2mkT}\right)\mathrm{d}p\\&\approx a\int_{-\infty}^{+\infty}\exp\left[-\frac{V''(0)x^2}{2kT}\right]\mathrm{d}x\int_{-\infty}^{+\infty}\exp\left(-\frac{p^2}{2mkT}\right)\mathrm{d}p\end{aligned} \tag{6-10}$$

将式（6-9）和式（6-10）代入式（6-1），并应用积分公式

$$\int_0^{\infty}\mathrm{e}^{-t^2/b^2}\mathrm{d}t=\frac{1}{2}b\sqrt{\pi} \tag{6-11}$$

和

$$\int_0^{\infty} t\mathrm{e}^{-t^2/b^2}\mathrm{d}t = \frac{1}{2}b^2 \tag{6-12}$$

可得跃迁概率为

$$P = \frac{1}{2\pi}\sqrt{V''(0)/m}\exp\left(-\frac{U}{kT}\right) \tag{6-13}$$

式中，$\frac{1}{2\pi}\sqrt{V''(0)/m}$表示一维谐振子的频率（注：对于点缺陷的定向迁移，相当于点缺陷的单向有效振动频率），用ν代替，则式（6-13）变为

$$P = \nu\exp\left(-\frac{U}{kT}\right) \tag{6-14}$$

利用上述方法，可得到三维空间粒子跃迁概率（在三维方向）的类似表达式，仅频率ν用一个有效频率（同样是在三维方向）的指标代替即可。

式（6-14）即为点缺陷的热跃迁概率，由该表达式可知，点缺陷的跃迁概率正比于其有效振动频率，并分别随迁移能和温度的提高而呈指数级减小和增大。可见，点缺陷的跃迁概率对于温度和迁移能的变化都是非常敏感的。

估计及实验结果均表明，一般金属的空位迁移能略低于空位形成能，而间隙原子的迁移能则远低于间隙原子的形成能，且小于空位迁移能。因此，空位在室温下几小时开始显著移动，而间隙原子在低得多的温度下就已经移动了。表6-1是金属铜中的点缺陷迁移能计算值。

表6-1　不同研究者对铜中的点缺陷迁移能计算值

缺陷类型	单空位	双空位	间隙原子
迁移能/eV	0.60～1.00	0.20～0.35	0.05～0.50

6.2.3　跳动频率总结

图6-6同时示意了1个空位和1个间隙原子的运动过程。点缺陷从一个平衡位置到另一个平衡位置要经过一个能量较高的中间位置（称为鞍点位置），在此处引起点阵的较大畸变。点缺陷的运动过程需首先越过鞍点位置，因此要提供足够的能量（对应于空位和间隙原子分别为u_V和u_i）以克服位垒。

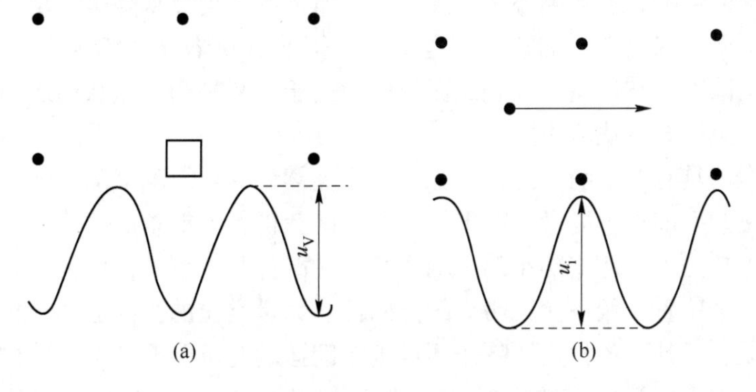

图6-6　点缺陷运动势场示意图

（a）空位；（b）间隙原子

6.2.3.1 间隙原子跳动频率的计算

设在等温等压条件下1个间隙原子每跳动一步所致晶体体系中吉布斯自由能的增量为G_{mi}，间隙原子的振动频率为ν_0，间隙原子的“配位数”为z，则间隙原子的跳动频率为

$$\nu_i = z\nu_0 \exp\left(-\frac{G_{mi}}{kT}\right) \tag{6-15}$$

由于1个间隙原子的迁移能H_{mi}（对应于图6-6的u_i，即其势垒）与间隙原子移动时使原子振动频率改变而引起的熵变S_{mi}（称为迁移熵）存在如下关系：

$$G_{mi} = H_{mi} - TS_{mi} \tag{6-16}$$

因此有

$$\nu_i = z\nu_0 \exp\left(\frac{S_{mi}}{k}\right)\exp\left(-\frac{H_{mi}}{kT}\right) = A_{mi} z\nu_0 \exp\left(-\frac{H_{mi}}{kT}\right) \tag{6-17}$$

其中，

$$A_{mi} = \exp(S_{mi}/k)$$

6.2.3.2 空位跳动频率的计算

根据与上面同样的处理方法，可得空位的跳动频率为

$$\nu_V = z\nu_0 \exp\left(\frac{S_{mV}}{k}\right)\exp\left(-\frac{H_{mV}}{kT}\right) = A_{mV} z\nu_0 \exp\left(-\frac{H_{mV}}{kT}\right) \tag{6-18}$$

式中，ν_0为空位最近邻原子的振动频率；其余参量的意义类似于间隙原子公式：H_{mV}为空位迁移能（对应于图6-6的u_V）；S_{mV}为空位的迁移熵；z为原子的配位数；$A_{mV} = \exp(S_{mV}/k)$。

综上所述，点缺陷的跳动频率可写成如下的一般形式：

$$\nu = z\nu_0 \exp\left(\frac{S_m}{k}\right)\exp\left(-\frac{H_m}{kT}\right) = z\nu_0 A_m \exp\left(-\frac{H_m}{kT}\right) \tag{6-19}$$

式中，ν_0为间隙原子的振动频率或空位周围近邻原子的振动频率，由爱因斯坦固体模型近似可取$\nu_0 \approx 10^{13}\ s^{-1}$；$z$为配位数，其中对于面心立方取为12。

由式（6-19）可看出，点缺陷的跳动频率ν也取决于其迁移熵S_m、迁移能H_m和温度T。S_m和T越高则ν越高，而H_m越高则ν越低。其中H_m为1 eV的量级，ν_0为10的若干次方的量级，而$\exp(-S_m/k)$即A_m的值在1~10。

由于热运动的影响，点缺陷势必产生运动。所谓热平衡点缺陷是指动态平衡，即此时晶体内的缺陷形成与缺陷消失的速率相等。不平衡的点缺陷（如淬火空位）可借助于热能，使高于平衡浓度的空位运动到表面而消失，趋于恢复平衡。点缺陷运动的结果还使它们可能相遇，以至结合成缺陷集团。

点缺陷的运动具有两个明显的特点：一是不连续性，点缺陷借助于能量涨落获得一定能量跳到另一位置后即失去能量，需再经一定时间获得新的能量后才能发生再次跳跃。二是无规则性，点缺陷不停地作准布朗运动，每次跳跃都几乎可等概率地向其最靠近的几个位置中的任何一个位置跳跃，而无明显的方向性。大量空位的布朗运动导致的原子迁移就是晶体的自扩散。另外，各种点缺陷作不规则布朗运动时可能遇到点缺陷的“陷阱”（如晶界、位错、自由表面等），点缺陷在“陷阱”中消失，引起点缺陷的回复。可见，晶体中的点缺陷形成与消失是不断发生的，一定温度下有一定的点缺陷平衡浓度，因此这种平

衡是一种动态平衡。

晶体中的点缺陷产生和运动，都直接决定于晶体内原子间的相互作用，因此点缺陷的形成能及运动激活能都反映出原子间相互作用的强弱。

6.2.3.3 离子晶体的点缺陷运动及其导电性

因为离子晶体是由正、负离子在库仑力的作用下结合而成的，这就使得离子晶体中的点缺陷带有一定的电荷，荷电点缺陷具有电中性点缺陷所没有的特性，因而在此对其进行单独讨论。

离子晶体的结构特点是正、负离子在格点上的相间排列，每个离子均被异号离子所包围。无论是形成正、负离子空位，还是形成正、负间隙离子，都会在缺陷处形成正的或负的带电中心。显然，A^+B^-型离子晶体中共有4种带电的本征缺陷（见图6-7），其中成为正电中心的点缺陷有负离子空位和正间隙离子，而带负电的则有正离子空位和负间隙离子。由于整个晶体保持电中性，这就使得离子晶体中的肖特基缺陷有数目相同的正、负离子空位，而弗仑克尔缺陷则有数目相同的正离子空位和正间隙离子，或数目相同的负离子空位和负间隙离子。

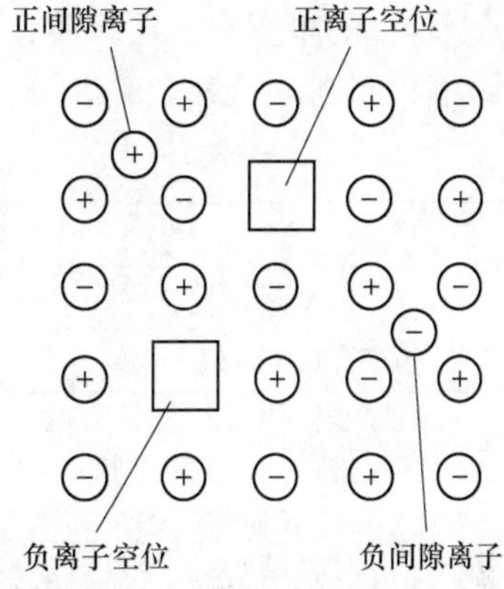

图6-7 离子晶体中的点缺陷

离子晶体中的点缺陷除了本征热缺陷外，还可能存在置换式杂质和间隙式杂质缺陷，它们一般也是带电中心。例如，将$CaCl_2$掺入NaCl晶体中，Ca^+将替代Na^+占据格点位置，但因两者电荷的不同而使替位的Ca^+成为1个正电中心。为了保持晶体的电中性，将同时产生1个正离子空位，这可由掺入$CaCl_2$后的NaCl晶体密度降低而得到证实。

理想的离子晶体是典型的绝缘体，但实际离子晶体都有一定的导电性，且其电阻明显地依赖于温度和晶体的纯度。由于温度升高和掺杂都可能在晶体中产生缺陷，因此可断定离子晶体的导电性与缺陷有关。实验发现，当离子晶体中有电流通过时，会在电极上沉淀出相应的离子的原子，这就说明了载流子是正、负离子。另外，前述的NaCl晶体掺入Ca^+后可产生Na^+空位，Ca^+含量越大则Na^+空位的数目也就越多，实验显示室温下NaCl晶体的电导率正比于杂质Ca^+的浓度。这些实验事实直接证实了离子晶体的导电是借助于缺陷的运动。

6.3 点缺陷迁移与结合

6.3.1 点缺陷的迁移能和迁移熵

由前面分析可知，点缺陷的迁移能是控制点缺陷运动状态的主要参量。此外，影响因素当然还有迁移熵，而且它们对扩散系数的计算也有重要的作用。

6.3.1.1 点缺陷的迁移能

点缺陷的迁移能和形成能一样，与晶体的体积以及原子的热振动均有关，因此也与温度有关。其与温度的关系目前也难于有十分贴切的理论计算和实验测定方法（由于计算上的困难，不同研究者得出的结果存在很大分歧，有的甚至有数量级的差别）。

点缺陷从一个平衡位置迁移到另一个平衡位置，需经过势垒位置，即前面所述的鞍点位置。对应于点缺陷的平衡位置和鞍点位置，算出在平衡组态及在鞍点组态时点缺陷的能量，两组态点缺陷的能量差即为点缺陷的迁移能。

类似于点缺陷的形成能，点缺陷的迁移能计算也存在着很大的困难。虽然很早以前就有人开始过晶体点缺陷迁移能的估算，但工作一般限于 NaCl 晶体（FCC）和金属铜晶体（FCC）等少数简单结构中的点缺陷迁移能。研究发现，NaCl 晶体中的中性双空位的迁移能小于 Na 的单空位的迁移能，即双空位的迁移易于单空位。表 6-2 列出了已得出的某些金属单、双空位的对应迁移能。

表 6-2　某些金属的单、双空位迁移能

金属	Au	Ag	Al
单空位迁移能 H_{mV}/eV	0.82	0.83	0.52
双空位迁移能 H_{md}/eV	0.66	0.57	—

对于迁移能的实验测定，用淬火空位进行退火的方法可以求得空位的迁移能。这些关于点缺陷的实验研究方法，一并放在后面第 10 章进行介绍。

6.3.1.2　点缺陷的迁移熵

引起迁移熵的原因也是点缺陷的存在使晶体中的原子振动频率发生了变化。

类似于点缺陷形成熵的推演过程，若令点缺陷在鞍点组态和平衡组态时晶体原子的振动频率分别为 ν'_{if} 和 ν_{if}，则通过形成熵表达式［参见第 5 章式（5-89）］

$$S_V \text{ 或 } S_i = \Delta S = k\sum_i \ln\frac{\nu_{i0}}{\nu_{if}}$$

中热力学量的更换，即可得其迁移熵 S_m 为

$$S_m = k\sum_i \ln\frac{\nu_{if}}{\nu'_{if}} \tag{6-20}$$

以上两式中的求和包含了晶体中所有的振动模式，因此计算起来非常困难。研究者通过简化方法进行计算，得出了金属铜的计算结果：空位形成熵 $S_V \approx 1.5R$，间隙原子形成熵 $S_i \approx 0.8R$，空位迁移熵 $S_{mV} \approx -4.3R$，间隙原子迁移熵 $S_{mi} \approx -4.3R$。可见，在晶体中引入 1 mol 的缺陷时，系统的熵约增加 1 个气体常数 R 的数量级。

6.3.2　点缺陷的结合

晶体中的空位可能结合成双空位（空位对）、三空位或更复杂的空位集团，而间隙原子是否结合还不大清楚。当存在溶质原子时，可能结合成空位-溶质原子对或复杂集团。空位与间隙原子相遇则应复合而消失。下面只讨论单空位结合成双空位的情况。

6.3.2.1　结合体的形成

本书在等温等压并考虑体积变化的条件下开展相关讨论，根据吉布斯（Gibbs）自由能判据，进行双空位平衡浓度的推演。

若在 1 个单空位旁边取走 1 个原子而形成双空位，这样 1 个空位的形成能会低于单独形成 1 个空位时所需的形成能。设单空位形成能为 H_V，在单空位旁边再产生 1 个空位的

形成能为 H_d，则 $H_d < H_V$，因此双空位的形成能为 $H_d + H_V < 2H_V$。可见，2 个单空位结合成 1 个双空位时要放出的能量为

$$E_b = (H_d + H_V) - 2H_V = H_d - H_V \quad (<0) \tag{6-21}$$

式中，E_b 为 2 个单空位结合成 1 个双空位的结合能，因是体系放出能量而取负值。

现在来求取双空位的平衡浓度。设在由 N 个原子组成的晶体中引进 n_V 个单空位和 n_d 个双空位，则按照热力学的方法可以求出等温等压（对固体而言亦近似为等温等容）下的平衡单空位数 n_V 和平衡双空位数 n_d。

若形成 1 个单空位时体系的吉布斯自由能增量为

$$G'_V = H_V - TS_V \tag{6-22}$$

而形成一对双空位时体系的吉布斯自由能增量为

$$G'_d = (H_d + H_V) - T(S_d + S_V) \tag{6-23}$$

则可求得

$$n_V \approx N\exp\left(\frac{S_V}{k}\right)\exp\left(-\frac{H_V}{kT}\right) \tag{6-24}$$

$$n_d \approx n_V z\exp\left(\frac{S_d}{k}\right)\exp\left(-\frac{H_d}{kT}\right) \tag{6-25}$$

式中，z 为晶体原子配位数。上面两式相比得

$$\frac{n_d}{n_V} = \frac{n_V}{N}z\exp\left(\frac{S_d - S_V}{k}\right)\exp\left(-\frac{H_d - H_V}{kT}\right) = \frac{n_V}{N}zA_b\exp\left(-\frac{E_b}{kT}\right) \tag{6-26}$$

即

$$n_d = \frac{n_V^2}{N}zA_b\exp\left(-\frac{E_b}{kT}\right) \tag{6-27}$$

上式两边同除以 N 得双空位的浓度为

$$C_d \approx C_V^2 zA_b\exp\left(-\frac{E_b}{kT}\right) \tag{6-28}$$

亦即

$$\frac{C_d}{C_V} \approx C_V zA_b\exp\left(-\frac{E_b}{kT}\right) \tag{6-29}$$

式中，A_b 为指前因子，取值为 1/2；E_b 为结合能，是双空位分解能 u_b 的负值，即 $E_b = -u_b$。

式（6-29）中的 E_b 是负值，因此其绝对值越大，双空位的浓度 C_d 就越高，C_d/C_V 也就越大。

对于热平衡来说，温度 T 的影响是两个矛盾的综合。也就是说，T 越高，C_V 也越大，但 $\exp[-E_b/(kT)]$ 项减小，综合结果则是 T 增高将使 C_d/C_V 增大。

6.3.2.2 点缺陷的结合能

如上所述，单空位还可能结合成双空位、三空位等复杂的结合组态，该结合过程会放出能量，使组态能量降低。2 个单空位结合成双空位时，放出的能量为结合能。研究发现，在铜中 2 个空位结合成 1 个双空位，其能量即小于 2 个单空位的能量总和，并估算了双空位的结合能。

在对铜的双空位结合能进行估算的过程中，将每个原子的点阵结合能 W_L 等分到最近邻原子间的结合键上，设每个键分配到的能量为 W_0。每个铜原子有12个最近邻原子，形成1个单空位时取出1个原子要破坏12个结合键，而将原子放到表面时又收回6个键，因此单空位的形成能为

$$H_V = (12-6)W_0 - W_e^{(1)} \tag{6-30}$$

式中，$W_e^{(1)}$ 为形成空位时由于空位周围电子和原子重新分布而引起的电子能量变化（包括电子能量及畸变能）。当形成双空位时，等于在单空位最近邻的原子中取走1个放到晶体表面，这时只需破坏11个结合键，所以其形成能为

$$H_d = (11-6)W_0 - W_e^{(2)} \tag{6-31}$$

式中，$W_e^{(2)}$ 为形成双空位时由于双空位周围电子和原子重新分布而引起的电子能量变化。

因此，由2个单空位结合成1个双空位时放出的能量为

$$E_b = (H_d + H_V) - 2H_V = H_d - H_V = -W_0 + (W_e^{(1)} - W_e^{(2)}) \tag{6-32}$$

若取 $H_V = 1$ eV，则可得出 E_b 在 $-0.59 \sim -0.17$ eV（见表6-3）。

表6-3　由2个单空位结合成1个双空位时的结合能

金属	Cu	Ag	Au	Al
E_b 计算值/eV	-0.30	-0.33	-0.28	—
E_b 实验值/eV	—	-0.38	-0.10	-0.40 ~ -0.30

6.3.2.3　点缺陷的消失

由于间隙原子的形成能远比空位的大，故在热平衡时多数金属中的主要点缺陷是空位。因此，平衡空位不能在完整晶体中以简单地形成空位-间隙原子对的方式产生，亦即空位需从适当的空位源（如表面）产生或消失，并扩散到整个晶体内部，而使远离空位源区域中的空位浓度达到平衡。反过来，空位也可扩散到空位源的位置而消失。晶体的自由表面是明显的空位源，因为此处对原子脱离正常振动的限制很小。原子错配严重的晶界也是有效的空位源。

由于位错可作滑移运动，位错在控制点缺陷的平衡浓度方面起着重要的作用。刃型位错和螺型位错都能在点缺陷未饱和以及过饱和的条件下，分别起到产生与吸收点缺陷的作用。

6.4　金属中的淬火空位

在点缺陷的平衡浓度下晶体的吉布斯自由能最低，因而最稳定。具有平衡浓度的缺陷又称为热（平衡）缺陷。但有些情形下晶体中的点缺陷浓度可高于其平衡浓度，这就是过饱和点缺陷或非平衡点缺陷。获得过饱和点缺陷通常有淬火、冷加工（如经压力加工塑性变形时产生大量的过饱和空位）和辐照等3种方式。

由前可知，晶体中的空位浓度随温度升高而急剧增大。若将晶体加热到高温，保温足够时间后急冷到低温（淬火），则形成的空位就来不及向位错、晶界、表面等处扩散而消失，因而晶体在低温下仍会保留高温时的空位浓度，即晶体在低温下含有过饱和的空位。

6.4.1 加热时的空位浓度

金属加热到高温时，其点缺陷的热平衡浓度要增大，由于金属晶体中的空位形成能 H_V 低于间隙原子的形成能 H_i，故其空位浓度远高于间隙原子浓度。例如，金属铜中的 $H_V \approx$ 1 eV，而 $H_i \approx 3$ eV，按照空位和间隙原子的平衡浓度公式

$$n_V = N\exp\left(\frac{S_V}{k}\right)\exp\left(-\frac{H_V}{kT}\right) \tag{6-33}$$

$$n_i = N\exp\left(\frac{S_i}{k}\right)\exp\left(-\frac{H_i}{kT}\right) \tag{6-34}$$

根据相关的研究结果，可设

$$\exp\left(\frac{S_V}{k}\right) \approx \exp\left(\frac{S_i}{k}\right) \tag{6-35}$$

于是可得

$$\frac{n_V}{n_i} = \exp\left(-\frac{H_V}{kT}\right) \Big/ \exp\left(-\frac{H_i}{kT}\right) \tag{6-36}$$

将铜加热到 1000 K，并代入 H_V 和 H_i 的值，则有

$$\frac{n_V}{n_i} = \frac{10^{-5}}{10^{-16}} = 10^{11}$$

可见，相对于空位，间隙原子的数量可以忽略不计。这就是说，在热平衡状态下，金属晶体中实际上只可观察到空位点缺陷的存在。

高温时空位的几何组态是以单空位为主的，如铜晶体在 1000 K 时的双空位与单空位的浓度比为

$$\frac{C_d}{C_V} = C_V z A_b \exp\left(-\frac{E_b}{kT}\right) \tag{6-37}$$

令 $z=12$，$A_b=1$，可得出 C_V 为 10^{-5}、E_b 分别为 -0.2 eV 和 -0.3 eV 时，对应的 C_d/C_V 分别为 1.2×10^{-3} 和 4×10^{-3}。

6.4.2 淬火后的空位浓度

高温下金属晶体中存在的热平衡空位浓度很高，若以足够快的冷却速度淬火到低温后，可将高温时的热平衡空位冻结在金属中，这称为淬火空位。此时的空位浓度是不平衡的，其浓度值远高于平衡时的浓度。如果冷却速度不够快，则有相当一部分空位将会消失。淬火时空位消失的原因有 3 个方面：一是空位扩散到试样表面而消失；二是空位扩散到晶界而消失；三是空位扩散到位错处而消失。

高温下，晶体中存在的单空位可能结合成双空位、三空位或空位集团，而淬火冻结下来的空位在淬火过程中也能够结合成双空位、三空位或空位集团。淬火温度较低时，空位之间很难相遇，故而不能结合成双空位；淬火温度较高时，在淬火过程中单空位即可能结合成双空位或三空位；而淬火温度很高时（如 Au 在高于 850 ℃的条件下），双空位（或三空位）的浓度已经较高，此时除在淬火过程中还可能进一步合成双空位（或三空位）

外，还可能结合成空位集团。

当淬火温度一定，单空位的浓度也就一定，此时有如前面式（6-37）的关系。

6.4.3 退火恢复

淬火后的金属在较低温度下退火时，冻结在晶体内的淬火空位要产生热运动。淬火冻结下来的空位借助于热振动可以在晶体中发生迁移，甚至在相当低的温度下（低于0 ℃）也会进行运动。运动着的空位可能进一步结合成双空位、三空位或空位集团，也可能导致不平衡空位在位错、晶界和表面等处的消失。对于不同的金属，退火过程中的空位消失机制及空位浓度衰变动力学都可能不同，即使同一金属在不同温度淬火或不同温度退火也会影响这一过程的机制及动力学。关于这些问题，有时甚至很复杂。

如果淬火的金属晶体中同时存在着单空位和双空位，且在退火时还发生空位的结合，则退火时的空位衰变过程就会更为复杂。

6.5 金属辐照产生的点缺陷

在早期的晶体X射线衍射强度研究中，就发现在接近完整的晶体中存在缺陷。弗仑克尔在20世纪20年代为解释离子晶体导电的实验事实而提出了晶体的点缺陷理论。在20世纪40年代初，一些研究者研究了金属点缺陷的一些基本性质，用于阐明扩散的机制。在20世纪50年代以后的原子能反应堆技术发展中，高能粒子对固体的辐照效应进一步推动了对晶体点缺陷的研究。

通过高能粒子辐照、高温淬火、冷加工等处理过程，可在晶体内产生超出平衡浓度的点缺陷。由于反应堆技术的需要，固体材料的辐照效应得到全面深入的研究。这有助于了解晶体点缺陷对其性能的影响，以及有关点缺陷本身的性质。

6.5.1 辐照效应

原子能的发展对金属研究提出了一个课题，即高能粒子对金属材料性能的影响。反应堆中应用的金属材料都是在强辐照条件下工作的，辐照对材料性能会引起一些特殊的效应，如铀棒在辐照下的伸长、石墨在辐照下累积的内部能量、钢板的脆性转变温度升高等。这些都会影响到反应堆的工作状态，如果不注意则会造成严重的事故。因此，获取累积辐照对反应堆结构材料性能影响的数据，可供反应堆设计工作者参考，而了解辐照效应的机制则可掌握辐照对材料性能影响的规律性。此外，还可通过辐照来控制金属中的点缺陷数量，这有助于研究晶体缺陷的本质。

固体物质由于高能粒子（如中子、电子、质子等）的照射而发生的一些特殊效应，称为辐照效应。金属中的辐照效应有电离引起的发热，蜕变使单晶体沿某结晶学方向的伸长或收缩，离位产生的大量非平衡点缺陷等。高能粒子在固体中所产生的辐照效应有3种类型，现分别将其概述如下：

（1）电离效应。高能粒子与原子发生非弹性碰撞将引起原子的电离。该效应在离子晶体中产生色中心（色心），在高分子材料中造成键的破坏，但在金属中仅仅是引起发热。

（2）离位和热效应。高能粒子与原子产生弹性碰撞，高能粒子击出点阵上的原子而生成空位和间隙原子（其形式类似于热平衡的弗仑克尔缺陷，但本质却不同）。这是金属中最重要的辐照效应。受击离位的原子若得到源于高能粒子的足够能量，则其又可进一步撞出其他原子，最终形成大量的空位和间隙原子。此外，高能粒子流的能量还将使缺陷附近区域内的原子振动能量瞬时增加，使温度迅速升高，造成所谓“热峰”现象。

反应堆中裂变反应产生的中子及其他粒子具有极高的能量，这些高能粒子穿过晶体时与点阵中的很多原子发生碰撞，使原子离位。离位原子能量高，能挤入晶格间隙，从而形成间隙原子和空位，即产生非热力学平衡态的“弗仑克尔缺陷”（因其本质上不同于热平衡的弗仑克尔缺陷，故加引号以特指，下同）。通常晶体中弗仑克尔缺陷的平衡浓度极低，但经辐照后产生的这种非热力学平衡“弗仑克尔缺陷”组态却成为一种重要的点缺陷类型。反应堆中应用的材料要在强辐照条件下工作，由辐照引起的钢板脆化就是由于存在过量的间隙原子，所以反应堆用材料应尤其注意这些过饱和缺陷的影响。

（3）蜕变效应。有些材料在受到中子轰击时，其内部的原子核将吸收中子而引起核蜕变，形成新的原子以杂质原子的形式存在。该效应在裂变材料中表现得特别明显。高温（400 ℃以上）时铀棒的肿胀（swelling）就是蜕变所产生的惰性气体的效应。

对于一般的金属材料，主要是上述的第 2 种效应，该效应使金属中产生各种点缺陷。

金属受到高能粒子（中子、质子、氘核、α-粒子、电子等，如反应堆中裂变反应产生的中子及其他一些粒子）照射时，其点阵上的原子将被击出而进入点阵间隙位置。被击出的原子能量很高，其进入稳定间隙位置之前还会将点阵上的其他原子击出，后者又可能再击出另外的原子，依次继续下去，就会形成大量等量的空位和间隙原子（这一点不同于热平衡缺陷）。近似估算指出，辐照产生的缺陷对的浓度正比于辐照剂量 φt（φ 是单位时间内通过单位面积固体材料的高能粒子数，称为辐照通量；t 是辐照时间）。辐照产生的点缺陷具有大的过饱和度，还可能有特别的分布（如在密排方向上形成挤塞子）。

最重要的辐照源是反应堆，主要是利用快中子（能量大于 1 MeV）的效应。对于金属材料，加速器中的高能电子和离子以及强的 γ 射线（如钴 60 的射线）也可引起较轻微的效应；对于离子晶体，紫外线和 X 射线等弱辐射也可引起显著的辐照效应。各种射线所产生的辐照效应见表 6-4。

表 6-4　各种射线的辐照效应

辐射类型	能量/eV	行程	电离效应	离位效应	蜕变效应
紫外光	$10 \sim 10^3$	不定	有	无	无
X 射线	$10^3 \sim 10^5$	cm ~ m	有	无	无
γ 射线	$10^5 \sim 10^8$	cm ~ m	有	少量	无
中子（热）	0.01 ~ 0.1	不定	无	无	有
中子（快）	$10^4 \sim 10^7$	cm	无	有	少量
带电核子	$10^4 \sim 10^9$	μm ~ mm	有	有	少量
带电重离子	$10 \sim 10^4$	<100 nm	有	有	无
裂变碎片	约 10^8	1 ~ 10 μm	有	有	有
电子	$\geqslant 10^6$	0.1 ~ 1 mm	有	有	无

6.5.2 粒子碰撞

辐照效应的本质是入射粒子与原子的碰撞，所以在辐照效应理论中，首先出现的就是高能粒子和点阵中原子的碰撞问题。高能中性重粒子与原子的碰撞通常为弹性碰撞。弹性碰撞中的能量转移，可能使原子离位，形成一对“弗仑克尔缺陷”。这就涉及能量转移以及对于离位阈能 E_d（点阵中的原子离位所需获得的最低能量值）的估测。本节讨论仅为弹性碰撞问题。

6.5.2.1 重粒子轰击

重粒子的轰击可用经典力学方法进行处理。设被击原子初速为零（热运动可以忽略不计），则按经典弹性碰撞理论可知，被击原子在弹性碰撞中得到的最大能量，即转移能量的极大值（出现于正碰的情况）：

$$E_{max} = \frac{4M_1M_2}{M_1 + M_2}E_k \tag{6-38}$$

式中，E_k 为入射粒子的动能；M_1 为入射粒子的质量；M_2 为点阵原子的质量。在处理高能轻粒子（如电子）与原子的碰撞问题时，应考虑相对论效应。高能荷电粒子与原子的碰撞为非弹性碰撞，使原子电离。

若 $M_1 \gg M_2$，则近似有

$$E_{max} \approx \frac{4M_2}{M_1}E_k \tag{6-39}$$

中子与点阵上的原子发生的碰撞通常都是弹性碰撞，可应用经典力学的方法来处理。如果投射粒子的质量为 M_1，动能为 E_k，被撞击的静止原子的质量为 M_2，则根据动量及动能守恒关系可求出传递给被击原子的动能为

$$E = E_{max}\sin^2\frac{\theta}{2} \tag{6-40}$$

式中，E_{max} 为可传递的最大能量，其表达式如上面式（6-39）；θ 为质心坐标系中的偏向角。近似地可认为，被击原子所获能量均布在 $0 \sim E_{max}$，即平均能量约为 $E_{max}/2$。

6.5.2.2 电子轰击

如果是高速电子与原子发生碰撞，因为电子的质量很小，所以处理电子与点阵原子的离位撞击时应考虑相对论效应。

电子的动量为

$$p = \frac{mv}{\sqrt{1-\beta^2}}, \beta = v/c \tag{6-41}$$

式中，m 为电子质量；v 为电子速度；c 为光速。电子的动能为

$$E_k = mc^2\left(\frac{1}{\sqrt{1-\beta^2}} - 1\right) \tag{6-42}$$

由上面两式（其中前式含两个关系）可得

$$p^2 = \frac{(E_k + 2mc^2)E_k}{c^2} \tag{6-43}$$

因被碰原子的质量远大于电子，在正碰中动量转移的最大值为 $2p$（电子碰撞后作“原速

返回”运动），能量转移的极大值为

$$E_{\max}=\frac{(2p)^2}{2M_2}=\frac{2E_k}{M_2c^2}(E_k+2mc^2) \tag{6-44}$$

此时传递给原子的能量为

$$E=E_{\max}\sin^2\frac{\theta}{2}=\frac{2E_k}{M_2c^2}(E_k+2mc^2)\sin^2\frac{\theta}{2} \tag{6-45}$$

式中，$E_{\max}$为可传递的最大能量；m为电子质量；M_2为被击原子的质量；c为光速。

式（6-44）可进一步写成如下的形式：

$$M_2E_{\max}=2m^2c^2x(x+2) \tag{6-46}$$

其中，

$$x=E_k/(mc^2) \tag{6-47}$$

金属中的原子被击中后，按入射粒子能量和质量的大小，以及被击原子的质量，会产生不同的撞击过程。将1个原子击出点阵位置而形成“弗仑克尔缺陷”的最低能量称为离位阈能E_d，此即原子离开其晶格位置所需要的最低能量。有研究者通过简单估计得出，一般金属的E_d约为25 eV。利用高能电子（约为1 MeV）轰击的实验方法可测出这个离位阈能E_d。在实验过程中不断提高电子的能量，同时测量被辐照金属试样的电阻变化，试样电阻开始增高时即表明产生了间隙原子与空位。设这时所需的最低电子能量为$E_{\min}$，则由式（6-44）即可计算出对应的离位阈能为

$$E_d=\frac{2E_{\min}m}{M_2}\left(\frac{E_{\min}}{mc^2}+2\right) \tag{6-48}$$

有研究者根据此法测出的某些金属的离位阈能见表6-5。

表6-5　某些金属的离位阈能E_d　(eV)

Al	Au	Ag	Cu	Fe	Mo	Ni	Ti	W
32	>40	28	22	24	37	24	29	>35

若知点阵中的原子离位阈能E_d，并使其等于$E_{\max}$，则可据式（6-44）和式（6-39）算出产生离位效应轰击粒子所应具有的最低能量。不同类型的轰击粒子差异很大，产生离位轰击的电子需要兆电子伏量级的能量，中子和质子只需数百电子伏，而质量接近于被轰原子的轰击粒子（如核裂片）则仅需数十电子伏的能量就够了。对低能离子（如汞离子、氩离子等）轰击下的金属溅射效应（sputtering）研究表明，溅射实质上就是一种金属表面的辐照效应。但由于低能离子在金属中的行程很短，只能在表面或薄膜样品（薄于100 nm的量级）中产生效应。

点阵中的原子被撞以后的行为是决定辐照效应的关键。如果接受的能量小于临界值E_d（离位阈能），将不会产生离位原子，而相当于产生了1个局部热点；如果接受的能量大于E_d，则原子将离开正常的点阵位置，产生1个空位和间隙原子对；如果离位的原子仍具有足够大的能量，它和点阵中其他原子的碰撞将继续产生新的离位原子（次生离位原子），从而形成复杂的级联过程（cascade process）。

被快中子击中的原子可获得远高于离位阈能的能量，从而将该原子撞离点阵位置而成为离位原子（正离子），此称初级离位原子。初级离位的快速原子与点阵原子碰撞时可将

后者撞离点阵位置而形成二级离位原子，而二级离位原子还可能将点阵中的其他原子撞击离位而形成三级离位原子。同样，还可能进一步形成四级离位原子、五级离位原子……最后在晶体中生成很多的空位和间隙原子。假定原子呈杂乱的统计分布，所有的碰撞都是二元的。由此分析，每一初级离位原子都可产生很多的弗仑克尔缺陷，整个过程呈中心开花的形态分散开来，开始产生一个缺陷，到后来便成一大片，最后形成一个近似梨形的缺陷区域，其边沿部分有较多的间隙原子，而中间部位则有较多的空位。

在利用晶体缺陷的点阵动力学模型对晶体的辐照效应进行计算时，往往为简化计算而假定过程是在 0 K 下进行的，这样可以免除由于原子热运动而增加的计算。

当被撞原子得到的能量 E_{max} 小于 E_d 时，原子不能离位，只能在点阵位置上振动。其振动能被储存在一个很小的区域内，使金属局部受热，这种区域称为“热峰”。热峰区的温度可高于金属的熔点，但因热脉冲时间相当短（10^{-11} s 左右），因此不可能熔化金属。例如，对于一个高能粒子或离位原子，在其行程中将与点阵原子发生很多次的侧面碰撞，这样可使点阵原子的振动能增加但并不产生离位。这些处于激发态的原子可将其能量再传递给邻近的原子，从而使一个区域内的原子都处于激烈的扰动状态。因此，这些局部区域即可被近似地认为受到加热，加热温度可高于熔点，但通过热传导可很快地带走热量，并在 10^{-12} ~ 10^{-11} s 之内冷却下来。这就是“热峰”。在发生“热峰”时，点缺陷将重新排列，且有部分空位和间隙原子会复合而消失。

当 E_{max} 小于 E_d 时还可能产生蜕变，如慢中子（热中子）打击铀、钚时产生惰性气体分子氪和氙，它们在空位处结合形成气泡，可使铀、钚发生肿胀和裂口。当 E_{max} 略大于 E_d 时，金属中可产生一个“间隙原子-空位”对。

高能粒子源主要来自核反应堆和加速器，核反应堆中产生的中子能量在 1/40 eV（慢中子）至 2 MeV（快中子）之间。能量为 1 MeV 的快中子可使金属中产生非常复杂的点缺陷，但因为原子核（粒子与原子的碰撞在金属中实际是与原子核的碰撞）直径小（Å 的量级），所以核与粒子的碰撞概率很小。例如，流量为 10^{13} $cm^{-2} \cdot s^{-1}$ 的中子流对铜进行一天的辐照，原子被击中的概率才有 4% 左右。

6.5.2.3 实验测试说明

（1）离位阈能：研究者首先测定了 n 型锗的离位阈能。用不同能量的电子对样品进行轰击，得出电导率随轰击电子能量变化的关系。当轰击能量较小时，样品的电导率基本没有什么变化；当轰击能量超过一定量值后，样品的电导率急骤降低，对应的能量值就相当于产生离位的临界能量。

（2）离位原子数：辐照效应的另一基本参量就是一定剂量（单位面积上的轰击粒子数）辐照所引起的离位原子数。根据实验来确定电阻变化与辐照剂量的关系时，为避免缺陷的回复，实验应在低温下进行（如在 12 K 的温度下）。

实际上，高能的带电粒子穿过晶体时，非弹性碰撞具有更高的概率。粒子的大部分能量消耗于电离，所以带电粒子在固体内部的行程主要取决于电离效应，但电离不会在金属中产生缺陷。

6.5.3 辐照损伤和性能影响

金属材料经辐照损伤后，可造成内部能量的增加，使材料趋于不稳定，此外还有一系列物理性能和力学性能的变化，如体积膨胀、电阻增加、材料变硬变脆等。辐照在金属中产生的这些影响，可在随后的退火过程中得到减少或消除。

（1）体积膨胀：对于一般金属，辐照引起的体积膨胀效应并不明显。室温下辐照引起的密度变化一般低于0.2%。所引起的体膨胀可用“弗仑克尔缺陷”的效应来解释。

（2）内部能量：辐照在晶体中产生的缺陷使晶体能量增加，在缺陷回复过程中能量又被释放。对于石墨在辐照中的累积能量，即使在1000 ℃下的退火也不能将其全部释放。

（3）附加电阻：辐照可使金属的附加电阻增大，退火可使附加电阻消除。由于电阻的测量相对来说比较简便，而且也易于获得精确的数据，故在辐照效应机制的研究中常应用电阻的变化来追踪金属中缺陷的演化情况。

（4）晶体结构：辐照可显著地破坏合金的有序度。如在铀钼合金中，中子辐照将高温相稳定到室温。

（5）力学性质：辐照可引起金属的强化和变脆。

辐照在固体中所产生的缺陷，可通过热激活而逐渐消失。因此，辐照所产生的各种参量（如电阻、密度、力学性能）变化，在退火过程中将产生回复的现象，伴随着缺陷消失，同时释放出能量。

6.6 点缺陷对晶体性能的影响

如前所述，晶体的缺陷是指实际晶体结构中和理想的点阵结构发生偏差的区域。晶体的主要特征是其原子（分子）的周期性规则排列，但实际晶体中的原子排列总是会或多或少地偏离严格的周期性。晶体缺陷的产生、发展、运动和相互作用以至于合并或消失，都会对晶体在结构敏感性方面的许多性质产生重要的影响。多年来，固体物理学对晶体缺陷展开了很多研究。

晶体中的许多重要性质都受到点缺陷的控制。点缺陷的性质和分布状态、点缺陷之间的交互作用等，都直接决定了晶体的许多性质。研究表明，微量的杂质原子就可以很好地控制半导体的电导率，也可显著地影响金属及合金的力学性质。固体中的扩散过程本质上也是点缺陷在晶体中运动的结果，合金的时效过程也受空位的迁移和聚集所控制。因此，研究晶体点缺陷，对于获得希望的材料性能具有重要的意义。

在包括空位、间隙原子、杂质原子或溶质原子等类别的晶体点缺陷中，空位占有非常重要的地位。这一方面是由于空位普遍存在于所有的实际晶体中；另一方面，空位对材料内部原子的扩散有很大影响，工业上常用的退火、均匀化处理、沉淀析出、蠕变、扩散、烧结等过程，都在不同程度上借助于空位在点阵中的运输。可见，空位的运动对材料的某些性能影响很大。因此，本课程主要是讨论空位和间隙原子。

晶体中的点缺陷对其一系列的物理性能都会产生影响。晶体的某些性能对缺陷的有无非常敏感，称之为结构敏感性。比较引人注意的是点缺陷对于晶体的线度、密度、电阻及光学性能的影响。

6.6.1 对晶体密度的影响

间隙原子和肖特基缺陷均可引起晶体密度的变化，特别是离子晶体中的肖特基缺陷，而弗仑克尔缺陷则不会引起晶体密度的变化。例如，在 NaCl 晶体中掺入适量的 $CaCl_2$，则 Ca^{2+} 将占据格点位置。为保持晶体的电中性，将出现一些空位，这就导致了晶体密度的改变。理论计算的结果表明，间隙原子引起的体膨胀为 1 ~ 2 个原子体积，而空位的体膨胀则约为 0.5 个原子体积。

金属晶体中出现空位，将使其体积膨胀而密度下降。通过测量金属试样长度的变化，可直接估算出空位浓度随温度的变化，但这时不能采用淬火“冻结”空位的方式。这是因为淬火会使试样因热应力而产生塑性形变，这种形变会与空位浓度变化所造成的体积变化混淆起来。常用的措施是将试样加热到不同温度，在加热过程中精确测定长度的变化，同时用 X 射线衍射技术测量点阵常数的变化。试样加热时长度的变化同时来自热膨胀和空位浓度增大，而点阵常数的增大则基本上只是由热膨胀造成。两者之差$\left(\frac{\Delta L}{L}-\frac{\Delta a}{a}\right)$便是由空位所引起的线膨胀。以晶体单位体积中的缺陷数量表征的空位浓度 C 可由下式直接估算（详见第 10 章的相应部分介绍）：

$$C \approx 3\left(\frac{\Delta L}{L}-\frac{\Delta a}{a}\right) \tag{6-49}$$

式中，C 为空位浓度；L 为试样长度；a 为点阵常数。

6.6.2 对晶体电学性能的影响

点缺陷可导致晶体导电性发生变化。如前所述，在高纯的单晶硅中有控制地掺入微量的三价杂质硼，会使其电学性能发生很大的改变。在 10^5 个硅原子中有 1 个硼原子时，可使硅的电导增加 10^3 倍。另外，点缺陷对于传导电子会产生附加的散射，也会引起电阻的加大。

纯金电阻随淬火加热温度变化的实验曲线表明，电阻增量的对数值反比于淬火加热温度倒数。其他金属也有相似的实验结果。由这些实验结果得出下列关系：

$$\Delta\rho=\rho_0\exp\left(-\frac{E_f}{kT}\right) \tag{6-50}$$

式中，$\Delta\rho$ 为淬火产生的电阻率增值；ρ_0 为常数；E_f 为空位形成能；k 为玻耳兹曼常数；T 为热力学温度。

上式与空位平衡浓度公式十分相似，说明电阻的增大与空位浓度的增加密切相关。目前，电阻实验已成为测定金属空位形成能的主要方法之一（详见第 10 章的相应部分介绍）。

6.6.3 对晶体光学性能的影响

晶体缺陷影响原子的热振动会破坏晶体点阵结构的周期性，因而在晶体中传播的电磁波或光波会受到散射，这意味着晶体的电学性能或光学性能发生了改变。

点缺陷可引起晶体光学性能的变化。由于离子晶体的满带与空带间有很宽的能隙，禁带宽度大于可见光的光子能量，故用可见光照射晶体时不能使价带电子吸收光子而跃迁到导带，因此不能吸收可见光，表现为无色透明晶体。但若设法在离子晶体中造成点缺陷，这些电荷中心可束缚电子或空穴在其周围而形成束缚态。这种束缚态可用类氢原子模型处理。这样，通过光吸收可使被束缚的电子或空穴在束缚态之间跃迁，使原来透明的晶体呈现颜色，这类能吸收可见光的点缺陷即称为色心。

6.6.4 对晶体比热容的影响

缺陷引起晶体比热容“反常”。含有 n 个点缺陷的晶体，其热力学能 U 比完整晶体的热力学能大 nu（其中 u 是 1 个点缺陷带来的热力学能增量），即

$$U = U_f + U_v + nu \tag{6-51}$$

式中，U_f 为晶格结合能；U_v 为晶格振动能；nu 为缺陷引起的附加能。由此得出此时晶体的比热容：

$$c_V = \left(\frac{\partial U}{\partial T}\right)_V = \left[\frac{\partial(U_f + U_v)}{\partial T}\right]_V + \left[\frac{\partial(nu)}{\partial T}\right]_V \tag{6-52}$$

式中第一项代表理想晶体的比定容热容，第二项代表缺陷引起的附加比热容，即比热容的“反常”。通过测定某些物理性质变化，比如测定比热容“反常”，就可测出空位的数目，严格说应该是空位的浓度。

思考和练习题

6-1 高能粒子辐照（注：除紫外光、X 射线、γ 射线、热中子等没有或很少有离位效应外，快中子、电子及其他粒子均有离位效应，而高能粒子所指主要是后者）中将晶体格位上平衡位置的原子打出到间隙位置，这是否属于弗仑克尔缺陷？

6-2 谈谈对点缺陷跃迁概率｛定义：$P[1/(\mathrm{m}^2 \cdot \mathrm{s})]$ = C 处点缺陷粒子的流量[个/$(\mathrm{m}^2 \cdot \mathrm{s})$]/A 中点缺陷粒子的总数（个）；表达式：$P = \nu \cdot \exp[-U/(kT)]$，其中 U 是点缺陷的迁移能｝中跃迁概率 P 与其有效振动频率 ν 之间关系的理解。

6-3 对于一般金属，间隙原子的迁移能小于空位迁移能，因此空位在室温下几个小时开始显著移动，而间隙原子在低得多的温度下就已经移动了。虽然如此，但为何一般情况下主要是研究空位的作用而非间隙原子的作用？

6-4 既然双空位的形成能小于两个单空位形成能之和，那为何在较低温度下金属晶体内部仍然主要是单空位？

6-5 高能粒子辐照产生的点缺陷与淬火后产生的点缺陷，晶体的这两种缺陷状态有何异同？

7 点缺陷化学 1：基本部分

7.1 引　言

点缺陷是晶体中的经典缺陷，在 20 世纪 30 年代由肖特基、弗仑克尔、瓦格纳（C. Wagner）等提出，并在几十年前就已得到其确实存在的直接实验证据。对于一种特定的晶体材料，占优势的缺陷类型即是其最易生成的种类。例如，NaCl 晶体最易形成肖特基缺陷，主要是空位；而 AgCl 晶体则是弗仑克尔缺陷占优势，除空位外还有间隙原子。

将晶体中的点缺陷视为化学物质，并用化学热力学的原理来研究缺陷的产生、平衡及其浓度等问题的一门学科，称为缺陷化学。缺陷化学所研究的对象主要是晶体缺陷中的点缺陷，且以点缺陷的浓度不超过某一临界值［约为 0.1%（原子数分数）］为限。这是因为缺陷浓度过高就会导致复合缺陷和缺陷簇的生成。本章即主要是从化学平衡出发，来讨论晶体点缺陷的生成、形成缺陷的类型、缺陷之间的平衡、缺陷的平衡浓度等内容，并介绍晶体中的点缺陷缔合和色心等点缺陷化学问题。

7.2 点缺陷基本知识回顾

为了让本章内容有一个比较完整的结构，下面对晶体点缺陷的基本知识作简要回顾。

7.2.1 点缺陷的基本类型

如前所述，点缺陷的特征是所有方向的尺寸都很小。晶体中的点缺陷是指在一个或几个原子的微观区域内，原子的排列偏离理想周期结构而形成空位、间隙原子（或离子）、杂质原子等缺陷。根据点缺陷的形成机理，晶体中的典型点缺陷可分为热缺陷（本征缺陷）和杂质缺陷（非本征缺陷）两种。

在缺陷化学中，要研究的点缺陷类型与前面章节介绍的主要类型相同。本节简单总结一下，以便读者在选阅本章时即有一个较好的系统性。

7.2.1.1 热缺陷

晶体中的点缺陷处于原子尺度，其中的空位是晶体内部的空格点，可认为是由于原子热涨落脱离格点而产生的。间隙原子是位于理想晶体中的间隙位置上的原子，其出现也可以说是因为晶体内部的原子热涨落而进入间隙位置。杂质原子是理想晶体中的异类原子，其可置换（取代）原有的原子，处在正常的格点位置上而成为置换杂质原子，也可以处在间隙位置上而成为间隙杂质原子。杂质原子主要为外来原子，辐照时也可由晶体本身的原子衰变而成，它们都不在热缺陷的范畴。常见的热缺陷是肖特基缺陷和弗仑克尔缺陷。

（1）肖特基缺陷：晶体中的原子脱离阵点（形成空位）后，移到晶体表面上的正常阵点位置，成为新的表面原子层的组元，而在晶体内部留下空位，这就是肖特基缺陷。相反地，晶体表面上的原子进入晶体内部的间隙位置，这时晶体内部只有间隙原子，这就是反肖特基缺陷。

（2）弗仑克尔缺陷：晶体中的原子脱离阵点后，进入晶体格子中的间隙位置，这就是弗仑克尔缺陷。这种情况下的空位和间隙原子两者数目相等。在一定温度下，弗仑克尔缺陷的产生和复合处于平衡状态。

7.2.1.2 杂质原子（离子）

组成晶体的主体原子称为基质原子，掺入晶体中的异种原子或同位素原子称为杂质原子。杂质原子在晶体中的占据方式有两种：

（1）置换式：杂质原子占据基质原子的正常位置，称为置换式（替位式）杂质缺陷。为改善晶体的某种性能，往往有控制地在晶体中引进某类外来原子，形成置换式杂质缺陷。这在半导体的制备过程中是经常用到的。锗、硅单晶体是四价的原子半导体，纯态下其半导性质并不十分灵敏。如果在高纯的锗、硅单晶中有控制地掺入微量的三价硼、铝、镓、铟等或微量的五价磷、砷、锑等，可使锗、硅的电学性能有很大的改变。例如，在 10^5 个硅原子中有 1 个硼原子，则硅的电导可增加 10^3 倍。

（2）间隙式：杂质原子进入晶格间隙位置，称为间隙杂质缺陷。碳原子进入面心立方结构铁晶体的间隙位置形成奥氏体钢，是典型的间隙式掺杂。一般地，晶体中相对原子半径较小的杂质原子常以间隙方式出现。

7.2.2 点缺陷热力学表达

点缺陷能否稳定地存在于晶体中，取决于系统的自由能可否降低。在等温等压条件下，应采用吉布斯自由能判据。但对于晶体材料，等温等压时的体积变化可忽略，故也可采用亥姆霍兹自由能判据，即此时有

$$\Delta G_{T,p} \approx \Delta F_{T,V} = \Delta U - T\Delta S \tag{7-1}$$

式中，G 和 F 分别为系统的吉布斯自由能和亥姆霍兹自由能；U 和 S 分别为系统的热力学能和熵。

以空位为例列出其热力学平衡表达式。晶体中的原子在点阵的平衡位置作热振动，当某些原子具有了较高的热振动能量时，就可克服周围原子的约束作用，离开自己的平衡位置而在点阵中留下相应的空位。由于空位的形成，会引起系统吉布斯自由能的变化：

$$\Delta G = G(n\text{ 个空位}) - G(\text{无空位}) \approx \Delta F = \Delta U - T\Delta S = nu_{\mathrm{V}} - T(n\Delta S_{\mathrm{V}} + \Delta S_{\mathrm{m}}) \tag{7-2}$$

式中，u_{V} 为形成 1 个空位而引起的热力学能变化（近似等于 1 个空位的形成能）；ΔS_{V} 为每形成 1 个空位而引起的振动熵变化；ΔS_{m} 为由于 n 个空位的产生而引起整个晶体的结构熵（位形熵）变化。原子离开平衡位置后留下点阵空位，这将使系统的热力学能增加，故 u_{V} 为正值。

空位引起体系吉布斯自由能变化 ΔG 有如下关系：其中热力学能项（nu_{V}）使吉布斯自由能增高，而熵项（$T\Delta S$）使吉布斯自由能降低，因此吉布斯自由能有一个极小值，该值对应于缺陷平衡浓度。

对于一定的晶体材料，空位的热平衡浓度受温度影响很大，如金属铜在 20 ℃、100 ℃和 1000 ℃时的空位热平衡浓度分别为 3.8×10^{-17}、1.7×10^{-13}、5.5×10^{-4}。可见，空位在

晶体中以热涨落的形式存在的浓度总的来说是很小的，接近熔点时才有万分之几，但其净数量（即空位个数）并不少。相对来说，热涨落产生的间隙原子浓度则是更少。因此，一般将热影响产生的间隙原子忽略不计。

淬火、冷加工和辐照等均可产生非平衡点缺陷，它们可在随后的退火处理中减少或消失。将金属材料从高温迅速冷却到低温（即淬火处理）时，高温下的平衡空位来不及消除或扩散到表面，绝大部分保留到了低温阶段，使得低温下的空位浓度超过其对应的平衡浓度，成为空位的过饱和状态。实验表明，淬火处理基本上只产生过饱和空位。如果淬火后的温度不是太低，或者淬火后在稍高的温度下放置，即作退火处理，这时空位尚有较大的运动能力，可观察到随放置时间的延长而有空位浓度的逐渐降低。

总的来说，晶体中因质点热运动所引起的缺陷为热缺陷，在化学计量的晶体中，热缺陷是一种最基本的缺陷。其浓度将随温度的升高而增大，这可用热力学关系式

$$\Delta G = \Delta H - T\Delta S$$

来解释（其中 H 为系统的焓）。随着温度的升高，$T\Delta S$ 项相对于 ΔH 将表现为较大的值，自由能的极小值将向较高的缺陷浓度方向移动。在任一特定的晶体材料中，占优缺陷类型是最易生成的那种缺陷，它具有较小的 ΔH（对应于缺陷的形成能）和较大的 ΔS。而且，与 ΔG 的极小值相联系的是浓度较高的那种缺陷。相对于线缺陷和面缺陷，点缺陷的形成是最有利的，因其形成所增大的熵值较高。

没有任何缺陷的理想晶体结构似乎在热力学上是最稳定的，然而事实并非如此。热力学分析表明，在高于 0 K 的任何温度，晶体最稳定的状态是含有一定浓度点缺陷的状态，这个缺陷浓度称为该温度下晶体的缺陷平衡浓度。热缺陷浓度可通过前面第 5 章统计力学的途径计算而得，也可用本章将要介绍的反应平衡质量作用定律来处理。

7.3 缺陷反应的表示

点缺陷是结构中的一种局部错乱，该缺陷及其浓度可用有关的生成能和其他热力学性质来描述，因而可在理论上定性和定量地将其视作实物。

在离子晶体中，若将每个缺陷视为一种化学物质，则材料中的缺陷及其浓度就可与化学反应一样，用热力学函数（如化学位、反应热效应等）来描述，也可将质量作用定律和平衡常数之类的概念应用于缺陷反应。这对于掌握在材料制备过程中缺陷的产生和相互作用等是很重要和很方便的。

7.3.1 点缺陷反应式的规则

在缺陷化学中，晶体材料的缺陷及其浓度可与化学反应相比拟，因此质量作用定律和平衡常数等概念也同样适用于缺陷反应。缺陷反应也可写成反应方程式（简称缺陷反应式或缺陷方程式），其中出现的各类缺陷悉采用相应的克罗格-明克符号表示，并且须遵循以下一些基本规则。

（1）位置比例平衡：在离子化合物中，产生点缺陷前后的正、负离子晶格位置数保持不变或有所增加，但正、负离子晶格位置数的比例在缺陷方程式中保持不变。因此，在化合物 M_aX_b 中，M 位置的数目需与 X 位置的数目保持一个确定的比例。如在 AgBr 中出

现弗仑克尔缺陷（缺陷反应：固态反应物用化学组成式或缺陷符号方式表示均可，固态产物均用缺陷符号表示，参与反应的气体和逸出气体则均用化学组成式表示）：

$$Ag + Br \rightleftharpoons Ag_i^{\bullet} + V'_{Ag} + Br_{Br} \tag{7-3}$$

或

$$Ag_{Ag} + Br_{Br} \rightleftharpoons Ag_i^{\bullet} + V'_{Ag} + Br_{Br} \tag{7-4}$$

也可写为

$$Ag_{Ag} + V_i \rightleftharpoons Ag_i^{\bullet} + V'_{Ag} \tag{7-5}$$

或

$$Ag_{Ag} \rightleftharpoons Ag_i^{\bullet} + V'_{Ag} \tag{7-6}$$

缺陷反应式左边表示无缺陷状态，右边表示缺陷状态。式（7-3）和式（7-4）左右两边的银离子和溴离子的晶格位置数及其比例不变。式（7-5）未写出不参加缺陷反应的溴离子，式子左右两边的银离子晶格位置数则保持不变，且一般情况下方程左边的 V_i（晶格间隙位置上的空位）可以省略。

如果实际晶体中 M 与 X 的原子比例不符合原有的位置比例关系，就表明晶体中存在缺陷。例如在 TiO_2 中，位置数的比例为 Ti∶O = 1∶2。当其处于还原气氛中，就会因晶体中的氧不足而形成 TiO_{2-x}（其中 $0 < x < 1$）。此时在晶体中生成氧的空位，因而钛与氧的原子比由原来的 1∶2 变为 1∶(2 − x)，而钛与氧原子的位置数之比仍为 1∶2，其中包括 x 个氧空位 $V_O^{\bullet\bullet}$。

（2）位置数量增加：当缺陷形成和变化时，为保持一定的位置关系，有可能引入晶格空位，也可能消除空位。当在晶体中引入某种原子的空位或消除其空位时，就相当于增加或减少该原子的点阵位置数，但发生这种变化要服从位置数的关系。当引入与原晶体相同的原子，如在 MX 中引入 M 或 X，这时除非生成间隙原子，否则就相当于增加 M 亚晶格或 X 亚晶格的点阵位置数。归纳起来，与位置无关的缺陷有 e'、$h^{\bullet}$ 和间隙原子等；与位置有关的缺陷有 V_M、V_X、M_X、X_M、$M_{M(S)}$ 和 $X_{X(S)}$［异价置换或生成表面原子，其中（S）表示表面位置］等，此处 $M_{M(S)}$ 和 $X_{X(S)}$ 可由 MgO 中产生肖特基缺陷的反应式

$$Mg_{Mg} + O_O \rightleftharpoons V''_{Mg} + V_O^{\bullet\bullet} + Mg_{Mg(S)} + O_{O(S)} \tag{7-7}$$

即

$$Mg_{Mg} + O_O \rightleftharpoons V''_{Mg} + V_O^{\bullet\bullet} + Mg_{Mg}(\text{表面}) + O_O(\text{表面}) \tag{7-8}$$

右边所示的表面位置来理解。

上式左边表示离子都处于正常位置，不存在缺陷，反应后则形成了新的表面离子和内部空位。因为从晶体内部迁移到表面的镁离子和氧离子在表面生成一个新离子层，从而增加了晶格的位置数。这一层和原来的表面离子层并无本质差别，所以可将式（7-7）和式（7-8）左右两边同时消去同类项而写成

$$0 \rightleftharpoons V''_{Mg} + V_O^{\bullet\bullet} \tag{7-9}$$

式中，数字 0 表示无缺陷状态。

又如，若 NaCl 晶体中出现肖特基缺陷，缺陷反应式写为

$$NaCl \rightleftharpoons V'_{Na} + V_{Cl}^{\bullet} + Na_{Na(S)} + Cl_{Cl(S)} \tag{7-10}$$

或

$$Na_{Na} + Cl_{Cl} \rightleftharpoons V'_{Na} + V_{Cl}^{\bullet} + Na_{Na(S)} + Cl_{Cl(S)} \tag{7-11}$$

也可简写为

$$0 \rightleftharpoons V'_{Na} + V^{\bullet}_{Cl} \tag{7-12}$$

当出现肖特基缺陷时，式（7-10）左边的 Na_{Na}和 Cl_{Cl}是指 Na^+和 Cl^-在晶体内部正常格点位置上，右边的 $Na_{Na(S)}$ 和 $Cl_{Cl(S)}$则指形成肖特基缺陷的 Na^+和 Cl^-移至晶体表面新增的正常格点位置，而在晶体内部留下两个离子的空位。式（7-12）中左右两边的正常格点位置上的离子被省略，左边0表示为无缺陷状态。肖特基缺陷方程式左右两边的正、负离子晶格位置数不同（结果增加了晶格的位置数目），但正、负离子的晶格位置比例保持不变。

除上述缺陷种类外，能引起位置增加的缺陷还有发生化合价改变的 M_M（变价缺陷）和 X_X（变价缺陷）。当然，此时的 M_M 和 X_X 都应有“•”或“′”之类的上标，因为它们都是带有效电荷的。

（3）质量平衡：与化学反应式一样，缺陷方程式的两边须保持质量平衡。应注意缺陷符号的下标只表示缺陷位置，对质量平衡没有作用。例如，V_M 为 M 位置上的空位，它不存在质量。

（4）电荷平衡：在缺陷反应前后，晶体须保持电中性，即缺陷反应式两边须具有相同数目的总有效电荷。例如，TiO_2 在还原气氛中失去部分氧，生成 TiO_{2-x}的缺陷反应式可写为

$$2TiO_2 \longrightarrow 2Ti'_{Ti} + V^{\bullet\bullet}_O + 3O_O + \frac{1}{2}O_2 \uparrow \tag{7-13}$$

或写成

$$2Ti_{Ti} + 4O_O \longrightarrow 2Ti'_{Ti} + V^{\bullet\bullet}_O + 3O_O + \frac{1}{2}O_2 \uparrow \tag{7-14}$$

上述方程式表示，晶体中的氧以电中性的氧分子形式从 TiO_2 中逸出，同时在晶体中产生带正电荷的氧空位和与其符号相反的带负电荷的变价原子 Ti'_{Ti}来保持电中性，方程式两边的总有效电荷都等于零。Ti'_{Ti}可视为 Ti^{4+}被还原为 Ti^{3+}，三价 Ti 离子占据了四价 Ti 离子的位置，因而带1个有效负电荷。晶体中每2个 Ti^{3+}替代2个 Ti^{4+}，就对应着形成1个氧空位。

在晶体内部，虽然中性粒子能产生两个或更多的异电缺陷，但电中性的条件要求缺陷反应式两边具有同量的总有效电荷，故而不一定要分别等于零。

（5）表面位置：当1个 M 原子从晶体内部迁移到表面时，也可用比 $M_{M(S)}$更简单的符号 M_S 直接表示，下标 S 表示表面位置，在缺陷化学反应中表面位置一般不特别表示。

7.3.2 点缺陷反应式的合理选择

缺陷反应式在描述晶体掺杂、固溶体（参见本书第9章）的生成和非化学计量化合物即非整比化合物（参见本书第8章）的反应中都非常重要。在书写缺陷反应方程式时，除需检查上述规则中所提到的晶格位置平衡、质量平衡和电荷平衡外，还要注意这些方程式能否反映实际的缺陷反应。现举例说明如下。

7.3.2.1 $CaCl_2$ 加入 KCl 中

当 $CaCl_2$ 加入 KCl 中（掺杂固溶缺陷反应，参见后面第9章），每引进1个 $CaCl_2$ 的

“分子”，就会同时带进 2 个 Cl^- 和 1 个 Ca^{2+}。每个 Ca^{2+} 置换 1 个 K^+，但由于引入 2 个 Cl^-，为保持 K 与 Cl 原有晶格位置数之比 1∶1，就可能出现 1 个钾空位：

$$CaCl_2 \xrightarrow{KCl} Ca_K^{\bullet} + V_K' + 2Cl_{Cl} \tag{7-15}$$

也可能是多出的 1 个 Cl^- 进入间隙位：

$$CaCl_2 \xrightarrow{KCl} Ca_K^{\bullet} + Cl_{Cl} + Cl_i' \tag{7-16}$$

还可能是 Ca^{2+} 进入间隙位而 Cl^- 仍处在 Cl^- 的位置，此时则需同时产生 2 个钾空位：

$$CaCl_2 \xrightarrow{KCl} Ca_i^{\bullet\bullet} + 2V_K' + 2Cl_{Cl} \tag{7-17}$$

在上面 3 个缺陷反应式中，箭头左边的为加入的物质，箭头上面的 KCl 则表示主晶体。以上 3 个反应式均符合缺陷反应规则：反应式两边质量平衡、电荷守恒、位置关系正确。但是，这 3 个反应式的实际合理性尚需根据产物的生成条件以及相关实验来证实，也可根据离子晶格结构的一些基本知识来粗略地分析判断其正确性。例如，式（7-17）的不合理性在于离子晶体是以负离子作密堆积，正离子位于密堆空隙内。既然有 2 个钾离子空位存在，Ca^{2+} 一般就会首先填充空位，而不会挤入间隙位置使晶体不稳定因素增加。式（7-16）则由于离子晶体的密堆中一般不可能挤进半径大的氯离子作为间隙离子，因而上面 3 个反应式中以式（7-15）最为合理。

7.3.2.2 MgO 加入 Al_2O_3 中

此时的掺杂缺陷反应式则可能有如下两种形式：

$$2MgO \xrightarrow{Al_2O_3} 2Mg_{Al}' + V_O^{\bullet\bullet} + 2O_O \tag{7-18}$$

$$3MgO \xrightarrow{Al_2O_3} 2Mg_{Al}' + Mg_i^{\bullet\bullet} + 3O_O \tag{7-19}$$

以上两个反应式以前一个较为合理，因为后一反应式中 Mg^{2+} 进入晶格间隙位置，这在刚玉型的离子晶体中不易发生。

此外，在同一晶体中生成弗仑克尔缺陷与肖特基缺陷的能量往往具有很大的差别，这就使得在某种特定的晶体中会有某一缺陷占优势。目前虽难以对缺陷形成自由能进行精确的计算，但知道形成能的大小和晶体结构、离子极化等因素有关。对于具有氯化钠结构的碱金属卤化物，生成 1 个间隙离子加上 1 个空位的缺陷形成能为 7 ~ 8 eV。由此可见，在这类离子晶体中，即使温度高达 2000 ℃，间隙离子缺陷浓度也会小到难以测定的程度。但在具有萤石结构的晶体中，存在着较大的间隙位置，生成间隙离子所需能量较低。如对于 CaF_2 晶体，F^- 生成弗仑克尔缺陷的形成能为 2.8 eV，而生成肖特基缺陷的形成能是 5.5 eV，因此这类晶体中的弗仑克尔缺陷是主要缺陷。

7.4 点缺陷平衡

在晶体中，缺陷的产生与回复是一个动态平衡过程。缺陷的产生过程可视为一种化学反应过程，可用化学反应平衡的质量作用定律来处理。

在统计热力学的基础上，针对晶体中的原子（离子）点缺陷和电子缺陷的存在状态、彼此间的依存和转化关系，缺陷化学建立了点缺陷的平衡理论。这一理论从热平衡出发，将物理化学的质量作用定律用于点缺陷的形成和转化，从而建立起热平衡方程式。在平衡式中，一般用0表示无缺陷的完整晶体。

对于每一个缺陷反应，均可按质量作用定律写出平衡常数表达式。通常以中括号［ ］表示其缺陷浓度，如用［e′］和［h$^{\bullet}$］表示 e′与 h$^{\bullet}$的浓度。下面举例说明在材料化学中的缺陷平衡处理方法。

7.4.1　本征缺陷

7.4.1.1　单质 A

当1个原子（或离子）从晶体内部迁移到晶体表面，或1个原子（或离子）从晶体表面迁移到晶体内部的间隙位置时（见图7-1），晶体的晶格能（晶格能是晶格稳定性参量，指标准状况下离子晶体变成气态正离子和气态负离子时所吸收的能量；也可定义为破坏1 mol晶体而使其变成分离气态离子所需消耗的能量）增加，这意味着须提供能量才能生成点缺陷。空位缺陷的形成方程式为

$$A_A \rightleftharpoons V_A + A_S \tag{7-20}$$

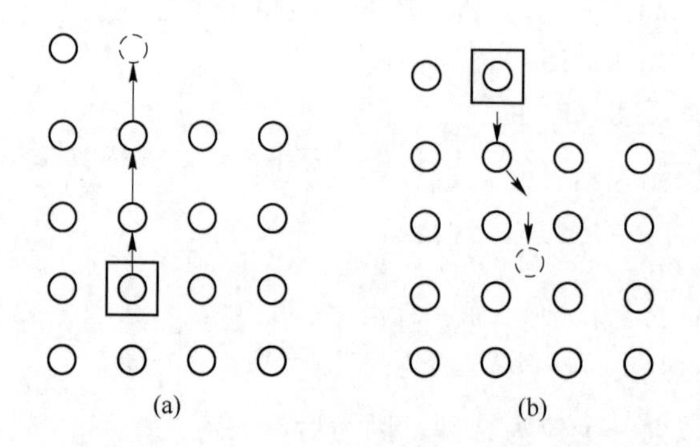

图7-1　单质中的缺陷形成示意图

（a）空位（肖特基缺陷）；（b）间隙原子（反肖特基缺陷）

由于每生成1个新的表面原子，就将有1个旧的表面原子进入晶格内部，所以此时表面原子数并没有变化，只是晶格的总位置数增加。因此，上式可简单表示为

$$0 \rightleftharpoons V_A \tag{7-21}$$

式中，0表示没有缺陷的结构。

类似地，间隙原子的形成方程式为（其中 V_i 实际上为虚设，用于数学处理，下同）

$$A_S + V_i \rightleftharpoons A_i \tag{7-22}$$

表示表面原子进入晶格间隙，此时晶格的位置数减少。

7.4.1.2　二元晶体 MX

在温度足够高的情况下，MX 晶体中会有部分 M 或 X 原子（离子）离开其正常的晶格格点位置而形成空位 V_M 和 V_X，它们或迁移到表面，或进入晶格间隙位置形成间隙原子（离子）M_i 和 X_i，或进入对方格点位置形成置换原子（离子）M_X 和 X_M。化学计量晶体形成缺陷时，将保持 M 原子和 X 原子的整数比；离子晶体形成缺陷时，还须保持整个晶体的电中性。

A 弗仑克尔缺陷平衡

在缺陷化学中，弗仑克尔缺陷可视为正常格点离子和间隙位置反应生成间隙离子和空位的过程：

$$\text{正常格点离子} + \text{未被占据的间隙位置} \rightleftharpoons \text{间隙离子} + \text{空位} \tag{7-23}$$

对于组成为MX的晶体，该缺陷由等量的间隙原子（离子）和空位晶格格点（$M_i + V_M$ 和 $X_i + V_X$）所组成，源自原子（离子）离开其正常的晶格格点而进入间隙位置：

$$M_M + V_i \rightleftharpoons M_i + V_M \tag{7-24}$$

$$X_X + V_i \rightleftharpoons X_i + V_X \tag{7-25}$$

由于间隙位置对进入原子（离子）的尺度大小具有限制性，故弗仑克尔缺陷往往限于较小的原子（离子）。对离子晶体而言，一般是正离子优先进入间隙位置。

以离子晶体AgBr为例。在适当温度下，Ag^+ 亚晶格上会形成弗仑克尔缺陷空位，有如下平衡：

$$Ag_{Ag} + V_i \rightleftharpoons Ag_i^{\bullet} + V'_{Ag} \tag{7-26}$$

式中，Ag_{Ag} 表示Ag在Ag位置上；V_i 表示未被占据的间隙；$Ag_i^{\bullet}$ 表示Ag在间隙位置，并带一价正电荷。根据质量作用定律，可得上式的平衡常数为

$$K_F = \frac{[Ag_i^{\bullet}][V'_{Ag}]}{[Ag_{Ag}][V_i]} \tag{7-27}$$

式中，K_F（下标F代表“弗仑克尔缺陷”）为弗仑克尔缺陷反应平衡常数；$[Ag_i^{\bullet}]$ 表示间隙银离子浓度，且 $[Ag_i^{\bullet}] = n_i/N$，其中 n_i 为间隙银离子数，N 为 Ag^+ 亚晶格上正常的 Ag^+ 位置数或相等数目的间隙位置数；$[V'_{Ag}]$ 表示银离子空位的浓度，且 $[V'_{Ag}] = n_V/N$，其中 n_V 表示银离子的空位数；$[Ag_{Ag}]$ 和 $[V_i]$ 则分别表示晶体格点上的银离子浓度和晶体点阵间隙的浓度。当缺陷浓度很小时，有 $[V_i] \approx 1$ 和 $[Ag_{Ag}] \approx 1$（或说其浓度基本不变），因此上式可近似为

$$K_F \approx [Ag_i^{\bullet}][V'_{Ag}] \tag{7-28}$$

对于上述弗仑克尔缺陷，有

$$[Ag_i^{\bullet}] = [V'_{Ag}]$$

故得

$$[Ag_i^{\bullet}] \approx \sqrt{K_F} \tag{7-29}$$

设 Δg_F 为生成1个弗仑克尔缺陷包括1个间隙离子和1个空位所需两项吉布斯自由能增量之和：前一项与晶体结构中的间隙大小有关；后一项与离子配位数有关，即与离子离开正常位置而形成空位所需断开化学键的数目和键强相关。实际的主次项与具体结构有关，一般可由实验判断。设在反应过程中晶体的体积不变，则有缺陷反应平衡常数 K_F 与温度关系为（由反应平衡热力学推导而来）

$$K_F = K_0 \exp\left(\frac{-\Delta g_F}{kT}\right) \tag{7-30}$$

式中，K_0 为常数；Δg_F 为缺陷反应中产生1个弗仑克尔缺陷的自由能变化；k 为玻耳兹曼常数（1.38×10^{-23} J/K）；T 为热力学温度。根据上述两式可得

$$[Ag_i^{\bullet}] = \sqrt{K_0} \exp\left(\frac{-\Delta g_F}{2kT}\right) = K'_F \exp\left(\frac{-\Delta g_F}{2kT}\right) \tag{7-31}$$

或

$$[\mathrm{Ag_i^{\bullet}}] = K_F' \exp\left(\frac{\Delta s_F}{2k}\right)\exp\left(\frac{-\Delta h_F}{2kT}\right) \tag{7-32}$$

式中，K_F' 为常数，$K_F' = \sqrt{K_0}$（相对于点缺陷物理中理想状态的平衡浓度来说是一个校正系数）；Δs_F 和 Δh_F 分别表示 1 个弗仑克尔缺陷的形成熵（振动熵增量）和形成焓（形成能）。当该式应用于凝聚态固体材料时，有时认为除位形熵以外的其他熵变（主要是由于晶格变形以及伴随缺陷产生而发生的原子振动频率变化）可以忽略，因此有

$$[\mathrm{Ag_i^{\bullet}}] \approx K_F' \exp\left(\frac{-\Delta h_F}{2kT}\right) \tag{7-33}$$

B　肖特基缺陷平衡

对于肖特基缺陷，可用与上述弗仑克尔缺陷同样的方法来处理。

肖特基缺陷和弗仑克尔缺陷之间的一个重要差别，在于肖特基缺陷的生成需要一个类似于晶界、位错或表面这样的晶格混乱区域（高能态区）。

MX 晶体的肖特基缺陷由 V_M 和 V_X 组成，即原子或离子离开其正常格点到达表面。对离子晶体而言，空位格点应同等地占据正离子亚晶格和负离子亚晶格，以保持整个晶体的电中性：

$$\mathrm{M_M + X_X \rightleftharpoons V_M + V_X + M_S + X_S} \tag{7-34}$$

类似于单质的情况，在表面安置一定数目的新原子（离子）后，就会对应地使原来处于表面的原子（离子）成为晶格内的原子（离子）。可见，上式过程的发生并未增加表面原子（离子）的数目，而是增加了晶体内部占据的晶格格点数。因此，上式可简单表示为

$$0 \rightleftharpoons \mathrm{V_M' + V_X^{\bullet}} \tag{7-35}$$

这就是二元离子晶体 MX 的肖特基缺陷形成方程式。

如果晶体组成为 MX_2，则肖特基缺陷将由 1 个正离子空位和 2 个负离子空位所组成，其缺陷形成方程式可表示为

$$0 \rightleftharpoons \mathrm{V_M'' + 2V_X^{\bullet}} \tag{7-36}$$

以离子晶体 NaCl 为例，形成正、负离子空位对和表面上的离子对的反应式如下（其中表面空位实际上为虚设，目的在于过程的完整呈现以及数学处理的方便）：

$$\mathrm{Na_{Na}^{\times} + Cl_{Cl}^{\times} + V_{Na}'(表面) + V_{Cl}^{\bullet}(表面) \rightleftharpoons V_{Na}' + V_{Cl}^{\bullet} + Na_{Na}^{\times}(表面) + Cl_{Cl}^{\times}(表面)} \tag{7-37}$$

运用质量作用定律并将结果简化，可得肖特基缺陷反应平衡常数（下标 S 代表肖特基缺陷）为

$$K_S \approx [\mathrm{V_{Na}'}][\mathrm{V_{Cl}^{\bullet}}] \tag{7-38}$$

设 Δg_S 是生成 1 个肖特基缺陷的自由能变化，表示 1 个正离子和 1 个负离子移动到表面并留下 1 对空位所引起的自由能变化之和；n_V 为空位对的数目，N 是晶体中离子对的数目，则在缺陷浓度不大时有

$$[\mathrm{V_{Na}'}] = [\mathrm{V_{Cl}^{\bullet}}] = \frac{n_V}{\mathrm{N}} \approx K_S' \exp\left(\frac{-\Delta g_S}{2kT}\right) \tag{7-39}$$

式中，K_S'（K_S 的开方）为常数。

对于原子晶体，当形成 1 个肖特基缺陷时，缺陷生成自由能变化仅与 1 个原子及其空位有关，此时对应于上式的肖特基缺陷浓度公式也可写成

$$\frac{n_V}{N} \approx K'_S \exp\left(\frac{-\Delta g'_S}{kT}\right) \tag{7-40}$$

式中，$\Delta g'_S$ 为 1 个原子移动到晶体表面并留下 1 个空位所引起的自由能变化之和。

又如在 MgO 中形成肖特基缺陷，镁离子和氧离子须离开各自的位置，迁移到表面或晶界上。其反应方程式可简写成

$$0 \rightleftharpoons V''_{Mg} + V^{\bullet\bullet}_O \tag{7-41}$$

其肖特基缺陷平衡常数是

$$K_S \approx [V''_{Mg}][V^{\bullet\bullet}_O] \tag{7-42}$$

且有

$$[V''_{Mg}] = [V^{\bullet\bullet}_O]$$

最后总结一下：式（7-39）与式（7-31）的形式相同，故一般两式可合并成

$$\frac{n}{N} \approx K\exp\left(\frac{-\Delta g_0}{2kT}\right) \tag{7-43}$$

式中，n 对于弗仑克尔缺陷为间隙原子或空位的数目，对于肖特基缺陷则为空位对的数目；N 为晶体中离子对的数目；Δg_0 对于弗仑克尔缺陷为生成 1 个间隙原子和 1 个空位的体系自由能增量，对于肖特基缺陷为 1 对正、负离子移到晶体表面并留下 1 对空位的体系自由能增量。其中的玻耳兹曼常数 k 也可用气体常数 R 表示，此时公式形式相同，但需将 Δg_0 更换为产生 1 mol 对应缺陷的体系自由能增量 ΔG_0。此时写成

$$\frac{n}{N} \approx K\exp\left(\frac{-\Delta G_0}{2RT}\right) \tag{7-44}$$

7.4.2 多个平衡条件并存的缺陷浓度计算

晶体中的缺陷浓度很低，故可用类似于稀溶液化学平衡的方式来表达缺陷浓度之间的关系。

7.4.2.1 一般性说明：MX 晶体

假定 MX 晶体中存在正离子空位 V_M 和负离子空位 V_X，其产生过程可表示为

$$0 \rightleftharpoons V^{\bullet}_X + V'_M \tag{7-45}$$

由质量作用定律，有

$$K_S = [V^{\bullet}_X][V'_M] \tag{7-46}$$

式中，K_S 为平衡常数。

固体与气相（X_2）之间的化学平衡可表示为

$$X^{\times}_X \rightleftharpoons \frac{1}{2}X_2(g) + V^{\bullet}_X + e' \tag{7-47}$$

式中，e'为导带中的电子，由 X 逸出时释放（为区别于金属中导带的自由电子，也可称这类非金属晶体中的导带电子为准自由电子）。对应过程的平衡常数表达式为

$$K_{V_X} = p^{1/2}_{X_2}\frac{[V^{\bullet}_X][e']}{[X^{\times}_X]} = p^{1/2}_{X_2}\frac{[V^{\bullet}_X][e']}{1-[V^{\bullet}_X]} = \frac{p^{1/2}_{X_2}[V^{\bullet}_X][n]}{1-[V^{\bullet}_X]} \approx p^{1/2}_{X_2}[V^{\bullet}_X][n] \tag{7-48}$$

式中，p_{X_2}为环境中X_2的分压；$[V_X^{\bullet}]$为从原来X_X的1个单位浓度中形成的X空位浓度；$[e']$为导带电子浓度；$[n]$为e'浓度$[e']$的简单表示。此外，X_2的分压也会影响晶体中正离子空位的平衡：

$$\frac{1}{2}X_2(g) \rightleftharpoons X_X^{\times} + V_M' + h^{\bullet} \tag{7-49}$$

$$K_{V_M} \approx \frac{[V_M'][h^{\bullet}]}{p_{X_2}^{1/2}} = \frac{[V_M'][p]}{p_{X_2}^{1/2}} \tag{7-50}$$

式中，$h^{\bullet}$为价带中的空穴；$[p]$为$h^{\bullet}$浓度$[h^{\bullet}]$的简单表示。

电子和空穴之间也存在平衡：

$$K_i = [e'][h^{\bullet}] = [n][p] \tag{7-51}$$

整个晶体中的电荷总量保持平衡，有

$$[n] + [V_M'] = [p] + [V_X^{\bullet}] \tag{7-52}$$

分别对上述平衡常数方程取对数，依次有

$$\ln K_S = \ln[V_M'] + \ln[V_X^{\bullet}] \tag{7-53}$$

$$\ln K_{V_X} = \frac{1}{2}\ln p_{X_2} + \ln[V_X^{\bullet}] + \ln[n] \tag{7-54}$$

$$\ln K_{V_M} = \ln[V_M'] + \ln[p] - \frac{1}{2}\ln p_{X_2} \tag{7-55}$$

$$\ln K_i = \ln[n] + \ln[p] \tag{7-56}$$

式（7-52）的电中性条件在特定条件下可进一步简化。考虑到式（7-49）的平衡，如果晶体中正离子空位浓度可忽略，则空穴浓度也会很低，故电中性条件可表示为

$$[n] \approx [V_X^{\bullet}] \tag{7-57}$$

可见，缺陷浓度均可用分压p_{X_2}表示。同样，考虑到式（7-47）的平衡，如果假定晶体中负离子空位和电子浓度可同时忽略，则电中性条件可表示为

$$[p] \approx [V_M'] \tag{7-58}$$

同样可得晶体中缺陷浓度与分压p_{X_2}之间的关系。如果晶体的组成在化学整比附近，则晶体中的缺陷以本征缺陷为主，由于多数无机固体的禁带较宽（因此电子难以从价带跃迁到导带），电子和空穴的浓度较低，此时电中性条件可简化为

$$[V_M'] \approx [V_X^{\bullet}] \tag{7-59}$$

由此可得该条件下缺陷浓度与分压p_{X_2}之间的关系。可见，晶体中的缺陷平衡可分为上述3个不同的区域，分别对应于负离子空位浓度较大（Ⅰ）、接近化学整比（Ⅱ）和正离子空位浓度较大（Ⅲ）的情况。

7.4.2.2　实例：MgO晶体

高温下，MgO是典型的具有肖特基缺陷（V_{Mg}''和$V_O^{\bullet\bullet}$）的化学整比化合物。在2000 ℃时，纯MgO具有如下的缺陷反应与平衡常数K值：

$$0 \rightleftharpoons V_{Mg}'' + V_O^{\bullet\bullet} \tag{7-60}$$

$$[V_{Mg}''][V_O^{\bullet\bullet}] = K_S = 3.9 \times 10^{29} \tag{7-61}$$

另外，晶体中还有e'和$h^{\bullet}$的平衡以及氧分压的平衡：

$$0 \rightleftharpoons e' + h^{\bullet} \tag{7-62}$$

$$O_O^{\times} \rightleftharpoons \frac{1}{2}O_2(g) + V_O^{\bullet\bullet} + 2e' \tag{7-63}$$

其对应的缺陷浓度关系分别为

$$[n][p] = K_i = 4.1 \times 10^{22} \tag{7-64}$$

$$[V_O^{\bullet\bullet}][n]^2 p_{O_2}^{1/2} = K_R = 3.4 \times 10^{41} \tag{7-65}$$

此时纯 MgO 的电中性条件为

$$2[V_{Mg}''] + [n] = 2[V_O^{\bullet\bullet}] + [p] \tag{7-66}$$

采用上述近似法［又称布罗沃（G. Brouwer）近似法］来讨论各种缺陷浓度随外部条件——氧分压而变化的特点，此时 $K_S > K_i$（肖特基平衡为主要平衡）。类似于前面的对应内容，有如下的分析。

第Ⅰ区，假定为低氧分压 p_{O_2} 区，此时晶体中［$V_O^{\bullet\bullet}$］占优势，［V_{Mg}''］则相对较小。因此，电中性条件式（7-66）可近似成

$$[n] \approx 2[V_O^{\bullet\bullet}] \tag{7-67}$$

将上式代入式（7-65）得

$$[V_O^{\bullet\bullet}] \approx \left(\frac{1}{4}K_R\right)^{1/3} p_{O_2}^{-1/6} \tag{7-68}$$

再将上式代入式（7-67）得

$$[n] \approx 2\left(\frac{1}{4}K_R\right)^{1/3} p_{O_2}^{-1/6} \tag{7-69}$$

又将式（7-68）代入式（7-61）得

$$[V_{Mg}''] \approx K_S\left(\frac{1}{4}K_R\right)^{-1/3} p_{O_2}^{1/6} \tag{7-70}$$

最后将式（7-69）代入式（7-64）得

$$[p] \approx \frac{1}{2}K_i\left(\frac{1}{4}K_R\right)^{-1/3} p_{O_2}^{1/6} \tag{7-71}$$

第Ⅱ区，假定为适中的氧分压 p_{O_2} 区，此时晶体中的［$V_O^{\bullet\bullet}$］与［V_{Mg}''］相当。因此，电中性条件式（7-66）可近似成

$$[V_O^{\bullet\bullet}] \approx [V_{Mg}''] \tag{7-72}$$

将上式代入式（7-61）得

$$[V_O^{\bullet\bullet}] \approx [V_{Mg}''] \approx K_S^{1/2} \tag{7-73}$$

又将上式代入式（7-65）得

$$[n] = K_R^{1/2} K_S^{-1/4} p_{O_2}^{-1/4} \tag{7-74}$$

再将上式代入式（7-64）得

$$[p] = K_i K_R^{-1/2} K_S^{1/4} p_{O_2}^{1/4} \tag{7-75}$$

第Ⅲ区，假定为高氧分压 p_{O_2} 区，此时材料中［V_{Mg}''］占优势，［$V_O^{\bullet\bullet}$］则相对较小。因此，电中性条件式（7-66）可近似成

$$2[V_{Mg}''] \approx [p] \tag{7-76}$$

将上式以及式（7-61）和式（7-64）代入式（7-65）得

$$[V_{Mg}''] = \left(\frac{K_S K_i^2}{4K_R}\right)^{1/3} p_{O_2}^{1/6} \tag{7-77}$$

然后将上式代入式（7-76）得

$$[\mathrm{p}]=2\left(\frac{K_{\mathrm{S}}K_{\mathrm{i}}^{2}}{4K_{\mathrm{R}}}\right)^{1/3}p_{\mathrm{O}_2}^{1/6} \tag{7-78}$$

再将式（7-77）代入式（7-61）得

$$[\mathrm{V}_{\mathrm{O}}^{\bullet\bullet}]=K_{\mathrm{S}}\left(\frac{4K_{\mathrm{R}}}{K_{\mathrm{S}}K_{\mathrm{i}}^{2}}\right)^{1/3}p_{\mathrm{O}_2}^{-1/6} \tag{7-79}$$

最后将式（7-78）代入式（7-64）得

$$[\mathrm{n}]=\frac{1}{2}K_{\mathrm{i}}\left(\frac{4K_{\mathrm{R}}}{K_{\mathrm{S}}K_{\mathrm{i}}^{2}}\right)^{1/3}p_{\mathrm{O}_2}^{-1/6} \tag{7-80}$$

将有关实验数据代入式（7-68）~式（7-80），可画出纯 MgO 在2000 ℃时各种缺陷浓度与氧分压的关系图7-2。

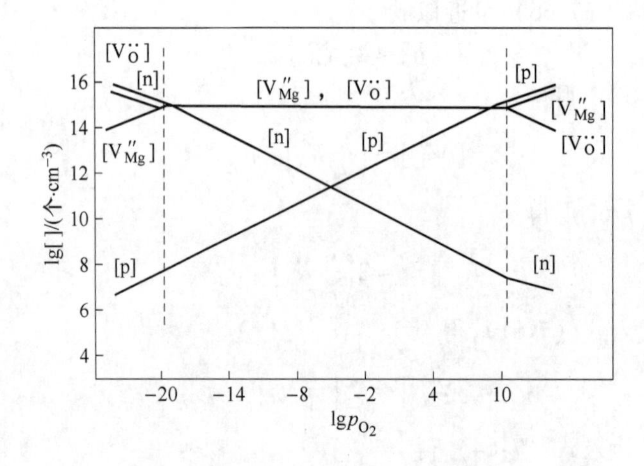

图7-2　纯 MgO 在2000 ℃时缺陷浓度与氧分压的关系图
（布罗沃图：浓度平稳者为空位）

通过各种缺陷浓度与氧分压的关系图（布罗沃图），可清楚地看出晶体中缺陷的组成及其浓度与外部条件的关系。表7-1列出了一些离子化合物的典型晶格缺陷，以供有关研究参考。

表7-1　某些典型离子化合物的晶格缺陷

化合物	结构类型	缺陷类型
LiF，NaCl，KI	NaCl	肖特基
CsCl，TlCl	CsCl	肖特基
AgCl，AgBr	NaCl	正离子弗仑克尔
CaF_2，$SrCl_2$，UO_2	CaF_2	负离子弗仑克尔
碱土金属氧化物	NaCl，六方 ZnS 型（纤锌矿）	肖特基

7.4.2.3　二元化合物 MX_s

（1）如果 MX_s 晶体中仅存在肖特基缺陷 V_M+V_X，则

$$0 \rightleftharpoons \mathrm{V_M}+s\mathrm{V_X}+\alpha\mathrm{V_i} \tag{7-81}$$

式中，0 表示没有缺陷的结构，α 表示在表面的外延增加 MX_s 分子时晶格内增加的间隙位置数。

上式的平衡常数为

$$K_S = [V_M][V_X]^s[V_i]^\alpha \tag{7-82}$$

若不考虑间隙位置上的空位缺陷（因为数量极少），则平衡常数可简化为

$$K'_S = [V_M][V_X]^s \tag{7-83}$$

（2）如果 MX_s 晶体中仅存在正离子弗仑克尔缺陷 $M_i + V_M$，则

$$M_M + V_i \rightleftharpoons M_i + V_M \tag{7-84}$$

$$K_{CF} = [M_i][V_M]/\{[M_M][V_i]\} \tag{7-85}$$

如果仅存在负离子弗仑克尔缺陷 $X_i + V_X$，则

$$X_X + V_i \rightleftharpoons X_i + V_X \tag{7-86}$$

$$K_{AF} = [X_i][V_X]/\{[X_X][V_i]\} \tag{7-87}$$

如果仅存在反式结构 $M_X + X_M$，则

$$M_M + X_X \rightleftharpoons M_X + X_M \tag{7-88}$$

$$K_{AS} = [M_X][X_M]/\{[M_M][X_X]\} \tag{7-89}$$

同理，可以写出各种组合的缺陷平衡。

7.4.2.4 影响热缺陷浓度的因素

由于热缺陷是晶格中原子热运动的结果，因此晶格中热缺陷的平衡浓度与温度相关。温度越高，晶格中具有高能量的原子数越多，脱离平衡位置的原子数随之增加，故而热缺陷浓度提高。

在室温下，晶体热缺陷的平衡浓度通常很小。当缺陷的形成能不太大、温度比较高时，则可能产生相当可观的缺陷浓度。达到平衡要经历一个扩散过程，需要足够的时间。因此，对于通常为凝聚态的晶体，低温时的平衡实际很难达到。如果冷却速度较快，在高温时存在的缺陷可以保存下来并以超过平衡浓度的数量而存在。表 7-2 列出了根据式（7-43）算出的弗仑克尔缺陷浓度。

表 7-2 不同温度和生成自由能条件下的弗仑克尔缺陷浓度

温度/K	生成能/J				
	1.60×10^{-19}	3.20×10^{-19}	6.40×10^{-19}	9.61×10^{-19}	1.28×10^{-18}
373	2×10^{-7}	3×10^{-14}	1×10^{-27}	3×10^{-41}	1×10^{-54}
773	6×10^{-4}	3×10^{-7}	1×10^{-13}	3×10^{-20}	8×10^{-37}
1073	4×10^{-3}	2×10^{-5}	4×10^{-10}	8×10^{-15}	2×10^{-19}
1273	1×10^{-2}	1×10^{-4}	1×10^{-8}	1×10^{-12}	1×10^{-16}
1473	2×10^{-2}	4×10^{-4}	1×10^{-7}	5×10^{-11}	2×10^{-19}
1773	4×10^{-2}	1×10^{-4}	2×10^{-6}	3×10^{-9}	4×10^{-12}
2073	6×10^{-2}	4×10^{-3}	1×10^{-5}	5×10^{-8}	2×10^{-10}
2273	8×10^{-2}	6×10^{-3}	4×10^{-5}	2×10^{-7}	1×10^{-9}

表 7-2 中的数据显示，缺陷生成自由能对缺陷浓度的影响是很大的。在同一晶体中生成弗仑克尔缺陷和生成肖特基缺陷的自由能往往存在很大差别，这就使得在特定晶体中会

有某一种缺陷占优势。对于 NaCl 结构的碱金属卤化物，由于间隙位置较小，生成 1 个间隙离子加上 1 个空位所需的自由能较高，故所生成的弗仑克尔缺陷的浓度会小到难以测量的程度。而 NaCl 结构的碱金属卤化物的肖特基缺陷生成自由能则较低，因此肖特基缺陷主要存在于高温的碱金属卤化物中。

对于氧化物，其离子键成分显然小于 NaCl 结构晶体，而且其空位往往具有较大的有效电荷，所以形成空位而增加的自由能是较大的。因此，氧化物中的肖特基缺陷要到很高的平衡温度时才会变得重要。在具有萤石结构的晶体中，负离子的配位数仅为 4，正离子的配位数为 8，可以推测生成间隙负离子所需自由能较低。表 7-3 列出了一些化合物的缺陷反应和缺陷生成自由能。

表 7-3　某些化合物的缺陷反应和缺陷生成自由能

化合物	反　应	生成能/J
AgBr	$Ag_{Ag} \rightleftharpoons Ag_i^{\bullet} + V_{Ag}'$	1.76×10^{-19}
BeO	$0 \rightleftharpoons V_{Be}'' + V_O^{\bullet\bullet}$	9.61×10^{-19}
MgO	$0 \rightleftharpoons V_{Mg}'' + V_O^{\bullet\bullet}$	9.61×10^{-19}
NaCl	$0 \rightleftharpoons V_{Na}' + V_{Cl}^{\bullet}$	$3.52 \times 10^{-19} \sim 3.84 \times 10^{-19}$
LiF	$0 \rightleftharpoons V_{Li}' + V_F^{\bullet}$	$3.84 \times 10^{-19} \sim 4.33 \times 10^{-19}$
CaO	$0 \rightleftharpoons V_{Ca}'' + V_O^{\bullet\bullet}$	9.61×10^{-19}
CaF_2	$F_F \rightleftharpoons V_F^{\bullet} + F_i'$	$3.68 \times 10^{-19} \sim 4.49 \times 10^{-19}$
UO_2	$Ca_{Ca} \rightleftharpoons V_{Ca}'' + Ca_i^{\bullet\bullet}$	11.2×10^{-19}
	$0 \rightleftharpoons V_{Ca}'' + 2V_F^{\bullet}$	8.81×10^{-19}
	$O_O \rightleftharpoons V_O^{\bullet\bullet} + O_i''$	4.81×10^{-19}
	$U_U \rightleftharpoons V_U'''' + U_i^{\bullet\bullet\bullet\bullet}$	15.2×10^{-19}
	$0 \rightleftharpoons V_U'''' + 2V_O^{\bullet\bullet}$	10.3×10^{-19}

7.4.3　非本征缺陷

前述本征缺陷属于理想状况，实际上难以单独存在。这是因为固体物质的制备不可能完全避免微量杂质，而有时则是出于需要而有意在晶体中加入某些掺杂剂。这种由于杂质或掺杂剂而引入的缺陷即为非本征缺陷。

掺杂缺陷可大大改善荧光材料、激光材料、半导体材料、超导材料和磁性材料的性能。掺杂缺陷可从多方面对晶体材料的性质产生影响，如在荧光材料和激光材料中作激活剂和敏化剂。激活剂一般选用能级丰富的稀土或过渡金属离子，在短波光的激发下，电子发生能级跃迁，产生特定波长的光发射。半导体材料的掺杂则在禁带中形成“施主”或“受主”能级，从而改变材料中的载流子浓度和材料的导电性质。铜系氧化物超导材料即是通过不等价掺杂置换的方式，在铜系氧化物（如 La_2CuO_4）中加入低价离子（Sr^{2+}）可使铜离子价态发生变化，从而使材料获得超导性质。从掺杂缺陷的种类、结构和电子结构等方面出发，在材料的设计、制备过程中有目的地控制其缺陷状态，可得到具有特定性能的功能材料。

7.4.3.1　杂质进入晶体的方式

（1）第一种方式：杂质原子（或离子）置换（或说取代）正常晶格位置上原有的原子或离子。

例如，在 NaCl 晶体中，Ca^{2+} 置换 Na^{+} 而形成杂质钙缺陷 $Ca_{Na}^{\bullet}$，其有效电荷为 +1；在 ZnS 中，Cu^{2+} 置换 Zn^{2+} 而形成 $Cu_{Zn}^{\times}$，其有效电荷为 0；在单晶硅中，B^{3+} 置换 Si^{4+} 而形成 B'_{Si}，其有效电荷为 -1。

杂质离子置换晶格格点上原来的离子时，如果置换离子的价态不同于原来离子的价态，则为保持电中性而必然伴随着生成相应数目的空位或间隙离子（这就是所谓离子化合物的异价置换引入的电荷补偿问题）。如将 $CaCl_2$ 加入 NaCl 中，除形成置换缺陷 $Ca_{Na}^{\bullet}$ 外，还会生成 Na 的空位 V'_{Na}。其掺杂化学反应式（固溶化学反应方程式）[1] 和产物的缺陷符号组成表示式分别为

$$(1-2x)NaCl + xCaCl_2 \longrightarrow Na_{1-2x}Ca_xCl \tag{7-90}$$

$$[Na_{Na}^{\times}]_{1-2x}[Ca_{Na}^{\bullet}]_x[V'_{Na}]_x[Cl_{Cl}^{\times}] \tag{7-91}$$

又如将 BiF_3 加入 CaF_2 中，除形成置换缺陷 $Bi_{Ca}^{\bullet}$ 外，还会生成间隙 F 离子 F'_i。其掺杂反应式和产物的缺陷符号组成表示式分别为

$$(1-x)CaF_2 + xBiF_3 \longrightarrow Ca_{1-x}Bi_xF_{2+x} \tag{7-92}$$

$$[Ca_{Ca}^{\times}]_{1-x}[Bi_{Ca}^{\bullet}]_x[F'_i]_x[F_F^{\times}]_2 \tag{7-93}$$

在氧化锆（ZrO_2）中掺杂氧化钙（CaO），二价钙离子置换四价锆离子后的正电荷不足，由生成的氧空位补偿，以保持整个晶体的电中性。该过程的掺杂反应式及产物缺陷符号组成表示式则分别为

$$xCaO + (1-x)ZrO_2 \longrightarrow Ca_xZr_{1-x}O_{2-x} \tag{7-94}$$

$$[Ca''_{Zr}]_x[Zr_{Zr}^{\times}]_{1-x}[O_O^{\times}]_{2-x}[V_O^{\bullet\bullet}]_x \tag{7-95}$$

如果晶体化合物正离子具有可变的价态，则随着杂质原子的引入，也可通过晶体中正离子价态的改变来实现电荷的补偿。如将 Li_2O 加入 NiO 中，加入 x 部分的 Li^{+} 使 x 部分的 Ni^{2+} 转变成 Ni^{3+}，形成的晶格缺陷除置换缺陷 Li'_{Ni} 外，还有 Ni 的变价缺陷 $Ni_{Ni}^{\bullet}$。其掺杂反应式和产物的缺陷符号组成表示式分别为

$$(x/2)Li_2O + (1-x)NiO + (x/4)O_2 \longrightarrow Li_x^{+}Ni_{1-2x}^{2+}Ni_x^{3+}O \tag{7-96}$$

$$[Li'_{Ni}]_x[Ni_{Ni}^{\times}]_{1-2x}[Ni_{Ni}^{\bullet}]_x[O_O^{\times}] \tag{7-97}$$

再如在 Fe_2O_3 中加入 TiO_2 生成 $Fe_{2-x}Ti_xO_3$ 固溶体，使 x 部分的 Fe^{3+} 降价转变成 Fe^{2+}，对应的缺陷符号组成表示式为

$$[Fe_{Fe}^{\times}]_{2-2x}[Ti_{Fe}^{\bullet}]_x[Fe'_{Fe}]_xO_3 \tag{7-98}$$

---

[1] 掺杂化学反应式的写法：（1）书写形式。反应物和产物均写为对应物质的化学式。化学式是指用元素符号和数字的组合表示物质组成的式子，若仅表示各组成元素原子数的最简比例，则称该物质的最简化学式或实验式；通过分子间作用力（包括范德瓦尔斯力和氢键）构成的分子晶体，其组元为分子，其化学式为分子式，其虽有内部 1 个分子周围紧邻确定数量（如干冰为 12，冰为 4）的分子数以及具有熔点、沸点等特点，但无平移对称性和旋转对称性等特点；本课程讨论的晶体，其组元对于原子晶体为原子，对于离子晶体为离子对或离子组合，因此其化学式为最简化学式。（2）配平方式。掺杂物化学式的系数为纯小数小量 x（份），主产物晶体（如有次产物，则一般为气体分子）化学式的系数写为 1，反应物晶体化学式的系数则根据上述两个系数予以配平，可设其为 1 减去 1 个待求量，而后建立亚晶格完整的元素原子（既无其空位亦无其间隙子）的数量保持不变的平衡式即得。

式中，$[Fe'_{Fe}]_x$ 为带1个负电荷的“施主”，该产物为n型（负型）半导体。

（2）第二种方式：杂质原子或离子进入晶体的间隙位置，形成间隙原子或离子。

例如在ZnO晶体中，间隙进入H原子形成 $H_i^{\times}$，进入 Li^+ 形成 $Li_i^{\bullet}$，等等。体积效应是间隙杂质的主要决定因素，半径小的原子或离子易于成为间隙杂质，如H和 F^- 等。

7.4.3.2 掺杂缺陷的局域能级

研究掺杂材料的物理性质需要了解掺杂缺陷的能量状态，而杂质缺陷中的电子处于局域状态（基质材料的电子处于离域状态），加之一些掺杂原子自身的能级就很复杂，掺杂缺陷中的电子之间存在较强的相互作用，因此很难准确地给出掺杂缺陷在基质中的能量状态。电子的质量远小于原子，晶格原子的能量状态相对来说十分稳定，故缺陷中电子的跃迁过程可不考虑晶格振动的影响。

半导体材料中的掺杂缺陷较为简单，可先以其为例来说明掺杂缺陷的能量状态。硅属于金刚石结构，晶体中的每个硅原子都以 sp^3 杂化与相邻的4个硅原子成键。硅晶体的价带是成键轨道，导带为反键轨道。在硅晶体中掺入一定量的磷或砷，可形成n型半导体。掺杂原子与相邻的硅原子形成共价键，也构成成键和反键轨道。n型半导体中掺杂元素的核电荷较高，对电子的束缚能力较强。由分子轨道理论可知，掺杂原子与硅形成的反键轨道低于导带，在导带附近的禁带中形成分立的“施主”缺陷能级，掺杂原子的剩余电子束缚在“施主”能级上。类似地，硅晶体掺杂一定量的铝或镓等元素，可得到p型半导体，在价带附近的禁带中形成“受主”能级。图7-3为n型（左图）和p型（右图）半导体的“施主”和“受主”能级示意图。

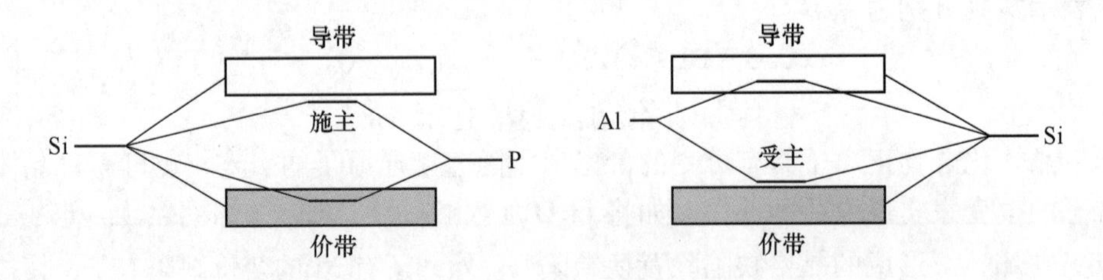

图7-3 半导体中掺杂缺陷的能级示意图

介质在很大程度上影响着掺杂缺陷中电子和空穴的能量状态，所以掺杂缺陷的能量状态不同于掺杂原子自身。多数情况下都可用类氢模型来说明掺杂缺陷的能量状态。例如，在掺杂磷的硅半导体材料中，磷原子以 sp^3 杂化与相邻的硅原子成键，剩余的电子并不处于磷的原子轨道上，而是被束缚在磷原子附近的空间中。这相当于氢原子的情况，只是电子分布在介质中。因此，掺杂缺陷上的电子与中心正电荷之间的相互作用远弱于氢原子。即使在很低的温度下，缺陷束缚的电子或空穴都可跃迁到导带或价带上去，从而使晶体的电导率增加。

Fe^{2+} 在 Al_2O_3 晶体中形成掺杂缺陷 Fe'_{Al}，其缺陷能级位于导带附近的禁带中，此时缺陷对电子的束缚能很小，电子易于激发到导带而形成三价铁离子（Fe^{3+}）的掺杂缺陷 $Fe_{Al}^{\times}$。二价铜离子（Cu^{2+}）的掺杂缺陷 Cu'_{Al} 在 Al_2O_3 晶体中则较为稳定。

7.4.3.3 影响缺陷生成的因素

外来杂质原子或离子进入晶格可能形成置换、间隙、空位或/和电子性缺陷。形成的缺陷不但依赖于杂质原子（离子）的化学状态和几何构形，同时也依赖于晶体的本体结构。例如，在 CaF_2 中掺杂 BiF_3 生成间隙 F 离子 F_i'，而掺杂 NaF 则产生 F^- 空位：

$$(1-x)CaF_2 + xNaF \longrightarrow Ca_{1-x}Na_xF_{2-x} \tag{7-99}$$

$$[Ca_{Ca}^{\times}]_{1-x}[Na_{Ca}']_x[V_F^{\bullet}]_x[F_F^{\times}]_{2-x} \tag{7-100}$$

第Ⅲ族原子 Al、Ga、In 等为"受主"杂质，其掺入 Si、Ge、SiC 等晶格中时提供价带空穴，形成 p 型半导体；第Ⅴ族原子 P、As、Sb 等为"施主"杂质，其掺入 Si、Ge、SiC 等晶格中时提供导带电子，形成 n 型半导体。

将二价离子（如 Mg^{2+}）或三价离子（如 Y^{3+}）掺入 ZrO_2 晶格中时，均形成氧离子空位：

$$(1-x)ZrO_2 + xMgO \longrightarrow Zr_{1-x}Mg_xF_{2-x} \tag{7-101}$$

$$[Zr_{Zr}^{\times}]_{1-x}[Mg_{Zr}'']_x[V_O^{\bullet\bullet}]_x[O_O^{\times}]_{2-x} \tag{7-102}$$

$$2(1-x)ZrO_2 + xY_2O_3 \longrightarrow 2Zr_{1-x}Y_xO_{2-x/2} \tag{7-103}$$

$$[Zr_{Zr}^{\times}]_{1-x}[Y_{Zr}']_x[V_O^{\bullet\bullet}]_{x/2}[O_O^{\times}]_{2-x/2} \tag{7-104}$$

7.4.4 异价缺陷

同一晶体中相同元素的原子呈现不同的价态，有些研究者将这种情况归于本征缺陷的范畴，有些研究者则将其视为一种特殊的掺杂缺陷。该情况形成的非整比化合物将在后面第 9 章单独讨论，这里先将其与不同元素原子的异价置换缺陷一并点出。当然，后者即是典型的掺杂缺陷（非本征缺陷）。

晶体材料的很多物理性质与其中金属离子的价态波动有关。以人们发现的第一个铜系氧化物高温超导材料 $La_{2-x}Sr_xCuO_4$ 为例。La_2CuO_4 是该超导体的母体化合物，要得到超导电性，就需对其进行电子或空穴掺杂，即通过掺杂的方法使体系中铜离子的价态发生变化。对 La_2CuO_4 进行空穴掺杂的方法主要有两种：一是采用不等价掺杂，如用二价锶离子部分置换 La_2CuO_4 中的镧离子；二是在 La_2CuO_4 晶体中加入间隙氧原子，形成 $La_2CuO_{4+\delta}$，由于晶格中存在过量的氧，部分二价铜离子被氧化成三价。这种 La_2CuO_4 晶体的间隙氧离子反应可表示为

$$\frac{1}{2}O_2 + Cu_{Cu}^{\times} \rightleftharpoons O_i'' + 2Cu_{Cu}^{\bullet} \tag{7-105}$$

平衡常数为

$$K_i = \frac{[O_i''][Cu_{Cu}^{\bullet}]^2}{p_{O_2}^{1/2}} \tag{7-106}$$

由电荷平衡

$$2[O_i''] = [Cu_{Cu}^{\bullet}] \tag{7-107}$$

得

$$K_i = \frac{[Cu_{Cu}^{\bullet}]^3}{2p_{O_2}^{1/2}} \tag{7-108}$$

即

$$[Cu_{Cu}^{\bullet}] = (2K_i)^{1/3}p_{O_2}^{1/6} \tag{7-109}$$

上式表明体系中三价铜离子（Cu^{3+}）的浓度完全取决于氧分压。

反应平衡常数与体系焓变的关系为

$$\Delta G^{\ominus}(T) = -RT\ln K_p = \Delta H^{\ominus} - T\Delta S^{\ominus} \tag{7-110}$$

式中，$\Delta G^{\ominus}(T)$ 和 K_p 分别为反应的自由能变化和平衡常数；$\Delta H^{\ominus}$ 和 $\Delta S^{\ominus}$ 分别为反应的焓变和熵变；T 为热力学温度；R 为摩尔气体常数。

对于上述超导反应体系，体系的熵变来源于间隙缺陷的无序分布，焓变则包含缺陷生成焓、间隙离子对晶格能的影响和产生的三价铜离子（Cu^{3+}）对晶格能的贡献等。由式（7-109）可知，间隙氧离子浓度与体系氧分压成比例。可见，要得到足够的间隙氧离子浓度，反应须在高压下进行。实践表明，高温和高压下，的确可得到 $La_2CuO_{4+\delta}$，且其在 40 K 以下具有超导电性。

La_2CuO_4 材料的空穴掺杂也可通过电化学方法来实现，如在 NaOH 水溶液或熔盐体系中进行反应，以 La_2CuO_4 材料为正极，有

$$OH^- + 2Cu_{Cu}^{\times} \rightleftharpoons O_i'' + 2Cu_{Cu}^{\bullet} + H^+ + 2e' \tag{7-111}$$

如此将氧离子用电化学方法嵌入 La_2CuO_4 晶体中，已成功得到超导性质。

调节离子价态最常用的方法是利用离子的不等价置换，即由不同氧化态的离子置换晶格离子。为保持体系的电荷平衡，晶体中就会产生相反电荷的缺陷。如果体系中存在可变价的离子，电荷补偿就可通过金属离子价态变化的方式来实现。例如，当 Sr^{2+} 部分置换 La_2CuO_4 晶体中的 La^{3+}，可得到 $La_{2-x}Sr_xCuO_4$，其中 Sr^{2+} 占据 La^{3+} 的格位，生成置换缺陷 Sr_{La}'。同时，体系中的部分 Cu^{2+} 转变为 Cu^{3+}，形成变价缺陷 $Cu_{Cu}^{\bullet}$ 以平衡体系的电荷。离子不等价置换不改变结构中离子的排列方式，因此在能量上是有利的。

人们常利用常压下的离子不等价置换制备具有特定性质的功能材料。过渡金属氧化体系的本征缺陷常常是氧离子空位 $V_O^{\bullet\bullet}$、间隙氧离子 O_i'' 或升价的过渡金属离子，如在 La_2CuO_4 中的弗仑克尔缺陷为

$$O \rightleftharpoons O_i'' + V_O^{\bullet\bullet} \tag{7-112}$$

$$K_F = [O_i''][V_O^{\bullet\bullet}] \tag{7-113}$$

Sr^{2+} 部分置换 La^{3+} 的不等价置换反应式为

$$SrO + Cu_{Cu}^{\times} \rightleftharpoons Cu_{Cu}^{\bullet} + Sr_{La}' + O_O^{\times} \tag{7-114}$$

$$K_S = [Cu_{Cu}^{\bullet}][Sr_{La}'] \tag{7-115}$$

体系的电荷平衡为

$$2[O_i''] + [Sr_{La}'] = 2[V_O^{\bullet\bullet}] + [Cu_{Cu}^{\bullet}] \tag{7-116}$$

在不等价置换反应过程中，可假定本征缺陷 $V_O^{\bullet\bullet}$ 和 O_i'' 的浓度远小于掺杂缺陷的浓度，因此有

$$[Sr_{La}'] = [Cu_{Cu}^{\bullet}] \tag{7-117}$$

上式表明晶体中的三价铜离子的浓度主要取决于金属离子的不等价置换浓度。

当体系的氧分压较高或较低时，其本征缺陷不能忽略。若体系处于氧分压较低的条件下，则其氧空位不能忽略，相应的电荷平衡为

$$[Sr_{La}'] = 2[V_O^{\bullet\bullet}] + [Cu_{Cu}^{\bullet}] \tag{7-118}$$

即

$$[Cu_{Cu}^{\bullet}] = [Sr_{La}'] - 2[V_O^{\bullet\bullet}] \tag{7-119}$$

从式（7-106）和式（7-113）可知，式（7-119）中的氧空位浓度与氧分压相关。因

此，晶体中的三价铜离子浓度由掺杂浓度和氧分压共同决定，实际研究中常利用掺杂浓度控制晶体中金属离子的价态。另外，过渡金属离子的价态还要受到氧分压的影响。例如，利用空气中的高温固相反应得到的 $LaMnO_3$，其中锰离子主要以三价状态存在，也有少量的四价锰离子 $Mn_{Mn}^{\bullet}$，同时还有一定量的镧离子空位。而 La_2MnO_4 中的锰离子主要是二价，该化合物只有在还原性气氛中才能制备。

7.4.5 非本征缺陷浓度与杂质浓度的关系

设在具有肖特基本征缺陷的 MX 晶格中掺入浓度为 C_1 的 NX_2 组分，因 N 的价态不同于 M，故需生成点缺陷以保持整个晶体的电中性。此时正、负离子空位浓度 $[V_M]$ 和 $[V_X]$ 可作如下分析推演而得出最后的结果表达：

对于原 MX 晶体，有肖特基本征缺陷平衡

$$0 \rightleftharpoons (V_M)_0 + (V_X)_0 \tag{7-120}$$

对应的平衡常数为（肖特基本征缺陷对完整 MX 晶格的正、负离子同时产生，且形成的空位浓度相等，设其值为 C_0）

$$K(T) = [V_M]_0[V_X]_0 = C_0^2 \tag{7-121}$$

在相同温度下进行掺杂，所得掺杂 MX 晶体的缺陷平衡为（此时肖特基平衡等同于体系空位平衡）

$$(V_M)_0 + (V_X)_0 \rightleftharpoons V_M + V_X \tag{7-122}$$

对应的平衡常数可表达为

$$K(T) = [V_M][V_X] = {C_0}^2 \tag{7-123}$$

对于掺杂晶体，若掺杂量较小（在固溶度之内），就可发生 N 对 M 的全部置换。此时有 C_1 量的 NX_2 掺杂到 MX 晶体中，就有 C_1 量的 N 置换出 C_1 量的 M（假设发生 N 对 M 的全部置换），故由于掺杂而产生的 M 空位浓度即为 C_1 量，即掺杂事件本身直接对正离子的空位浓度产生的贡献为 C_1 增量（以保持整体电中性）。而掺杂后 MX 晶体的正、负离子肖特基本征缺陷平衡可以具有相对独立性，以保持肖特基平衡本身的电中性要求，即有$[V_M]_S = [V_X]_S$。于是，可以认为掺杂本身没有直接对负离子空位浓度的贡献，只是通过影响缺陷反应平衡移动而影响到了负离子的空位浓度。因此掺杂后，正、负离子各自的总空位浓度分别为（此时肖特基平衡包含于体系空位平衡）

$$[V_X] = [V_X]_S \tag{7-124}$$

$$[V_M] = [V_M]_S + C_1 = [V_X]_S + C_1 = [V_X] + C_1 \tag{7-125}$$

即掺杂后正离子的总空位浓度比掺杂后负离子的总空位浓度多 C_1。

联立式（7-123）和式（7-125）解关于 $[V_M]$ 和 $[V_X]$ 的二元方程组，即可得最后的缺陷浓度表达为

$$[V_M] = \frac{C_1}{2}\left[\left(1+\frac{4C_0^2}{C_1^2}\right)^{1/2}+1\right] \tag{7-126}$$

$$[V_X] = \frac{C_1}{2}\left[\left(1+\frac{4C_0^2}{C_1^2}\right)^{1/2}-1\right] \tag{7-127}$$

当掺杂量足够大，即

$$C_1 \gg C_0$$

时，式（7-126）中的$\frac{4C_0^2}{C_1^2} \ll 1$，故可忽略，于是式（7-126）可简化为

$$[V_M] \approx C_1 \tag{7-128}$$

将上式代入式（7-123），得

$$[V_X] \approx C_0^2/C_1 \tag{7-129}$$

当掺杂量足够小，即

$$C_1 \ll C_0$$

时，可直接由式（7-126）和式（7-127）得（此时可忽略式中的1）

$$[V_M] \approx [V_X] \approx C_0 \tag{7-130}$$

若在具有肖特基本征缺陷的MX晶格中掺入M_2Y，掺杂浓度为C_2，则可类似地得出正、负离子空位浓度［V_M］和［V_X］分别有如下结果表达：

$$[V_M] = \frac{C_2}{2}\left[\left(1 + \frac{4C_0^2}{C_2^2}\right)^{1/2} - 1\right] \tag{7-131}$$

$$[V_X] = \frac{C_2}{2}\left[\left(1 + \frac{4C_0^2}{C_2^2}\right)^{1/2} + 1\right] \tag{7-132}$$

当$C_2 \gg C_0$时，有

$$[V_M] \approx C_0^2/C_2 \tag{7-133}$$

$$[V_X] \approx C_2 \tag{7-134}$$

当$C_2 \ll C_0$时，有

$$[V_M] \approx [V_X] \approx C_0 \tag{7-135}$$

7.5 整比化合物的基本缺陷反应

本章讨论的本征缺陷以及等价杂质引入的非本征缺陷，都是服从化学计量的缺陷，即正、负离子的数量呈简单的固定整数比，对应的化合物称为整比化合物。晶体的原生本征缺陷是指不包括非化学计量缺陷的本征缺陷，该缺陷不会影响晶体的化学计量，即晶体保持为整比化合物的计量组成。下面以MX型化合物为例，列出并解释基本缺陷反应方程式与化学计量的关系。为了简化表达，在相关方程式中假定正、负离子分别为正二价和负二价。

7.5.1 弗仑克尔缺陷基本反应

7.5.1.1 弗仑克尔缺陷（具有等浓度的晶格空位和间隙原子的缺陷）

对于具有弗仑克尔缺陷的整比化合物$M^{2+}X^{2-}$，其缺陷反应式如下：

$$M_M^{\times} \rightleftharpoons M_i^{\bullet\bullet} + V_M'' \tag{7-136}$$

该式表示晶体中存在着V_M''和$M_i^{\bullet\bullet}$的缺陷对。可以证明

$$[V_M''] = [M_i^{\bullet\bullet}] \tag{7-137}$$

这表明晶体中虽有间隙离子缺陷，但其组成仍符合化学计量。

7.5.1.2 反弗仑克尔缺陷

对于具有反弗仑克尔缺陷的整比化合物$M^{2+}X^{2-}$，其缺陷反应式如下：

$$X_X^\times \rightleftharpoons X_i'' + V_X^{\bullet\bullet} \quad (7\text{-}138)$$

该式表明，弗仑克尔缺陷虽然一般是由半径较小的金属离子所导致，但仍存在着一种可能性，即由半径较大的非金属离子来形成，如 CaF_2 晶体中的 F_i'。但在不特指的情况下，这种缺陷一般也常简称为弗仑克尔缺陷。

7.5.2 肖特基缺陷基本反应

7.5.2.1 肖特基缺陷

对于具有肖特基缺陷的整比化合物 $M^{2+}X^{2-}$，其缺陷反应式如下：

$$0 \rightleftharpoons V_M'' + V_X^{\bullet\bullet} \quad (7\text{-}139)$$

在晶体中 M^{2+} 和 X^{2-} 的格位上，除主要被 M^{2+} 和 X^{2-} 分别占据外，还存在少量由空位 V_M'' 和 $V_X^{\bullet\bullet}$ 形成的缺陷对。可以证明

$$[V_X^{\bullet\bullet}] = [V_M''] \quad (7\text{-}140)$$

该式的意义是：晶体中虽有肖特基空位缺陷，但其组成也仍符合化学计量。

7.5.2.2 反肖特基缺陷

从形式上讲，同一晶体中存在的两种主要间隙缺陷也可能是 $M_i^{\bullet\bullet}$ 和 X_i''。对于具有这种缺陷的整比化合物 $M^{2+}X^{2-}$ 的情况，其缺陷反应式如下：

$$MX \rightleftharpoons M_i^{\bullet\bullet} + X_i'' \quad (7\text{-}141)$$

更严密的表达为

$$M_M^\times(\text{表面}) + X_X^\times(\text{表面}) \rightleftharpoons M_i^{\bullet\bullet} + X_i'' \quad (7\text{-}142)$$

这种缺陷对又称反肖特基缺陷，但该情况还未实际发现。

7.5.3 反结构缺陷基本反应

同一 MX 晶体中的主要缺陷是错位 M_X 和 X_M 时，所形成的缺陷对称为反结构缺陷。若其两种元素的原子形成等量的相互错置，则仍保持其原整比性。其缺陷反应式如下：

$$0 \rightleftharpoons M_X + X_M \quad (7\text{-}143)$$

这种缺陷只有在两种原子尺寸相近和电负性相差不大的化合物中才会出现，因而主要存在于金属间化合物中，如 Bi_2Te_3、Mg_2Sn 和 CdTe 等（其中的两种金属原子可易位）。此外，在 $A^{2+}B_2^{3+}O_4$ 尖晶石铁氧材料中，A 与部分 B 可以互调位置，形成 $B^{3+}(A^{2+}B^{3+})O_4$ 反尖晶石结构。

7.6 点缺陷的缔合与色心

7.6.1 点缺陷的缔合和缺陷簇

前面讨论了各种孤立缺陷，即缺陷之间不发生相互作用。但若实际晶体中的缺陷浓度较大，则各个缺陷处于相近格点的概率增大。此时异电缺陷会产生比较明显的库仑引力，缺陷之间将产生缔合，生成缔合体，即所谓缔合缺陷。

7.6.1.1 缔合缺陷的形成

如果孤立缺陷在晶体中作无序分布，就会有机会让两个或更多的缺陷占据相邻的位

置，于是它们就可相互缔合而形成缺陷的缔合体。可以形成二重缔合体、三重缔合体等。当缺陷为低浓度时，这种相邻缺陷的缔合体就少。研究表明，表观上简单的点缺陷（如空位或间隙原子）事实上常常是很复杂的，单一原子的缺陷往往会缔合或聚集成较大的缺陷簇。

缺陷之间最重要的引力为异性电荷缺陷之间的库仑引力，即两个缺陷之间距离越近就越易缔合。另外，热运动又会使缔合起来的缺陷存在一定的分解概率。因此，在温度不太高以及在动力学势垒较低的情况下，容易产生缔合缺陷；温度越高，则缔合缺陷浓度相对孤立缺陷浓度就越小。缔合缺陷的生成和分解可用质量作用定律来处理。

设 A 和 B 是晶体中的两种点缺陷，按下式产生缔合：

$$A_x + B_y \rightleftharpoons (A_xB_y) \tag{7-144}$$

式中，(A_xB_y) 表示缔合中心。若点缺陷 A、B 以及缔合中心 (A_xB_y) 在晶体中呈随机分布，则根据质量作用定律有缔合平衡常数

$$K_A = [A_xB_y]/\{[A]^x[B]^y\} \tag{7-145}$$

由平衡体系的吉布斯自由能变化 $\Delta G = \Delta H - T\Delta S$，有

$$K_A = k_0\{\exp(\Delta S_A/k)\exp[-\Delta H_A/(kT)]\} \tag{7-146}$$

式中，k_0 为常数；ΔS_A 为产生缔合时的熵变；ΔH_A 为产生缔合时的焓变（缔合能）；k 为玻耳兹曼常数。其中 ΔH_A 一般为负值（缔合过程体系放出能量）。因此，温度越低，K_A 就会越大，此时缔合的程度也就越大。

在掺杂 $CaCl_2$ 的 KCl 中，缔合反应式为

$$Ca_K^{\bullet} + V_K' \rightleftharpoons (Ca_K^{\bullet}V_K') \longrightarrow (Ca_KV_K)^{\times} \tag{7-147}$$

研究发现其平衡常数可表达如下：

$$K = \frac{[(Ca_K^{\bullet}V_K')]}{[Ca_K^{\bullet}][V_K']} = zA\exp\left(\frac{q^2}{\varepsilon rkT}\right) \tag{7-148}$$

式中，z 为晶体中距 $Ca_K^{\bullet}$ 最近的、可被 V_K' 占据的 K^+ 亚晶格节点数即“配合位置”的数量（本例 $z=12$）；A 为反映缺陷缔合引起振动熵改变的因子（研究发现 $A\approx1$）；q 为孤立缺陷电荷（1 个电子所带的电荷 × 原子价）；r 为两个缺陷之间的距离，Å（1 Å $=10^{-10}$ m $=$ 0.1 nm）；k 为玻耳兹曼常数；ε 为该固体的静态介电常数；T 为热力学温度。

从以上两式可导出温度对缔合缺陷浓度的影响，这对于掺杂和温度不太高的情况，一般都是适用的。

缺陷缔合除发生在上述置换式杂质缺陷和空位缺陷之间外，也可能发生在空位缺陷与空位缺陷之间，也可发生于置换式杂质缺陷和间隙原子之间，还可发生在 1 对以上的缺陷之间。例如：

在 AgCl 中，有

$$V_{Cl}^{\bullet} + V_{Ag}' \longrightarrow (V_{Ag}V_{Cl})^{\times} \tag{7-149}$$

在 KCl 中，有

$$Ca_K^{\bullet} + V_K' \longrightarrow (Ca_KV_K)^{\times} \tag{7-150}$$

在 CaF_2 中，有

$$Sm_{Ca}^{\bullet} + F_i' \longrightarrow (Sm_{Ca}F_i)^{\times} \tag{7-151}$$

在 MX_2 化合物中，形成三聚体（在金属卤化物中称为 M 中心）：

$$V_M'' + 2V_X^{\bullet} \longrightarrow (V_X^{\bullet} V_M'' V_X^{\bullet})^{\times} \tag{7-152}$$

相同的缺陷也能生成簇，如

$$nV_X \longrightarrow (nV_X) \tag{7-153}$$

式中，n 为在簇中的缺陷数。

7.6.1.2 缔合缺陷的性质

在许多含缺陷的晶格内，点缺陷并非紊乱分布，而是生成缺陷簇等复合缺陷。缔合缺陷的物理性质不等同于组成它的各种单一缺陷性质的加和。因此，应将缺陷缔合体视为一种新的缺陷。缔合缺陷和单一缺陷一样，也可以在禁带中造成局域的电子能级。

除由单一缺陷之间的库仑引力来实现缺陷的缔合外，还可通过缺陷缔合体内偶极矩的作用力、共价键的作用力以及晶体内可能存在的压应力等作用，而发生缺陷的缔合或缺陷缔合体之间的进一步缔合。缺陷形成的带电缔合中心往往具有偶极性，可以吸引别的缺陷对以形成较大的缺陷簇。

晶体中精确的缺陷结构通常是很难测定的，判断缺陷的缔合和聚集状态也很困难。各种衍射方法（X 射线、中子、电子等）得到的一般是晶体的平均结构。测定缺陷结构真正需要的是那种对局部结构敏感的探测技术，其中光谱技术即具有这种用途，如其对色心（参见后面部分）的研究。

7.6.2 色心

缺陷缔合最重要的例子即是色心（color center）。由荷电点缺陷所产生的电荷中心可以束缚电子或空穴在其周围而形成束缚态，通过光吸收可使束缚电子或空穴在束缚态之间发生跃迁，因而晶体呈现出不同的颜色。这类能吸收和发射可见光的点缺陷称为色心。

在 X 射线或 γ 射线等强电离射线辐照下，NaCl 晶体价带中的电子可以被激发到导带，从而在价带中产生空穴。如果晶体中只含有本征缺陷，则导带电子可被 Cl^- 空位俘获而形成 $V_{Cl}^{\times}$，价带中的空穴可被 Na^+ 空位俘获而形成 $V_{Na}^{\times}$。俘获的电子和空穴被束缚在缺陷上，形成的缺陷体系的能量状态类似于氢原子，但其中心电荷弥散分布在缺陷附近的离子上，中心电荷与束缚电荷的相互作用较弱。与氢原子相似，该体系中也存在一系列分立的能级，束缚电荷可以在能级间跃迁，使晶体带有一定的颜色，这就是色心。晶体中的色心是固体物理的一个重要研究领域。在电离辐射照射下，晶体中同时存在有电子和空穴的俘获中心，是非热力学平衡体系。在可见光照射或加热条件下，被俘获的电子和空穴可重新从缺陷中释放出来。在一些体系中，电子与空穴的复合可产生荧光发射（一种光致发光的冷发光现象：物质经紫外线或 X 射线等不可见光电磁波照射而吸收能量后，受激而发出波长大于入射光的低能量可见光，该发光现象通常随入射光停止而即刻消失），利用这种发光过程可制成数字化医学成像系统。

7.6.2.1 色心的形成

A F 心（F 色心）

最常见的色心就是 F 心（来自德语的颜色中心 farbenzentre，F 即是德文“颜色”一词“Farbe”的词头），如带正电的负离子空位与其束缚的电子所组成的系统（见图 7-4）。其名称的由来即是陷落电子可吸收一定波长的光而使晶体着色。在经电离辐射（能量足以使物质原子或分子中的电子成为自由态而发生电离的辐射，包括α粒子、β粒子、质子等高速带电粒子以及中子和X射线、γ射线等不带电射线这些波长小于100 nm的辐射）的照射后，NaCl晶体中产生的Cl^-空位缺陷俘获1个电子，形成的就是F心，NaCl中的F心呈黄橙色。

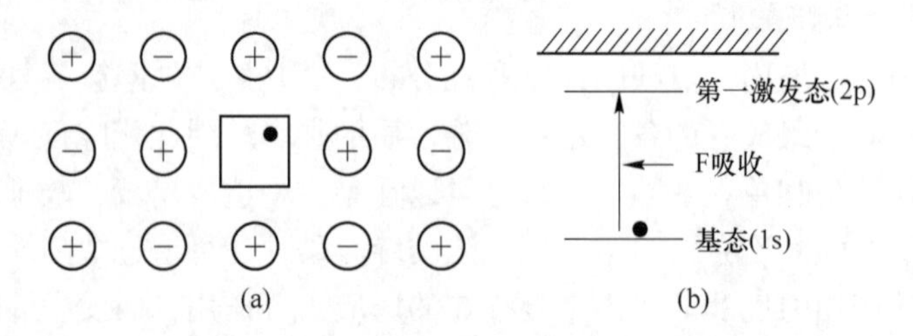

图7-4　F心的模型示意

（a）负离子空位及其束缚电子；（b）F心的电子能量状态

F心在可见光区域有一个钟形吸收带，称为F带（见图7-5）。可用类氢模型来描述F心的束缚能级。F吸收带可视为电子从类氢基态1s态到第一激发态2p态的跃迁而形成，这本是位于可见光波段的一条吸收谱线，但因晶格振动的影响而使谱线加宽成为吸收带。既然F心是由负离子空位束缚电子形成的，它应与形成负离子空位的具体过程无关，即无论将哪一种碱卤晶体进行电离辐射，所得到的吸收谱应无本质差别。

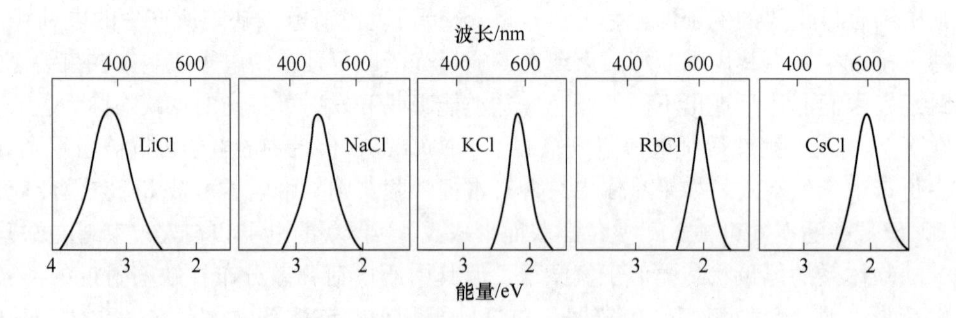

图7-5　几种碱卤晶体的F带

除用电离辐射外，在碱金属蒸气中加热碱金属卤化物晶体也可得到色心。例如，NaCl晶体在钠蒸气中加热后迅速冷却会变为黄橙色，氯化钾晶体在钾蒸气中加热后迅速冷却会变为黄褐色。这是由于晶体内部原有肖特基负离子空位$V_{Cl}^{\bullet}$与附着在晶体表面的钠原子电离后释放出来的电子缔合，生成（$V_{Cl}^{\bullet}+e'$）缔合体：

$$Na(g) \rightleftharpoons (V_{Cl}^{\bullet}+e') + Na_{Na}^{\times} \tag{7-154}$$

上式是一个热力学平衡过程。式中这个与$V_{Cl}^{\bullet}$缔合的电子像类氢原子中的那个1s电子，可吸收可见光而激发到2p态，这种色心缺陷也是F心。在这个过程中形成的Cl^-空位带正电，能捕获由Na原子引入所释放的电子。可见，F心是由一个负离子空位和一个在此位置上的电子组成的，它是一个陷落的电子中心［本例中为（$V_{Cl}^{\bullet}+e'$）］。一般地，该过程中碱金属原子放出的那个电子并不束缚在某个特定的原子或离子上，它可以迁移穿越过点阵，并最终束缚在卤素原子的空位上。可见，F心实际上是没有原子核的电子，或称为类氢原子。

凡是准自由电子陷落在负离子空位中而形成的缺陷都是 F 心，TiO_2 在还原气氛下由黄色变为灰黑色（见图 7-6）也是由于形成了这种 F 心。

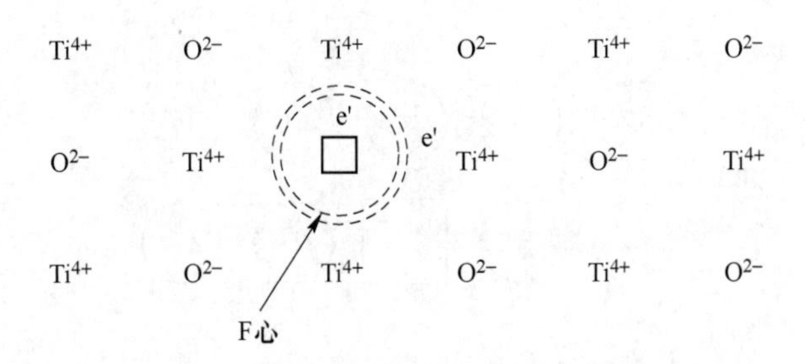

图 7-6 非整比化合物 TiO_{2-x} 中的 F 心

TiO_2 在还原气氛下的缺陷反应式可写为

$$2Ti_{Ti} + 4O_O \rightleftharpoons 2Ti'_{Ti} + V_O^{\bullet\bullet} + 3O_O + \frac{1}{2}O_2 \uparrow \tag{7-155}$$

或写为

$$2Ti_{Ti} + 4O_O \rightleftharpoons 2Ti_{Ti} + 2e' + V_O^{\bullet\bullet} + 3O_O + \frac{1}{2}O_2 \uparrow \tag{7-156}$$

简化为

$$O_O \rightleftharpoons V_O^{\bullet\bullet} + 2e' + \frac{1}{2}O_2 \uparrow \tag{7-157}$$

式中的 $e' = Ti'_{Ti}$。根据质量作用定律，平衡常数为

$$K = \frac{[V_O^{\bullet\bullet}][p_{O_2}]^{1/2}[e']^2}{[O_O]} \tag{7-158}$$

若晶体中的氧离子浓度基本不变，则由电中性

$$2[V_O^{\bullet\bullet}] = [e'] \tag{7-159}$$

得到

$$[V_O^{\bullet\bullet}] \propto p_{O_2}^{-1/6} \tag{7-160}$$

这说明氧空位的浓度与氧分压的 1/6 次方成反比，可见 TiO_2（如金红石质电容器）在烧结时对氧分压是十分敏感的。若氧分压不足，$[V_O^{\bullet\bullet}]$ 增大，则烧结得到灰黑色的 n 型半导体。

具有 F 心的晶体吸收一定波长的光之后，缔合电子就会激发到导带上去（光电导现象）。若温度降低，则该激发电子又可被另一个负离子空位所捕获，从而形成另一个 F 心。固体理论中一个相当大的领域都与研究碱金属卤化物晶体中的色心有关，其中最典型的例子就是 F 色心。

B 其他色心

使无色透明的晶体赋上各种颜色的点缺陷即为色心。例如，碱金属卤化物晶体 NaCl 等的禁带宽度一般是 9 ~ 10 eV，可见光不能被吸收，因而晶体是透明的。但晶体中含有缺陷后，禁带区引入了附加能级，从而导致附加吸收而使晶体赋色。F 心是碱卤晶体中最为简单的一种缔合型缺陷，以 F 心为基础还可形成一些其他形式的色心。例如，当 F 心的 6 个最近邻离子中的某 1 个被 1 个外来的碱金属离子所置换时就成为 F_A 心，如将 KCl 晶体在钠蒸气中处理就可能出现 F_A 心（见图 7-7）。常见的还有负离子空位束缚 2 个电子的 F′心等。

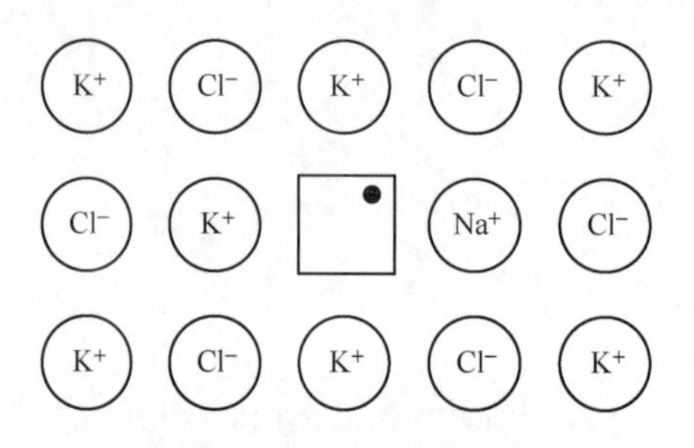

图 7-7　F_A 心的模型示意

在电离辐射下，碱金属卤化物中可产生除 F 心之外的很多其他类型的色心，其中较重要的有如 H 心（包含分布在 3 个负离子位置上的 4 个卤族元素核）。这种色心可视为晶体中的氯离子俘获空穴形成的分子离子［Cl_2^-］，其中氯分子离子［Cl_2^-］占据晶体中 1 个氯离子的格位（见图 7-8）。更详细的过程分析是：H 心可视为间隙格位上的 Cl 原子俘获空穴，并与相邻格位的 Cl^- 结合形成氯分子离子。［Cl_2^-］分子轨道的反键轨道中只有 1 个电子，2 个氯原子之间的共价键有一定成键成分，能级位于价带附近。因此，H 心的能级位于价带附近的禁带中，其陷阱深度一般较浅，只有在低温下才能稳定存在。电离辐射照射还可产生很多其他缺陷，这些缺陷和色心的物理和化学性质已得到研究，但体系比较复杂。

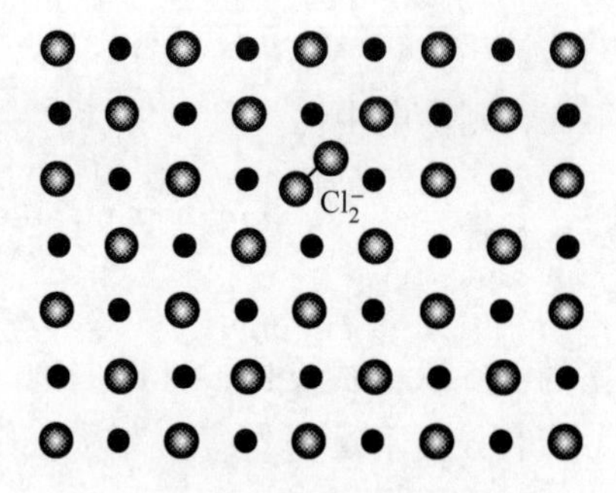

图 7-8　NaCl 晶体中的 H 心

离子晶体中的不同色心可通过不同条件下对碱金属卤化物晶体进行处理而获得。其中有些色心在室温下稳定，有些则即使是低温条件也只能瞬间存在。

7.6.2.2　色心的性质

非整比化合物总是与电荷缺陷有关，因而与色心相联系。这类化合物往往带有颜色。各能级的能量值和观察到的颜色取决于主晶体，与电子的来源无关。例如，NaCl 在钾蒸气中加热和在钠蒸气中加热将获得相同的浅黄色，而 KCl 在钾蒸气中加热则呈现出紫色。此外，观测到带色 NaCl 晶体的密度低于不带色的 NaCl 晶体。这些事实说明，上述例子中的有关效应都可归因于空位缺陷的关系。多数色心与空位缺陷有关，但也有些色心仅与间隙离子（和电子缺陷）有关。

色心的主要特征有：（1）色心的吸收带与晶体结构有关，随色心浓度增大而加强；（2）由于附加的晶格振动引起能量分布变化，造成吸收带随温度升高而变宽，峰高降低；（3）含 F 心、V 心等晶体的密度降低。晶态固体的着色效应可应用于信息存储、辐射剂量测定、变色效应和光化学反应等。

离子晶体由正、负离子组成，其中 NaCl 结构和 CsCl 结构是两种常见的离子晶体结构。卤化物离子晶体在光谱的整个可见光区是透明的，但有好几种方法会使晶体赋色，其当然也是源于光的发射和吸收。

晶体中的原子与光的相互作用实质上是电子与电磁场的相互作用，电子在电磁场的作用下呈自发发射、受激发射和吸收等 3 种现象。光的电场强度和磁场强度相等，但磁场对电子的作用是电场的 v/c 倍，其中 v 是晶体中的电子可以达到的速度（约为 10^6 m/s），c 是光速（约为 3×10^8 m/s）。因此，讨论光对电子的作用，只需考虑电场的作用。

思考和练习题

7-1 写出二元晶体 M_2X_3 中肖特基缺陷的形成方程式，并用文字表述其过程。

7-2 对于组成为 MX_2（设定 X 为一价离子）的晶体形成肖特基缺陷，写出其缺陷形成方程式（简单方式即可）、反应平衡常数的质量作用定律表达式，并将该平衡常数最终表达为只有 M 空位浓度而没有 X 空位浓度呈现的数学关系。

7-3 将少量 BiF_3 加入 CaF_2 中，若形成置换缺陷 Bi_{Ca}后保持负离子的亚晶格完整（既无负离子空位，也无间隙负离子；注：实际未必这样），那么形成的主要缺陷会是什么？并请写出掺杂反应方程式（要有演算过程）和产物的缺陷符号组成表示式。

7-4 简单总结表述一下整比化合物的几种基本缺陷反应形式。

7-5 在 Fe_2O_3 中加入 TiO_2 生成 $Fe_{2-x}Ti_xO_3$，使 x 量的 Fe^{3+} 降价转变成 Fe^{2+}，对应的产物缺陷组成式为 $[Fe_{Fe}^{\times}]_{2-2x}[Ti_{Fe}^{\bullet}]_x[Fe'_{Fe}]_xO_3$，请写出其掺杂化学反应方程式（要有演算过程）和掺杂缺陷反应式。

7-6 对于组成为 MX_2（设定 X 为一价离子）的晶体形成肖特基缺陷，设 ΔG_S 是该晶体生成 1 个肖特基缺陷的缺陷反应体系自由能变化，根据所学平衡常数与温度的 e 指数关系（Arrhenius 公式的 e 指数关系形式）求出不同缺陷的浓度。

7-7 若在具有肖特基本征缺陷的 MX 晶格中掺入 M_2Y，掺杂浓度为 C，请分析推导正、负离子空位浓度 $[V_M]$ 和 $[V_X]$ 的结果表达。

7-8 解释氯化钾晶体在钾蒸气中加热变黄的原因，简述该现象发生的过程，并写出对应的缺陷反应式。

8 点缺陷化学 2：拓展部分

8.1 引　　言

基于上一章关于点缺陷化学的基本内容，本章接下来着重介绍非整比化合物和氧化物及其有关点缺陷化学的问题。其中典型的非整比化合物，大多都是氧化物；而作为各类功能用途的氧化物，很多也都属于非整比化合物。读者通过本章学习，可以在上一章对点缺陷化学方面基本认知的基础上，进一步拓展对点缺陷化学知识的了解，为其理论运用于实践起到一定的铺垫作用。

8.2 非整比化合物

前面第 7 章讨论的主要是整比化合物晶体。而实际化合物中有一些并不符合定比定律，即正、负离子的数量并未保持一个简单的固定整数比例关系。这些化合物称为非整比化合物。这是一种由于在化学组成上偏离化学计量而产生的缺陷，因此这些化合物又常常称为非化学计量化合物。除“非整比化合物”和“非化学计量化合物”这两个常用的概念外，这类化合物还被研究者称为非化学计量比化学物、非化学配比化合物、偏离整比的化合物等。

其实，大多数原子或离子晶体化合物都不符合定比定律，其正、负离子的数量比并不是一个简单且固定的值。它们呈现出范围很宽的组成，且组成和具体结构之间没有简单的对应关系。它们都属于非整比化合物。

8.2.1 非整比化合物的构成方式

8.2.1.1 替代掺合（置换掺合）

替代掺合即晶体中一种组分的原子被另一种组分的原子所替代（置换），其中又包括正离子被负离子替代和负离子被正离子替代两种情况。例如，一个化学计量晶体 MN 中 M 原子的 x 部分被 N 所替代，结果变为 $M_{1-x}N_{1+x}$，如图 8-1 所示。

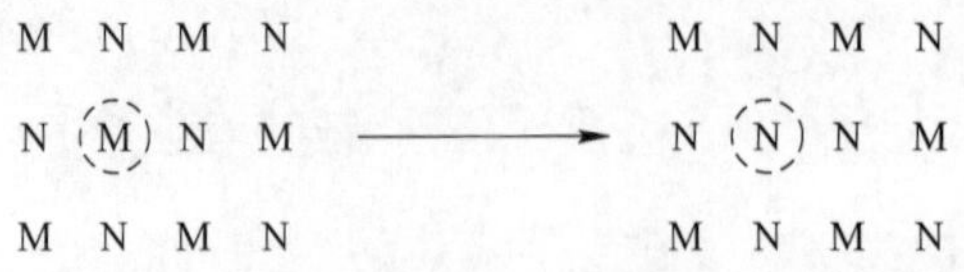

```
M  N  M  N                M  N  M  N
N (M) N  M   ———————→     N (N) N  M
M  N  M  N                M  N  M  N
```

图 8-1　替代（置换）掺合示意图

（左边为 M_6N_6，即 MN；右边为 M_5N_7，即 $MN_{1.4}$）

替代掺合一般限于不涉及离子库仑排斥力的金属间体系，如 β-黄铜（CuZn）在室温下的组成可在 $CuZn_{0.56}$到 $CuZn_{1.16}$的范围内变动。替代掺合也可以发生在明显的共价化合物中，如在Ⅲ族和Ⅴ族元素组成的半导体中，原子大小和电负性相近的元素可以相互替代。Ga 和 Sb（原子半径分别为 0.125 nm 和 0.141 nm；电负性分别为 1.81 和 2.05）可通过相互替代，使 Ga 或 Sb 过量，Ga 或 Sb 的过量或不足可使 GaSb 共价化合物半导体呈现不同的性质。

8.2.1.2　间隙掺合

间隙掺合即在晶体的晶格间隙位置上填充额外的原子或离子，其中又包括正离子间隙型和负离子间隙型两种情况。该形式其实是一种不平衡的弗仑克尔缺陷，即有间隙原子，但晶格上没有同时产生等量的空位（见图 8-2）。例如氧化锌加热分解时，小部分氧逸出晶体，过量锌则进入间隙位置，结果颜色由白变黄。在 800 ℃达最大偏离值，此时在形成的 $Zn_{1+x}O$ 中的 $x = 7 \times 10^{-5}$。

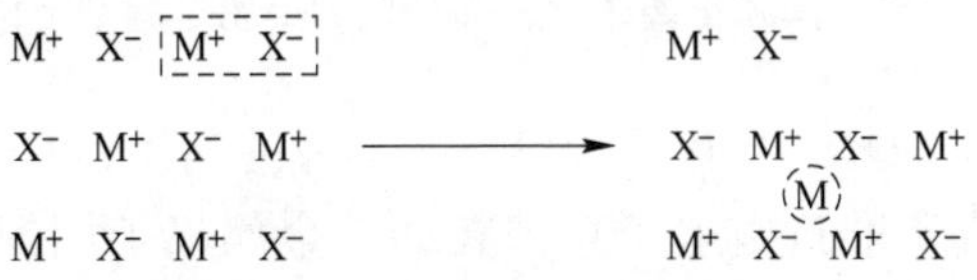

M^+ X^- [M^+ X^-]　　　　　M^+ X^-
X^- M^+ X^- M^+　——→　X^- M^+ X^- M^+
　　　　　　　　　　　　　　　　(M)
M^+ X^- M^+ X^-　　　　　M^+ X^- M^+ X^-

图 8-2　间隙掺合示意图
（左边为 M_6X_6，即 MX；右边为 M_6X_5，即 $M_{1.2}X$）

8.2.1.3　减掺合

减掺合即晶体中某一组分有完整的晶格（完整亚晶格），而不足的组分则具有晶格空位（不完整的亚晶格）。其中又包括正离子缺位和负离子缺位两种情况。该形式其实是一种不平衡的肖特基缺陷，如图 8-3 所示。由图 8-3 可见，若某些正离子格点为空位，则为保持电中性，其他的某些正离子就须适当地增加电荷（化合价升高）。减掺合的例子很多，如金属不足的有 $Cu_{2-x}O$、$Fe_{1-x}O$ 等（不足者即金属离子出现对应空位，某些金属离子的化合价升高），非金属不足的有 CdO_{1-x}等（不足者即氧离子出现对应空位，某些金属离子的化合价降低）。CdO_{1-x}与氧化锌相似，加热时失去氧（650 ℃时 $x = 5 \times 10^{-4}$），但因 CdO 的结构不同于 ZnO，因此 Cd 原子不进入间隙位置，而是出现氧空位。

M^+ X^- M^+ X^-　　　　　M^+ X^- M^+ X^-
X^- M^+ X^- M^+　——→　X^- □ X^- M^+
M^+ X^- M^+ X^-　　　　　M^{2+} X^- M^+ X^-

图 8-3　减掺合示意图
（左边为 M_6X_6，即 MX；右边为 M_5X_6，即 $M_{0.83}X$）

8.2.2　非整比化合物的基本类型

这种在化学组成上偏离化学计量而产生的缺陷，在结构上可分为以下 4 种类型。

（1）正离子间隙型。从化学计量上讲，在MX晶体中，M原子与X原子的数量比为1∶1。但由于其中某元素（如M）在环境中的势大于其相应的平衡势，晶体中的该元素M就可能形成间隙原子，使该元素M的离子数量相对于化学式来说是过剩的。图8-4示意了具有这种缺陷的结构。$Zn_{1+x}O$即属于这种类型。过剩的荷正电金属离子进入间隙位置，相应数目的准自由电子束缚在间隙金属离子周围以保持整个晶体的电中性。但这些电子在电场的作用下也可以产生运动，所以该类材料可构成n型半导体。

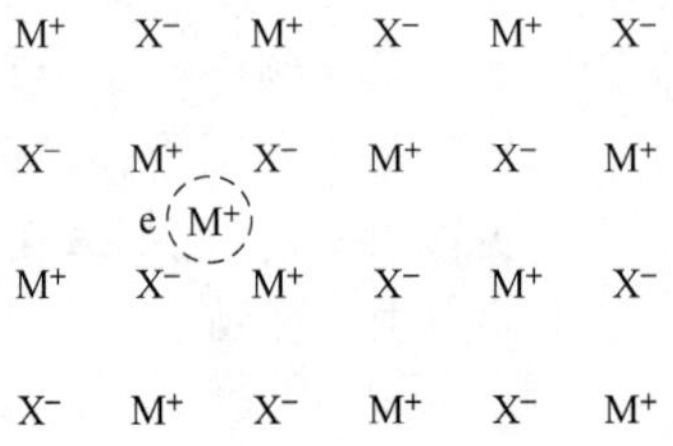

M^+ X^- M^+ X^- M^+ X^-

X^- M^+ X^- M^+ X^- M^+
e M^+
M^+ X^- M^+ X^- M^+ X^-

X^- M^+ X^- M^+ X^- M^+

图8-4 间隙正离子存在而形成的金属过剩型结构

例如ZnO在锌蒸气中加热，在该还原气氛中形成的晶体具有非整比的化学式$Zn_{1+x}O$，颜色会逐渐加深（这是由于准自由电子束缚在间隙金属离子周围而形成了一种具有颜色效应的缔合体，这就是后面要介绍的一种色心），其第一种方式的缺陷反应式如下：

$$ZnO \rightleftharpoons Zn_i^{\bullet} + e' + \frac{1}{2}O_2 \uparrow \tag{8-1}$$

$$ZnO \rightleftharpoons Zn_i^{\bullet\bullet} + 2e' + \frac{1}{2}O_2 \uparrow \tag{8-2}$$

上面两式的共同点是：晶体在锌蒸气中加热，氧分压相对较低，形成了环境的还原气氛，晶体中有氧的挥发。如果保持晶体的晶格位置平衡，部分锌原子可进入间隙位置。式（8-1）中的间隙锌原子有1个电子被电离后成为准自由电子，式（8-2）中的间隙锌原子有2个电子被电离而成为准自由电子。上述两式的形式都是正确的，但实验证明晶体中实际存在的主要是式（8-1）表征的一价间隙锌离子。这可能是由于第二个电子的电离能较高，因此间隙锌离子出现二价需要更高的温度。

对于式（8-1），由质量作用定律可得其平衡常数为

$$K = \frac{[Zn_i^{\bullet}][e']p_{O_2}^{1/2}}{[ZnO]} \tag{8-3}$$

又

$$[ZnO] \approx 1, [e'] \approx [Zn_i^{\bullet}]$$

故有

$$[Zn_i^{\bullet}] \propto p_{O_2}^{-1/4} \tag{8-4}$$

可见，间隙锌离子的浓度反比于氧分压的1/4次方，缺陷浓度随氧分压增大而减少，故这种缺陷是在还原（缺氧）气氛下生成的。由于结构中引入了准自由电子，它在电场下会运动，因此这种材料是n型半导体。

上述方式得出了缺陷浓度与环境氧分压的关系。设锌蒸气进入晶体后，Zn原子充分离解成Zn^{2+}，则其缺陷反应式也可按照第二种方式写为

$$Zn(g) \rightleftharpoons Zn_i^{\bullet\bullet} + 2e' \tag{8-5}$$

按质量作用定律，得其平衡常数为

$$K = \frac{Zn_i^{\bullet\bullet}[e']^2}{p_{Zn}} \tag{8-6}$$

又

$$[e'] = 2[Zn_i^{\bullet\bullet}] \tag{8-7}$$

由此可知，间隙锌离子的浓度与锌蒸气压的关系为

$$[Zn_i^{\bullet\bullet}] \propto p_{Zn}^{1/3} \tag{8-8}$$

如果锌蒸气进入晶体后，Zn 原子的离子化程度不足，则有

$$Zn(g) \rightleftharpoons Zn_i^{\bullet} + e' \tag{8-9}$$

按照式（8-5）~式(8-8) 的类似分析，可得

$$[Zn_i^{\bullet}] \propto p_{Zn}^{1/2} \tag{8-10}$$

上述 Zn 的离子化过程模式是由式（8-5）还是由式（8-9）所表达，理论上与 Zn 的电离势有关，实际上仍要通过实验来确定。

可见，第二种方式得出了缺陷浓度与环境中锌蒸气压的实际关系。

（2）负离子间隙型。在这类化合物的晶格中，由于负离子过剩而形成间隙负离子。为保持电中性，结构中引入电子空穴，相应的正离子升价。这样的空穴也不局限于某一个特定的正离子，在电场作用下它会产生运动而导电，因此这种材料为 p 型半导体。图 8-5 示意了具有这种缺陷的结构。

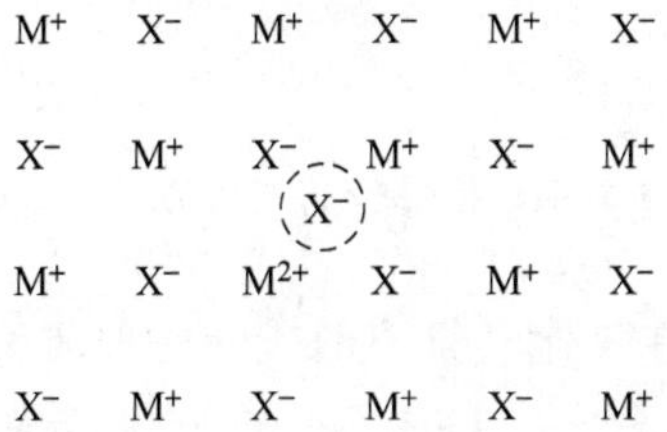

M^+ X^- M^+ X^- M^+ X^-

X^- M^+ X^- M^+ X^- M^+

X^-

M^+ X^- M^{2+} X^- M^+ X^-

X^- M^+ X^- M^+ X^- M^+

图 8-5 间隙负离子存在而形成的负离子过剩型结构

负离子一般较大，不易挤入间隙位置，由于这种晶体结构几何因素的影响，该类型十分少见。目前只发现 UO_{2+x}存在这种缺陷。UO_2 晶体属萤石结构，在氧化气氛中加热时可形成非整比化合物 UO_{2+x}，即氧分压较高时环境中的一部分氧溶于晶体而进入晶体的间隙位置。这些氧从正离子晶格处获取电子而形成氧离子，正离子则电价升高。为保持电荷平衡，晶体中的一部分铀以六价离子形式存在。对于 UO_{2+x}中的缺陷反应过程可表示为

$$UO_2 + \frac{1}{2}O_2(g) \longrightarrow U_U^{\bullet\bullet} + O_i'' + 2O_O \longrightarrow U_U + 2h^{\bullet} + O_i'' + 2O_O \tag{8-11}$$

上式过程的缺陷反应可简化得

$$\frac{1}{2}O_2(g) \rightleftharpoons O_i'' + 2h^{\bullet} \tag{8-12}$$

式中，间隙氧离子的浓度、空穴的浓度都与氧分压有关。这个过程可描述为：气氛中与晶体负离子成分相同的 O_2 溶于晶体并进入间隙位置，形成的间隙氧原子在电离的同时产生

了空穴，从而保持整个晶体的电中性。据上式可知，随着氧分压的增大，间隙氧离子的浓度将增大，空穴浓度也会增大，于是p型半导体的导电能力增强。

根据质量作用定律，上式的平衡常数为

$$K=\frac{[O_i'']\,[h^{\bullet}]^2}{p_{O_2}^{1/2}} \tag{8-13}$$

同时考虑到

$$[h^{\bullet}]=2[O_i''] \tag{8-14}$$

从而可得

$$[O_i'']\propto p_{O_2}^{1/6} \tag{8-15}$$

可见，在氧化气氛中烧结UO_2，可得到非整比晶体材料。随着氧分压的提高，间隙氧离子浓度增大，晶体中的空穴浓度也会同时增加。

（3）正离子空位型。这类化合物晶体中的正离子不足，带负电的正离子空位在其周围捕获带正电的空穴，以保持电中性。这些空穴也不固定在某个特定的正离子周围，在电场作用下会产生运动而导电。因此，这种材料也属p型半导体。图8-6示意了这种缺陷，如$Cu_{2-x}O$和$Fe_{1-x}O$即属于这种类型。

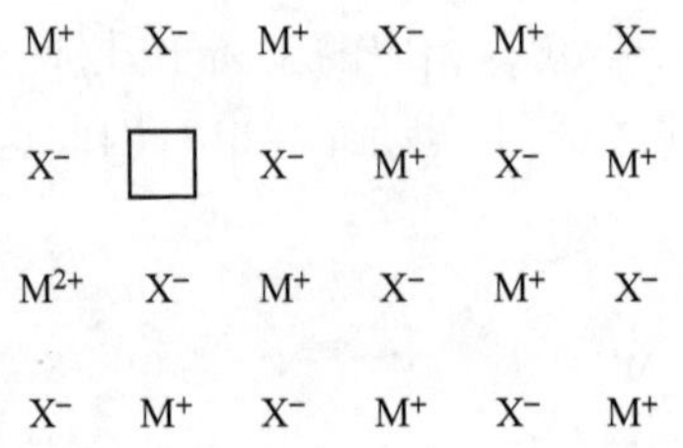

M^+ X^- M^+ X^- M^+ X^-

X^- □ X^- M^+ X^- M^+

M^{2+} X^- M^+ X^- M^+ X^-

X^- M^+ X^- M^+ X^- M^+

图8-6 正离子空位导致的正离子不足型缺陷结构

正离子空位型化合物也是在氧化气氛下形成的一种非整比化合物。能形成这类化合物的有NiO、CoO、MnO、Cu_2O、FeS和FeO等许多过渡金属氧化物。以方铁矿（$Fe_{0.95}O$）为例，在气氛中的氧作用下，可形成化学式为$Fe_{1-x}O$的非整比化合物。在氧分压较高时，环境中的氧进入晶格并占据正常格点位置，同时在正离子周围捕获电子，从而使原来晶体中二价的亚铁离子Fe^{2+}失去电子成为三价的Fe^{3+}。晶体中正、负离子格点位置的比例不变，因此部分正离子格点位置上出现空位。$Fe_{1-x}O$也可视为氧化铁Fe_2O_3掺杂固溶（参见本书第9章）在氧化亚铁FeO中。每缺少1个Fe^{2+}，为保持位置关系，就出现1个V_{Fe}''。为维持电中性，1个V_{Fe}''要引入2个空穴，相当于晶体中有2个Fe^{2+}转变成Fe^{3+}，即电中性要求3个Fe^{2+}被2个Fe^{3+}和1个空位所代替，对应的化学组成式为（$Fe_{1-x}Fe_{2x/3}$）O。其缺陷生成的反应式如下：

$$2FeO+\frac{1}{2}O_2(g)\rightleftharpoons 2Fe_{Fe}^{\bullet}+V_{Fe}''+3O_O \tag{8-16}$$

即

$$2Fe_{Fe}+2O_O+\frac{1}{2}O_2(g)\rightleftharpoons 2Fe_{Fe}^{\bullet}+V_{Fe}''+3O_O$$

或写成

$$2Fe_{Fe}+\frac{1}{2}O_2(g)\rightleftharpoons V''_{Fe}+2Fe^{\bullet}_{Fe}+O_O \tag{8-17}$$

式中，Fe_{Fe}和$Fe^{\bullet}_{Fe}$只相差1个正电荷，即

$$Fe^{\bullet}_{Fe}\rightleftharpoons Fe_{Fe}+h^{\bullet} \tag{8-18}$$

代入式（8-17）得最终的简化式：

$$\frac{1}{2}O_2(g)\rightleftharpoons V''_{Fe}+2h^{\bullet}+O_O \tag{8-19}$$

这个过程可以描述为：气氛中与晶体负离子成分相同的O_2溶于FeO并占据O^{2-}的正常晶格结点位置，为保持位置平衡即产生Fe^{2+}的荷电空位V''_{Fe}，同时为保持电中性又形成了带正电的空穴$h^{\bullet}$。

由式（8-19）可见，铁离子空位本身带2个负电荷，为保持电中性，每个铁离子空位周围吸引到2个空穴。根据质量作用定律，该式的平衡常数为

$$K=\frac{[O_O][V''_{Fe}][h^{\bullet}]^2}{p_{O_2}^{1/2}} \tag{8-20}$$

式中，$[O_O]$近似为常数。由此结合电中性要求，可进一步得出

$$[V''_{Fe}]=\frac{1}{2}[h^{\bullet}]\propto p_{O_2}^{1/6} \tag{8-21}$$

可见，随着氧分压的增大，铁离子空位的浓度也增大；空穴的浓度增大，电导率也相应增大。

由于$Fe_{1-x}O$存在着结构缺陷V''_{Fe}和空穴，其导电性能会大大增强。这个问题可用如下简单的方式来理解，即每个具体的铁离子都可通过得失电子（因而也是失去或获得空穴）而既可表现出正二价、又可表现出正三价，这就大大提高了整个材料的导电性。此外，由于天然方铁矿中的铁离子同时以Fe^{2+}和Fe^{3+}存在，因此往往将其化学式简单地写成Fe_3O_4（或$FeO\cdot Fe_2O_3$），但实际上可将其视为Fe_2O_3溶入FeO主晶体的固溶体（参见本书第9章），其中Fe^{2+}与Fe^{3+}的比值可在一定范围内变动。

$Cu_{2-x}O$和$Fe_{1-x}O$一样，随着氧分压的上升，正离子空位数量增加，空穴浓度也增加，故而电导率上升。在氧化铁非整比化合物中，铁空位V''_{Fe}可束缚带正电荷的空穴，形成缔合体。通过光激发可使空穴脱离正离子空位的作用（实际上是电子的跃迁和填补运动所致），成为自由的载流子。

（4）负离子空位型。这类化合物常见的例子有TiO_2、ZrO_2、CdO、CeO_2和Nb_2O_5等，其化学式又可分别写为TiO_{2-x}和ZrO_{2-x}等。从化学计量的观点来分析，这类化合物中的正、负离子比例本应是一个固定值，如在TiO_2晶体中的Ti原子与O原子数量比为1∶2。当处于还原气氛下，由于环境气氛中的氧不足，晶体中的氧可逸出到大气中，这时晶体中就出现氧空位。于是，金属离子的数量相对于化学式过剩，形成正、负离子数偏离Ti原子与O原子1∶2的化学整比关系。其化学式可写为TiO_{2-x}，其中x的大小与环境分压的大小有关。TiO_2的非化学计量范围较大，可从TiO到TiO_2作连续变化。因此，从化学观点看，缺氧的TiO_2可视为四价钛离子和三价钛离子共存的氧化物固溶体，其缺陷反应式为

$$2Ti_{Ti}+4O_O\rightleftharpoons 2Ti'_{Ti}+V^{\bullet\bullet}_O+3O_O+\frac{1}{2}O_2\uparrow \tag{8-22}$$

式中，Ti'_{Ti}意味着三价钛离子（Ti^{3+}）占据四价钛离子（Ti^{4+}）的位置，这种离子变价现象与晶格中氧离子数量的下降有关，并且总是和电子相联系。Ti^{4+}获得电子而变成Ti^{3+}，此电子并不是固定在一个特定的钛离子上，而是容易从一个位置迁移到另一个位置。更确切地说，可将这个电子视为氧离子空位周围束缚的过剩电子。因为氧空位是带正电的，在氧空位上可束缚两个这样的电子，这种电子若与附近的Ti^{4+}发生作用，则Ti^{4+}就变成Ti^{3+}。这些电子并不属于某个具体固定的Ti^{4+}，它们在电场作用下可从一个Ti^{4+}迁移到邻近的另一个Ti^{4+}上，从而形成电子导电。因此具有这种缺陷的材料是一种n型半导体。可见，上述缺陷反应也可写成如下的简单形式：

$$O_O \rightleftharpoons V_O^{\bullet\bullet} + 2e' + \frac{1}{2}O_2(g) \tag{8-23}$$

式中，e′的浓度$[e'] = [Ti'_{Ti}]$。这个过程可描述如下：氧原子以气态逸出晶体，为保持位置平衡而同时产生氧空位；而在形成氧离子空位的同时，又为保持整个晶体的电中性而产生了准自由电子。每一带两个正电荷的氧空位可以吸引两个这样的电子（其载体为Ti^{3+}，对应于Ti'_{Ti}），相当于氧空位周围形成两个Ti'_{Ti}。这种“氧空位-电子”缔合体中的电子可以吸收一定波长范围的光，使二氧化钛从白色或黄色变成蓝色直至灰黑色。二氧化钛在外电场的作用下，其内部的准自由电子（其载体为Ti^{3+}，对应于Ti'_{Ti}）可以从一个氧空位迁移到另一个氧空位，形成电子导电，因而它是一种n型半导体。

根据质量作用定律，上式中二氧化钛晶体在还原气氛中达到点缺陷平衡时的平衡常数为

$$K = \frac{[V_O^{\bullet\bullet}][e']^2 p_{O_2}^{1/2}}{[O_O]} \tag{8-24}$$

根据上式，加之晶体中的氧空位浓度与电子浓度成比例，即

$$2[V_O^{\bullet\bullet}] = [e'] \tag{8-25}$$

从而得

$$[V_O^{\bullet\bullet}] \propto p_{O_2}^{-1/6} \tag{8-26}$$

该式说明氧空位浓度和电子浓度都正比于氧分压的1/6次方。

由于二氧化钛晶体中的$V_O^{\bullet\bullet}$荷正电，因此电子易于被其束缚而形成一种负离子空位和电子的缔合。受外界能量的激发，电子也可脱离束缚而进入晶体的导带，成为自由电子，此即为式（8-23）所具有的物理意义。

对于上述4种类型的非整比化合物，其简化的缺陷形成可分别由反应式（8-1）[或式（8-2）]、式（8-12）、式（8-19）和式（8-23）来表示。这4个式子的共同点是等式某一边均有气体，例如氧气。可见，非整比化合物的产生及其缺陷的浓度与气氛的性质及气压的大小有着密切的关系，这是该缺陷与其他缺陷的最大不同点之一。一般来说，只有在一定的氧分压条件下，使产生的氧离子空位浓度和形成的间隙氧离子浓度相等时，即维持氧离子在晶体中的确定数量，才能形成严格意义上的化学计量化合物。另外，非整比化合物的缺陷浓度也与温度有关，这可从平衡常数K与温度的关系式中得以反映。

非整比化合物非常类似于前述的不等价置换中所产生的组分缺陷情形。这种组分缺陷使化学计量的化合物变成了非整比化合物，只是这种不等价置换发生在同一种离子中的高价态与低价态之间，而一般不等价置换可发生在不同离子之间。因此，非整比氧化物可视

为变价元素中的高价态与低价态氧化物之间由于环境中氧分压的变化而引起的，这是不等价置换中的一个特例。

非整比化合物中的点缺陷浓度由气氛确定，对于氧化物则取决于氧分压的大小。非整比化合物中由离子变价产生的晶体导带上的电子和价带上的空穴，都可在相应的能带上定向运动而形成半导体。而且，还原气氛下形成的是 n 型半导体，氧化气氛下形成的则是 p 型半导体。

对于含有过渡金属离子的化合物，无论是否存在不等价杂质离子置换，都可通过不同气氛下的热处理或热分解等方法获得非整比化合物。在变化的气氛下，晶体中的过渡金属离子电价发生变化，同时伴随有离子空位和间隙离子等点缺陷的产生，从而形成化学组成非整比的非整比化合物。

非整比化合物的本征缺陷浓度可用热力学方法来处理。在晶体缺陷中，只有点缺陷、电子和空穴缺陷是热力学可逆并与体系的平衡状态有关的；而位错和面缺陷等不属于热缺陷，不具有热力学可逆的性质，因此不能用热力学方法来处理。

研究表明，在一定的温度下，MX 固体化合物中的两种空位（属肖特基缺陷）浓度的乘积 $[V_M][V_X]$ 是一个定值，两种间隙离子（属弗仑克尔缺陷）浓度的乘积 $[M_i][X_i]$ 也是一个定值。此外，通过气氛的控制，就可控制非整比化合物中的缺陷浓度。

8.2.3 非整比相的组成范围

化合物一般具有确定的组成和结构，但非整比化合物虽有确定的结构，组成却可在一定范围内变化。例如，氧化亚铁具有 NaCl 结构，但其组成并不是 FeO，而是在 $Fe_{0.870}O$ 到 $Fe_{0.952}O$ 之间变化，其中存在大量的铁离子空位。

非整比化合物是原子的相对数目不可用小整数比来表示的化合物。随着固体理论研究工作的深入，出现了一系列具有重要用途的非整比化合物。例如，高温超导体 $YBa_2Cu_3O_{7-x}$（其中 $0<x<1$，下同）就是该类具有二价和三价铜离子的混合价态的非整比化合物，其他具有混合价态的非整比化合物如 La_xSr_{1-x} 和 FeO_{3-x} 等也各自在电学、磁学和催化特性等方面显现出优势。这种非整比化合物的组成比例在一定范围内可变的情况是相当普遍的，其产生原因可能是：（1）一种原子部分地从有规则的结构位置中失去（如 $Fe_{1-x}O$）；（2）一种原子存在着超过结构所需的数目（如 $Zn_{1+x}O$）；（3）一种原子被另一种原子所取代。

如果晶体生长或所处外部环境的组分不固定，同时晶体的原子（或离子）与包围晶体的气相原子（或离子）之间达到平衡，则晶体的两类原子的比例也可能发生变化。例如，将金属氧化物置于氧分压高的气氛下，则晶体中的氧负离子将很难从内部迁移到表面，而是将发生相反的过程，即晶体表面上预先吸附的氧会进入晶体内部。

在非整比化合物中一般所遇到的结构和性质可通过下面所列具体化合物来加以说明。

（1）氧化锌 $Zn_{1+x}O$：将氧化锌晶体在 600 ~ 1200 ℃的锌蒸气中加热，能形成很小的化学配比偏差，晶体变为红色，它们在室温下的电导与化学计量的 ZnO 相比有一定的提高。晶体为红色及其电导的增大可归因于间隙锌原子的存在。

（2）氧化钛 $TiO_{1\pm x}$：这种物质的组成可以从 $TiO_{0.85}$ 到 $TiO_{1.18}$，氧的变化范围（0.85 ~ 1.18）较宽，并可观察到金属的特性。其金属性质是由于 d 电子重叠而使电子失去定域化的结果。

许多固体无机化合物的组成是可变的，其属于非整比化合物。不含外来杂质的纯净的固体化合物中的非整比性，是由于物相中存在各种点缺陷，如空位缺陷、间隙原子、错位原子等。因此，缺陷对于固体化合物的非整比性起着本质作用。

非整比化合物一般为高温体系。半经验的研究结果表明，金属过剩偏离往往很小，且这种偏离一般不易检测。这是由于间隙原子有减小晶格能的倾向，从而降低了晶体的稳定性。相反，非金属过量时则有较宽的非整比组成范围，其主要原因是：正离子价态增加，因而库仑引力增大，故晶格能增大，结构更稳定。此外，一个非整比化合物的最大允许组成范围随非金属电负性的减小而增大（即共价因素增大有利于计量比宽化）。例如，碘化物对化学计量的偏离大于氟化物，而硫化物、硒化物的组成变动范围则大于氧化物。

过渡金属氧化物具有典型的非化学计量性。例如，在各种结构的钛的氧化物的非计量组成中，非计量组成既可以是钛过量，也可以是氧过量（见表8-1）。在 TiO 的情况下，钛过量即形成 V_O，而氧过量则形成 V_{Ti}。以氧化钛 $TiO_{0.85\sim1.18}$为例，在900 ℃以上，具有很高的本征无序度（由本征缺陷浓度来表征）。在非整比氧化钛 TiO_x 中，存在着很宽的组成范围，这是由于在结构中存在 Ti 原子空位和 O 原子空位的不平衡（见图8-7）。

表8-1　钛氧化物的非计量组成范围及缺陷类型

钛氧化物	O原子数：Ti原子数	Ti过量	O过量
TiO	0.85～1.18	V_O	V_{Ti}
Ti_2O_3	1.419～1.573	$Ti_i + V_O$	$O_i + V_{Ti}$
Ti_4O_7	1.751～1.778		
Ti_5O_9	1.778～1.818		
Ti_6O_{11}	1.818～1.839		
Ti_7O_{13}	1.839～1.857		
Ti_8O_{15}	1.862～1.875		
Ti_9O_{17}	1.875～1.900		
TiO_2	1.992～2.000		

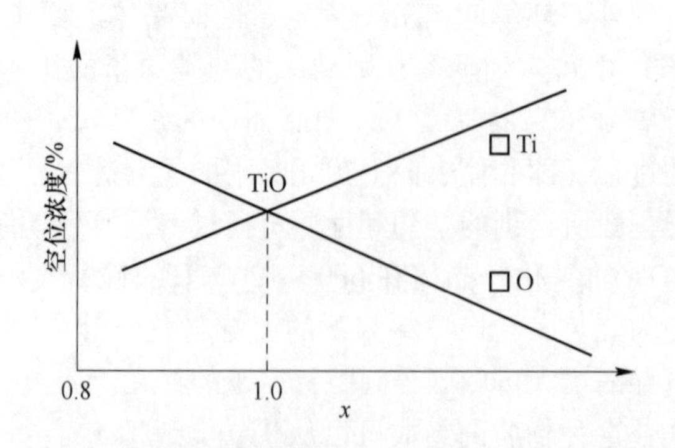

图8-7　TiO_x 中钛空位和氧空位浓度与组成关系示意图

高温下，非整比 TiO_x 的空位浓度高，但可稳定存在，这可能与过渡金属的电子结构有关。在轻过渡元素中，有效核电荷较低，d 轨道可由一个晶胞涉入另一个晶胞。因此，TiO_x 为准金属，有一部分 d 电子密度是非定域的，其进入导带，使晶体的稳定性提高。

8.2.4　非整比结构的能态

非整比缺陷（非化学计量缺陷）往往发生在这样一些化合物上，即这些化合物的化学组成会随着周围气氛的性质和压力大小的变化而发生组成明显偏离化学计量的现象。这种缺陷是形成 n 型或 p 型半导体的重要基础，如 TiO_2 在还原气氛下形成的 TiO_{2-x}($x=0\sim1$)即为一种 n 型半导体。

非化学计量结构缺陷也称为电荷缺陷。从能带理论来看，非金属固体具有价带、禁带和导带。在 0 K 时导带为全空，价带则被电子全充满。由于热作用或其他能量传递，价带中的电子被激发到导带中，此时在价带留下空穴，并产生导带电子。这样虽未破坏原子排列的周期性，但由于空穴和电子分别带有正电荷和负电荷，因此在它们周围形成一个附加电场，从而引起周期性势场的畸变。

8.3　非整比缺陷反应与平衡

8.3.1　非整比化合物的基本缺陷反应

下面以 MX 型化合物为例，并为简化表达而假定正、负离子分别为正二价和负二价，由此讨论相关的基本缺陷反应方程式与化学计量的关系。根据前面第 8.2 节的相关内容，将非整比化合物的基本缺陷反应总结如下：

（1）非整比化合物 $M_{1-x}X$（正离子缺位—外延生长，亦见前述“减掺合”）：

$$\frac{1}{2}X_2(g) \rightleftharpoons V_M^{\times} + X_X^{\times} \tag{8-27}$$

$$V_M^{\times} \rightleftharpoons V_M' + h^{\bullet} \tag{8-28}$$

$$V_M' \rightleftharpoons V_M'' + h^{\bullet} \tag{8-29}$$

若缺陷反应按上述过程充分进行，则有

$$\frac{1}{2}X_2(g) \rightleftharpoons V_M'' + 2h^{\bullet} + X_X^{\times} \tag{8-30}$$

如果晶体中输运电流的载流子主要为 $h^{\bullet}$，则这类晶体称为 p 型半导体材料，如 $Ni_{1-x}O$、$Fe_{1-x}O$、$Co_{1-x}O$、$Mn_{1-x}O$、$Cu_{2-x}O$、$Ti_{1-x}O$、$V_{1-x}O$ 等在一定条件下均可制成该型晶体材料。

（2）非整比化合物 MX_{1-x}（负离子缺位—逸出气相，亦见前述“减掺合”）：

$$X_X^{\times} \rightleftharpoons V_X^{\times} + \frac{1}{2}X_2(g) \tag{8-31}$$

$$V_X^{\times} \rightleftharpoons V_X^{\bullet} + e' \tag{8-32}$$

$$V_X^{\bullet} \rightleftharpoons V_X^{\bullet\bullet} + e' \tag{8-33}$$

若缺陷反应按上述过程充分进行，则有

$$X_X^\times \rightleftharpoons V_X^{\bullet\bullet} + 2e' + \frac{1}{2}X_2(g) \tag{8-34}$$

如果晶体中输运电流的载流子主要为 e′，则这类晶体称为 n 型半导体材料，如 TiO_{2-x}、ZrO_{2-x}、Nb_2O_{5-x}、CeO_{2-x}、WO_{2-x}等在一定条件下均可制成该型晶体材料。

(3) 非整比化合物 $M_{1+x}X$（正离子间隙型—逸出气相，亦见前述"间隙掺合"）：

$$M_M^\times + X_X^\times \rightleftharpoons M_i^\times + \frac{1}{2}X_2(g) \tag{8-35}$$

$$M_i^\times \rightleftharpoons M_i^\bullet + e' \tag{8-36}$$

$$M_i^\bullet \rightleftharpoons M_i^{\bullet\bullet} + e' \tag{8-37}$$

若缺陷反应按上述过程充分进行，则有

$$M_M^\times + X_X^\times \rightleftharpoons M_i^{\bullet\bullet} + 2e' + \frac{1}{2}X_2(g) \tag{8-38}$$

可见，$M_{1+x}X$ 在一定条件下也可制成 n 型半导体材料。实践中，$Zn_{1+x}O$ 在一定条件下可制成半导体气敏材料。

(4) 非整比化合物 MX_{1+x}（负离子间隙型—气相渗入，亦见前述"间隙掺合"）：

$$\frac{1}{2}X_2(g) \rightleftharpoons X_i^\times \tag{8-39}$$

$$X_i^\times \rightleftharpoons X_i' + h^\bullet \tag{8-40}$$

$$X_i' \rightleftharpoons X_i'' + h^\bullet \tag{8-41}$$

若缺陷反应按上述过程充分进行，则有

$$\frac{1}{2}X_2(g) \rightleftharpoons X_i'' + 2h^\bullet \tag{8-42}$$

可见，MX_{1+x}在一定条件下也可制成 p 型半导体材料，如 TiO_{1+x}、VO_{1+x}、UO_{2+x}等即属于此种类型。

另外，还有一些缺陷的存在也会形成非整比化合物。错位原子和空位缺陷对（存在反结构缺陷的情形之一）就是这样的情形。例如 M_X 和 V_M 或 X_M 和 V_X 同时存在，形成两种错位原子和空位缺陷对。在 Ni 和 Al 的金属间化合物中就有这种情况。错位原子和间隙原子对（存在反结构缺陷的情形之一）也是这样的情形。比如 X_M 和 M_i 或 M_X 和 X_i 同时存在就是这种情况，但目前尚未发现有此类实例。

此外，前述"替代掺合"（亦为反结构缺陷情形）是一种单向性单发错位原子缺陷。如在 MX 晶体中的 M 原子和 X 原子没有实现等量的相互错置，但既不出现空位也不出现间隙原子；亦即晶体中或者形成 M_X 而保持 M 亚晶格完整，或者形成 X_M 而保持 X 亚晶格完整。

8.3.2 非整比缺陷平衡及其近似处理

本部分采用固体中缺陷的生成反应以及相应的质量作用定律和平衡常数来讨论缺陷的平衡。准化学平衡法假定所有的点缺陷均处于热力学平衡之中。晶体中的点缺陷浓度一般较小，可将其视为点缺陷稀的固体溶液。假定缺陷为随机分布，因而可用质量作用定律来讨论点缺陷和晶体之间的平衡。利用质量作用定律来处理缺陷问题时，在低浓度下可用浓度代替活度。下面即用质量作用定律进行讨论。

以二元氧化物 MO 为例，其最受关注的是 4 种点缺陷，即电子（e'）、空穴（$h^{\bullet}$）、富 M 的缺陷 $M_i^{\bullet\bullet}$（或 $V_O^{\bullet\bullet}$）和富 O 的缺陷 O_i''（或 V_M''）。一般忽略反结构缺陷，如 M 占据 O 位或 O 占据 M 位。这是由于反结构缺陷一般只存在于电负性相差不大的化合物中，主要存在于金属间化合物中。下面讨论的情况是假定该氧化物为肖特基无序，即主要是 e'、$h^{\bullet}$、$V_O^{\bullet\bullet}$ 及 V_M'' 等 4 种点缺陷。

（1）电子性缺陷平衡，其平衡式为

$$0 \rightleftharpoons e' + h^{\bullet} \tag{8-43}$$

$$K_i = [n][p] \tag{8-44}$$

（2）晶格缺陷平衡（已假定为肖特基无序），其平衡式为

$$0 \rightleftharpoons V_M'' + V_O^{\bullet\bullet} \tag{8-45}$$

$$K_S = [V_M''][V_O^{\bullet\bullet}] \tag{8-46}$$

（3）晶体与其组分之一的气相接触而可能成为非整比化合物。设 MO 与 O_2 达到平衡而产生偏离化学计量的 V_M''（晶体外延生长），则有

$$\frac{1}{2}O_2(g) \rightleftharpoons V_M'' + O_O^{\times} + 2h^{\bullet} \tag{8-47}$$

$$K = [V_M''][p]^2/p_{O_2}^{1/2} \tag{8-48}$$

（4）气相 O_2 进入晶格时对氧空位的填补，此时也有平衡：

$$V_O^{\bullet\bullet} + 2e' + \frac{1}{2}O_2 \rightleftharpoons O_O^{\times} \tag{8-49}$$

$$K' = [V_O^{\bullet\bullet}][n]^2 p_{O_2}^{\frac{1}{2}} \tag{8-50}$$

（5）电中性条件：

$$2[V_M''] + [e'] = 2[V_O^{\bullet\bullet}] + [h^{\bullet}] \tag{8-51}$$

即

$$2[V_M''] + [n] = 2[V_O^{\bullet\bullet}] + [p] \tag{8-52}$$

从数学上讲，将上述各平衡常数方程式联立求解，即可得出各类缺陷浓度及其随平衡气相分压 p_{O_2} 变化的关系。然而，实际上要解出这些方程，却是非常困难的。Kroger 和 Vink 采用一种近似的方法（即 G. Brouver 近似法），将 p_{O_2} 的值分为 3 个区间，在各区间内令电中性条件作不同的近似而改变，便可求出各类缺陷浓度随 p_{O_2} 变化的函数关系。

1）当 $K_S < K_i$ 时：

① 氧分压大的区间。此时因 p_{O_2} 较大，故而 $[V_O^{\bullet\bullet}]$ 和 $[n]$ 的浓度值相应较小，$[V_M'']$ 和 $[p]$ 的浓度值则相应较大。因此，电中性条件式（8-52）可简化为

$$2[V_M''] \approx [p] \tag{8-53}$$

将式（8-53）代入式（8-48），得

$$[p] \approx \sqrt[3]{2K} p_{O_2}^{1/6} \tag{8-54}$$

将上式代入式（8-44），得

$$[n] \approx \frac{K_i}{\sqrt[3]{2K}} p_{O_2}^{-1/6} \tag{8-55}$$

由式（8-53）、式（8-54）和式（8-46），得

$$[V_O^{\bullet\bullet}] \approx \frac{2K_S}{\sqrt[3]{2K}} p_{O_2}^{-1/6} \tag{8-56}$$

② 氧分压适中的区间。随着 p_{O_2} 降低，电子浓度 [n] 变大，式（8-53）的近似条件不再成立。由于 $K_S < K_i$，所以此时 $[p] \gg 2[V_O^{\bullet\bullet}]$，$[n] \gg 2[V_M'']$，从而可将电中性条件式（8-52）简化成

$$[n] \approx [p]（电中性条件） \tag{8-57}$$

联立式（8-44）、式（8-46）、式（8-48）和式（8-57），得

$$[n] \approx [p] \approx \sqrt{K_i} \tag{8-58}$$

$$[V_M''] \approx K p_{O_2}^{1/2} / K_i \tag{8-59}$$

$$[V_O^{\bullet\bullet}] \approx \frac{K_i K_S}{K} p_{O_2}^{1/2} \tag{8-60}$$

③ 氧分压低的区间。此时氧空位为主导：$[V_O^{\bullet\bullet}]$、$[n] \gg [V_M'']$、$[p]$，从而可将式（8-53）简化为

$$[n] \approx 2[V_O^{\bullet\bullet}] \tag{8-61}$$

联立式（8-44）、式（8-46）、式（8-48）和式（8-61），得

$$[n] \approx 2[V_O^{\bullet\bullet}] \approx 2\sqrt[3]{K_S K_i^2/(4K)} p_{O_2}^{-1/6} \tag{8-62}$$

$$[V_O^{\bullet\bullet}] \approx \sqrt[3]{K_S K_i^2/(4K)} p_{O_2}^{-1/6} \tag{8-63}$$

$$[p] \approx (K_i/2) \sqrt[3]{4K/(K_S K_i^2)} p_{O_2}^{1/6} \tag{8-64}$$

$$[V_M''] \approx K_S \sqrt[3]{4K/(K_S K_i^2)} p_{O_2}^{1/6} \tag{8-65}$$

根据以上分析计算得出的 $MO-O_2$ 体系缺陷平衡图见图 8-8。

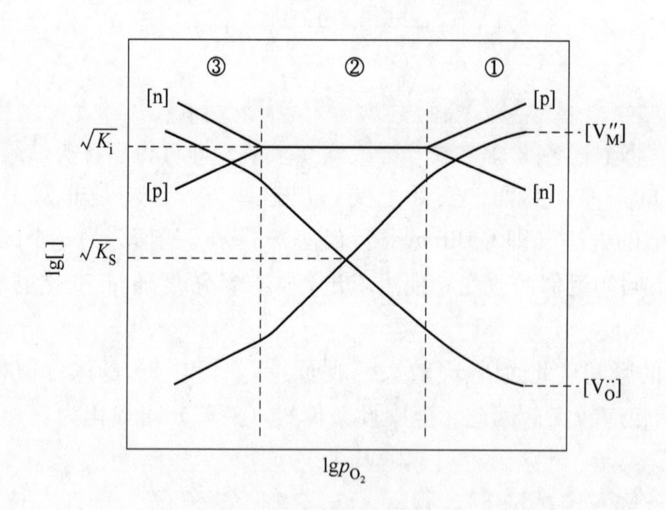

图 8-8　$MO-O_2$ 体系的缺陷平衡图

（浓度剧变者为原子性缺陷即离子空位，变化较平缓者为电子性缺陷）

2）当 $K_S > K_i$ 时：

同上可得出此时各类缺陷浓度随 p_{O_2} 而变化的函数关系（同前面第 7 章第 7.4.2 节对“实例：MgO 晶体”所述的相关推导）。

综上所述，可将氧分压p_{O_2}的整个范围分成3个区域。当p_{O_2}很大时，空穴$h^{\bullet}$和正离子空位V''_M占主导，MO为p型导电体，空穴浓度$[p]\propto p_{O_2}^{1/6}$；当p_{O_2}很小时，电子e'和氧空位$V_O^{\bullet\bullet}$占主导，MO为n型导电体，电子浓度$[n]\propto p_{O_2}^{-1/6}$。当氧分压适中时，对应于化学计量MO，视$K_S$和$K_i$的相对大小而有不同的结果：$K_S<K_i$时为电子导体；$K_S>K_i$时为原子性缺陷占主导，若其迁移率足够大，则一般为离子导体。

实际上，固体往往含有一定量的杂质，因此会带来新的点缺陷，特别是杂质不同于晶格固有的原子价时，将大大改变固体中的点缺陷浓度。杂质的主要效应涉及电中性条件，即电荷中性要求荷正电的缺陷数目必须对应于荷负电的缺陷数目。仍考虑$K_S<K_i$的情况，且假定掺入的杂质是三价元素N，此时固体中每个置换式的杂质原子都带一个有效正电荷，因此式（8-51）的电中性条件变为

$$2[V''_M]+[n]=[N_M^{\bullet}]+2[V_O^{\bullet\bullet}]+[p] \tag{8-66}$$

式中，$[N_M^{\bullet}]$为占据M格点的正三价杂质原子N的浓度。通过类似的近似处理，可绘出对应的缺陷平衡图。

上述各种缺陷平衡常数K_i、K_S和K等均为温度的函数，因此主要缺陷的种类及其浓度既是氧分压的函数，也是杂质和温度的函数。固体的物理性质（如扩散系数和电导等）将受到这些因素的影响。

8.3.3 非整比化合物的研究方法

非整比化合物（非化学计量化合物）的问题实质上都是点缺陷的问题，因此其研究方法本质上都是点缺陷的分析测试问题。下面介绍几种非整比化合物的常用研究方法，其中有些方法并不会涉及复杂的微区分析技术。

（1）微质量法：非整比化合物的缺陷浓度与其环境气氛有关。由于气氛的改变而引起晶体内缺陷浓度的变化，可造成物质密度的不同。因此，用微质量法可反过来判断晶体中缺陷的种类和浓度。该法是测定在给定温度（通常是高温）条件下，非整比化合物的质量随环境气氛改变所发生的变化。例如将M_aO_{b+x}（如UO_{2+x}）晶体试样周围的氧分压p_{O_2}降低时，式（8-12）的反应将向左移动，晶体有部分分解并逸出O_2，试样质量减小，同时会有间隙离子缺陷浓度的相应降低，最终导致偏离非整比值的降低和密度的改变。对于M_aO_{b-x}（如TiO_{2-x}）晶体，当其试样周围的p_{O_2}降低时，式（8-23）的平衡将向右移动，氧空位浓度增大，试样质量随之减小，而偏离化学计量的程度则增加。

可见，用微质量法精确地测定试样在给定温度条件下质量随气氛的变化，便可反过来直接推知该晶体中的主要缺陷类型和缺陷浓度的信息。为此，可从纯金属试样入手，用一个可在恒温恒压下精确测定样品质量变化的热天平进行实验。先使金属M的表面完全氧化成一个MO(设M离子为二价)氧化层，从试样M的质量增加可计算出表层氧化物MO中M和O的摩尔分数，从而求出x值。在给定温度的不同氧分压p_{O_2}下做实验，可得到一系列x值。对于$M_{1-x}O$或MO_{1+x}型的氧化物，存在下述关系［参见式(8-15)和式(8-21)］：

$$x=Cp_{O_2}^{1/n} \tag{8-67}$$

式中，C为常数。对上式两边取对数作图，可得到一系列x值随p_{O_2}变化的等温直线，由其斜率可求出指数$1/n$，进而可确定缺陷的浓度。实验也可在等压变温条件下进行，测得

一套 $\lg x = f(1/T)$ 函数的等压直线，由该直线斜率和截距求出缺陷的生成焓和熵变。

（2）化学分析法：化学分析法虽难以精确到足以判断非整比化合物的组成，但可用来测定晶体中非正常价态原子的存在及其浓度，从而推知晶体中金属原子是过量还是不足。

用化学分析法不能直接确定非整比化合物的组成，这是因为普通的定量分析方法误差为 $\pm 1.0 \times 10^{-3}$，而带有本征缺陷的晶体偏离化学计量的组成一般都在 1.0×10^{-3} 以下。然而，可用化学分析的方法来测定非整比化合物中的金属原子是过量还是不足。一般是直接测定其中非正常价态原子的浓度，便可确定其组成相对化学计量的偏离值。例如，非整比化合物 $Fe_{1-x}O$ 可视为 Fe_2O_3 在 FeO 中的固溶体，在一定气氛条件下将其溶解可形成含有大量 Fe^{2+} 和少量 Fe^{3+} 的溶液［参见式（8-17）］，用 $Ce(SO_4)_2$ 可滴定其中 Fe^{3+} 的含量。

（3）X 射线粉末衍射法：晶体中的空位、间隙原子或置换均会导致晶格尺寸的变化，因此精确测量晶格尺寸可用于分析点缺陷的种类。X 射线粉末衍射即可用以得到有关晶格尺寸的信息。对于非整比化合物，如果晶体中的缺陷浓度明显地随温度而变化，就可比较容易地区分出缺陷所引起的效果和晶体本身所产生的效应。例如 AgBr、AgCl 和 AgI，其在较高温度下晶胞参数显著增大的原因可认为是生成了弗仑克尔缺陷。间隙型固溶体的晶胞参数总是增大，而空位则常会引起晶胞参数的减小。

8.4 氧化物与点缺陷

8.4.1 氧化物的用途

氧化物具有熔点高、硬度大、重量轻、强度高、介电性好、热导率低、化学稳定性佳等优良性质，可耐高温、耐磨损、耐氧化和腐蚀，是一类用途十分普遍的工程材料。除广泛用作绝缘材料、隔热材料、耐磨材料和耐高温材料外，氧化物还在很多功能场合占据着重要的地位，如作为电子材料、磁性材料、光学材料、氧化物半导体材料、氧化物超导材料，还有各种敏感材料（包括热敏材料、压敏材料、气敏材料、湿敏材料）等。特别举例来说，稳定化的 ZrO_2（加入适量的相变稳定剂如 MgO、CaO）具有很低的热导率，是一种优秀的高温耐火材料；用 MgO、CaO、Y_2O_3 等稳定的 ZrO_2 在高温（1273 K 以上）下还是一种优良的导体，可用作高温发热元件；电介质在交流电场作用下会因反复极化而发热致使能量消耗，α-Al_2O_3 刚玉瓷、TiO_2 金红石瓷则可用作高频情况下低损耗的介电材料；在电子材料中，ZnO 用于压敏电阻（电阻随电压而变化）；BaO-TiO_2 体系和 PbO-TiO_2 体系可作为压电材料（外力作用下发生形变，出现正、负电荷中心位置偏离而极化的材料）；镧钡铜氧体（La-Ba-Cu-O 体系）实现的零电阻临界温度 T_c（居里温度）达到了 30 K，我国科学家用 Y 置换 La-Ba-Cu-O 体系中的 La 而将 T_c 提高到 90 K 以上，后来的 Tl-Ba-Ca-Cu-O 体系更是使 T_c 上升到 120 K；PbO_2 是一种良好的光电导材料（可由光激发而产生电流的物质）；石英（SiO_2）是一种重要的非线性光学材料（激光在内部传播时出射光会产生频率、相位等传输特性的变化的材料）；Al_2O_3 陶瓷还是传统的生物材料，因其生物相容性良好，可制作髋关节球以及假肢和牙科种植体；铁氧体永磁材料是以 Fe_2O_3 为主要成分的复合氧化物，Fe_3O_4、$NiFe_2O_4$、$CuFe_2O_4$ 等铁氧体都是一些常温下呈铁磁性的物质；

ZrO_2 增韧陶瓷在应力作用下会诱发相变，利用这种状态变化与热性能的关系，能制成可自诊断的智能材料（智能材料是可感知和响应环境变化并具有功能发现能力的材料）。氧化物材料中包含的点缺陷对氧化物材料的功能性质具有重大的影响。

8.4.2 氧化物结构与点缺陷

8.4.2.1 氧化物的晶体结构

每种氧化物都具有一定的晶体结构，大多数金属氧化物（包括硫化物、卤化物等）的晶体结构都是由氧离子的密排六方晶格或立方晶格组成。许多简单的金属氧化物的晶体结构都可视为氧离子在空间按六方密排或面心立方密排而金属离子占据氧离子密积结构的间隙位置。间隙位置有两种类型：一是由 4 个氧离子包围的四面体间隙；二是由 6 个氧离子包围的八面体间隙（见图 8-9）。在密排结构中，每个氧离子对应着 2 个四面体和 1 个八面体间隙位置，而金属离子则规则地排布在这些间隙位置上。在不同的简单金属氧化物晶体结构中，正离子可以有规律地占据四面体间隙或八面体间隙，也可以同时占据这两种间隙。根据氧离子和金属离子所占据位置的不同，简单的金属氧化物可以形成多种类型的晶体结构。其中包括 6 种典型的结构，即如第 3 章所述的氯化钠（NaCl）型、氟化钙（CaF_2）型、金红石（TiO_2）型、刚玉（α-Al_2O_3）型、尖晶石（MN_2O_4）型和 SiO_2 结构等（见表 8-2）。

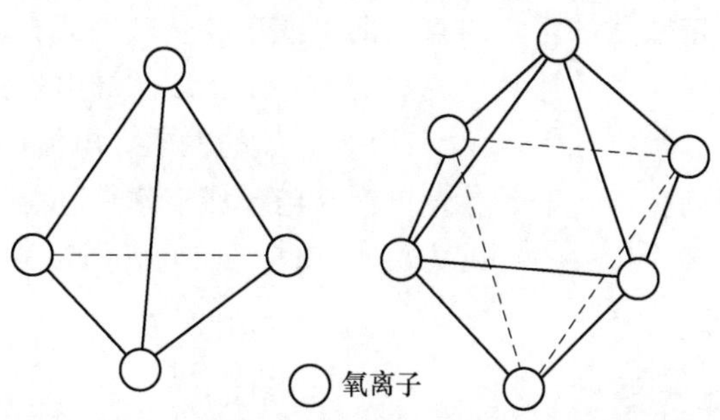

图 8-9 氧离子排列构成的四面体和八面体

表 8-2 属于不同晶体结构类型的氧化物种类

晶体结构类型	氧化物种类
氯化钠型	MgO、CaO、SrO、CdO、CoO、NiO、FeO、MnO、TiO、NbO、VO 等
氟化钙型	ZrO_2、HfO_2、UO_2、CeO_2、ThO_2、PuO_2 等
金红石型	TiO_2、SnO_2、MnO_2、VO_2、MoO_2、WO_2 等
刚玉型	α-Al_2O_3、α-Fe_2O_3、Cr_2O_3、Ti_2O_3、V_2O_3 等

8.4.2.2 非整比氧化物中的点缺陷

此类氧化物是指金属和氧离子数之比不是准确地符合化学式给出的比例。氧化物一般都会在某种程度上偏离精确的化学计量比。有些氧化物偏离较显著，甚至有些氧化物在符合化学计量时是不稳定的。例如氧化亚铁（浮氏体），通常其化学式写作 FeO，事实上在所有平衡条件下都是缺 Fe 的，因此实际的化学式应写为 $Fe_{1-x}O$（其中的 x 称为非整比偏离度，它是一个小于 1 的纯小数）。在 1000 ℃时，该偏离度为 0.12，即每 1 mol 的 FeO 中缺少 0.12 mol 的 Fe，故此时化学式应为 $Fe_{0.88}O$。

非整比氧化物中的缺陷主要是晶格中的氧缺陷或金属缺陷。据此，可将非整比氧化物分成 3 类：（1）负离子缺陷氧化物（氧不足或氧过剩）；（2）正离子缺陷氧化物（金属不足或金属过剩）；（3）同时具有正、负离子缺陷的氧化物。在某些氧化物中，同时存在正、负两种离子的缺陷。例如 TiO 与 NbO，两者具有 NaCl 型晶体结构，在 TiO 中有 1/7 的正、负离子位置为空，在 NbO 中有 1/4 的正、负离子位置为空。

具有氧负离子缺陷的氧化物不仅其缺陷浓度随温度与压力而变化，而且占优的缺陷类型也随氧分压而变化。例如，随着氧分压由低到高，Ta_2O_5 的缺陷结构由氧不足变为氧过剩。

金属不足型氧化物中的金属离子空位占优势，化学式可写为 $M_{1-x}O$，其中 x 是小于 1 的纯小数。带电金属空位必然伴随有正的电子缺陷即空穴，空穴导电，为 p 型半导体。

$M_{1-x}O$ 氧化物中的缺陷浓度高时可导致相变，如 FeO 可变为 Fe_3O_4。属于此类氧化物的还有 MnO、CoO、NiO 及 Cu_2O 等。

有些非整比氧化物中的偏离度很小，如 MgO 与 Al_2O_3 等，称为近化学计量氧化物。该类氧化物中的点缺陷可能与化学计量化合物相同，为弗仑克尔缺陷或肖特基缺陷占优，或者两者同时存在。

氧化物通常为非整比的，因此要假设同时存在一定数目的电子或空穴来保持平衡。对应的实际情况可能是一定数目的正常格点负离子或正离子获得或失去额外的电子，从而在价态上发生了变化。因此，非整比氧化物表现出一定程度的导电性，其电导率处于导体和绝缘体之间，为 $10^{-10} \sim 10^{3}\ \Omega^{-1} \cdot m^{-1}$，具有半导体的性质。电流的传导依靠离子和电子。在大多数的氧化物晶格内，离子的迁移速度慢，电子或空穴往往为占优的载流子。这类氧化物也称作电子导体。离子传导占优的为离子导体（如电解质）。下面主要介绍属于电子导体的氧化物。

8.4.3 氧化物的半导体类型

根据氧化物中占优的载流子为电子或空穴的不同，可将氧化物半导体主要分为两类：n 型半导体和 p 型半导体。

8.4.3.1 n 型半导体

电子为占优的载流子，有金属过剩型和非金属不足型两类。在金属过剩型（$M_{1+x}O$）半导体氧化物中存在多余的金属离子，它们以间隙离子的形式出现。为保持电中性，同时还存在着与间隙离子平衡的导带电子。属于这种类型的典型氧化物有 ZnO 等。在非金属不足型（MO_{1-x}）氧化物中，氧离子相对金属离子缺乏，其中同时存在着氧离子空位和平衡数目的电子。属于这种半导体类型的氧化物有 TiO_2、Nb_2O_5 和 Ta_2O_5 等（见表 8-3）。

表 8-3 不同半导体类型的氧化物（硫化物和氮化物）种类

分类	氧化物、硫化物和氮化物
n 型半导体	BeO，MgO，CaO，SrO，BaO，BaS，ScN，CeO_2，ThO，UO_3，U_3O_8，TiO_2，TiS_2，TiN，ZrO_2，V_2O_5，VN，Nb_2O_5，Ta_2O_5，MoO_3，WO_3，WS_2，MnO_2，Fe_2O_3，$MgFe_2O_4$，$NiFe_2O_4$，$ZnFe_2O_4$，$ZnCo_2O_4$，ZnO，CdO，CdS，HgS，Al_2O_3，$MgAl_2O_4$，$ZnAl_2O_4$，Tl_2O_3，SiO_2，SnO_2，PbO_2

续表 8-3

分类	氧化物、硫化物和氮化物
p 型半导体	UO_2，Cr_2O_3（<1250 ℃），$MgCr_2O_4$，$FeCr_2O_4$，$CoCr_2O_4$，$ZnCr_2O_4$，MoS_2，MnO，Mn_3O_4，Mn_2O_3，ReS_2，FeO，NiO，NiS，CoO，PdO，Cu_2O，Cu_2S，Ag_2O，$CoAl_2O_4$，$NiAl_2O_4$，Ti_2S，SnS
两性导体（电子导体和离子导体）	TiO，Ti_2O_3，VO，Cr_2O_3（>1250 ℃），MoO_2，FeS_2，RuO_2，PbS

8.4.3.2 p 型半导体

空穴为占优的载流子，有金属不足型和非金属过剩型两类。在金属不足型（$M_{1-x}O$）半导体氧化物中，不足的金属离子表现为金属离子的空位，为保持电中性还存在一定数量的空穴。这类氧化物的典型例子为 NiO。在该类氧化物的缺陷结构中，将正常格点上的 Ni^{2+} 以 Ni 原子的形式移出晶格，为保持电中性对应须有两个格点上的 Ni^{2+} 各自提供一个电子，从而形成两个价态变为三价的正离子。由于过渡族金属离子大多都有几种价态，因此形成空穴的概率相对较高。而不同价态越接近，就越易通过金属不足的 p 型机制诱导正离子空位。

非金属过剩型氧化物（MO_{1+x}）中的氧组分过剩，多余的氧以间隙氧离子的形式存在，同时有相当的空穴以保持电中性。O^{2-} 半径为 0.14 nm，常见的金属离子半径通常要小于 O^{2-} 的半径，因此 O^{2-} 处于晶格的间隙位置会导致晶格出现较大的畸变。从能量角度考虑，这种情形的晶格是不稳定的，所以在常见金属氧化物中几乎没有发现这种类型。

8.4.3.3 氧化物的电导率

对于氧化物半导体，可能的载流子有间隙离子、离子空位、电子和空穴。大多数氧化物都是电子或空穴的传导占优。表征半导体导电性的参量是电导率（单位是 S/m 或 $\Omega^{-1}\cdot m^{-1}$），即单位电场强度中通过的电流密度。

根据能斯特-爱因斯坦（Nernst-Einstein）公式，某种载流子的电导率（单位是 $\Omega^{-1}\cdot m^{-1}$）为

$$\sigma = \frac{Dq^2C}{RT} \propto C \tag{8-68}$$

式中，D 为该载流子的扩散系数，m^2/s；q 为一个载流子的电荷量，C；C 为该载流子的浓度；R 为摩尔气体常数，取 8.314 J/(mol · K)。因此，如果知道了某种载流子的浓度，就可知道该种载流子对总电导的贡献。每种载流子的浓度都可通过晶体的缺陷反应方程得出。不同类型的半导体氧化物具有不同种类的载流子，因此需要针对不同的情况进行具体的分析。

非整比氧化物中的缺陷反应必须遵守的一些规则如下：

（1）正常的正、负离子格点数之比是一个常数。这一点无论是对于化学计量氧化物，还是对于非整比氧化物，都是如此。

（2）缺陷反应前后，正常格点数可能会发生变化。这是由于与环境中的氧反应，有可能在表面产生新的格点或导致表面原有格点的部分消失。但是，电子和空穴的产生不引起格点数量的变化。

（3）质量守恒。由于电子和空穴的质量可忽略，因此它们对质量守恒不会产生影响。

（4）电中性。如前所述，考虑氧化物的电中性时须包括晶体内和表面上所有的带电粒子。表面离子有悬挂键，这与体内的离子不同。因此，如果考虑的氧化物晶体足够大，则表面离子数相对体内离子数就并不重要。

8.5 氧化物缺陷平衡

8.5.1 点缺陷平衡热力学

点缺陷的热力学理论基于这样一个假设，即实际晶体可视为一种以晶格为“溶剂”而点缺陷为“溶质”的“溶液”。当点缺陷数量远小于晶格格位数量时，“溶液”为无限稀，此时以缺陷浓度用于质量作用定律具有良好的近似结果。当缺陷浓度超过0.1%（原子数分数）时，就需考虑缺陷之间以及晶格上的离子与缺陷之间的相互作用。这时会导致缺陷簇的形成，因而点缺陷的热力学不再适用。点缺陷的热力学定量描述和结论只适用于缺陷浓度不超过千分之几的情况。

8.5.2 氧化物中的点缺陷平衡

点缺陷可以在氧化物内部形成，也可以通过与环境的反应而形成。描述其缺陷反应同样有一些规则可循，包括晶格格位的变化、质量守恒、电中性和质量作用定律。

在理想氧化物的晶体中，正离子和负离子的格位数量之比是个常数。因此，氧化物MO中M和O的规则格位数之比为1∶1，与该氧化物是否符合化学计量比无关。相应地，氧化物M_2O_5中规则的正离子与负离子格位数之比为2∶5。如果通过肖特基缺陷反应在M_2O_5中产生5个O空位，则会同时产生2个M空位。在缺陷反应中如果有新格位的产生或消失，则反应前后的晶格格位数必然不会相等，但正、负离子原有的格位数比例不变。并注意到，电子缺陷的形成不会产生新的格位。

在绝大多数实验条件下，可从非整比氧化物中去除氧或者添加氧，从而创建或者湮灭点缺陷。氧化物的非整比程度与温度和组分分压均有关系。

非整比金属氧化物中存在不等价的点缺陷。为满足电中性的要求，需同时产生空穴或缺陷电子。对于氧不足型氧化物MO，非整比反应式可写为

$$MO \rightleftharpoons MO_{1-x} + \frac{x}{2}O_2(g) \tag{8-69}$$

可见化学计量偏离度随氧分压降低而增大；氧过剩型氧化物则相反，其偏离度将随氧分压降低而减小。

又如，一个金属过剩氧化物的非整比反应式为

$$(1+x)MO = M_{1+x}O + \frac{x}{2}O_2 \tag{8-70}$$

可见其非整比程度随氧分压下降而增大；与此相反，在金属不足氧化物中，非整比程度随氧分压增大而增加。

8.5.2.1 氧负离子缺陷氧化物

（1）在氧不足型氧化物中，氧空位占优势，其形成的一般化缺陷反应式为

$$O_O^{\times} \rightleftharpoons V_O^{\bullet\bullet} + \frac{1}{2}O_2(g) + 2e' \tag{8-71}$$

要完整地描述非整比氧化物晶体中的点缺陷平衡，除应用电中性原理及弗仑克尔和肖特基缺陷平衡，还需考虑本征电子平衡，包括价带电子被激发到导带和价带留下空穴。该过程可写为

$$0 \rightleftharpoons e' + h^{\bullet} \tag{8-72}$$

对于原子性缺陷平衡常数很大的弗仑克尔缺陷与肖特基缺陷，本征电子平衡可以忽略。

（2）对于氧过剩型氧化物，即间隙氧离子占优氧化物，其缺陷平衡可采用与氧不足型氧化物的类似方法处理。形成缺陷的一般反应式为

$$\frac{1}{2}O_2(g) \rightleftharpoons O_i'' + 2h^{\bullet} \tag{8-73}$$

（3）在氧空位和间隙氧同时存在的氧化物中，对氧不足型氧化物而言，氧分压低时为氧空位占优，氧分压高时为间隙氧占优，中等氧分压范围内则氧化物为化学计量化合物（即整比化合物）或近化学计量化合物，此时须考虑本征电子平衡与弗仑克尔缺陷平衡。

8.5.2.2 正离子缺陷氧化物

（1）在金属不足氧化物中，形成金属离子的空位 $V_M^{n'}$，带 n 个有效负电荷。按电中性原则，每一个 $V_M^{n'}$ 将产生 n 个空穴，即 $[h^{\bullet}] = n[V_M^{n'}]$，因此这类氧化物为 p 型半导体，其一般化缺陷反应式为

$$\frac{1}{2}O_2 \rightleftharpoons V_M^{n'} + nh^{\bullet} + O_O^{\times} \tag{8-74}$$

反应常数为

$$K = [V_M^{n'}][h^{\bullet}]^n p_{O_2}^{-1/2} \tag{8-75}$$

从而得到

$$[V_M^{n'}] = \frac{1}{n}[h^{\bullet}] = n^{-\frac{n}{n+1}} K^{\frac{1}{n+1}} p_{O_2}^{\frac{1}{2(n+1)}} \tag{8-76}$$

因此，金属不足氧化物的金属离子空位浓度及电导率随氧分压的上升而增大。

典型的金属不足氧化物有 NiO、FeO、Cu_2O、CoO、MnO、Bi_2O_3、FeS、Cu_2S、Ag_2O、Ag_2S、SnS、CuI 等。

对于以 MO 为基准的金属不足型非整比氧化物，其中金属空位占优，对应的缺陷反应式如下：

$$\frac{1}{2}O_2 \rightleftharpoons V_M'' + 2h^{\bullet} + MO \tag{8-77}$$

若空穴（$h^{\bullet}$）与正常晶格位置上的金属离子相缔合，则空穴可写为升价缺陷，如 M^{3+} 即 $M_M^{\bullet}$。

（2）在金属过剩氧化物中，过剩金属离子位于晶格间隙而形成点缺陷 $M_i^{n\bullet}$，带 n 个有效正电荷，为保持电中性，每形成一个 $M_i^{n\bullet}$ 必然产生 n 个电子。因此，这类氧化物为 n 型半导体（注：这里 n 型指负型，其中正体的 n 表示 negative，与前面表示数量的“n 个电子”中的斜体 n 不同），其一般化缺陷反应式为

$$MO \rightleftharpoons M_i^{n\cdot} + ne' + \frac{1}{2}O_2 \tag{8-78}$$

反应常数为

$$K = [M_i^{n\cdot}][e']^n p_{O_2}^{1/2} \tag{8-79}$$

且

$$[M_i^{n\cdot}] = \frac{1}{n}[e'] \tag{8-80}$$

从而得到

$$[M_i^{n\cdot}] = \frac{1}{n}[e'] = n^{-\frac{n}{n+1}} K^{\frac{1}{n+1}} p_{O_2}^{-\frac{1}{2(n+1)}} \tag{8-81}$$

由于氧化物的电导率 σ 与 $[e']$ 成正比，可见金属过剩氧化物的间隙金属离子浓度及电导率均随氧分压的增大而减小。由上式，根据电导率（或说 $[e']$）与氧分压的关系，即可得出间隙金属离子所携带的有效电荷 n 值。

典型的金属过剩氧化物有 ZnO、CdO、BeO、V_2O_5、PbO_2、MoO_3、WO_3、CdS、BaS、Cr_2S_3、TiS_2 等。

8.5.3 掺杂离子对缺陷平衡的影响

以上讨论的是纯氧化物中的内原子错序（即弗仑克尔缺陷和肖特基缺陷）以及电子缺陷的平衡。实际上氧化物中一般都存在外来离子或者说掺杂（dopants），它们显著地影响了缺陷浓度。下面以化学计量氧化物为例加以说明。讨论时假设掺杂离子进入基体中的正常晶格格点位置（不考虑掺杂离子进入间隙位置的情况），掺杂离子的影响局限在其溶解度（参见第9章的固溶度）范围内，除价态影响外的原子尺寸及其产生的应变均忽略不计，并假定点缺陷是单个不连续的。

8.5.3.1 含有带二价电荷的肖特基缺陷（V_M'' 与 $V_O^{\cdot\cdot}$）的化学计量氧化物 MO

如果在这种氧化物中添加少量三价氧化物 Me_2O_3 ［小写 e 为英文单词 external（外部的）的首字母］并溶解于 MO 中，若三价离子进入 MO 中的正常正离子位置，且本征电子平衡可忽略不计时，有如下反应：

$$Me_2O_3 \rightleftharpoons 2Me_M^{\cdot} + V_M'' + 3O_O^{\times} \tag{8-82}$$

式中，$Me_M^{\cdot}$ 由三价 Me 离子占据正常二价正离子位置形成，三价 Me 离子比二价 M 离子多出一个正电荷。上式表示溶解两个三价离子形成一个带双电荷的正离子空位，而在肖特基缺陷平衡中还有与正离子空位对应的氧空位。由电中性原理，有

$$[Me_M^{\cdot}] + 2[V_O^{\cdot\cdot}] = 2[V_M''] \tag{8-83}$$

即

$$[V_O^{\cdot\cdot}] = [V_M''] - \frac{1}{2}[Me_M^{\cdot}] \tag{8-84}$$

将上式的负离子空位浓度代入肖特基平衡常数表达式

$$K_S = [V_M''][V_O^{\cdot\cdot}] \tag{8-85}$$

可得

$$[V_M''] = \frac{K_S}{[V_M'']} + \frac{1}{2}[Me_M^{\cdot}] \tag{8-86}$$

式中，K_S 为肖特基缺陷结构浓度的平衡常数，其值随温度呈指数增加。

对方程式（8-86）而言，存在两种可能的极限情况：

（1）低温时，

$$\frac{K_S}{[V_M'']} \ll \frac{1}{2}[Me_M^{\bullet}] \tag{8-87}$$

因此

$$[V_M''] \approx \frac{1}{2}[Me_M^{\bullet}] \tag{8-88}$$

即正离子空位浓度等于添加的三价正离子浓度的一半。

（2）高温时，

$$\frac{K_S}{[V_M'']} \gg \frac{1}{2}[Me_M^{\bullet}] \tag{8-89}$$

因此

$$[V_M''] \approx K_S^{1/2} \tag{8-90}$$

此时缺陷浓度几乎不受添加的三价正离子所影响，它只取决于肖特基缺陷平衡。

上述处理方法特别适合于具有肖特基缺陷的离子晶体，如向 NaCl 中添加 $CdCl_2$ 等。

若向 MO 中添加少量一价正离子，即意味着这种正离子带有一个负有效电荷。相应地，当添加一价正离子的浓度增大，则正离子空位浓度会减小，而负离子空位浓度将增大。

8.5.3.2 含有二价正离子的弗仑克尔缺陷（$M_i^{\bullet\bullet}$ 与 V_M''）的氧化物 MO

如果在这种氧化物中添加氧化物 Me_2O_3 并溶解于 MO 中，若三价正离子处于 MO 的晶格正常正离子位置，当本征电子平衡可忽略时，同样有反应

$$Me_2O_3 \rightleftharpoons 2Me_M^{\bullet} + V_M'' + 3O_O^{\times} \tag{8-91}$$

由电中性关系（理由同前）

$$[Me_M^{\bullet}] + 2[M_i^{\bullet\bullet}] = 2[V_M''] \tag{8-92}$$

上式结合弗仑克尔平衡常数表达式

$$K_F = [M_i^{\bullet\bullet}][V_M''] \tag{8-93}$$

即可给出正离子空位浓度

$$[V_M''] = \frac{K_F}{[V_M'']} + \frac{1}{2}[Me_M^{\bullet}] \tag{8-94}$$

式中，K_F 为弗仑克尔缺陷结构浓度的平衡常数。式（8-86）的两种极限情况原理上对式（8-94)都适用：第一种情况即低温时，二价正离子空位浓度为三价正离子浓度的一半，即$[V_M''] \approx [Me_M^{\bullet}]/2$；第二种情况即高温时，弗仑克尔缺陷平衡的缺陷浓度为$[V_M''] \approx K_F^{1/2}$，即几乎不受掺杂离子的影响。这在其他具有弗仑克尔缺陷的离子晶体中也得到证实与确认，如向 AgBr 中加入 CdB_2。

若向 MO 中添加一价的外来正离子，则结果相反，间隙离子浓度将增大，而正离子空位浓度会减小。

值得指出的是，由上述电中性平衡式可以得出如下规则：将所有带正、负电荷的缺陷浓度分别写在等式两边（一边为正，一边为负），同边相互加和，浓度系数即为缺陷的荷电数。

8.6　掺杂对氧化物缺陷性质的影响

当外来金属原子掺入氧化物晶格时，既可能进入间隙位置而成为杂质间隙离子，也可能置换一个正常格位上的基体金属离子而成为置换式杂质离子。前一情况较简单，其缺陷形式可视为基本的间隙点缺陷，掺杂结果使晶体中的导带电子浓度增加。后一情况则应根据杂质离子与基体金属离子的价态比，在晶格中产生相应的平衡电子或空穴，从而对氧化物的导电性产生不同的影响。下面仅对置换式杂质产生的效应作简化分析，以具体的例子来说明掺杂对非整比氧化物中缺陷浓度及导电性的影响。在分析中假定掺杂的外来金属离子在其溶解度范围之内，只考虑价态的影响而忽略离子半径及由此造成的应力场影响。此外，还将体系视为稀溶液，即点缺陷是相互独立的。

8.6.1　在 n 型半导体氧化物中的掺杂

下面首先考虑 ZnO(n 型半导体)中分别掺杂 Al_2O_3 和 Li_2O 的两种情况。

8.6.1.1　ZnO 中掺杂 Al_2O_3

掺入的 Al^{3+} 的价态高于 Zn^{2+}，Al^{3+} 在晶格中占据 Zn^{2+} 的正常格点时，Al_2O_3 可通过两种方式溶解到 ZnO 中：

（1）一个 Al_2O_3 分子中有三个氧离子，其中两个 O^{2-} 与被 Al^{3+} 置换出来的两个 Zn^{2+} 构成两对 ZnO 晶格。剩余的一个氧离子则在放电后以中性氧的形式逸出到气氛中，并放出两个电子进入导带。ZnO 中的原有间隙锌离子得以保持。这一过程的示意见图 8-10。

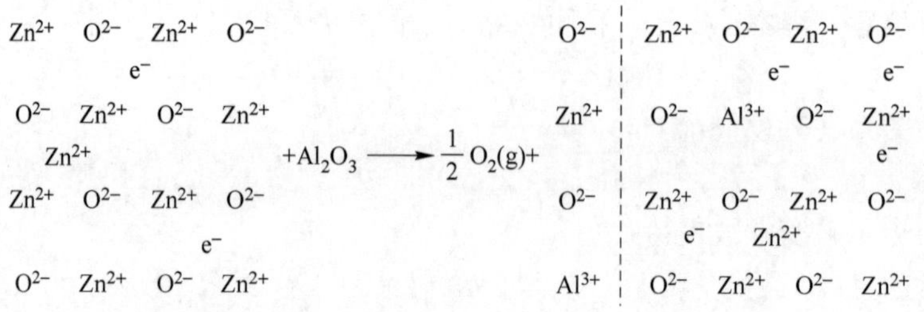

Zn^{2+} O^{2-} Zn^{2+} O^{2-}
e^-
O^{2-} Zn^{2+} O^{2-} Zn^{2+}
Zn^{2+}
Zn^{2+} O^{2-} Zn^{2+} O^{2-}
e^-
O^{2-} Zn^{2+} O^{2-} Zn^{2+}

$+Al_2O_3 \longrightarrow \frac{1}{2}O_2(g)+$

O^{2-} ¦ Zn^{2+} O^{2-} Zn^{2+} O^{2-}
e^- e^-
Zn^{2+} ¦ O^{2-} Al^{3+} O^{2-} Zn^{2+}
e^-
O^{2-} ¦ Zn^{2+} O^{2-} Zn^{2+} O^{2-}
e^- Zn^{2+}
Al^{3+} ¦ O^{2-} Zn^{2+} O^{2-} Zn^{2+}

图 8-10　在 ZnO 中掺杂 Al_2O_3 时的结构演变示意图：模式 I

将图 8-10 中所有参与反应的晶格离子、点缺陷、反应物 Al_2O_3 和生成物 O_2 写出，简化后就得到对应上述过程的缺陷反应式：

$$Al_2O_3 \xrightarrow{ZnO} 2Al_{Zn}^{\bullet} + 2e' + 2O_O^{\times} + \frac{1}{2}O_2\uparrow \tag{8-95}$$

（2）Al_2O_3 中的全部氧离子都结合构成新的晶格格点，此时要消耗原有的间隙锌离子（见图 8-11）。

对应的缺陷反应式为

$$Al_2O_3 + Zn_i^{\bullet\bullet} \longrightarrow 2Al_{Zn}^{\bullet} + 3O_O^{\times} + Zn_{Zn}^{\times} \tag{8-96}$$

若间隙位置为一价锌离子，则缺陷反应式为

$$Al_2O_3 + Zn_i^{\bullet} \longrightarrow 2Al_{Zn}^{\bullet} + e' + 3O_O^{\times} + Zn_{Zn}^{\times} \tag{8-97}$$

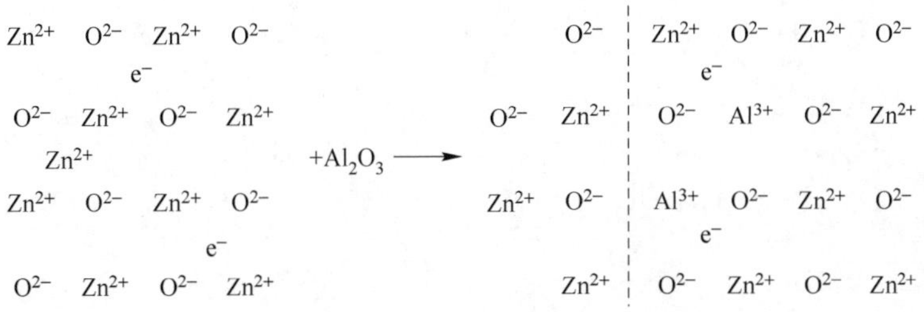

Zn^{2+} O^{2-} Zn^{2+} O^{2-} → O^{2-} ¦ Zn^{2+} O^{2-} Zn^{2+} O^{2-}
e^- ¦ e^-
O^{2-} Zn^{2+} O^{2-} Zn^{2+} → O^{2-} Zn^{2+} ¦ O^{2-} Al^{3+} O^{2-} Zn^{2+}
Zn^{2+} $+Al_2O_3$ ⟶
Zn^{2+} O^{2-} Zn^{2+} O^{2-} → Zn^{2+} O^{2-} ¦ Al^{3+} O^{2-} Zn^{2+} O^{2-}
e^- ¦ e^-
O^{2-} Zn^{2+} O^{2-} Zn^{2+} → Zn^{2+} ¦ O^{2-} Zn^{2+} O^{2-} Zn^{2+}

图 8-11 在 ZnO 中掺杂 Al_2O_3 时的结构演变示意图：模式Ⅱ

可见，当 ZnO 中掺杂 Al_2O_3 时，结果会有导带电子浓度的增大（见图 8-10 的模式Ⅰ），从而使晶体的电导率增大（降低间隙正离子电导率的作用相对贡献很小）。类似地，在 ZnO 中掺杂 Cr_2O_3 时也会产生同样的效应。

上述分析的前提是杂质掺入的浓度非常低，彼此间没有相互作用，符合稀溶液条件。当掺入的杂质浓度较高时，这一假设条件便不能满足，上述分析结果不再适用。

8.6.1.2 ZnO 中掺杂 Li_2O

掺入 Li^+ 的价态低于 Zn^{2+}，Li^+ 在晶格中占据 Zn^{2+} 的正常格点时，也能以两种方式发生溶解反应：

(1) 两个 Li^+ 占据两个 Zn^{2+} 的正常位置。但 Li_2O 中仅提供一个配对的氧离子，另一个氧离子由气氛中的 $\frac{1}{2}O_2$ 充填，并从导带上获取两个电子而发生电离。这一过程如图 8-12 所示。

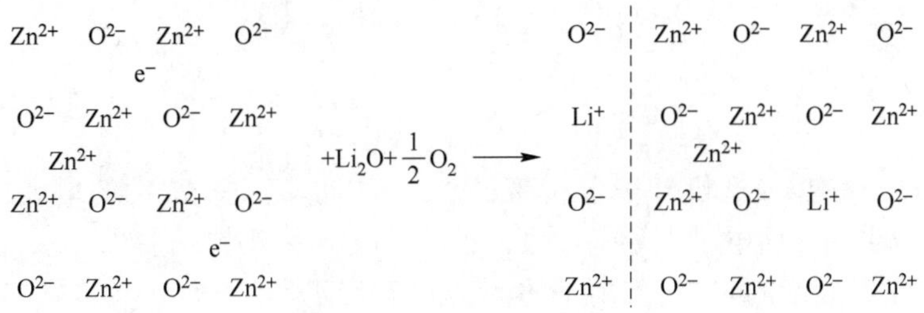

Zn^{2+} O^{2-} Zn^{2+} O^{2-} → O^{2-} ¦ Zn^{2+} O^{2-} Zn^{2+} O^{2-}
e^-
O^{2-} Zn^{2+} O^{2-} Zn^{2+} → Li^+ ¦ O^{2-} Zn^{2+} O^{2-} Zn^{2+}
Zn^{2+} $+Li_2O+\frac{1}{2}O_2$ ⟶ ¦ Zn^{2+}
Zn^{2+} O^{2-} Zn^{2+} O^{2-} → O^{2-} ¦ Zn^{2+} O^{2-} Li^+ O^{2-}
e^-
O^{2-} Zn^{2+} O^{2-} Zn^{2+} → Zn^{2+} ¦ O^{2-} Zn^{2+} O^{2-} Zn^{2+}

图 8-12 在 ZnO 中掺杂 Li_2O 时的结构演变示意图：模式Ⅰ

晶体中发生如下缺陷反应：

$$Li_2O + 2e' + \frac{1}{2}O_2 \longrightarrow 2Li'_{Zn} + 2O_O^{\times} \tag{8-98}$$

(2) 两个 Li^+ 占据 Zn^{2+} 的正常位置时，有一个 Zn^{2+} 进入间隙。这一过程示意于图 8-13。对应的缺陷反应式为

$$Li_2O + Zn_{Zn}^{\times} \longrightarrow 2Li'_{Zn} + Zn_i^{\bullet\bullet} + O_O^{\times} \tag{8-99}$$

在 ZnO 中掺杂 Li_2O 时，结果有晶体中的间隙锌离子浓度增加，并可以使导带中的电子浓度减小（见图 8-12 的模式Ⅰ），从而使晶体的总电导率降低（增大间隙氧离子电导率的作用相对贡献很小）。当 Li_2O 的添加量小于 1%（摩尔分数）时，实测结果和分析结果一致。

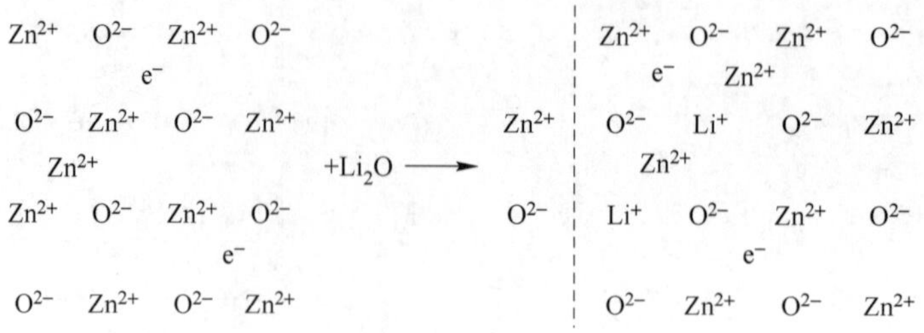

Zn^{2+}　O^{2-}　Zn^{2+}　O^{2-}　　　　　　　　　Zn^{2+}　O^{2-}　Zn^{2+}　O^{2-}
　　e^-　　　　　　　　　　　　　　　　　　　e^-　Zn^{2+}
O^{2-}　Zn^{2+}　O^{2-}　Zn^{2+}　　　　　Zn^{2+}　O^{2-}　Li^+　O^{2-}　Zn^{2+}
　Zn^{2+}　　　　　$+Li_2O \longrightarrow$　　　　　Zn^{2+}
Zn^{2+}　O^{2-}　Zn^{2+}　O^{2-}　　　　　O^{2-}　Li^+　O^{2-}　Zn^{2+}　O^{2-}
　　　e^-　　　　　　　　　　　　　　　　　　　e^-
O^{2-}　Zn^{2+}　O^{2-}　Zn^{2+}　　　　　　　　　O^{2-}　Zn^{2+}　O^{2-}　Zn^{2+}

图8-13　在ZnO中掺杂Li_2O时的结构演变示意图：模式Ⅱ

8.6.2　在p型半导体氧化物中的掺杂

对于p型半导体的讨论，可采用与上述n型半导体完全类似的方法。例如，在NiO（p型半导体）中分别掺入Cr_2O_3和Li_2O时，可能发生的缺陷反应如下：

（1）在NiO中掺入Cr_2O_3时，有

$$Cr_2O_3 + Ni_{Ni}^{\times} \longrightarrow 2Cr_{Ni}^{\bullet} + V_{Ni}'' + 3O_O^{\times} \tag{8-100}$$

或

$$Cr_2O_3 + 2h^{\bullet} \longrightarrow 2Cr_{Ni}^{\bullet} + 2O_O^{\times} + \frac{1}{2}O_2 \uparrow \tag{8-101}$$

可见，当NiO中掺入高价外来金属离子时，可以导致正离子空位的增加，也可以引起空穴浓度的减小，因而可以增大正离子电导率，降低电子电导率。总的来说，晶体电导率只可能减小。

（2）在NiO中掺入Li_2O时，有

$$Li_2O + \frac{1}{2}O_2 \longrightarrow 2Li_{Ni}' + 2h^{\bullet} + 2O_O^{\times} \tag{8-102}$$

或

$$Li_2O + V_{Ni}'' \longrightarrow 2Li_{Ni}' + O_O^{\times} \tag{8-103}$$

可见，当NiO中掺入低价外来金属离子时，可以引起空穴浓度的增大，也可以导致正离子空位的减少，因而电子电导率增大，正离子电导率减小。总的来说，晶体电导率只可能提高。这与掺入高价外来金属离子的情况正好相反。

事实上，上述从ZnO和NiO得到的结论分别对所有n型半导体和p型半导体氧化物都成立。有研究者总结了掺杂对缺陷浓度的影响，并归纳出关于此类氧化物半导体的对应法则：

对于n型半导体，如果添加的外来正离子的价态高于生成氧化物的基体金属的价态，则离子缺陷的浓度降低；如果添加的外来正离子的价态低于生成氧化物中基体金属的价态，则离子缺陷的浓度增加。

对于p型半导体，如果添加的外来正离子的价态低于生成氧化物中基体金属的价态，则离子缺陷的浓度降低；如果添加的外来正离子的价态高于生成氧化物中基体金属的价态，则离子缺陷的浓度增加。

8.6.3　半导瓷

半导体陶瓷（简称半导瓷）是一种重要的电子类功能材料，现对其作专门的介绍。

该材料一般是由一种或数种金属氧化物采用陶瓷工艺制备的多晶体。这种半导体材料不同于通常的硅、锗元素半导体或 GaAs 等化合物半导体，其典型特性有：（1）化学性质较复杂，易产生化学计量比的偏离而在晶格中形成固有点缺陷；（2）半导瓷氧化物中存在的是离子键，故而材料中的载流子迁移机理比一般半导体更为复杂；（3）半导瓷是多晶材料，存在晶界是其重要特性，并将会产生压敏效应等。

因此，要深入了解半导体陶瓷材料的电学性能，就需研究晶体中存在的原子缺陷和电子缺陷的产生、存在状态、相互依存、转化与运动的规律。

氧化物一般具有较宽的禁带（$E_g \geqslant 3$ eV），常温下为绝缘体。如果在禁带中形成附加能级，且这些附加能级的电离能都比较低，则在高温下受到热激发就会产生载流子而形成半导体。氧化物陶瓷这种由绝缘体转变为半导体的现象称为半导化。氧化物晶体产生附加能级主要有两个途径：一是纯净氧化物通过化学计量比的偏离而在晶体中形成固有缺陷；二是氧化物中掺入少量杂质而在晶体中形成杂质缺陷。于是，氧化物晶体中由于存在固有缺陷，以及外来杂质的影响，使周期变化势场受到干扰，在禁带中就会产生附加能级。

8.6.3.1 施主能级结构

要在半导瓷能带结构的禁带中产生施主能级，其情况有二：一是氧化物晶体中引入高价金属原子置换部分固有金属原子；二是晶体中存在氧空位或金属间隙原子等固有缺陷。

（1）杂质施主能级。在半导体理论中，半导体中的杂质原子可以使电子在其周围运动而形成量子态，杂质量子态的能级处于禁带之中。若是替位高价杂质，则在半导体晶体能带的导带底附近位置产生附加的施主能级。例如，在氧化物晶体 MO 中，金属离子 M^{2+} 是二价的，若掺入三价金属离子 N^{3+} 形成置换离子，则在靠近导带底的位置上产生附加能级，即杂质施主能级。

（2）氧空位或间隙金属离子施主能级。半导瓷的制备通常要经过高温烧结阶段，如果烧结在氮气或氢气气氛中进行，其氧分压低于某一临界值，则晶粒内部的氧将向外扩散而产生氧不足，而冷却过程中在高温热平衡状态下产生的氧不足会保留下来，造成偏离化学计量比。对于 MO 晶体，将会使 MO 的化学式变为 MO_{1-x} 或 $M_{1+x}O$。此时由于氧不足而出现的固有缺陷有两种可能：一是产生氧空位固有缺陷；二是产生间隙金属离子固有缺陷。这两种可能情况都会在晶格周围产生过剩电子，这些过剩的电子被氧空位或间隙金属离子形成的正电中心所束缚，且处于一种弱束缚状态，在导带下面形成施主能级。

8.6.3.2 受主能级结构

要在半导瓷能带结构的禁带中产生受主能级，其情况既可以是氧化物晶体中引入低价金属原子置换部分固有金属原子，也可以是晶体中存在金属离子空位固有缺陷。

（1）杂质受主能级。在氧化物晶体中掺入低价的替位杂质原子，则会在半导体晶体能带中位于价带顶附近的位置产生附加的受主能级。例如，在氧化物晶体 MO 中，如果掺入一价金属杂质离子 N^{+}，使它置换 M^{2+} 的晶格位置，则在位于靠近价带顶的位置产生附加能级，即杂质受主能级。

（2）金属离子空位受主能级。如果高温烧结半导瓷在氧气气氛中进行，则氧含量较高，其氧分压超过某一临界值时，气相中的氧将向晶体内部扩散。在达到气-固平衡时就会在晶体中产生超过化学计量比的氧过剩，这种氧的过剩可以在降温时大部分保留下来，从而使产品最终显著地偏离严格的化学计量比。对于 MO 晶体，MO 的化学式将变为 MO_{1+x}或 $M_{1-x}O$。此时由于氧过剩而将出现两种可能：一是形成间隙氧离子，但因氧离子半径较大，形成时所需能量较高，因此形成间隙氧离子的概率很小；二是形成金属离子空位，由于氧过剩，多余的氧离子填充到氧亚晶格的位置上去，因此金属晶格位置相对过剩，从而形成金属离子空位。当出现金属离子空位时，同样构成负电中心，在禁带中位置靠近价带顶的上边形成受主能级，即金属离子空位受主能级。

思考和练习题

8-1 说说非整比化合物中替代掺合与本征热缺陷中反结构缺陷（又称错置和错位）两者的关系。

8-2 缺陷浓度对晶体性能具有重要影响，谈谈对热缺陷（整比化学组成的晶体中）、掺杂缺陷和非整比化合物等 3 种缺陷的浓度加以调控的主要方式。

8-3 在 MgO 中形成肖特基缺陷，若其缺陷反应平衡常数为 K_S，产生 1 个肖特基缺陷的形成自由能为 Δg_f，请求出本系统的缺陷浓度。

8-4 氧化锌加热分解时，一小部分氧从晶体中逸出，过量锌则进入间隙位置：写出其缺陷反应式，并用文字表述其过程。

8-5 请写出 TiO_2 在还原气氛下的缺陷反应式，并用文字表述其过程。

8-6 $Cu_{2-x}O$ 是一种减掺合的金属不足型非整比化合物，请写出 Cu 发生氧化反应生成该氧化物晶体结构的缺陷反应式，并简单解释式中的符号意义。

9 固溶体中的点缺陷

9.1 引　　言

固溶体是指在固态条件下，一种组分“溶解”其他组分而形成的单一、均匀的晶态固体。如果是A物质“溶解”在B物质中，一般将原组分B或含量较高的组分称为“溶剂”（或称主晶相、基质），掺杂原子或杂质则称为“溶质”；对应的“溶解”过程称为“固溶”。固溶体中的主晶相结构保持不变，可视其为一种容许存在组成变化的结晶相。也就是说，在固溶体中，一种“溶剂”组分内“溶解”有其他的“溶质”组分，并且“溶质”组分的数量是在一定范围（不能高于溶解度极限的值）内可变的。固溶体中由于杂质原子（“溶质”原子）进入了主晶格的正常结构，破坏了主晶格中质点排列的有序性。由此引起晶体内周期性势场的畸变，因此这也是一种点缺陷范围的晶体结构缺陷。

从热力学上看，杂质原子进入晶格会增大系统的熵值，并使系统的吉布斯自由能降低。在晶体中，外来杂质原子都多少会有一些溶解。因此，在结晶材料中，固溶体十分常见。可见，固溶体是一种重要的晶体结构类型，而且与晶体点缺陷密切相关。第7章对形成固溶体的过程反应曾有涉及（即已提到的掺杂缺陷反应和掺杂化学反应），本章则是对这种结构及其中的点缺陷问题作一个较为全面的专门介绍。

9.2 固溶体的特点

固溶体是由两种或两种以上的组分在固态条件下相互溶解而形成的，这种由组分之间的固溶而形成的产物便是固溶体。

9.2.1 固溶体的形成

固溶体可在晶体生长过程中形成，也可从溶液或熔体中析晶时形成（这里要求作为溶剂和溶质的晶体都是可溶性的），还可通过固态高温过程（如烧结）由原子扩散而形成，此外还有离子注入等方式。例如，NaCl在有AgCl存在的条件下结晶，则NaCl结构中的部分Na^+位置可被Ag^+所占据，而NaCl结构并没有改变，仍然是单一的均相体系。又如，MgO和FeO的离子半径相近，其正离子电价相同，晶体结构同属NaCl型，且因两者的化学亲合性小而不会生成化合物，因此在高温下两种正离子可以任意比例取代。再如，MgO方镁石在1370～2800 ℃的高温条件下可连续吸收FeO而形成镁方铁矿$(Fe_xMg_{1-x})O$固溶体，这相当于用Fe^{2+}去置换方镁石中的Mg^{2+}（等价置换，故形成这种固溶体时不会出现空位）。还有，在用熔融法制备镁铝尖晶石（$MgAl_2O_4$）单晶的过程中，Al_2O_3会溶入尖晶石而形成富铝尖晶石这种固溶体，这相当于用Al^{3+}置换了尖晶石中的

Mg^{2+}（在置换时为了保持电中性，在固溶体中每溶入 2 个 Al^{3+} 就需替代 3 个 Mg^{2+}，从而在固溶体中产生 1 个正离子空位）。硅酸盐固溶体大多是在高温下结晶形成的。

9.2.2 固溶体的基本特征

通常所指的固溶体具有以下两个基本特征：

（1）晶体的点阵类型保持不变。在固溶体中，不同组分的结构基元之间是以原子尺度相互混合的，这种混合并不破坏原有晶体的结构。溶质和溶剂原子占据一个共同的布拉维点阵，且此点阵类型与溶剂的点阵类型相同。例如，少量的锌溶解于铜形成的黄铜（α 固溶体）就具有铜的面心立方点阵，而少量铜溶解于锌形成的以锌为基的 η 固溶体则具有锌的密排六方点阵。

（2）组成有一定的成分范围。当固溶体中的组元含量在一定范围内变化时，不会引起固溶体点阵类型的改变。某组元在固溶体中的最大含量（溶解度极限）称为该组元在该固溶体中的固溶度。

9.2.3 固溶体与其他构成的区别

固溶体、机械混合物和化合物三者之间是有本质区别的。比较这三者的区别，可更好地认识固溶体的结构特点。若 A、B 两组分形成固溶体，则 A 和 B 之间以原子尺度进行混合而成为单相均匀晶态物质；而且，A 和 B 之间的组成是可以变化的，但有一个变化范围。机械混合物 AB 是 A 和 B 两种物质以颗粒态混合，A 和 B 分别保持本身原有的结构和性能，AB 混合物不是均匀的单相而是两相或多相。此外，A 和 B 物质之间可以任意比例混合。若 A 和 B 两种物质形成化合物 A_mB_n，则 $m:n$ 有固定的整数比例，A_mB_n 化合物的结构既不同于 A，也不同于 B。

9.2.4 固溶反应式的书写

固溶反应的实质是在主晶体中掺入杂质，造成杂质缺陷和其他缺陷。下面以 Al_2O_3 掺杂到 $SrTiO_3$ 为例，在一定的氧分压下，这个固溶过程的全部缺陷反应和电中性关系式如下所述。

（1）非整比缺陷：这一缺陷反应式为

$$O_O \rightleftharpoons V_O^{\bullet\bullet} + 2e' + \frac{1}{2}O_2(g) \tag{9-1}$$

式中，右边所表示的缺陷属非整比缺陷。这些缺陷是晶体本身所固有的，与气氛有关，但与掺杂或固溶情况无直接关系。电子 e′的浓度一般不用[e′]而用[n]（英文 negative 的首字母）来表示。

（2）电子缺陷：这一缺陷反应式为

$$0 \rightleftharpoons e' + h^{\bullet} \tag{9-2}$$

式中，空穴 $h^{\bullet}$ 的浓度通常不用［$h^{\bullet}$］而用［p］（英文 positive 的首字母）来表示，且符合[n]=[p]的电中性条件。

（3）掺杂缺陷：这一缺陷反应式为

$$Al_2O_3 \xrightarrow{SrTiO_3} 2Al'_{Ti} + 3V_O^{\bullet\bullet} + 3O_O + 2V''_{Sr} \tag{9-3}$$

一般来说，掺杂固溶反应仅指反应式（9-3）。对于前面式（9-1）和式（9-2），因表征的是动态平衡关系，所以大多采用双箭头的平衡符号。对于式（9-3）的掺杂过程，大多采用长的单箭头符号，长单箭头符号上的 $SrTiO_3$ 表示主晶体，反应式左边的 Al_2O_3 是作为溶质进入 $SrTiO_3$ 晶格的[1]。该式的电中性原则是指反应式两边的总有效电荷相等（此例中都等于零）；质量平衡原则是指反应式左边（溶质）和右边（不考虑空位）保持物质守恒；位置关系原则是指反应式右边与主晶体 $SrTiO_3$ 各元素有关的位置满足 1∶1∶3 的关系。

在固溶反应式中，对于常温下呈固态的化合物，若未特别标出其物态，即默认为固态。

9.3 固溶体的类型

实际材料几乎都不是理想晶体，因为在结构中不仅存在着空位、间隙原子等各种可能的缺陷，而且还经常有外来组分的“掺杂”，导致成分和结构都不同于理想晶体，从而可形成各种不同类型的固溶体。固溶体在材料发展中占有重要的地位，通过物质间形成固溶体的方式可发展和合成出性能优异的新材料。

固溶体可从不同的角度来分类，其分类方式主要有两种：一种是按溶质原子（或离子）在溶剂晶格（主晶格）中的位置进行的分类；另一种是按溶质原子（或离子）在溶剂晶体中的溶解度进行的分类。下面分别予以介绍。

9.3.1 置换型固溶体和间隙型固溶体

按溶质原子在溶剂晶格中的位置进行分类。溶质原子进入晶体后有两种走向，其中第一种情况是进入原来晶体（主晶体）中的正常格点位置而生成置换型固溶体，又称取代式固溶体或替位式（代位式）固溶体。这是在无机固体中形成固溶体的一般情形，目前发现的固溶体绝大部分属于这种类型。

在金属氧化物中，置换主要发生在金属离子的位置上。例如，Al_2O_3 和 Cr_2O_3 在高温下相互作用形成的连续固溶体就是这样。这两种物质均具有刚玉型的晶体结构（近似氧离子六方密积结构，三分之二的八面体间隙被 Al^{3+} 或 Cr^{3+} 所占据），所形成的固溶体可用固溶化学式（固溶体晶格点阵的格点上所含“分子”的分子式）表示为 $(Al_{2-x}Cr_x)O_3$，其中 $0<x<2$。当 x 取中间值时，Al^{3+} 和 Cr^{3+} 混乱地分布于原刚玉结构中正常情况下被占据的八面体间隙位置。因此，虽然任何一个此种间隙位置必然含有一个 Cr^{3+} 或一个 Al^{3+}，但这两种离子各自在其中的含有概率则与 x 值有关。除 Al_2O_3-Cr_2O_3 系统外，MgO-CoO、MgO-CaO、$PbZrO_3$-$PbTiO_3$ 等系统也都是这种情况。MgO 和 CoO 都是 NaCl 型结构，Mg^{2+} 的半径为 0.072 nm，Co^{2+} 的半径为 0.074 nm。这两种晶体结构相同，离子半径接近，MgO 中的 Mg^{2+} 位置可以无限地被 Co^{2+} 取代，生成无限互溶的置换型固溶体。

---

[1] 欧美对掺杂过程的缺陷反应表达，可将主晶体用圆括号括起来放在溶质化学式（化学式指用元素符号和数字的组合表示物质组成的式子，由分子构成的物质的化学式又叫分子式）的后面（参见文献[72]），如式（9-3）即表达为 $Al_2O_3(SrTiO_3) \longrightarrow 2Al'_{Ti} + 3V_O^{\bullet\bullet} + 3O_O + 2V''_{Sr}$。

另外一种情况是杂质原子进入溶剂晶格中的间隙位置，生成间隙型固溶体（填隙型固溶体）。在无机固体中，间隙固溶一般发生在负离子或负离子团所形成的间隙中。许多金属都形成间隙型固溶体，组分中的小原子如氢、碳、硼、氮等能够进入金属晶体结构中的间隙位置，其中碳进入面心立方结构的 γ-Fe（温度在 912～1394 ℃的纯铁）八面体空隙是最重要的间隙型固溶体（对应于奥氏体，这是在大于 727 ℃的高温下才能稳定存在的组织）实例。

此外，还可通过置换和间隙两种形式的并存，在晶格中导入不同的点缺陷形式，得到许多结构更为复杂的固溶体。

9.3.2　连续固溶体和有限固溶体

在置换型固溶体中，按溶质原子在溶剂晶体中的溶解度进行分类，还可将晶体分为连续固溶体和有限固溶体两类。连续固溶体是指溶质和溶剂可以按任意比例相互固溶，因此又称无限固溶体、完全互溶固溶体或完全固溶体。可见在连续固溶体中，溶质和溶剂是相对的。例如，MgO 晶体内常会有 FeO 或 NiO，即 Fe^{2+} 或 Ni^{2+} 置换了 Mg^{2+}，这种置换可为 0～100%。在二元系统中，连续固溶体的相平衡图（相图）是连续的曲线（见图 9-1）。例如，在高温下，Al_2O_3 和 Cr_2O_3 两者一起反应形成的氧化物就是置换型固溶体。Al_2O_3 和 Cr_2O_3 的晶体结构都属于刚玉晶相，固溶体的化学式为 $Al_{2-x}Cr_xO_3$，其中 $0 \leqslant x \leqslant 2$。这类所有组分可进行完全置换的固溶体即为连续固溶体。图 9-1 是 MgO-CoO 二元系统形成连续固溶体的相图，MgO 和 CoO 都具有 NaCl 晶体结构，Mg^{2+} 和 Co^{2+} 可以进行完全的相互置换，其化学式为 $Mg_{1-x}Co_xO$。

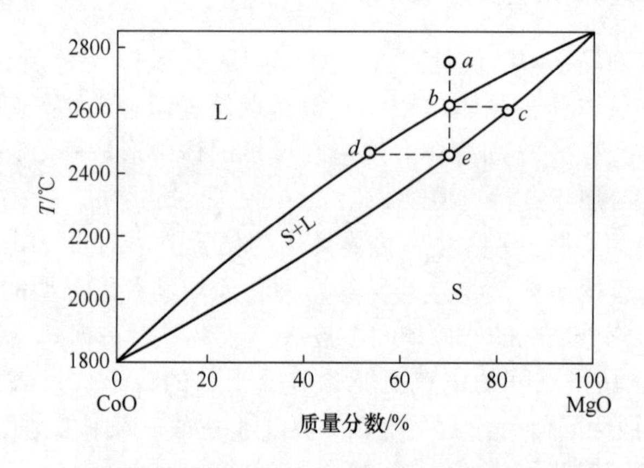

图 9-1　MgO-CoO 二元系统相图（连续固溶）

在自然界，天然矿物方镁石（MgO）中即常常含有相当数量的 NiO 或 FeO，Ni^{2+} 或 Fe^{2+} 置换 MgO 晶体中的 Mg^{2+}，生成连续固溶体的组成化学式为 $Mg_{1-x}Ni_xO$（其中 x 为 0～1）。能形成连续固溶体的实例还有 Al_2O_3-Cr_2O_3、ThO_2-UO_2、$PbZrO_3$-$PbTiO_3$ 等。

半导体材料一般是连续固溶体，主要的主晶体有锗、硅等。

还有一些置换型固溶体，只有一定含量范围内的溶质原子可以置换主晶格的原子而形成固溶体，这类固溶体称为有限固溶体（又称不连续固溶体或部分互溶固溶体）。可见，有限固溶体表示溶质原子在主晶体中的溶解度是有限的，溶质只能以一定的限量溶入溶剂，超过这一限量即会析出第二相。例如，MgO 和 CaO 形成的固溶体（见图 9-2）。将 CaO 掺入 MgO 中形成固溶体，2000 ℃时约可溶入 3%（质量分数）的 CaO，超过这一限量就会出现第二相，即氧化钙固溶体。图 9-3 为 Mg_2SiO_4-Zn_2SiO_4 二元系统形成的有限固溶体相图，其中 Mg_2SiO_4 的橄榄石结构和 Zn_2SiO_4 的硅锌矿结构有很大的不同。此外，还有很多二元系统可形成有限置换型固溶体，如 MgO-Al_2O_3、ZrO_2-CaO 等系统。凡是不等价离子置换形成的都是有限固溶体。

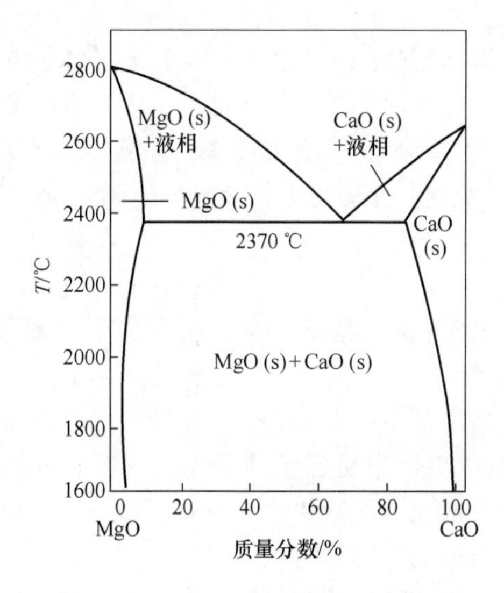

图 9-2　MgO-CaO 系统相图（有限固溶）

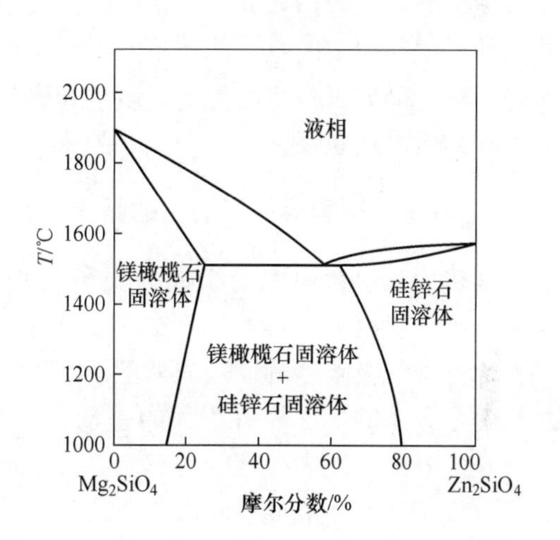

图 9-3　Mg_2SiO_4-Zn_2SiO_4 二元系统相图

9.3.3　无序固溶体和有序固溶体

除上述两种主要分类方式外，还可按各组元原子分布的规律性进行分类，不过这种分类方式不如前面两种那么普遍。根据这种分类方式，从各组元原子分布的规律性出发，可将固溶体分为无序固溶体和有序固溶体。对于计量化合物或置换型固溶体，如果间隙、空位或变价离子在基本结构中呈随机分布，则称为无序态。当温度降低或组成改变（缺陷浓度改变）时，由于构形熵项对自由能的贡献减小，无序分布的缺陷可能发生结构有序化的转变。这种无序—有序转变可发生在晶格或亚晶格内。例如，将少量 BiF_3 添加到 BaF_2 中，会生成无序的 CaF_2 型结构固溶体，但在添加至一定量时又会出现有序化的超结构。

无序固溶体中的各组元原子随机（无规）分布。例如，在 A-B 二元置换式无序固溶体中，每个点阵结点既可被 A 原子占据，也可被 B 原子占据，且占据的概率就等于相应组元的成分，共同形成一个布拉维点阵。对于 M-X 二元间隙无序固溶体，则是非金属组元 X 的原子可分布在金属组元 Y 的原子构成的任意一个八面体（或四面体）间隙中。例如，铁素体（碳溶解在 α-Fe 中的间隙固溶体，α-Fe 是温度在 912 ℃以下呈体心立方结构的纯铁）中的碳原子就可位于任何一个八面体间隙中。有序固溶体中的各组元原子分别占据各自的布拉维点阵（亚点阵，也称分点阵），整个固溶体就是由各组元的亚点阵组成的复杂点阵（亦称超点阵或超结构/迭结构）。例如，FeAl（摩尔比为 1∶1）合金在高温下为具有体心立方点阵的无序固溶体，但在低温下却是一种原子（如 Fe 原子）占据晶胞的顶点，另一种原子（如 Al 原子）占据体心。此时顶点和体心不再是等同点，因而 FeAl 合金在低温下就不再是体心立方点阵，而是由两个分别被铁原子和铝原子占据的简单立方亚点阵穿插而成的复杂点阵。

9.4 置换型固溶体

将微量杂质元素掺入晶体中，可能形成杂质置换型缺陷。晶体中的点缺陷破坏了点阵结构，使得缺陷周围的电子能级不同于原子在正常位置时周围的电子能级，因此不同类型的缺陷将赋予晶体以特定的光学、电学和磁学性质。例如，含有杂质 Ag^+ 置换 Zn^{2+} 的 ZnS 晶体，在阴极射线激发下，发射波长为 450 nm 的荧光，是彩色电视荧屏中的荧光粉。

9.4.1 影响置换型固溶体固溶度的因素

根据热力学中自由能与组成的关系，可以定量计算出固溶体中的溶质原子（离子）溶解度，由此引出了“固溶度”的概念。固溶度指的是固溶体中溶质的最大含量，亦即溶质在溶剂中的极限溶解度。间隙型固溶体的固溶度都是很有限的，而置换型固溶体的固溶度则随合金系的不同而有很大的差别。置换型固溶体中有连续固溶体和有限固溶体之分，这是由其固溶度来决定的。有些二元系统可形成完全固溶体，有些只能形成有限固溶体，而有些则根本不能形成固溶体，这与物质本身的内在因素有关。

固溶度的大小及其随温度的变化直接关系到固溶体的性能和热处理行为。它可由实验测定，也可按热力学原理进行计算。但热力学函数不易正确获得，所以严格的定量计算还是相当困难的。因此，对于置换型固溶体的形成条件、影响其固溶度的因素和影响程度，一般要通过实验来确定。目前已有了一些经验规律，总结出的影响固溶度的几个主要因素为离子尺寸、离子价、场强（离子晶体内由于荷电质点的分布而产生的电场强度）、电负性和晶体结构。这些因素同时也构成了连续固溶体的形成条件，现分述如下。

9.4.1.1 离子尺寸因素

在置换型固溶体中，离子的大小对形成固溶体的类型有直接的影响。相互置换的离子尺寸越接近，系统的结构畸变就越小，固溶体越易形成，其结构也越稳定。若以 r_1 和 r_2 分别表示半径大和半径小的溶剂或溶质离子的半径，则有如下的一般性经验规律：

当

$$\left|\frac{r_1 - r_2}{r_1}\right| < 15\% \tag{9-4}$$

时，系统中的溶剂和溶质之间有可能形成连续固溶体；若系统的这一数值在 15% ~30%，一般可形成有限固溶体；若此值大于 30%，则很难形成固溶体。例如 MgO-NiO 之间，$r_{Mg^{2+}} = 0.072$ nm，$r_{Ni^{2+}} = 0.070$ nm，由式（9-4）计算得离子半径的相对差别为 2.8%，因而它们可以形成连续固溶体。而 CaO-MgO 之间的离子半径差别近于 30%，所以它们不易生成固溶体（仅在高温下有少量固溶）。

无论是由温度还是组成的变化所引起，只要原子间距改变了 10% ~15%，就可造成结构的不稳定。固溶体的生成是由于杂质原子的引入，引入的杂质会导致晶格的畸变。当原子间距的变化超过15%时，原有的结构变得不稳定而引起新相的产生。

9.4.1.2 晶体的结构类型

晶体结构类型是能否形成连续固溶体的重要因素。置换型固溶体究竟形成哪一种类型，这主要取决于其中两个组分的晶体结构类型是否相同。只有两种晶体的结构类型相同才能形成连续固溶体，结构类型不同的两种晶体最多只能形成有限固溶体。如前所述的MgO-NiO、MgO-CoO、Al_2O_3-Cr_2O_3、Mg_2SiO_4-Fe_2SiO_4、ThO_2-UO_2 等二元系统都能形成连续固溶体，其主要原因之一是这些二元系统中的两个组分具有相同的晶体结构类型。当然，它们也都符合上述离子尺寸差值的影响因素。而在 $PbZrO_3$-$PbTiO_3$ 系统中，虽然 Zr^{4+} 与 Ti^{4+} 的相对半径之差超过了15%，不符合离子尺寸因素的要求，它们之间却仍能形成连续置换型固溶体 $Pb(Zr_xTi_{1-x})O_3$（可见前述离子尺寸效应也不是绝对的）。这是由于在相变温度以上任何锆钛比都以立方晶系结构最为稳定，因此最终形成高温立方相的连续固溶体。再有，Fe_2O_3 和 Al_2O_3 两者的半径差计算为18.4%，虽然它们都是刚玉型结构，但也只能形成有限置换型固溶体。而在复杂构造的石榴子石 $Ca_3Al_2(SiO_4)_3$ 和 $Ca_3Fe_2(SiO_4)_3$ 中，它们的晶胞远大于氧化物的晶胞，提高了对离子半径差的宽容性，因而在石榴子石中 Fe^{3+} 和 Al^{3+} 能连续置换。

在 CaO-ZrO_2 系统中，两组元可形成范围相当大的有限固溶区。在 ZrO_2 中加入 CaO 等立方晶系氧化物，可生成稳定的二氧化锆，这样可抑制晶型转变和防止因体积效应而导致样品开裂。将 CaO 添加到 ZrO_2 中，Ca^{2+} 占据 Zr^{4+} 的位置，由于价数不等，因此产生氧空位以保持晶体的电中性。固溶缺陷反应式如下：

$$CaO \xrightarrow{ZrO_2} Ca''_{Zr} + V_O^{\bullet\bullet} + O_O \tag{9-5}$$

由此可见，随着 CaO 的加入，形成置换离子 Ca''_{Zr}，同时产生氧空位 $V_O^{\bullet\bullet}$。氧空位的产生将增大 ZrO_2 中氧的扩散能力和 ZrO_2 的导电性。在此基础上，发展了以 ZrO_2 为主体的高温发热体材料。该固溶体的化学式可写为 $Zr_{1-x}Ca_xO_{2-x}$。

在 $MgAl_2O_4$-γ-Al_2O_3 系统中，γ-Al_2O_3 与 $MgAl_2O_4$ 具有相同的尖晶石结构。这个系统生成固溶体的固溶反应式为

$$4Al_2O_3 \xrightarrow{MgAl_2O_4} 2Al_{Mg}^{\bullet} + V''_{Mg} + 6Al_{Al} + 12O_O \tag{9-6}$$

9.4.1.3 离子电价的影响

只有离子价相同或离子价总和相等时才能生成连续置换型固溶体，如前面已列举的MgO-NiO、Al_2O_3-Cr_2O_3 等系统中都是单一离子电价相等相互取代后形成了连续固溶体，即系统中相互取代的离子电价都相同，属于等价置换。如果取代离子价不同，则要求用两种以上不同离子组合起来，满足电中性取代的条件也能生成连续固溶体。典型的实例有天然矿物如钙长石 $Ca[Al_2Si_2O_8]$ 和钠长石 $Na[AlSi_3O_8]$ 所形成的固溶体，其中一个 Al^{3+} 取代一个 Si^{4+}，同时有一个 Ca^{2+} 取代一个 Na^+，即 Al^{3+} 和 Ca^{2+} 的离子价总和与 Si^{4+} 和 Na^+ 的离子价总和均为 +5，使结构内总的电中性得到满足。简言之，就是钙长石 $Ca[Al_2Si_2O_8]$ 和钠长石 $Na[AlSi_3O_8]$ 之间是“$Na^+ + Si^{4+}$”与“$Ca^{2+} + Al^{3+}$”进行相互置换，其电价总和相等，即“1+4=2+3”。又如 $PbZrO_3$ 和 $PbTiO_3$ 是 ABO_3 型钙钛矿结构，可以用众多离子价相等而半径相差不大的离子去取代 A 位上的 Pb 或 B 位上的 Zr 和

Ti，从而制备一系列具有不同性能的复合钙钛矿型压电陶瓷材料。

当离子电价不等的两种化合物生成固溶体，为了保持电中性，必然在晶体中产生空位或间隙，这是不等价置换只能生成有限固溶体的根本原因。

9.4.1.4　电负性

离子电负性对固溶体及化合物的生成具有一定的影响，电负性相近有利于固溶体的生成，电负性差别大则倾向于生成化合物。有经验规则认为：若合金组元的电负性相差很大，如相差0.4以上（即$|x_A - x_B| > 0.4$）时，固溶度就极小，因为此时A、B二组元易形成稳定的中间相（正常价化合物）。这一规则也称负电（原子）价效应。

9.4.2　置换型固溶体的生成机制和组分缺陷

金属中的许多合金都是置换型固溶体，无机晶体中所形成的固溶体绝大多数也是置换型固溶体。在金属氧化物中，置换主要发生在金属离子的位置上，如MgO-CoO、MgO-CaO、Al_2O_3-Cr_2O_3、$PbZrO_3$-$PbTiO_3$等。

置换型固溶体中存在着等价置换和不等价置换两种情况。在不等价置换固溶体中，为了保持晶体的电中性，有可能在原来结构的结点位置产生空位或在原来结构的间隙位置嵌入新的质点，这就是晶体结构中产生的组分缺陷。这种组分缺陷不同于热缺陷，热缺陷浓度是温度的函数，而组分缺陷仅发生在不等价置换固溶体中，其缺陷浓度取决于掺杂量（溶质数量）和固溶度。

等价置换的情况比较简单，它们只能形成等数置换固溶体的情形。而对于大量不同电价离子间的相互置换，则可形成各种复杂结构的固溶体，它们可以是双重离子置换、置换和间隙并存、置换和空位并存等各种结构。不等价离子化合物之间只能形成有限置换型固溶体，由于它们的晶格类型及电价均不同，因此它们之间的固溶度一般只有百分之几。下面对置换型固溶体的生成机制进行归纳和举例说明。

（1）等价等数置换：当化合价相等的化合物以相同的离子数目相互置换形成固溶体时，如果化合物之间的离子尺寸、化学亲和力和晶体结构等都比较接近，就可形成连续固溶体。例如：

$$xAl_2O_3 + (1-x)Cr_2O_3 \longrightarrow [Al_{2x}Cr_{2(1-x)}]O_3 \text{ 或 } [Al_xCr_{(1-x)}]_2O_3 (\text{固溶反应}) \tag{9-7}$$

对应的缺陷反应式为

$$Al_2O_3 \xrightarrow{Cr_2O_3} 2Al_{Cr}^{\times} + 3O_O \tag{9-8}$$

（2）异价等数置换：同时产生变价离子缺陷的变价机制。若形成化合物固溶体的两种金属元素中有一种或两种是可变价的，如次外层d电子未填满的过渡金属等，则可能通过变价的形式来实现异价等数置换并满足电中性条件，而不出现间隙子或空位缺陷。例如，在TiO_2中引入高价的V_2O_5时，可能出现降价的Ti即Ti^{3+}，其变价方式的缺陷反应可表达为

$$V_2O_5(s) + 2TiO_2(s) \xrightarrow{TiO_2} 2V_{Ti}^{\bullet} + 2Ti_{Ti}' + 8O_O + \frac{1}{2}O_2(g) \tag{9-9}$$

这里要注意上式右边的符号V代表的是钒元素，而不是空位。一般来说，若高价离子置换低价离子，如本例所形成的$V_{Ti}^{\bullet}$，该缺陷所带的正电荷可通过Ti的3d电子（即Ti_{Ti}'所带

的负电荷）形成的导带电子来补偿，故上式又可简化为

$$V_2O_5(s) \xrightarrow{TiO_2} 2V_{Ti}^{\bullet} + 4O_O + \frac{1}{2}O_2(g) + 2e' \quad (9\text{-}10)$$

这种掺杂结果给出了电子，因此是施主掺杂，所得为 n 型半导体。

又如，在 NiO 中引入低价的 Li_2O 时，可能产生高价的 Ni^{3+}，其变价方式可表达为

$$Li_2O(s) + 2NiO(s) + \frac{1}{2}O_2(g) \xrightarrow{NiO} 2Li_{Ni}' + 2Ni_{Ni}^{\bullet} + 4O_O \quad (9\text{-}11)$$

在普遍的情况下，若低价离子置换高价离子，如本例所形成的 Li_{Ni}'，该缺陷具有 1 个有效负电荷，由价带中的空穴（即 $Ni_{Ni}^{\bullet}$所带正电荷）来补偿；在其他情况下，还可由间隙正离子或氧空位 $V_O^{\bullet\bullet}$ 来补偿。

这种掺杂结果给出了空穴，因此这一过程又称为受主掺杂，所得为 p 型半导体。上述反应式也可简写为

$$Li_2O(s) + \frac{1}{2}O_2(g) \xrightarrow{NiO} 2Li_{Ni}' + 2O_O + 2h^{\bullet} \quad (9\text{-}12)$$

（3）异价等数置换：形成双重置换固溶体的补偿机制。在两个不等价离子之间进行相互置换时，还可通过晶体中其他不等价离子同时发生置换，从而使晶体保持电中性。这在硅酸盐晶体中是经常发生的，典型的例子即如前述的钙长石 $Ca[Al_2Si_2O_8]$ 和钠长石 $Na[AlSi_3O_8]$ 形成的固溶体。若一个 Al^{3+} 置换一个 Si^{4+}，而同时有一个 Ca^{2+} 置换一个 Na^+，即发生 Ca^{2+} 和 Al^{3+} 对 Na^+ 和 Si^{4+} 的双重置换，就形成斜长石固溶体，晶体保持电中性。又如，在 ZnS 中掺入约百万分之一（原子）的 AgCl，Ag^+ 和 Cl^- 分别占据 Zn^{2+} 和 S^{2-} 的位置，形成的固溶体也包含了双重置换的杂质缺陷。

在上述变价机制的情况下，若主晶体中同时存在施主（提供电子）掺杂和受主（接受电子）掺杂，则生成的电子和空穴将相互补偿和复合，或者说施主给出的电子直接为受主提供的空穴所俘获，而不会出现明显的电子或空穴导电。因此，在半导瓷中经常通过这种方式的烧结来控制或减弱半导化过程，以提高绝缘电阻值。此时的主晶体化合物即使本身是可变价的，但只要同时溶入半径相当、化合价和数目相应的高价和低价的化合物，即可形成补偿型异价等数置换固溶体，而不会出现变价、间隙或空位等现象。例如，在 TiO_2 主晶体中同时引入等数的 Al_2O_3 和 V_2O_5，则有

$$Al_2O_3 + V_2O_5 \xrightarrow{TiO_2} 2Al_{Ti}' + 2V_{Ti}^{\bullet} + 8O_O \quad (9\text{-}13)$$

这里要注意上式右边的符号 V 代表的是钒元素而非空位。

异价等数置换固溶体的补偿方式，还可通过置换主晶体中的两种不同的正离子来实现。例如，在 $BaTiO_3$ 中同时引入等数的 Li_2O 和 Nb_2O_5 时，缺陷反应式如下：

$$Li_2O(s) + Nb_2O_5 \xrightarrow{BaTiO_3} 2Li_{Ba}' + 2Nb_{Ti}^{\bullet} + 6O_O \quad (9\text{-}14)$$

（4）异价不等数置换：同时产生组分缺陷的空位机制和间隙机制。当不同电价的溶质正离子置换主晶相溶剂离子时，在这种不等价置换固溶体中，为保持晶体的电荷平衡，既可出现正、负离子的空位，也可形成间隙正、负离子。现将不等价置换固溶体中可能存在的 4 种组分缺陷归纳示例如下。

1）高价正离子置换低价正离子，产生主晶相正离子空位缺陷。对于负离子相同或负

离子价态相同的两种物质之间的掺杂，当引入的正离子价态高于主晶体的正离子时，因其带入的负离子数量相对多于主晶体中的比例，会造成负离子的过剩和正离子的不足。为满足位置和电中性关系，就可能会形成正离子空位。例如，将 Al_2O_3 溶入 MgO 晶格时，有如下固溶缺陷反应：

$$Al_2O_3 \xrightarrow{MgO} 2Al_{Mg}^{\bullet} + V_{Mg}'' + 3O_O \tag{9-15}$$

也就是说，每溶入两个 Al^{3+}，必将引起原先 Mg^{2+} 结点处出现一个正离子空位。在镁铝尖晶石中，若氧化铝的摩尔分数略高于氧化镁的摩尔分数，晶体结构虽仍保持镁铝尖晶石晶相，而在结构中就发生了这一置换反应。

当溶质离子的电价高于溶剂离子的电价时，置换结果一般是会生成正离子空位，而可能生成间隙负离子的情况很少。这是因为负离子的半径一般较大，进入晶格间隙比较困难。

2）高价正离子置换低价正离子，产生主晶相间隙负离子缺陷。对于负离子相同或负离子价态相同的两种物质之间的掺杂，高价正离子置换低价离子时，也可能会是负离子进入间隙位置。例如，将 ZrO_2 溶入 Y_2O_3 中，可形成间隙氧离子：

$$2ZrO_2 \xrightarrow{Y_2O_3} 2Zr_Y^{\bullet} + 3O_O + O_i'' \tag{9-16}$$

因处于间隙位置的氧不计入位置关系，故在上述固溶反应式右边的 Y^{3+} 和 O^{2-} 的格点位置数之比仍为 2∶3，这与主晶体 Y_2O_3 中的比值相同，满足位置关系。上式右边置换型缺陷的浓度是间隙型缺陷的 2 倍，所以通常认为生成的是置换型固溶体。

3）低价正离子置换高价正离子，产生主晶相负离子空位缺陷。对于负离子相同或负离子价态相同的两种物质之间的掺杂，当引入的正离子价态低于主晶体的正离子时，因其占据主晶体中的高价离子结点，且随之带入的负离子数量相对少于主晶体中的比例，故会导致负离子的相对不足。为满足位置和电中性关系，就可能伴随有负离子空位的出现。例如在氧化锆（ZrO_2）晶体中掺入氧化钙（CaO），实验发现钙离子可以占据锆离子的位置，而主晶格氧化锆的晶相不变，但为保持电价平衡，晶体中可以有氧空位的出现：

$$CaO \xrightarrow{ZrO_2} Ca_{Zr}'' + V_O^{\bullet\bullet} + O_O \tag{9-17}$$

4）低价正离子置换高价正离子，产生间隙正离子缺陷。对于负离子相同或负离子价态相同的两种物质之间的掺杂，当低价正离子置换高价离子时，也可能出现间隙正离子。同样是在 ZrO_2 晶体中掺入 CaO，在 Ca^{2+} 占据 Zr^{4+} 位置的条件下，也可以是晶体中出现间隙钙离子：

$$2CaO \xrightarrow{ZrO_2} Ca_{Zr}'' + Ca_i^{\bullet\bullet} + O_O \tag{9-18}$$

在高温（如 2073 K）下将 CaO 加入 ZrO_2 中，当 CaO 的掺入量很低时，就可按照上述反应式形成间隙钙离子缺陷。

异价不等数置换的结果，既可出现上述的空位机制，也可能出现上述的间隙机制。对于上述不等价正离子的置换过程，在高价离子置换低价离子和低价离子置换高价离子的两个系统实例中都分别写出了两种固溶体结构：高价离子置换低价离子时，可以出现正离子空位，也可能出现间隙负离子；低价离子置换高价离子时，可以出现负离子空位，也可能出现间隙正离子。在具体系统中究竟出现哪一种组分缺陷，难以完全通过热力学计算，可用热力学数据来判断。因此，组分缺陷的形式一般需由实验测定来确证。

然而，也可以有如下基本判断：一般情况下，负离子较少进入间隙位置。这是因其半径较大，形成间隙会增加晶体热力学能而使系统的稳定性下降（只有少数情况是例外）。可见，从晶体学的角度来看，负离子间隙型一般是较难形成的。但是，负离子间隙型固溶体也并非完全不可能［注：式（9-16）的情况归于置换型固溶体］，如萤石晶体结构类型中常有可能出现间隙负离子（仅高温时出现）：

$$YF_3 \xrightarrow{CaF_2} Y_{Ca}^{\bullet} + F_i' + 2F_F \tag{9-19}$$

另外，在上述两种空位机制中，动力学势垒通常较高，而且使体系处于较高的吉布斯自由能状态。异价不等数置换的空位机构仅在高温时才较易出现，且所涉及固溶体的固溶度只能是有限的。因此，室温条件下一般固溶体的组分缺陷主要是间隙正离子的形式。

但是，对于低价离子置换高价离子时的间隙正离子可能性，同样需要考虑结构的许可。存在间隙机制的可能性主要取决于主晶体中是否具有较大的结构间隙。如在 MgO 中就较难形成间隙子，而 α-Al_2O_3 则有三分之一较大的八面体间隙未被填充，故有可能存在间隙机制。而在上述具有萤石结构的 ZrO_2 晶体中，实验证明低温时固溶体中仍以氧空位为主，仅在高温时才出现间隙钙离子。

不等价置换产生组分缺陷而形成的空位或间隙可使晶格显著畸变，使晶格活化，由此可降低难熔氧化物的烧结温度。如在 Al_2O_3 中加入 1% ~2% 的 TiO_2 可使烧结温度降低近 300 ℃。又如在 ZrO_2 中加入少量 CaO 作为晶型转变稳定剂，可减少 ZrO_2 晶型转化时的体积效应，提高 ZrO_2 晶体的热稳定性。

通过不等价离子置换形成带有点缺陷的固溶体结构，在无机晶体的制备中非常普遍。例如氧化锆可通过不等价离子 Y^{3+}、Ca^{2+} 等的掺杂和结构缺陷并存，在低温状态下获得亚稳高温氧化锆晶相。

上述不等价离子置换的固溶体中，化合物可出现非整比即非化学计量的特征。

9.4.3 同质多晶和类质同晶

同质多晶和类质同晶这两种现象有一定的关联性，而后者又涉及固溶体，所以一并在此作简单介绍。

前面曾提及，一些组成固定的化合物，因其内部微粒可由不同的方式进行堆积，从而形成不同类型的晶体。这种同一化合物存在两种或两种以上不同晶体结构形式的现象称为同质多晶现象。该现象在自然界非常普遍，如碳在自然界中有金刚石和石墨两种晶型（高温高压下石墨可转变为金刚石），硅、硒和很多金属单质，以及硫化锌、氧化铁、二氧化硅等许多化合物都有这种现象。

同种化合物的不同晶型在其物理、化学性质上可能有很大的差别，如金刚石质地坚硬、无色透明、不导电，而石墨则质地柔软、黑色不透明且导电性能良好。这主要是由晶型不同，其组成粒子间的结合力不同所致。金刚石结构中的 C—C 为典型的共价键；石墨结构中则有共价键和范德瓦尔斯力，还有部分金属键的性质。

对于两个或多个单质或化合物，如果化学式相似且晶体结构形式相同，并能互相置换，该现象即称为类质同晶（类质同相）。具有类质同晶现象的化合物，其化学组成密切相关，相似结构的基元排列也完全相似，形成的晶体结构具有相同的形式。类质同晶的必要条件是：(1) 化学式相似；(2) 组成原子或离子的相对大小相近；(3) 原子间的键合力种类相同。

置换型固溶体就是一种类质同晶现象，即物质结晶时，其晶体结构中的原有原子或离子的配位位置被介质中的部分性质相似的他种原子或离子所占有，共同结晶成均匀的、呈单一相态的混合晶体，但不引起键性和晶体结构发生质变的现象。

类质同晶现象在自然界中也广泛存在，如 CaS 和 NaCl 同属氯化钠型结构，$ZrSe_2$ 和 CdI_2 都是碘化镉型结构，TiO_2 和 MgF_2 都是金红石结构，等等。明矾的类质同晶化合物数量较多，如 $KAl(SO_4)_2 \cdot 12H_2O$、$KAl(SeO_4)_2 \cdot 12H_2O$、$KCr(SO_4)_2 \cdot 12H_2O$ 和 $CsRh(SO_4)_2 \cdot 12H_2O$ 等，其晶体中均为 1 个正一价的金属离子、1 个正三价的金属离子和 2 个硫酸根结合，形成带 12 个结晶水的正八面体。这些化合物具有非常相似的性质，在 K^+、NH_4^+、Rb^+、Cs^+ 之间以及 SO_4^{2-}、SeO_4^{2-} 之间往往可以相互置换。

9.5 间隙型固溶体

较小的杂质原子能够进入晶格的间隙位置，这样形成的固溶体就称为间隙型固溶体（亦称填隙型固溶体）。

9.5.1 间隙型固溶体的形成条件

外来杂质原子进入晶体的间隙位置时就生成间隙型固溶体。形成间隙型固溶体的条件如下：

(1) 溶质原子的半径较小，溶剂晶格结构的空隙较大，就易形成间隙型固溶体。例如，面心立方格子结构的 MgO 只有四面体空隙可以利用，TiO_2 晶格中还有八面体空隙可以利用，CaF_2 型结构中则有配位数为 8 的较大空隙存在，架状硅酸盐片沸石结构中的空隙就更大，因此这几类晶体中形成间隙型固溶体的次序为“片沸石 > CaF_2 > TiO_2 > MgO”。

(2) 形成间隙型固溶体一般可通过形成空位、复合正离子置换和改变电子云结构等方式来保持结构中的电中性。例如，在硅酸盐结构中嵌入 Be^{2+}、Li^+ 等离子时，正电荷的增加往往因结构中的 Al^{3+} 替代 Si^{4+} 而达到平衡，即电价平衡为

$$Be^{2+} + 2Al^{3+} \rightleftharpoons 2Si^{4+} \tag{9-20}$$

一般而言，当外加原子尺寸很小时，就易进入晶体内部的间隙位置而形成这种固溶体。此类固溶体在无机非金属材料中不是很普遍，但在金属系统中则是比较普遍的。例如，钢是碳在铁中的间隙型固溶体，金属钯的贮氢功能则是氢原子占有面心立方结构的金属钯内部较大的间隙位置。

杂质离子进入晶体的间隙位置时，必然引起内部结构中的局部电价不平衡，这可以通过生成空位或产生部分置换来满足电中性条件。如在 CaF_2 中掺入 YF_3 时，F^- 进入间隙时引入了负电荷，由 Y^{3+} 置换原 Ca^{2+} 的位置来保持质量和电荷的平衡。这类固溶体因间隙离子 F_i' 和主晶体 CaF_2 本身所具有的组成相同，故又称自间隙型固溶体。

总之，在形成间隙型固溶体时，影响固溶度的最主要因素是固溶原子的大小和溶剂晶格中的空隙数量和大小。半径较小的溶质原子易进入晶格间隙，有利于形成间隙型固溶

体。间隙型固溶体的形成一般都使晶体的晶格参数增大，增大到一定程度时固溶体则会变得不稳定而造成分相。溶入的溶质原子越多，晶体的结构就越不稳定。因此，间隙型固溶体不可能是连续固溶体，而只能是有限固溶体。

9.5.2 常见的间隙型固溶体

（1）原子填隙：间隙型固溶体在金属中比较常见。在金属晶体中，原子半径较小的H、C、B元素易进入晶格间隙中而形成间隙型固溶体。如前所述，钢即为碳在铁中的间隙型固溶体。

（2）正离子填隙：在无机晶体中，一般是半径小的正离子进入半径大的负离子或负离子团所形成的间隙位置中。例如，少量CaO加入ZrO_2时就可能出现Ca^{2+}进入间隙的情况。将CaO加入ZrO_2中，当CaO加入量小于15%时，在1800 ℃高温下发生反应：

$$2CaO \xrightarrow{ZrO_2} Ca''_{Zr} + Ca_i^{\cdot\cdot} + 2O_O \quad (9\text{-}21)$$

（3）负离子填隙：负离子进入晶格间隙位置比较困难，但在空隙较大的萤石结构中有可能形成负离子进入间隙的情况。例如，将YF_3加入CaF_2中，形成$(Ca_{1-x}Y_x)F_{2+x}$固溶体，其缺陷反应式参见式（9-19）。

9.6 固溶体的性能和作用

在固溶体中，一般把含量较高的组分称为溶剂（或主晶相），其他组分称为溶质。固溶体中不同组分是以原子尺度混合的，这种混合以不破坏主晶相的结构为前提。然而，相对于构成主晶相的各纯组分，固溶体在组成、结构和性能上都发生了一定的变化。

固溶体中存在着各种晶体缺陷，晶体的缺陷会造成其点阵结构的畸变，点缺陷可能引起的几种晶格畸变情况见图9-4。实际晶体中的缺陷和畸变存在之处，因其正常点阵的结构受到一定程度的破坏或搅乱，故而对晶体的生长以及晶体的电学性能、磁学性能、光学性能和力学性能等都有着很大的影响。这些方面都非常重要，是固体科学和材料科学等领域的重要基础内容。

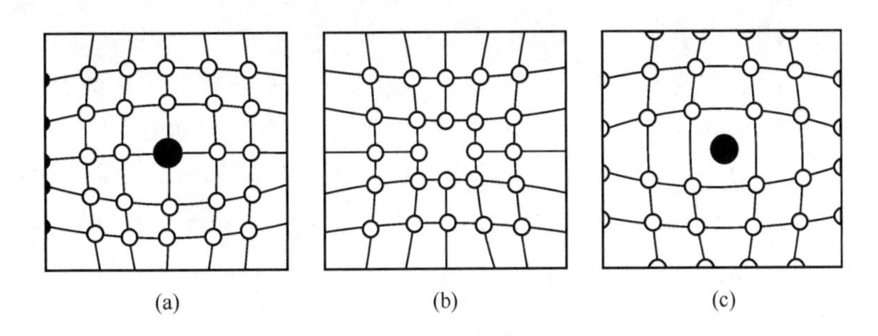

图9-4 不同的点缺陷引起的晶格畸变
（a）杂质原子；（b）空位；（c）间隙原子

9.6.1 固溶体的物理性能

固溶体的电学、热学、磁学等物理性质会随成分的变化而产生连续的变化，但一般都不是线性关系。

9.6.1.1 固溶体的电学性能

固溶体的电学性能一般随杂质（溶质）浓度的变化而出现连续的甚至是近线性的变化，但在相界上则往往出现突变。

固溶体的电阻率随溶质浓度的增加而增大，在某一中间浓度时电阻率达到最大。这是因为溶质原子加入后破坏了纯溶剂中的周期势场，在溶质原子附近的运动电子受到更强烈的散射，因而电阻率增大。但若在某一成分下合金呈有序态，则电阻率将急剧下降，这是由于有序合金中的势场也是严格周期性的，故而电子受到的散射较小。

异价置换产生的缺陷会引起材料导电性能的重大变化，而且这个改变与杂质缺陷的浓度成比例。例如，纯的 ZrO_2 是一种绝缘体，加入 Y_2O_3 固溶时 Y^{3+} 进入 Zr^{4+} 的位置，在晶格中产生氧空位，缺陷反应式如下：

$$Y_2O_3 \xrightarrow{ZrO_2} 2Y'_{Zr} + V_O^{\bullet\bullet} + 3O_O \tag{9-22}$$

由上式可以看到，晶体中每进入一个 Y^{3+}，就产生一个电子 e'。晶体电导率 σ 正比于其电子浓度，因而会随溶质浓度的增加而上升。晶体电导率可用下式计算：

$$\sigma = \sum_i n_i Z_i e B_i \tag{9-23}$$

式中，σ 为电导率，$\Omega^{-1} \cdot m^{-1}$；n_i 为单位体积内载流子 i（电子缺陷、空位或间隙离子等）的数目；Z_i 为载流子 i 的价数；e 为电子电荷；B_i 为载流子 i 的绝对迁移率。

对于金属固溶体，则仍然具有比较明显的金属性质，如具有一定的导电性、导热性以及一定的塑性等，这表明这类固溶体的结合键主要是金属键。

9.6.1.2 固溶体的光学性能

由于杂质的加入，可在主晶体的禁带中形成某些局域能级。例如，红宝石是 $\alpha\text{-}Al_2O_3$（刚玉）中溶解了 0.2%～2% 的 Cr_2O_3 所形成的固溶体。Cr_2O_3 固溶到 $\alpha\text{-}Al_2O_3$ 中（或说 Cr^{3+} 溶解在 Al_2O_3 中）并不破坏主晶相 Al_2O_3 的原有晶格构造，但在性质上却发生了明显的变化：纯的 $\alpha\text{-}Al_2O_3$ 没有激光性能，但加入少量 Cr_2O_3 形成的红宝石是一种性能稳定的固体激光材料。这是因为溶入的少量 Cr^{3+}（质量分数为 0.5%～2%）能产生受激辐射，使原来没有激光性能的白宝石（$\alpha\text{-}Al_2O_3$）变为有激光性能的红宝石。

表 9-1 列出了若干人造宝石的组成。这些人造宝石几乎全部是固溶体，其中只有蓝宝石是非化学计量的。纯 Al_2O_3 单晶是无色透明的，称白宝石。添加不同的着色剂可制出多种不同颜色的宝石。Cr_2O_3 可与 Al_2O_3 生成连续固溶体，从而得到红宝石和淡红宝石。其中 Cr^{3+} 以离子态引入，并与 Al_2O_3 均匀混合，然后用氢氧焰在单晶炉中以火焰熔融法拉制。用少量的 Ti^{4+} 置换 Al_2O_3 中的 Al^{3+}，还可得到紫罗兰宝石。

表 9-1 各种人造宝石一览表

宝石名称	主晶体	颜色	着色剂及其质量分数/%
淡红宝石	Al_2O_3	淡红色	Cr_2O_3，0.01～0.05
红宝石	Al_2O_3	红色	Cr_2O_3，1～3
紫罗兰宝石	Al_2O_3	紫色	TiO_2，0.5；Cr_2O_3，0.1；Fe_2O_3，1.5

续表 9-1

宝石名称	主晶体	颜色	着色剂及其质量分数/%
黄玉宝石	Al_2O_3	金黄色	NiO，0.5；Cr_2O_3，0.01~0.05
海蓝宝石（蓝晶）	$Mg(AlO_2)_2$	蓝色	CoO，0.01~0.5
橘红钛宝石	TiO_2	橘红色	Cr_2O_3，0.05
蓝钛宝石	TiO_2	蓝色	不添加，低氧分压气氛处理

9.6.2 固溶体的力学性能

9.6.2.1 力学性能与成分的关系

固溶体的强度和硬度往往高于各组元，而塑性则较低，这种现象称为固溶强化。强化的程度（或效果）不仅取决于它的成分，还取决于固溶体的类型、结构特点、固溶度、组元原子半径差等一系列因素。间隙式溶质原子的强化效果一般高于置换式溶质原子。这是由于间隙式溶质原子往往择优分布在位错线上，形成间隙原子“气团”，将位错牢牢地钉扎住，从而造成强化。相反，置换式溶质原子往往均布于点阵内，虽因溶质和溶剂的原子尺寸不同会引起点阵畸变，从而增加位错运动的阻力，但这种阻力远小于间隙原子气团的钉扎力，所以其强化作用也就小得多。

9.6.2.2 合金的固溶强化

实际使用的金属材料大多是合金。目前金属强化的方法有很多，其中最常用的有固溶强化、第二相强化和晶界强化。下面只简单介绍一下与晶体点缺陷直接相关的固溶强化。

固溶体的强度一般会高于其每一组元的纯金属，这意味着合金元素的加入增加了位错运动的障碍。溶质原子与位错的弹性交互作用是固溶强化的主要原因。不同类型的溶质原子引起的强化效应差异很大，有些很强，有些很弱。其原因并不能仅仅归结为溶质原子的固溶状态，即是间隙式的还是置换式的。实践证明，引起弱的强化效应的溶质原子所造成的畸变具有球面对称性，如立方晶体中的置换式溶质原子和面心立方金属中的间隙式溶质原子等；引起强的强化效应的溶质原子所造成的畸变则具有非球面对称性，如体心立方金属中的间隙式溶质原子等。实验还表明，导致球面对称畸变的置换式固溶原子，其强化效应一般正比于其固溶浓度 c，也可能正比于 $c^{1/2}$。但对于引起非球面对称畸变的间隙式原子，其强化效应大都正比于 $c^{1/2}$。然而，溶质原子的溶解度可能很小，这就不易达到强化要求。若能超过溶解度的限度，才可有效地利用这种强化效应。例如，体心立方的 α-Fe 中碳的固溶度很小（小于 0.005%，对应为铁素体），但在高温的奥氏体（碳溶解在 γ-Fe 中的间隙型固溶体，γ-Fe 是温度在 912 ~ 1394 ℃呈面心立方结构的纯铁）相中却有较大的固溶度，通过淬火可获得 α 相的过饱和固溶体（即马氏体）。这种过饱和固溶体中的碳含量可达 α 相中平衡浓度的 100 倍以上，此时固溶强化起到了重要的作用。

9.6.3 固溶体的稳定性

形成固溶体既可改变晶体的性质，又可使晶格得到活化。因为在形成固溶体时晶格常发生变形和扭曲等变化，在这些变化的位置会有能量的增高，质点处于活化状态，这称为活化晶格。晶格激活能促进晶体的扩散、固相反应、烧结等过程。形成固溶体后往往还能阻止某些晶型的转变，故有稳定晶格的作用。例如，ZrO_2 的熔点很高（2680 ℃），但因在 1200 ℃时会发生晶型转变而使体积发生很大变化，所以不能用作高温耐火材料。若在 ZrO_2 中添加少量 CaO，使之与 ZrO_2 形成固溶体，则可防止晶型转变的发生，成为稳定化氧化锆，这是一种很有用的耐高温材料。

总之，固溶体是含有杂质原子（或离子）的晶体，这些杂质原子（或离子）的存在使晶体的晶格常数、体密度、电学性能、光学性能、力学性能等都有可能发生改变。往往是少量的杂质就可能使主晶体的这些性质发生很大的变化。这为新材料的研发提供了有效途径，人们常常采用固溶原理来制造各种新型材料。应用这一特点，可制出压电陶瓷等具有各种奇特电学性能的电子材料。例如，$PbTiO_3$ 和 $PbZrO_3$ 生成的锆钛酸铅压电陶瓷 $Pb(Zr_xTi_{1-x})O_3$，可广泛应用于电子、无损检测、医疗等技术领域。应用这一特点，还可通过在无色透明的 Al_2O_3 单晶中加入各种着色剂以形成各种颜色的宝石（主晶体是 Al_2O_3 的固溶体），在铁的晶格中填入碳以形成碳含量不同而力学强度各异的高、中、低碳钢（间隙型固溶体），在 Si_3N_4 与 Al_2O_3 之间形成可应用于高温结构材料的 Sialon 固溶体，等等。

9.7 非整比化合物与置换型固溶体的联系

凡是偏离定比定律的化合物都称为非整比化合物，由此引起的缺陷称为非整比结构缺陷。这种化合物可视为高价化合物与低价化合物的固溶体，与不等价置换固溶体有相似之处，但也有自己的特点：

(1) 其不等价置换发生在同一种离子中的高价态与低价态之间，是不等价置换中的一个特例。

(2) 该结构的产生及其缺陷的浓度与气氛的性质及气压的大小密切相关。

(3) 此类化合物都是半导体（或 n 型或 p 型）。

在非整比化合物中，内部缺陷的产生和浓度往往与环境（气氛和温度等）有关。某些色心实际上就是属于非化学计量缺陷。非整比化合物十分类似于异价不等数置换固溶体中产生缺陷的情况，只是这种异价不等数置换发生在同一种元素不同价态的离子间，例如三价钛离子对四价钛离子、三价铁离子对二价铁离子以及六价铀离子对四价铀离子的异价置换。有关缺陷反应可由固溶形式表达如下：

$$Ti_2O_3 \xrightarrow{TiO_2} 2Ti'_{Ti} + V_O^{\bullet\bullet} + 3O_O \tag{9-24}$$

$$Fe_2O_3 \xrightarrow{FeO} 2Fe_{Fe}^{\bullet} + V''_{Fe} + 3O_O \tag{9-25}$$

$$UO_3 \xrightarrow{UO_2} U_U^{\bullet\bullet} + O''_O + 2O_O \tag{9-26}$$

此外，锌固溶到氧化锌中可生成正离子间隙型的非整比化合物：

$$\frac{1}{2}O_2(g) + 2Zn(g) \xrightarrow{ZnO} Zn_i^{\bullet} + Zn'_{Zn} + O_O \tag{9-27}$$

在上述的 4 个反应中，第 1 个反应生成负离子空位型的非整比化合物 TiO_{2-x}，第 2 个反应生成正离子空位型的非整比化合物 $Fe_{1-x}O$，第 3 个反应生成负离子间隙型的非整比化合物 UO_{2+x}，第 4 个反应则生成正离子间隙型的非整比化合物 $Zn_{1+x}O$。因此可以认为，非整比化合物是异价不等数置换固溶体中的特例。

非整比化合物还可通过其他方法来获得。一般的异价不等数置换固溶反应是在不同的离子之间进行的，这说明可用低浓度的异价杂质掺入纯晶体来制备非整比化合物。例如，可用 $CaCl_2$ 掺杂 NaCl 而形成通式为 $Na_{1-2x}Ca_x(V_{Na})_xCl$ 的非整比化合物，其中氯保持了立方密积的排列，但 Na^+、Ca^{2+} 和 V'_{Na} 则随机分布在八面体的正离子结点位置上。可见，这个掺杂的总效应是增加正离子的空位数。这种由杂质水平控制的缺陷称为非本征缺陷。由此可知，用低浓度的异价杂质掺入纯晶体所得到的化合物已不是原始意义上的非整比化合物，其中所形成的非本征缺陷显然不同于质点热运动所生成的原生本征缺陷（如弗仑克尔缺陷和肖特基缺陷）。对于缺陷浓度低（格位浓度远小于1%）的掺杂晶体，质量作用定律仍可使用。可见已在实际上假定，加入少量杂质如 Ca^{2+} 并不影响 NaCl 晶体的肖特基缺陷平衡常数 K_S 值，这可能是因为 $[V'_{Na}]$ 随着 $[Ca^{2+}]$ 的增大而增大，而 $[V^{\bullet}_{Cl}]$ 必随之减小。

一般而言，可将非整比化合物视为一种含有少量异价“杂质”的晶体，而不管这种“杂质”（其组成元素与主晶体相同）是外来的还是金属离子本身变价而成的。因此，既可将其归于“杂质缺陷”中来研究，又可将其看成是在纯的完整晶体结构基础上掺杂同于主晶体组成的异价“杂质”所得的固溶体，从而将其放在“固溶体”中讨论。用上述两种途径来处理非整比化合物，实际上是等效的。

9.8 固溶体的研究方法

对于一个系统能否形成固溶体或者形成固溶体的组成范围和结构，可通过各种影响固溶体形成的因素进行评估，但结论的正确性需由实验来测定。如果系统完全处于热力学的平衡状态，固溶体形成与否可参考相平衡图；但非热力学平衡条件下合成的晶体材料，则完全要由实验测定来研究其固溶体的结构。

无论形成哪种类型的固溶体，都会引起结构的变化，并在材料性质的变化方面有所反映，因此可以用多种方法加以测定。例如，用X射线衍射分析晶胞的变化，通过测定密度变化等判断固溶体的结构类型，通过固溶体形成引起的相变温度变化等热效应，等等。

9.8.1 X射线粉末衍射法

固溶体的生成可用各种相分析手段和结构分析方法进行研究，这是由于任何类型的固溶体都会引起结构上的某些变化以及反映在性质（如密度和光学性能等）上的相应变化。但最根本的方法还是用X射线结构分析测定晶胞参数，并辅之以有关的物性测试，以此来测定固溶体及其组分，鉴别固溶体的类型等。

用粉末X射线衍射测定晶体的 d 值，有可能得到关于固溶体组成的信息。一般而言，若是一个较大的离子置换一个较小的离子，晶胞就会有所扩张，反之亦然。根据布拉格（Bragg）定律，晶胞参数的增大将引起粉末衍射线的 d 值增大。尽管不是所有 d 值都变化相同的量，但整个衍射图谱都会朝 2θ 较小的方向移动。在非立方晶系晶体中，随着组成的变化，晶胞的增大和收缩在三个晶轴上表现不一。有时在一个晶轴方向 d 值增大，而在另一个晶轴方向却是 d 值减小。可见，固溶体的晶胞参数将随着第二组元的加入而发生变化，这个变化可由 X 射线衍射（XRD）分析测出，并可由此反推出固溶体的组成，所以固溶体的组成也可用 XRD 来确定。

在固溶体中，晶胞参数会随着组成发生连续的变化。对于立方结构的许多晶体来说，晶胞参数和组成存在着如下的线性关系（经验规律）：

$$a_{ss} = a_1 C_1 + a_2 C_2 \tag{9-28}$$

式中，a_{ss}、a_1 和 a_2 分别为固溶体和形成它的两个组元的晶胞参数；C_1 和 C_2 分别为两个组元的浓度。由于 a_1 和 a_2 之差大于 15% 就很难生成置换型固溶体，所以 a_1 和 a_2 通常相差不大。

在盐类晶体的二元系统中，等价置换固溶体晶胞参数的变化较好地服从式（9-28）的规律。

对于立方晶胞（$a=b=c$，$\alpha=\beta=\gamma=\pi/2$），晶胞参数与组成呈线性关系；对于四方晶胞（$a=b\neq c$，$\alpha=\beta=\gamma=\pi/2$），情况则较为复杂。

在另外一些场合下，例如在 KCl-KBr 系统中，所显示的是组成与负离子体积加和性的关系，而不是与晶胞参数加和性的关系：

$$a_{ss}^3 = a_1^3 C_1 + a_2^3 C_2 \tag{9-29}$$

晶胞参数对组成的曲线，若是在某处出现突变或不连续性，则意味着该处固溶体的晶体结构产生了根本的变化或固溶机理发生了改变。与后者有关的情况如异价不等数置换时的空位机制和间隙机制之间的转变。

9.8.2　差热分析法

固溶体的生成一般会使主晶体的性质（例如相变温度）发生较大的变化，这种变化可能与不同变体间的晶型转变有关。因为多数相变都具有可估量的转变热焓，所以易于用差热分析（DTA）法来研究转变温度的变化。由于固溶体的生成会导致组成的变化，有时可使相变温度改变达到几十摄氏度甚至几百摄氏度，这就为确定固溶体是否形成提供了一种十分灵敏的方法。

9.8.3　相图法

固溶体能否形成，可根据前述的固溶体生成机制和影响因素进行粗略估计，但要得到肯定的结果则需通过实验作出其相图，才能判断是生成连续固溶体、有限固溶体或是不生成固溶体。然而，相图无法判断所生成的固溶体是置换型、间隙型或是两者的混合型。

9.8.4　密度法

如前所述，根据溶质原子在点阵中的位置可分为置换型固溶体和间隙型固溶体。前者的溶质原子位于点阵结点上，置换了部分溶剂原子，如一般金属之间形成的固溶体。后者的溶质原子则位于溶剂点阵的间隙中，如金属和 H、B、C、N 等原子体积较小的非金属元素之间即一般会形成这种固溶体。根据固溶度还可分为有限固溶体和连续固溶体。前者的固溶度小于100%，如 Cu-Zn 系的 α 和 η 固溶体；而后者由两个（或多个）晶体结构相同的组元所形成，任一组元的成分范围均为 0～100%，如 Cu-Ni 系、Cr-Mo 系、Mo-W 系、Ti-Zr 系等在室温下均可形成无限互溶的连续固溶体。

前文在介绍缺陷反应和固溶反应表示法时，讨论过位置关系、电中性和质量平衡等基本原则，但符合上述原则的固溶反应式只能提供生成固溶体的可能形式，最后确定固溶体的类型还要借助于其他方法，其中最常见的即是密度法。

精确地测量密度可以获得许多关于缺陷的信息。一般来说，间隙型固溶体的生成条件远比置换型苛刻。固溶体类型的实验判别有若干不同的方法，一般是对一系列不同组成的晶胞参数、晶胞体积和体密度进行联合测定。

9.8.4.1 密度直接对比法

通过将主晶体的理论密度直接与对应固溶体的测试密度进行对比，可判断该固溶体是置换型还是间隙型。一方面，可通过 X 光或电子衍射确定主晶体的点阵类型和点阵常数，由此推出一个晶胞所含的原子数 N（只考虑格点位置）和晶胞体积 V（单位是 cm^3），再根据主晶体的平均原子质量 $\overline{M}$（单位是 g/mol）及阿伏加德罗常数 N_A（取 $6.02\times10^{23}\ mol^{-1}$）即可算出主晶体的理论密度 D_0（单位是 g/cm^3）：

$$D_0=\frac{(N/N_A)\overline{M}}{V}=\frac{N\overline{M}}{VN_A} \tag{9-30}$$

另一方面，又可通过实验直接测出对应固溶体的实际密度 D。最后比较 D_0 和 D 即可判断该固溶体的类型：若 $D_0<D$，则固溶体为间隙型；若 $D_0=D$，则固溶体为置换型；若 $D_0>D$，则固溶体为缺位型（即有的点阵结点上没有原子）。

9.8.4.2 密度变化对比法

通过测量不同掺杂量时所形成的固溶体的密度，根据固溶体密度随掺杂量的变化规律和体系可能出现的固溶反应方式，就可判断出固溶体的类型。

对于金属氧化物系统，最可靠而简便的方法是先写出生成不同类型固溶体的缺陷反应式，再据此写出固溶反应方程，从而计算出溶质浓度与固溶体密度的关系；然后将这些数据与实验值相比较，判断出与实验结果最为接近的类型。下面予以举例说明。

例 1：将 CaO 加入 ZrO_2 中，生成的固溶体有下述两种可能的机理。

（1）生成置换型固溶体——负离子空位模型。此时的缺陷反应式为

$$CaO\xrightarrow{ZrO_2}Ca''_{Zr}+V_O^{\bullet\bullet}+O_O \tag{9-31}$$

（2）生成间隙型固溶体——间隙正离子模型。此时的缺陷反应式为

$$2CaO\xrightarrow{ZrO_2}Ca''_{Zr}+Ca_i^{\bullet\bullet}+2O_O \tag{9-32}$$

一般而言，空位的产生会导致晶体密度的减小，而间隙原子则会使晶体密度增大。

立方晶型 CaO-ZrO_2 固溶体表明，同样温度下生成的固溶体类型可能随溶质含量而变化，且固溶体在不同温度下也可能有不同的缺陷类型。

例 2：将 YF_3 加入 CaF_2 中，Y^{3+} 置换 Ca^{2+} 而形成固溶体。为保持电中性、质量平衡和满足位置关系，会出现两种可能性，即生成间隙负离子 F'_i 和形成正离子空位。固溶缺陷反应式分别为

$$YF_3\xrightarrow{CaF_2}Y_{Ca}^{\bullet}+F'_i+2F_F^{\times}\quad（高价正离子置换低价正离子） \tag{9-33}$$

$$YF_3\xrightarrow{CaF_2}Y_{Ca}^{\bullet}+\frac{1}{2}V''_{Ca}+3F_F^{\times}$$

即

$$2YF_3 \xrightarrow{CaF_2} 2Y_{Ca}^{\cdot} + V_{Ca}'' + 6F_F^{\times} \tag{9-34}$$

结果是，测量的密度数据支持了间隙氟离子模型，而计算的空位模型则与实验值相差较大。

例3：将 ZrO_2 加入 Y_2O_3 中，形成 Zr^{4+} 置换 Y^{3+} 的固溶体。为保持位置关系、质量平衡和电中性，会出现两种可能，即形成间隙氧离子和生成钇离子空位，缺陷反应式分别为

$$2ZrO_2 \xrightarrow{Y_2O_3} 2Zr_Y^{\cdot} + O_i'' + 3O_O^{\times} \tag{9-35}$$

$$3ZrO_2 \xrightarrow{Y_2O_3} 3Zr_Y^{\cdot} + V_Y''' + 6O_O^{\times} \tag{9-36}$$

这两种机理对密度的影响是不同的。前式的机理会导致密度的增大，后式的机理则会造成密度的降低，而实验数据最后支持了前式所示的间隙氧离子模型。

9.8.4.3 密度计算对比法

对于固溶体结构类型和组成的研究，也可先测定其晶胞参数、理论计算各种可能结构的固溶体密度，然后对比实验精确测定的密度数据，判断实际存在的固溶体组成结构。固溶体的结构类型和组成主要就是通过测定晶胞参数并计算出固溶体的密度 D_T，然后与实验精确测定的密度数据 D 对比来判断的。

晶体的理论密度 D_T（单位是 g/cm^3）为

$$D_T = M/V = \sum_i m_i/V \tag{9-37}$$

式中，M 为晶胞的质量，g；m_i 为单位晶胞内第 i 种原子（离子）的总体质量，g；V 为单位晶胞的体积，cm^3。其中，

$$m_i = n_i x_i M_i / N_A \tag{9-38}$$

式中，n_i 为正常单位晶胞中 i 原子（离子）晶格的位置数；x_i 为固溶体中 i 原子（离子）实际占据的分数；M_i 为 i 原子（离子）的摩尔质量，g/mol，数值上等于该原子的相对原子质量；N_A 为阿伏加德罗常数。

为方便起见，对于上式中表示单位晶胞内第 i 种原子（离子）总体质量的 m_i，常用时可直接以文字的形式表述为

$$m_i = \frac{(\text{晶胞中 } i \text{ 原子的位置数})\cdot(i \text{ 原子实际占据分数})\cdot(i \text{ 原子的摩尔质量})}{\text{阿伏加德罗常数}}$$

$$= \frac{(\text{原子数目})_i\cdot(\text{非计量式下标数/计量式下标数})_i\cdot(\text{原子的摩尔质量})_i}{\text{阿伏加德罗常数}} \tag{9-39}$$

关于表示单位晶胞体积的 V，其中对于立方晶系有

$$V = a^3 \tag{9-40}$$

对于六方晶系有

$$V = \frac{\sqrt{3}}{2}a^2 c \tag{9-41}$$

等等。下面予以举例说明。

将 CaO 加入 ZrO_2（立方晶系）中生成置换型固溶体，该固溶体在 1600 ℃具有萤石结构，属立方晶系。经 X 射线分析测定，当溶入 15%（摩尔分数）的 CaO 时，晶胞参数 a =

0.513 nm，实验测定的密度为 $D=5.477\ g/cm^3$。对于 CaO-ZrO_2 固溶体，从电中性要求出发可写出如下两个缺陷反应式：

$$CaO(s)\xrightarrow{ZrO_2}Ca_{Zr}''+V_O^{\bullet\bullet}+O_O \tag{9-42}$$

$$2CaO(s)\xrightarrow{ZrO_2}Ca_{Zr}''+Ca_i^{\bullet\bullet}+2O_O \quad （低价正离子置换高价正离子） \tag{9-43}$$

对应的固溶反应方程分别为

$$xCaO+(1-x)ZrO_2\longrightarrow Zr_{1-x}Ca_xO_{2-x} \tag{9-44}$$

$$2xCaO+(1-x)ZrO_2\longrightarrow Zr_{1-x}Ca_{2x}O_2 \tag{9-45}$$

上述两式分别形成了不同类型的固溶体：形成缺位型固溶体的化学式可写成 $Zr_{1-x}Ca_xO_{2-x}$，其中 x 是 Ca^{2+} 进入 Zr^{4+} 位置的摩尔分数；形成间隙型固溶体的化学式则可写成 $Zr_{1-x}Ca_{2x}O_2$。对应的产物缺陷式分别为 $[Zr_{Zr}^{\times}]_{1-x}[Ca_{Zr}'']_x[V_O^{\bullet\bullet}]_x[O_O^{\times}]_{2-x}$ 和 $[Zr_{Zr}^{\times}]_{1-x}[Ca_{Zr}'']_x[Ca_i^{\bullet\bullet}]_x[O_O^{\times}]$。其中实际正确性及实际形成的组分缺陷种类可通过计算与实测固溶体密度的对比来决定。

按照上述两种缺陷模型可分别计算出固溶体的理论密度与溶质 CaO 含量 x 的关系。理论密度 D_T 的计算，是先由 XRD 分析得到晶胞参数，计算出晶胞体积 V，再根据晶体结构和固溶体的缺陷模型，计算出固溶体的晶胞质量 M，然后按式（9-37）计算出固溶体的理论密度 D_T。下面进行具体计算。

已知萤石结构中每个晶胞内有 4 个正离子位置和 8 个负离子位置。以添加 $x(CaO)=0.15$ 的 ZrO_2 固溶体为例，当有 15%（摩尔分数）的 CaO 溶入 ZrO_2 中时，若按生成缺位型置换固溶体的反应式形成氧离子空位固溶体，则固溶式可表示为 $Zr_{0.85}Ca_{0.15}O_{1.85}$。Zr、Ca 和 O 的相对原子质量分别为 40.08、91.22 和 16.00，由此求算该固溶体的理论密度 D_T 如下：

单位晶胞内的各类原子总质量

$$\sum_{i=1}^{3}m_i=\frac{4\times\frac{0.85}{1}\times91.22+4\times\frac{0.15}{1}\times40.08+8\times\frac{1.85}{2}\times16.00}{6.02\times10^{23}}=75.18\times10^{-23}\ (g)$$

对上式说明如下：每个 ZrO_2 分子中应有 2 个 O^{2-}，但非整比化合物实际上仅有 1.85 个 O^{2-}，因此 O^{2-} 的实际占据分数为 1.85/2。

又由前面给出的参数，有该固溶体的晶胞体积为

$$V=a^3=(0.513\times10^{-7})^3=135.1\times10^{-24}\ (cm^3)$$

故

$$D_T=\frac{75.18\times10^{-23}}{135.1\times10^{-24}}=5.564\ (g/cm^3)$$

此 D_T 值与前面给出的实验值 $D=5.477\ g/cm^3$ 比较是相当接近的。若按生成间隙型固溶体的反应式及对应的固溶式 $Zr_{1-x}Ca_xO_2$ 来计算，则对应固溶体理论密度的结果为 $D_T=6.02\times10^3\ kg/m^3$，与实验值 $D=5.477\ g/cm^3$ 相差较大。这说明在 1600 ℃时方程式（9-44）是合理的，即化学式 $Zr_{0.85}Ca_{0.15}O_{1.85}$ 是正确的，形成的是缺位型固溶体。但当温度升高到 1800 ℃急冷后所测得的密度和计算值比较，发现该固溶体是间隙正离子的形式。

实践表明，对于两种不同类型的固溶体，密度值有很大的不同，用对比密度值的方法可以相当准确地确定出固溶体的类型和组成。

思考和练习题

9-1　在固溶过程中，主晶体作为溶剂不能无限量溶入的主要溶质类型是什么？

9-2　在 MgO-CoO 二元系统中，Mg^{2+} 和 Co^{2+} 的半径分别为 0.072 nm 和 0.065 nm，请问该体系形成的是连续固溶体还是有限固溶体？

9-3　请描述组分缺陷与热缺陷的区别。

9-4　将 $CaCl_2$ 添加到 KCl 中生成固溶体：写出其固溶缺陷反应式，并说明其密度是如何随着 $CaCl_2$ 的溶解度变化而变化的。

9-5　试写出在 NaF 中掺杂 CaF_2 时有可能发生的两种固溶反应式及其形成固溶体的产物缺陷符号组成式。

9-6　现将 10 mol 的 CaO 溶入 90 mol 的 ZrO_2 晶体中形成完全置换型固溶体，若保持负离子的亚晶格完整（即既无负离子空位，亦无间隙负离子），请计算后写出最后所得产物的明确组成含量化学式；若知 ZrO_2 中每个晶胞含有 4 个正离子和 8 个负离子，Zr、Ca、O 的摩尔质量依次为 91 g/mol、40 g/mol、16 g/mol，ZrO_2 属立方晶系且其晶格常数 $a = 0.513$ nm，试计算最后所得产物的体密度。

10 点缺陷实验研究方法

10.1 引 言

晶体结构的基本要素是点阵和基本结构单元（基元），因此确定晶体结构状态就是利用一些科学方法确定晶体的点阵和结构单元，以及晶体点阵格点和结构单元相对于其理想状态的偏离，即晶体中的缺陷。

晶体中的缺陷数目一般较小，常规的结构研究方法不能用于缺陷研究，只有一些缺陷浓度较高的体系才可利用结构研究方法。然而，缺陷的存在可赋予晶体某些物理和化学性质，因此可利用各种光、电、磁谱学技术研究缺陷的性质，且不限缺陷浓度的高低。

晶体缺陷的测量方法很多，包括密度测量、电阻测量、X 射线衍射、电子显微镜、元素分析、扩散系数测量、半导性测量、磁测量、光谱测量等。其中较常用且较简便的有密度和 X 射线衍射测量法。

布拉格（Bragg）父子于 1913 年进行的 X 射线晶体衍射工作，开始了晶体结构的实验研究，后来人们又相继发展了电子衍射和中子衍射方法。20 世纪中后期出现的高分辨率电子显微术、场离子显微术和扫描隧道显微镜等，更是可以直接观察到晶体表面或局部的原子排列，同时这也特别有利于对结构缺陷的研究。

本章主要介绍关于晶体点缺陷的各种实验研究方法，主要是关于晶体结构缺陷、晶体点缺陷浓度及其相关热力学量的实验和检测方法，让读者了解不同的实验手段及其对应所得晶体缺陷参量。其中主要包括衍射法、显微法、密度法、电阻法、热膨胀法、比热容法、正电子湮灭等实验方式，以此获悉晶体点缺陷类型、点缺陷浓度、点缺陷形成能和形成熵等信息内容。

10.2 衍 射 法

用来确定晶体结构及其点缺陷状态的方法有很多，目前主要是利用衍射法，包括 X 射线衍射、中子衍射和电子衍射。这些衍射方法的基本原理相同，衍射数据中都包含衍射方向和衍射强度这两种衍射信息，两者都包含晶体中关于点缺陷状态的信息。这些衍射方法各有特点，因而在研究不同类型物质的晶体结构时应根据需要选用。其中 X 射线衍射法最常用，目前已知的晶体结构大多由该法确定。若晶体中同时含有原子序数很大和很小的原子，由 X 射线衍射数据难以得到全面的信息，需要利用中子衍射法。电子束的衍射能力很强，因此电子衍射可有效地研究晶体中的微小结构畸变。

对于晶体结构的分析，衍射法的应用极为重要。利用衍射法，不仅可显示点阵结构的主要特点，即点阵参数和结构类型，而且还可显示出其他细节，如其中各种原子的排列方式、缺陷的存在、晶粒的取向、亚晶粒和晶粒的尺寸、析出物的大小、密度、点阵畸变状态等。

10.2.1 X 射线衍射法

10.2.1.1 实验原理

晶体材料对 X 射线的衍射是光学领域中的常见现象。我们知道，将已知波长的光波照射在等间距的光栅上，通过测量衍射束的角度，就可求出光栅的间隔。测量的前提条件是所用光的波长与所测光栅的间隔具有相等的数量级。这表明，在测定晶体的原子间距时，可以应用 X 射线，因为 X 射线的波长和晶体中的原子间距都是几埃（1 Å = 0.1 nm）的尺度。严格来说，研究晶体的衍射问题要依据三维衍射光栅，这是一个十分复杂的问题。但是布拉格简化了这个问题：只要满足布拉格条件，晶体的衍射就等效于从不同晶面的对称反射。图 10-1 表示波长为 λ 的 X 射线束以掠射角 θ 照射到一组间距为 d 的晶面上。若从各个相继晶面反射的射线要彼此增强，则其反射线需行走的附加距离（即光程差）需等于波长的整数倍 $n\lambda$。例如，在图 10-1 中，第二条射线比第一条射线多行走的距离为 $\overline{PO}+\overline{OQ}$，反射增强的条件即为

$$\overline{PO}+\overline{OQ}=2\,\overline{ON}\sin\theta=2d\sin\theta=n\lambda \tag{10-1}$$

这就是著名的布拉格定律。满足这个定律的临界角 θ 就称为布拉格角。

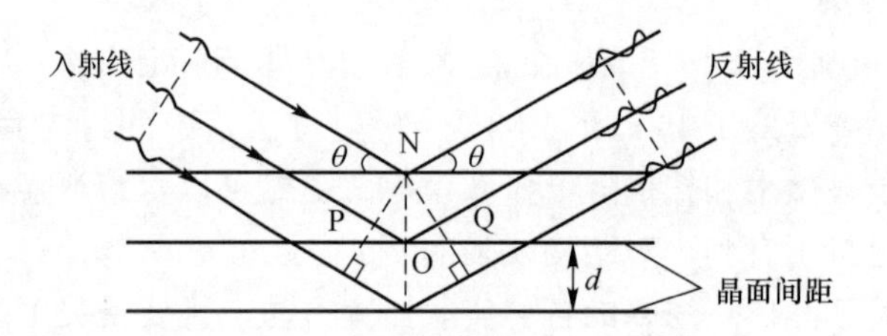

图 10-1 晶面衍射原理示意图

对于 X 射线衍射技术，根据射线光子能量 ε（单位是 keV）与波长 λ（单位是 nm）的关系 $\varepsilon=hc/\lambda$（其中 h 为普朗克常数，c 为光速），有

$$\varepsilon\approx\frac{1.24}{\lambda} \tag{10-2}$$

可见，要探测晶体结构，对应波长尺度应与原子间距（约 0.1 nm）相当，这就要求光子的能量为 10^4 eV 的量级。此时 X 射线对材料的穿透深度在几微米，从而可提供晶体结构的信息。

温度不为热力学零度时，晶体中的原子围绕其平衡位置有小的热振动，这将引起对 X 射线的非弹性散射。但造成的能量变化小于 1 eV，与上述 10^4 eV 相比可忽略，相当于假定晶体中所有的原子固定不动，而只考虑晶体几何结构的影响。于是，晶体对 X 射线的散射就成为弹性的或准弹性的，且这种作用实际上是产生于射线与原子实（原子核及除价电子以外的其他内层电子组成原子实，其内层电子与对应惰性元素具有相同的封闭电子构型）的电子云之间。

此外，当基元中的原子数大于 1 时，对 X 射线衍射的讨论需要考虑几何结构因素；

当基元中原子种类不同时，还要考虑不同原子对 X 射线散射强弱的差异。

10.2.1.2 实验装置

X 射线衍射（XRD）法是在确定晶体结构方面用得最多的方法。一般的 X 射线衍射实验方法有劳厄（Laue）法、周转晶体法和粉末法。其中粉末法是一种最常用的 X 射线衍射技术，该法使用单一波长的 X 射线和细粉末状试样。因为在一堆任意取向的晶体粉末中一定会含有一些取向合适的晶粒，所以可得到从每一个可能的反射面的反射。直射 X 射线束与反射束之间的夹角为 2θ，因此各组晶面给出半角为 2θ 的反射线圆锥，其中 θ 是产生圆锥的一组特殊的反射面的布拉格角。通过准确测定衍射线的位置和强度，即可得到有关被测晶体结构的信息。

粉末 X 射线衍射装置原理示意于图 10-2，通过准直仪汇聚的入射 X 射线照射到样品表面，于特定方向产生衍射。衍射方向用 2θ 表示，它与相应的晶面间距（d）和入射 X 射线波长（λ）符合布拉格方程

$$\lambda = 2d\sin\theta \tag{10-3}$$

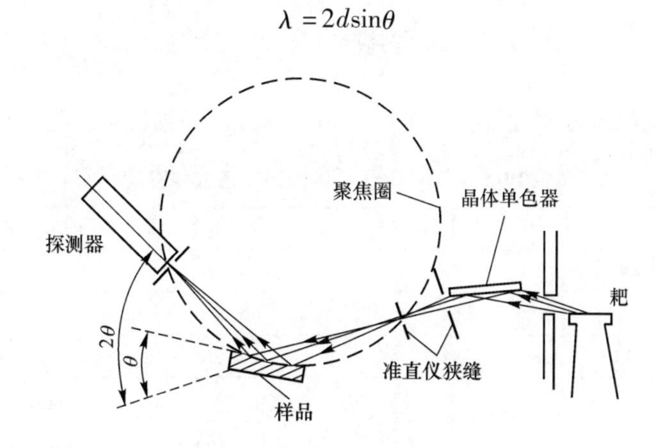

图 10-2 X 射线衍射仪原理

如何确定晶体的晶格类型和晶胞参数，是多晶衍射方法的一个难点。已有很多种方法和程序，可利用晶面间距之间的关系，从粉末 X 射线衍射数据直接确定晶体结构的点阵类型和单胞尺寸。

在 X 射线实验中，可利用计数器直接记录衍射强度。计数器的类型有盖革(Geiger)计数器、正比计数器、闪烁计数器等。这种利用计数器直接记录的 X 射线衍射仪如图 10-2 所示。单一波长的 X 射线照射到试样表面，旋转试样和探测器，并使探测器的旋转角速度两倍于试样的旋转角速度，以保证探测角度处于反射角度的位置。

这种直接记录的 X 射线衍射仪广泛应用于晶体结构分析实验，图 10-3 的 X 射线谱是最常见的 X 射线衍射实验数据示例，从图中的各个衍射峰的高度和位置，可获取被测试样的晶体学特征。

10.2.1.3 应用举例

将密度测量和 X 射线衍射两者结合起来可以确定缺陷的类型，现以氧化亚铁（FeO）晶体为例进行说明。

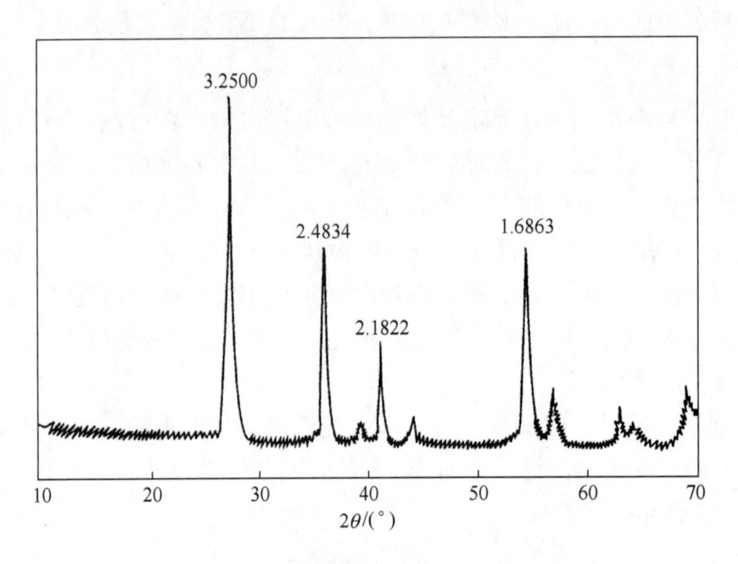

图 10-3 具有金红石结构的 TiO_2 的 X 射线衍射谱示例

表 10-1 为系列组成的氧化亚铁的晶格常数和密度。根据晶格常数可计算密度 D。

表 10-1 三种 FeO 晶体的晶格常数和密度

Fe 含量/%	晶格常数 a/nm	$D_{测量}/(g \cdot cm^{-3})$	$D_{计算}(FeO_{1+x})/(g \cdot cm^{-3})$	$D_{计算}(Fe_{1-x}O)/(g \cdot cm^{-3})$
76. 57	0. 4307	5. 70	6. 06	5. 68
76. 27	0. 4301	5. 64	6. 11	5. 64
75. 72	0. 4290	5. 55	6. 20	5. 55

以 Fe 含量为 76. 57% 的组成为例进行计算。

（1）求原子比：

$$\text{Fe 原子数}:\text{O 原子数} = \frac{76.57}{55.85} : \frac{100-76.57}{16.00} = 1.371 : 1.464$$

可见组成中 Fe 少于 O 的原子数。

（2）写出化学式：

第一种情况：如化学式为负离子过剩的 FeO_{1+x}，则有

$$1.371 : 1.464 = 1 : (1+x)$$

$$x = 0.068$$

即化学式为 $FeO_{1.068}$。

第二种情况：如化学式为正离子不足的 $Fe_{1-x}O$，则有

$$1.371 : 1.464 = (1-x) : 1$$

$$x = 0.064$$

即化学式为 $Fe_{0.936}O$。

（3）计算密度：

第一种情况：根据 $FeO_{1.068}$ 和晶格常数（$a = 4.307$ Å，1 Å = 0.1 nm）计算的密度为

$$D_1=\frac{NM}{N_A V}=\frac{4\times(16.00\times1.068+55.85\times1)}{6.022\times10^{23}\times(4.307\times10^{-8})^3}\approx6.06\ (\mathrm{g/cm^3})$$

式中，N 为一个 FeO 晶胞所含 FeO 的数目；M 为含缺陷氧化亚铁 $FeO_{1.068}$ 的相对分子质量；N_A 为阿伏加德罗常数；V 为一个 FeO 晶胞所占体积。

第二种情况：根据 $Fe_{0.936}O$ 和晶格常数计算的密度为

$$D_2=\frac{NM}{N_A V}=\frac{4\times(16.00\times1+55.85\times0.936)}{6.022\times10^{23}\times(4.307\times10^{-8})^3}\approx5.68\ (\mathrm{g/cm^3})$$

组成中的氧过量意味着存在间隙氧离子，铁不足则说明存在铁离子空位。通过比较上述密度计算值和密度法所得密度测定值，可以发现，对于 $Fe_{1-x}O$ 的计算密度值和由实验直接测定的密度值均随 Fe 原子数与 O 原子数比值的减小而减小，且对于同一组成为计算值接近于实测值。这说明在非化学计量氧化亚铁中，铁的缺陷是主要的，即在氧化亚铁中存在铁空位，化学式应为 $Fe_{1-x}O$。

10.2.2 电子衍射法和中子衍射法

10.2.2.1 电子衍射法

因为与运动电子有关的波也可像 X 射线一样按照布拉格定律进行衍射，所以在透射电子显微镜和扫描电子显微镜中，就可采用电子衍射的方法来分析晶体的结构。

电子的德布罗意波长

$$\lambda=h/p \tag{10-4}$$

式中，h 为普朗克常数；p 为电子的动量，其与能量的关系为

$$\varepsilon=p^2/(2m) \tag{10-5}$$

因此有

$$\lambda\approx\frac{1.24}{\sqrt{\varepsilon}} \tag{10-6}$$

式中，λ 的单位为 nm，ε 的单位为 eV。

当波长与晶格常数可比时，如波长 $\lambda\approx0.1$ nm 时，相应的能量 $\varepsilon\approx150$ eV，故而能量范围在 20 ~ 250 eV 的低能电子束适合于晶体结构的研究。不同于 X 射线，由于电子带电，和固体中的原子有很强的相互作用，穿透深度很短，为几个原子层间距的量级。所以，低能电子衍射主要用于晶体表面结构的研究，而高真空技术和加速衍射电子技术的使用又使得电子衍射产生了很大的发展。

用高能电子束（50 ~ 100 keV）缩短电子的德布罗意波长，可提高电子显微术的分辨率。加速电压达到这个数量级及以上时，计算波长应考虑相对论修正，此时有

$$\lambda\approx\frac{h}{\left[2m_0\varepsilon\left(1+\frac{\varepsilon}{2m_0c^2}\right)\right]^{1/2}} \tag{10-7}$$

式中，m_0 为电子的静止质量；c 为光速。能量为 100 keV 的高能电子波长为 0.0037 nm，在此基础上构造的高分辨率电子显微镜，其分辨率可达 0.1 ~ 0.2 nm。采用很薄（如 5 nm 厚）的样品，若由单层原子相叠而成，则垂直于原子平面作透射观察，可直接得到层内原子排列的图像，并可从已知的放大倍数推断相应的结构参数。

由于电子的穿透能力很弱，所以利用透射电子显微镜进行电子衍射时只能分析很薄的试样。另外，X 射线的穿透能力虽然很强，但却难以聚焦，故只能用来分析宏观试样的结构，不能分析微区的结构。因此，对于小至数纳米的区域的结构分析，可利用电子束能够聚焦的特点，采取透射电子显微镜中的电子衍射技术。

由于透射电子显微镜实验要求试样很薄，难于制作，而扫描电子显微镜实验对试样的要求则较简单，故利用扫描电子显微镜的电子背散射花样（electron back-scattered pattern，简称 EBSP）得到广泛的应用。该法利用计算机处理电子衍射信息，分析晶体表面各个晶粒的晶体学取向。

10.2.2.2　中子衍射法

中子束与 X 射线和电子束一样，照射到晶体上时也会发生衍射，因此中子衍射技术同样可用来分析晶体结构，而核反应堆的出现又使中子衍射技术成为可能。

中子的德布罗意波长与其能量的关系为

$$\lambda \approx \frac{0.028}{\sqrt{\varepsilon}} \tag{10-8}$$

式中，λ 和 ε 的单位分别为 nm 和 eV。由上式可知，波长 $\lambda \approx 0.1$ nm 时，相应的能量 $\varepsilon \approx 0.08$ eV，与室温下的 kT 值（约为 0.025 eV；其中 k 为玻耳兹曼常数，T 为热力学温度）在同一数量级，通常称为热中子。

中子与固体中的原子核是通过强的短程核力而发生相互作用的，这不同于 X 射线被电子散射的过程。中子衍射对轻原子（从 H 到 C）的分辨率远高于 X 射线，可弥补 X 射线在这方面的不足。此外，中子具有磁矩，和固体中的原子磁矩有强的相互作用，可用于获悉原子磁矩的相互取向、排列以及磁相变等方面的磁结构信息。

中子束具有超过 X 射线和电子束的优点。中子束的穿透能力极强，其可分析整个晶体材料，而不只是晶体表面处的少数区域。更重要的是，X 射线是由晶体原子的电子进行散射，而中子主要是由原子核进行散射。由于 X 射线散射和中子散射的根本原因不同，这就提供了一种研究包括轻重两种不同原子组成的物质（如氢化物或碳化物）结构的方法。当利用 X 射线时，因轻原子的衍射强度较弱，故会被重原子的衍射强度所掩盖。而当利用中子射线进行衍射时，所有原子的散射本领均大致相同。由此可研究这些物质的结构。对于由原子序数相近的原子（比如铁与钴）所构成的物质，它们的 X 射线散射能力差别不大，而中子散射能力却差别较大，此时利用中子射线衍射就较易研究其结构。

中子衍射的原子散射主要是其核分量，但也有电子（磁自旋）分量，这是由于中子磁矩与原子具有的任何磁矩都可发生相互作用。因此，从顺磁物质（其原子磁矩是任意取向的）得到的中子衍射图像表现出宽阔的漫射背景。

10.3 显微术

10.3.1 扫描隧道显微镜

扫描隧道显微镜（scanning tunneling microscope，简称 STM）是 1982 年开发的具有识别原子能力的显微镜。在 STM 装置中，样品是一个电极，STM 针尖状的探针是另一个电极。STM 只需外加 1 V 的电压，且不需要高真空，可在室温大气以及溶液中进行测量，具有电子显微镜所没有的优点。从原理上，它可观察金属、半导体等导电性试样的表面形状。

当电压加在导电性试样和金属针之间，若两者间距小至数纳米，则即使其不接触，也会有电流流过。这一电流可以穿过真空的间隙，故称为隧道电流（隧穿电流），其与所加电压有关。

隧道电流可认为是金属针与试样的电子云相互重叠所产生，这种电子云的重叠方式对电流值有很大影响。隧道电流与金属针和试样之间的距离呈指数衰减。利用这一原理，沿试样表面移动金属针，通过测定隧道电流的变化可获得有关试样表面起伏的信息。这一测试方法称为变电流法，又称恒高度法，见图 10-4(a)。但这种方法不知道试样表面的起伏状态，因此当试样表面凹凸起伏很大时，沿试样表面移动的金属针有可能碰撞试样表面而发生损伤。另一种方法是使隧道电流维持一定而上下移动金属针，这一与金属针的高低位置相对应的数据即可表示试样表面的凹凸状态。在这种方法中，扫描时保持隧道电流不变，针尖随表面起伏上下移动，控制间距的压电陶瓷上的电压变化反映出表面的起伏。该法称为恒电流法，如图 10-4(b)所示。

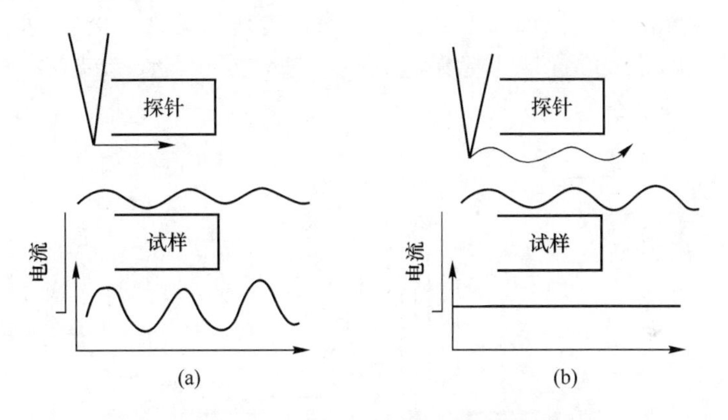

图 10-4　扫描隧道电子显微镜工作原理

(a) 变电流法；(b) 恒电流法

如果表面由同种原子组成，由于隧道电流与间距呈指数关系，当针尖在样品表面通过恒高度模式的变电流法进行平面扫描时，就连表面上原子尺度的起伏也会引起电流成倍的变化，由此可得到样品表面的 STM 图像。这种模式可有较快的扫描速度，但样品表面起伏较大时针尖易与表面撞击而导致损坏（此时针尖与样品的距离可达纳米量级）。因此，STM 多采用恒电流模式。

STM 可在实空间获得原子尺度分辨的表面信息，并可使用于真空、大气、液态等环境中，得到多方面的广泛应用。此外，还发展了多种相关的扫描探针显微术，如原子力显微术（atomic force microscopy，简称 AFM）和磁力显微术（magnetic force microscopy，简称 MFM）等。这些方法均是采用探针来研究表面，但利用的相互作用性质各异。

在 STM 的基础上开发出来的原子力显微镜可观察 STM 所不能观察的绝缘体试样表面形状，因而得到迅速普及。可见，STM 不单是观察形貌的显微镜，也成为具有原子分辨能力的表面分析显微镜。

10.3.2 场离子显微术

利用各种衍射技术可分析晶体的结构，但尚不能观测到单独的空位或间隙原子。只有场离子显微镜才能够达到这个目标。场离子显微镜技术可分辨出金属表面的原子排列，直接观察到表面层中的空位。由低温蒸发逐层脱去表面层，还可显示原存于体内的空位。

从 1951 年开始发展起来的场离子显微镜是一种具有高分辨率的显微镜，其分辨本领高达0.2～0.3 nm，放大倍率在一百万倍以上，可显示金属表面的原子排列图像，可用来观察位错、层错、晶界、空位、间隙原子、杂质原子等。场离子显微镜与金相显微镜、电子显微镜（电镜）等结合，形成了一套完整的宏观、半微观（μm）、微观（μm～nm）及超微观（原子尺度）的金属结构观察方法。其中高分辨率电镜也是研究晶体结构及其缺陷状态的有效方法。在很多情况下，高分辨率电镜可直观地给出结构信息。如从晶体的高分辨率图像可清楚地看到晶层的排列情况。

10.3.2.1 测试原理

在场离子显微镜（见图 10-5）分析中，将需研究的晶体材料制成半径为 50～200 nm 的针尖。处于真空室中的试样作为阳极，荧光屏则作为阴极。真空室抽真空后充以低压氦气，再在针尖与荧光屏之间施加高电压，针尖附近电离的氦将在电场的加速下撞向荧光屏。由于针尖表面的原子位置与电离场有关，因此荧光屏上的图像就直接反映了针尖表面原子的排列与缺陷的分布。

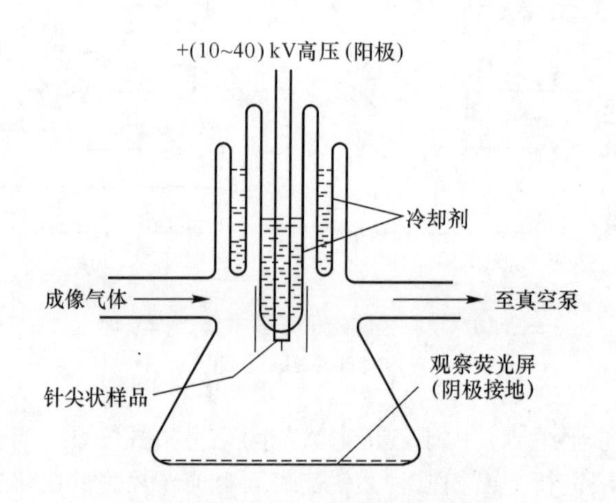

图 10-5 场离子显微镜结构示意图

场离子显微镜的不足之处，是因针尖截面积太小而使可观察的尺寸范围很小。此外，还要求被观察的试样具有良好的导电性，否则电压无法加到针尖与荧光屏之间。

10.3.2.2 测试方法

用于场离子显微镜观察的是金相试样点状尖端表面，当同时使用质谱仪时，可定出其化学成分。试样尖端是经一定方法制成的半径为几十到一百纳米的半球，通常将试样的工作端用化学或电解方法腐蚀成所需的直径，然后在高真空中加热至$\frac{2}{3}T_m$（其中 T_m 为试样的熔点），几分钟后试样尖端即成为所需的半球形。

图 10-6 示意了质谱仪的场离子显微镜。将试样的非工作端焊在电极上，电极用冷却剂（固态氮或液态氢、氮）冷却。试样与电极连同冷却剂一起安装于一个玻璃容器中，玻璃容器的真空度约为 10^{-8} Pa。从另一装有成像气体（氦或氖）的容器中流入已纯化的成像气体，使容器中的压力在 10^{-2} Pa 左右。在离试样尖端约 10 cm 处放一荧光屏，试样相对于荧光屏有 5000～15000 V 的正电压 V_0，这就在试样尖端附近形成几伏每埃大小的电场强度，由于尖端呈半球形，容器内的电力线分布由尖端径向地趋向荧光屏。

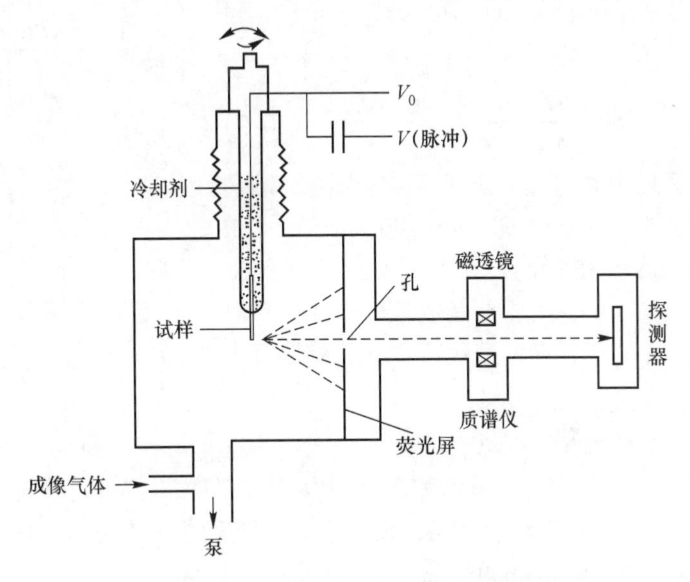

图 10-6　质谱仪的场离子显微镜示意图

在上述电场作用下，金属中的部分自由电子被推入金属内部少许，在表面的凸部露出带正电荷的金属离子。成像气体的原子被极化力吸至试样尖端，特别在试样表面不规则处被加热，并因隧道效应而电离，离化了的成像气体离子被金属离子推开，沿径向辐射的电力线方向加速投向荧光屏，并激起闪烁荧光，在荧光屏上形成了该金属正离子的像。由于气体离子沿经的电力线为径向辐射直线，因此荧光屏上的花纹是试样尖端表面金属离子分布的真实影像。荧光屏上的影像是一些亮点组成的花纹（见图 10-7），花纹中的每一亮点

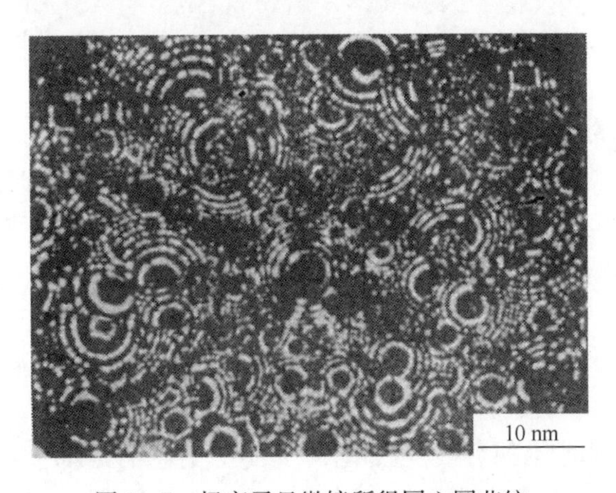

图 10-7　场离子显微镜所得同心圆花纹

都是由尖端表面一个正离子处发射出来的一个气体离子形成的。当尖端表面有空位、位错、层错等缺陷时，由于缺陷处（或附近）金属离子的位置发生偏离，甚至失去了离子，则荧光屏的影像中即可反映出来。从点状尖端表面将原子一层一层地剥离，就可研究试样内部的成分。

因为成像气体离子是从尖端径向辐射出来的，所以可粗略地估计一下其放大倍率。由图 10-8 可知，试样尖端表面两点 A、B 在屏上的像为 A'、B'，于是放大倍率近似为

$$M=\frac{\overline{A'B'}}{\overline{AB}}\approx\frac{R}{r} \tag{10-9}$$

式中，R 为尖端圆环中心与荧光屏的距离；r 为尖端圆球半径。实际使用时，$R\approx10$ cm，$r\approx100$ nm，可见 M 约为 10^6 倍。场离子显微镜的分辨率受亮点大小的限制，引起亮点一定大小的原因主要是成像气体离子在离开尖端时具有一个垂直于径向的分速度，其分辨率可表达为

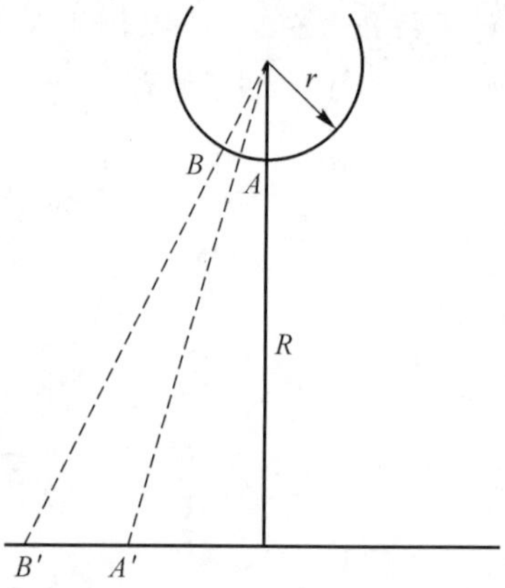

图 10-8　场离子显微镜成像放大示意图

$$\delta=2r\sqrt{KT_{\mathrm{tip}}/(eV_{\mathrm{w}})} \tag{10-10}$$

式中，r 为尖端半径；k 为玻耳兹曼常数；T_{tip} 为尖端的温度；e 为电子的电荷（取正）；V_{w} 为工作电压。若 $r=100$ nm，T_{tip} 为液氢温度（1 atm 下约为 -253 ℃，1 atm $=1.01325\times10^5$ Pa），V 为 20000 V，则 $\delta\approx0.05$ nm。

应当指出，并不是试样尖端表面上所有的原子都在荧光屏上成像，在表面上的平滑之处离化并不太强烈，只有凸出的地方离化才强烈。估计只有 5% ~20% 的原子才在屏上成像。在强电场下金属表面的原子有可能脱离表面，被观察的金属只能是一些结合能很高的金属，如钨、铼、钽、钼、铁等。此外，场离子方法无法避免金属表面的原子发生弹性形变，故所观察到的原子排列实际上是具有一定弹性畸变的状态。

10.4　点缺陷浓度的测定

10.4.1　热膨胀法

点缺陷还可导致晶体在物理性能与力学性能方面的变化，其中最明显的是引起电阻的增加。点缺陷的存在使传导电子受到散射，产生附加电阻。附加电阻的大小正比于点缺陷浓度，因此附加电阻可用来表征点缺陷浓度。此外，空位的存在还使晶体的密度下降，体积膨胀。因此，利用电阻或密度的变化可测量晶体中的空位浓度或研究空位在不同条件下的变化规律。在常温下，平衡浓度的点缺陷对晶体力学性能的影响并不大，但高温下的空位浓度很高，此时空位在固体变形时的作用不能忽略，空位的存在及其运动是晶体高温下发生蠕变的重要原因之一。下面介绍一下热膨胀实验法。

晶体在加热或冷却时体积会发生变化，这种变化包括两部分：一部分是由于原子（离子）间的平均距离（或点阵常数）改变而引起的体积变化，这就是通常所说的热膨

胀；另一部分是由于点缺陷浓度的改变而引起的晶体体积变化。若晶体的体积为 V，总体积变化为 ΔV，其中的热膨胀引起的体积变化为 $(\Delta V)_L$，点缺陷引起的体积变化为 $(\Delta V)_D$，则有

$$\frac{\Delta V}{V}=\frac{(\Delta V)_L}{V}+\frac{(\Delta V)_D}{V} \tag{10-11}$$

通常晶体体积随温度的变化都很小，故忽略二阶小量后有

$$\frac{\Delta V}{V}=\frac{(L+\Delta L)^3-L^3}{L^3}\approx 3\left(\frac{\Delta L}{L}\right) \tag{10-12}$$

式中，L 为晶体的线度。

类似地，有

$$\frac{(\Delta V)_L}{V}\approx 3\left(\frac{\Delta a}{a}\right) \tag{10-13}$$

式中，a 为晶体的点阵常数。

另外，如前所述，晶体中形成一个空位，就要增加大约一个原子体积，而形成一个间隙原子则要相应地减少大约一个原子体积。因此，晶体中形成 n_V 个空位和 n_i 个间隙原子时，晶体的体积变化就是

$$(\Delta V)_D=n_V-n_i$$

得出晶体的相对体积变化为

$$\frac{(\Delta V)_D}{V}=\frac{n_V-n_i}{V}=\frac{n_V}{V}-\frac{n_i}{V}=C_V-C_i \tag{10-14}$$

式中，C_V 和 C_i 分别为单位体积中形成的空位数量和间隙原子数量，亦即分别为晶体中形成的空位浓度和间隙原子浓度。

将式（10-12）~式（10-14）代入式（10-11）得

$$C_V-C_i\approx 3\left(\frac{\Delta L}{L}-\frac{\Delta a}{a}\right) \tag{10-15}$$

上式中的总膨胀量 $\Delta L/L$ 可由热膨胀实验测出，点阵常数的相对变化率 $\Delta a/a$ 可由 X 射线衍射实验测出，因而 C_V-C_i 可由式(10-15)算出。若 $C_V-C_i>0$，则晶体中的主要点缺陷是空位；若 $C_V-C_i<0$，则晶体中的主要点缺陷是间隙原子。对于金属晶体，有 $C_V\gg C_i$，故上式可进一步近似为

$$C_V\approx 3\left(\frac{\Delta L}{L}-\frac{\Delta a}{a}\right) \tag{10-16}$$

热膨胀实验虽在原理上较简单，但由于 C_V 的值很小（在 10^{-4}的量级），所以技术难度很大。若要 C_V 的准确度达到10%，则需 $\Delta L/L$ 和 $\Delta a/a$ 的测量精度达到 10^{-5}。

10.4.2　淬火电阻测量法

类似于热膨胀，晶体的电阻率也由两部分组成：一是和晶格振动相关的电阻率 $\rho(T)$；二是和缺陷相关的电阻率 ρ_d。后者又可分为由空位引起的电阻率 ρ_V 和由其他各种缺陷（位错、间隙原子、杂质等）引起的电阻率 ρ'_d。因此，晶体的电阻率 ρ 可表示为

$$\rho = \rho(T) + \rho'_{\mathrm{d}} + \rho_{\mathrm{V}} \tag{10-17}$$

空位使晶体内运动的电子发生散射，从而产生附加电阻。通过点缺陷引起的附加电阻，即可表征出点缺陷的浓度。对不同温度下缺陷浓度的具体求算方式，可参见第10.5.3节“电阻测量法”中“淬火电阻法”的相关内容。为适应于全章内容的统一表述，在这里先不作介绍。

对于金属中的空位，要在高温下测定其浓度是难以实施的，为此采用淬火试验，目的是将高温下的平衡空位浓度淬火到空位不能移动的较低温度下。测量淬火试样的物理性质，例如电阻率，它与空位浓度成正比。若知空位的比电阻率贡献，则可从电阻率的增量得出淬火温度下的空位浓度。

在淬火所经温区的很大范围内，空位的活动性都仍然很高。移动的空位可相互发生反应或与其他缺陷发生反应，其中重要的过程是这些缺陷的聚集以及在位错和界面处的湮灭。这样的湮灭将导致所测得的淬火空位浓度低于淬火温度下的平衡浓度。

10.4.3 正电子湮灭

正电子在晶体中不可能长时间地稳定存在，遇到电子就会湮灭。狄拉克证明了正电子的寿命反比于其所在处的电子密度，故分析测量得到的正电子寿命谱就可了解晶体中的缺陷类型及其密度。

正电子湮灭实验所用的正电子源大多为放射性同位素^{22}Na。正电子的湮灭过程如图10-9所示，当^{22}Na进行衰变时放出正电子，几乎同时放出1.28 MeV的γ光子。正电子进入试样后，与电子、离子产生非弹性散射，很快被慢化成热正电子，以大约kT量级的动量在晶体中运动，直到遇上一个离原子核相当远的电子而发生湮灭。湮灭时产生两个约511 keV的γ光子（二γ湮灭）。同一个正电子的1.28 MeV和511 keV的γ光子辐射的时间间隔就是正电子的寿命。

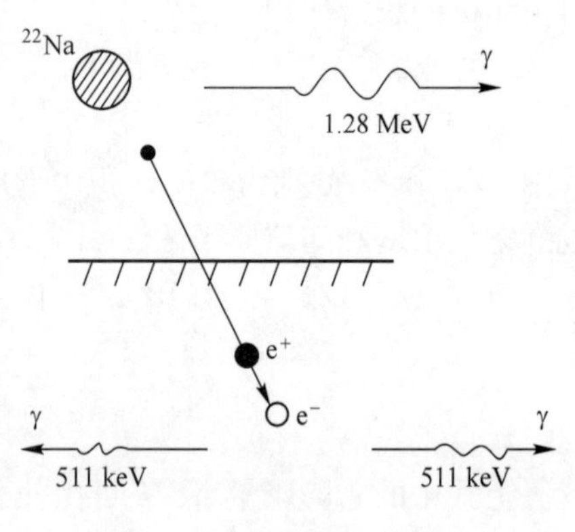

图10-9 正电子的二γ湮灭

当用正电子寿命方法研究晶体中的缺陷时，先要定义出正电子以自由态湮灭的寿命（τ_{f}）和正电子以缺陷捕获态湮灭的寿命（τ_{d}）等概念。例如，当正电子遇上带有等效负电荷的空位时，就会被空位吸引而使其不能自由扩散，最终被束缚在空位处而被湮灭，其正电子寿命为τ_{d}。由于缺陷的平均电子密度较低，于是同一晶体材料中的$\tau_{\mathrm{d}} > \tau_{\mathrm{f}}$，因此捕获态的正电子寿命又称长寿命。又如，铝中空位的正电子寿命τ_{d}约为240 ps，而自由态正电子寿命τ_{f}约为170 ps，τ_{d}比τ_{f}增加约40%。缺陷的线度越大，τ_{d}值增加也就越多，如铝中五空位的τ_{d}约有350 ps。因此，正电子寿命能反映晶体中缺陷的大小和种类。另外，缺陷浓度越高，正电子被捕获的概率越大。相应地，长寿命成分在寿命谱中所占的相对比例也越大。可见，长寿命成分的相对强度就反映了缺陷的浓度。

由上可知，空位可捕获正电子，延长正电子的寿命。这不仅适用于空位的检测，实际上也适用于位错、空位团、微空洞等缺陷的检测。

10.5　点缺陷形成能和形成熵的测定

点缺陷的形貌可用高分辨率电镜直接观测。由于点缺陷可以影响晶体的比热容和电阻率等物理性质，因此点缺陷的形成能（生成能，生成焓）和形成熵（生成熵，为振动熵项）等热力学量可通过相关的各种物理实验来进行测定。某些常见的实验简介如下。

10.5.1　比热容实验法

空位对比热容的影响表现在当空位数随温度变化时，其热力学能也随温度变化而变化，从而引起比热容的变化。若晶体的点缺陷浓度为 C（C 为纯小数，相当于 1 mol 晶体原子对应 C 摩尔的点缺陷），则对于 1 mol 晶体原子，由点缺陷附加的比定压热容 Δc_p 即为

$$\Delta c_p = \frac{\mathrm{d}(C\Delta H)}{\mathrm{d}T} = \Delta H \frac{\mathrm{d}C}{\mathrm{d}T} \tag{10-18}$$

式中，ΔH 为 1 mol 点缺陷的形成能（焓），可视为与温度无关的常数。

另外，点缺陷的浓度一般可如第 5 章那样表示为

$$C \approx C_0 \exp\left(-\frac{\Delta H}{RT}\right) \tag{10-19}$$

将上式代入式（10-18）得 1 mol 晶体的附加热容量，即晶体附加的摩尔比定压热容为

$$\Delta c_p \approx \frac{(\Delta H)^2}{RT^2} C \tag{10-20}$$

此外，根据第 5 章关于点缺陷浓度的表述还可写出：

$$C = \exp\left(\frac{\Delta S}{R}\right)\exp\left(-\frac{\Delta H}{RT}\right) \tag{10-21}$$

将上式代入式（10-20）得

$$\Delta c_p = \frac{(\Delta H)^2}{RT^2}\exp\left(\frac{\Delta S}{R}\right)\exp\left(-\frac{\Delta H}{RT}\right) \tag{10-22}$$

由上式两边取对数得

$$\ln(T^2\Delta c_p) = \ln\left[\frac{(\Delta H)^2}{R}\exp\left(\frac{\Delta S}{R}\right)\right] - \frac{\Delta H}{RT} = A - \frac{\Delta H}{RT} \tag{10-23}$$

其中，

$$A = \ln\left[\frac{(\Delta H)^2}{R}\exp\left(\frac{\Delta S}{R}\right)\right] \tag{10-24}$$

A 是一个与温度无关的常数。

式（10-23）表明：若测出不同温度下的附加热容量 Δc_p，就可作出 $\ln(T^2\Delta c_p)$ 与 $1/T$ 的关系直线，由直线的斜率即可求出点缺陷的摩尔形成能 ΔH，再由直线的截距就可算出点缺陷的摩尔形成熵 ΔS。

下面接着介绍测定附加比定压热容 Δc_p 的方法。通常的比热实验测得的是晶体的总比定压热容 c_p，它由两部分组成：一是由于原子（或离子）的热振动而引起的热容量 c_p^0（完整晶体的热容量）；二是由于形成点缺陷而引起的附加比定压热容 Δc_p。可见

$$c_p = c_p^0 + \Delta c_p \tag{10-25}$$

由式（10-20）和式（10-21）可知，只有在很高的温度（接近熔点）时 Δc_p 才较显著。如果温度不太高，则 $\Delta c_p \ll c_p^0$，因而 $c_p \approx c_p^0$。因此，若测出晶体的热容量-温度关系曲线（见图 10-10），则曲线的低温段就代表 c_p^0，将这段曲线外推到高温（接近熔点的温度），就可求出 Δc_p。图 10-10 是研究者实验测得的钾的 c_p-T 曲线，图中虚线到实线间的垂直距离就是在相应温度下的 Δc_p 值。

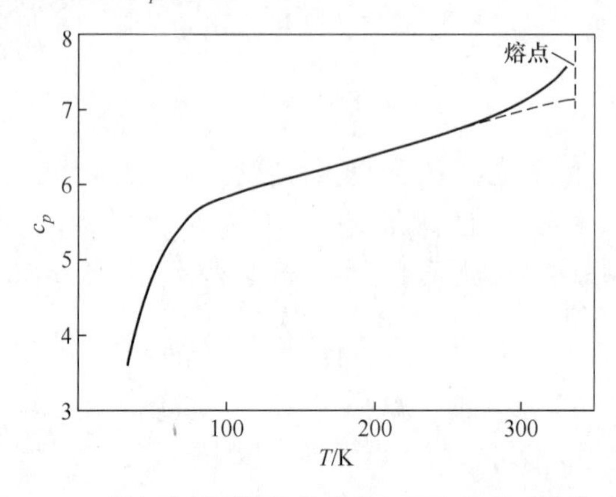

图 10-10 研究者所测钾的热容量与温度的关系曲线示例

10.5.2 热膨胀实验法

10.5.2.1 线度变化测量法

式（10-16）中的空位浓度 C_V 是单位体积中形成的空位个数，式（10-21）中的空位浓度 C 表示的是 1 mol 晶体原子对应的点缺陷摩尔数，因此有

$$C = C_V V_{mol} \tag{10-26}$$

式中，V_{mol} 为被测晶体材料的摩尔体积，m^3/mol。

上式结合式（10-16）和式（10-21）所得等式两边取对数有

$$\ln\left[3\left(\frac{\Delta L}{L} - \frac{\Delta a}{a}\right)\right] + \ln V_{mol} \approx \frac{\Delta S_V}{R} - \frac{\Delta H_V}{RT} \tag{10-27}$$

从上式可知，只要测出不同温度下晶体线度 $\Delta L/L$ 的相对变化率和点阵常数的相对变化率 $\Delta a/a$，即可算出 ΔS_V 及 ΔH_V 的值。研究者们用该方法得到了 Al、Cu、Au、Ag 等晶体的空位形成能和形成熵（见表 10-2）。图 10-11 给出了研究者由热膨胀实验和 X 射线衍射测得的铝的 $\Delta L/L$ 和 $\Delta a/a$ 随温度的变化，由这些实验数据可求得 Al 空位的形成能和形成熵分别为 $\Delta H_V \approx 73$ kJ/mol 和 $\Delta S_V \approx 20$ J/(mol · K)。

表 10-2 热膨胀法所得某些晶体点缺陷的形成能和形成熵

金属	熔点温度为 T_m 时的空位浓度 C_V	$\frac{S_V}{R}$	H_V/eV
Au	7.2×10^{-4}	1.0	0.94
Ag	1.7×10^{-4}	—	1.09
Al	9.0×10^{-4}	2.4	0.75
Cu	2.0×10^{-4}	1.5	1.17

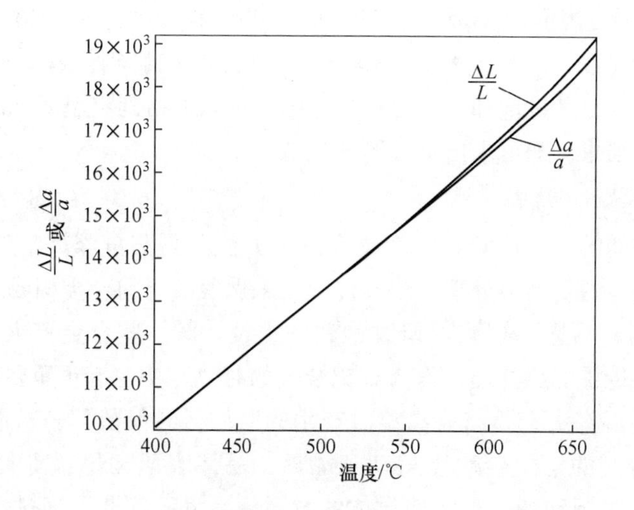

图 10-11　研究者测得的铝的 $\Delta L/L$ 和 $\Delta a/a$ 随温度的变化

10.5.2.2　体积变化测量法

空位使晶体体积增加，从而使密度降低。假设增加一个空位使体积增加一个原子体积 v，则 n 个空位就使体积增加 nv。当温度升高 ΔT 时，除了一般的体积膨胀外，还有因空位数增加 Δn 而引起的附加体积膨胀：

$$\Delta V = v\Delta n \tag{10-28}$$

于是，温度变化时，单位体积随空位数目增加而增加的体积即为

$$\frac{1}{V}\frac{\mathrm{d}V}{\mathrm{d}T} = \frac{v}{V}\frac{\mathrm{d}n}{\mathrm{d}T} \tag{10-29}$$

又有

$$n = NA\exp\left(-\frac{U_\mathrm{f}}{kT}\right) \tag{10-30}$$

式中，N 为晶体中单位体积内的原子数；A 为与原子振动相关的常数；U_f 为一个空位的形成能；k 为玻耳兹曼常数。将式（10-30）代入式（10-29）得

$$\frac{1}{V}\frac{\mathrm{d}V}{\mathrm{d}T} = \frac{v}{V}\frac{NU_\mathrm{f}}{kT^2}A\exp\left(-\frac{U_\mathrm{f}}{kT}\right) \tag{10-31}$$

两边取对数：

$$\ln\left(\frac{T^2}{V}\frac{\mathrm{d}V}{\mathrm{d}T}\right) = \ln\left(\frac{v}{V}\frac{NU_\mathrm{f}}{k}A\right) - \frac{U_\mathrm{f}}{kT} \tag{10-32}$$

上式表明，在不同的温度下测得$\frac{\mathrm{d}V}{\mathrm{d}T}$的值，以 $\ln\left(\frac{T^2}{V}\frac{\mathrm{d}V}{\mathrm{d}T}\right)$为纵轴，以 $1/T$ 为横轴，则通过其直线的斜率即可得出空位形成能 U_f，将形成能数值代回上式即可求出振动熵项 A，从而可得到空位形成熵 ΔS_V。有研究者用此法求得几种金属的振动熵如下：铜和银均约为 1.5k，铝约为 2.4k。其中 k 为玻耳兹曼常数。

10.5.3　电阻测量法

从点缺陷引起的附加电阻出发不但可以表征点缺陷的浓度，而且还可以根据该附加电

阻和温度的关系来确定空位的形成能。有两种不同的测量方法：一种方法是直接在高温下测量电阻对温度的曲线，曲线上的异常部分归结为空位的影响；另一种方法是将样品淬火，金属迅速冷却后，其过饱和的空位就被冻结，可以保留到室温或低温。根据不同温度淬火后电阻测量的结果，即可求出空位的形成能。

10.5.3.1 淬火电阻法

对于空位形成能的实验测定，应用最广泛的方法乃是测量淬火空位引起的电阻率变化。淬火是一种基本的金属热处理方法，传统用来保留高温的合金相或产生亚稳的过渡相(如钢中的马氏体)，后来才用到保留过饱和的空位。对一些合金淬火效应的研究表明，空位的冻结在许多传统的热处理过程（如铝合金的时效）中也起很重要的作用。

金属晶体从高温淬火，可将其高温时产生的空位暂时保留下来，形成低温时的过饱和空位数。这些过剩的空位会慢慢运动到晶界、晶体表面和位错等处而逐渐消失。当其尚未消失之前，过饱和的空位将使导体的电阻率增大，因此可通过测定所增电阻率来确定过饱和的空位数。从不同的高温将金属淬火到室温得到不同的空位浓度，也会导致不同的电阻率。若以室温平衡态的电阻率为基准，则电阻率的差值 $\Delta\rho$ 就反映了过饱和的空位浓度。

淬火实验是首先在低温 T_0 下测定晶体的电阻率 ρ_0，然后将晶体加热至高温 T_q，保温足够长的时间后急冷至 T_0，再在 T_0 下测定晶体的电阻率 ρ_0'。于是根据两次测量的电阻率的差值 $\Delta\rho=\rho_0'-\rho_0$ 就可求出空位的形成能，进而得到空位平衡浓度与温度的关系。根据式（10-17），两次测量的电阻率之差为

$$\Delta\rho=\Delta\rho(T)+\Delta\rho_d'+\Delta\rho_V \tag{10-33}$$

因为两次测量是在同一温度 T_0 下进行的，所以

$$\Delta\rho(T)=0 \tag{10-34}$$

如果在淬火过程中晶体不变形，也没有玷污，则由于位错密度及分布、杂质浓度等都不会改变，故还有

$$\Delta\rho_d'=0 \tag{10-35}$$

因此，两次测量中只有晶体的空位浓度发生变化，从而

$$\Delta\rho_V\neq0 \tag{10-36}$$

在第一次测量时，空位浓度是温度 T_0 下的平衡浓度 $\overline{C}_V(T_0)$。接着晶体加热到高温 T_q 并保温足够的时间，因而空位浓度变为 T_q 下的平衡浓度 $\overline{C}_V(T_q)$。随后淬火（急冷）到温度 T_0 时，空位来不及向位错、晶界和表面等处扩散，因而此时晶体中的空位对于温度 T_0 是过饱和的（非平衡空位）。如果冷却速度足够快，则在第二次测量时的空位浓度

$$C_V'(T_0)=\overline{C}_V(T_q) \tag{10-37}$$

低温下一般金属中的空位浓度都很低（即使在接近熔点时平衡浓度也只有 10^{-4} 左右)，故可认为空位引起的电阻率 ρ_V 正比于空位浓度。于是，由式（10-33）有

$$\Delta\rho\approx\Delta\rho_V\approx\alpha\Delta\overline{C}_V=\alpha[\overline{C}_V(T_q)-\overline{C}_V(T_0)]\approx\alpha\overline{C}_V(T_q) \tag{10-38}$$

式中，α 为比例系数。

将式（10-21）代入式（10-38）得

$$\Delta\rho = A'\exp\left(-\frac{\Delta H_V}{RT_q}\right) \tag{10-39}$$

其中，$A' = \alpha\exp(\Delta S/R)$，可见 A'是一个与振动熵有关的常数。

根据式（10-39），先将许多相同的晶体试样加热到不同的淬火温度 T_q，然后急冷至同样的低温 $T_0(T_0 \ll T_q)$，测定各晶体在加热前（温度为 T_0）和冷却后（温度仍为 T_0）的电阻率，求出其电阻率的差值 $\Delta\rho$。

式（10-39）两边取对数得

$$\ln\Delta\rho = \ln A' - \frac{\Delta H_V}{R}\frac{1}{T_q} \tag{10-40}$$

可见，$\ln\Delta\rho$ 与 $1/T_q$ 呈直线关系。因此，由实验测得不同温度淬火后电阻率的差值，然后作出 $\ln\Delta\rho$ 与 $1/T_q$ 的直线图，即可通过直线的斜率（$-\Delta H_V/R$）而求得 1 mol 空位的形成能 ΔH_V。通过直线的截距（$\ln A'$），结合其他方法（如第 10.5.2 节“热膨胀实验法”中的“线度变化测量法”）测得的空位形成熵，即可获得式（10-38）中的比例系数 α，由此可通过测量电阻率的方式由式（10-38）得出不同温度下的空位浓度。

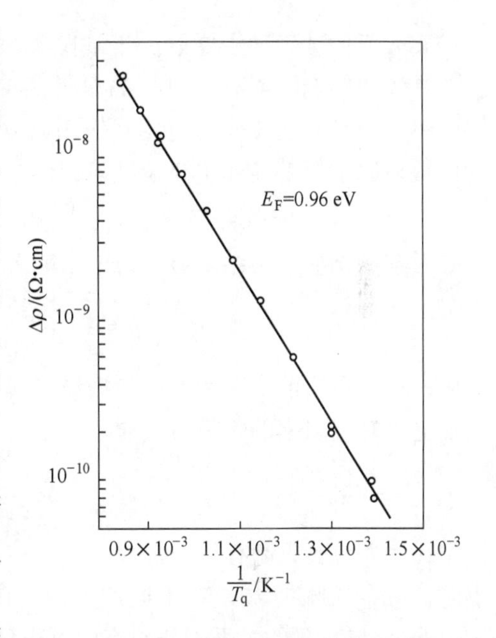

图 10-12　研究者所得金的淬火电阻率变化与淬火温度倒数的关系

淬火电阻法测量缺陷形成能也存在缺点，即淬火时可能发生空位的聚集和消失，故而实验所得数值的误差较大。此外，还有位错的作用，且不同的淬火温度会造成位错密度的改变。

图 10-12 是研究者所得金丝的淬火电阻率变化 $\Delta\rho$ 与淬火温度倒数 $1/T_q$ 的关系直线，由其斜率求得 $\Delta H_V \approx 94.5$ kJ/mol。

在低温 T_0 下（如液氮 80 K，液氢 20 K，液氦 1.8～4.2 K）测量试样的电阻率，可将各种缺陷引起的电阻率的变化都较好地显示出来。低温电阻也可在淬火后经充分退火（注：退火工艺是加热到一定温度保持一段时间后缓慢冷却，如随炉冷却至低温，目的是细化晶粒或降低硬度），到同样低温下测得。

用此法已测定了一些金属的空位形成能，不同研究者得出的结果分别列于表 10-3 和表 10-4，可见其所得值差别不大。计算表明，这些实验结果与理论结果也大致相符。

表 10-3　一些金属的空位形成能

金　属	Cu	Ag	Au	Pt	Al
U_f 实验测定值/eV	0.90～1.00	1.10	0.98	1.18～1.40	0.79
U_f 理论计算值/eV	0.90～1.40	0.92	0.77	—	—

表 10-4 空位形成能的不同实验值对比

金属	U_f(淬火)/eV	U_f(正电子湮灭)/eV	U_f(最佳值)/eV
Au	0. 94	0. 97	0. 95
Al	0. 69	0. 66	0. 67
Pt	1. 51	—	1. 51
Cu	1. 27	1. 29	1. 28
Ag	1. 10	1. 16	1. 13
W	<3. 90	—	<3. 90
Mo	约 3. 20	—	约 3. 20

实验值的准确度主要取决于缺陷类型的单一性，理想情况是让体系获得单一的单空位。具体的影响因素有：(1) 高温时存在的双空位可能会在淬火时被冻结下来；(2) 低温时单空位与双空位会通过相互作用而发生结合和分解；(3) 由于金属的纯度问题而引起的置换原子等其他非单空位缺陷；(4) 淬火与退火样品中形成了位错。

10. 5. 3. 2 一般电阻法

对金、铜的实验结果显示，电阻率有如下经验公式：

$$\rho = A + BT + CT^2 + D\exp\left(-\frac{U_f}{kT}\right) \tag{10-41}$$

式中，等号右边前 3 项为原子热振动引起的电阻对电阻率的贡献，第 4 项则为空位引起的附加电阻对电阻率的贡献 $\Delta\rho$，即

$$\Delta\rho = D\exp\left(-\frac{U_f}{kT}\right) \tag{10-42}$$

式中，D 为与形成熵有关的常数；U_f 为一个空位的形成能。只有当温度 T 接近金属的熔点时，$\Delta\rho$ 才明显。如果在不同的高温下测量 $\Delta\rho$ 值，并以 $\ln\Delta\rho$ 为纵轴，以 $1/T$ 为横轴，则由 $\ln\Delta\rho$ 与 $1/T$ 的关系直线斜率即可得到空位形成能。

10. 6 空位迁移能的测定

空位的存在对金属的电阻、密度、比热容等均有影响，通过对这些量进行测量即可得到空位的形成能。退火不仅会使空位减少，同时还将引起上述各量的变化，对这类变化进行测量即可得到空位的迁移能。

10. 6. 1 扩散法

空位运动（通过点阵位置上的原子运动来实现，实则为原子的“填补运动”）与扩散密切相关，其扩散系数可表达为

$$D = D_0\exp\left(-\frac{Q}{kT}\right) \tag{10-43}$$

式中，D_0 为扩散常数或称为频率因子；k 为玻耳兹曼常数；Q 为自扩散激活能。当通过空位扩散时，有

$$Q = U_f + E_m \tag{10-44}$$

即扩散激活能为空位形成能 U_f 与空位迁移能 E_m 之和。因此，通过自扩散实验先求得扩散激活能 Q，然后求出它与空位形成能之差，即为空位迁移能。表 10-5 是一些研究者通过本实验方法所得单空位迁移能 E_m 的计算值，实验证明贵金属中的单空位迁移能 E_m 在 0.6 ~ 1.0 eV。

表 10-5　通过扩散法所得的单空位迁移能 E_m

金属	自扩散激活能 Q/eV	空位形成能 U_f/eV	空位迁移能 E_m/eV
Au	1.81	0.98	0.83
Ag	1.92	1.10	0.82
Cu	2.15	1.24	0.91
Al	1.25	0.70	0.55

Couchman 用点阵动力学的原理推导出纯金属中的单空位迁移能 E_m（单位是 eV）与熔点 T_m 之间存在着一个简单的关系：

$$E_m = 0.66 \times 10^{-3} T_m \tag{10-45}$$

应当指出，由于原子鞍点状态是不平衡的，很难精确计算其能量，因此点缺陷的迁移能计算存在很大差别。

10.6.2　淬火-退火法

用淬火空位进行退火的方法也可求得空位迁移能。先将金属丝淬火到低温可得到过饱和空位，测量其附加电阻率。再在一定温度下退火，则不平衡的空位浓度会随着退火时间的延长而逐渐消失，附加电阻率则逐渐下降。这样，就可得到电阻率变化 $\Delta\rho$ 与退火时间 t 之间的关系曲线。

假设能使空位消失的场所的数量不变，则过饱和空位浓度 ΔC 的减小速率正比于该 ΔC 和 $\exp[-E_m/(kT)]$，即

$$-\frac{\mathrm{d}\Delta C}{\mathrm{d}t} = B\Delta C\exp\left(-\frac{E_m}{kT}\right) \tag{10-46}$$

式中，B 为比例常数，其与空位消失处的数量、配位数、迁移熵等因素有关；t 为退火时间。将式（10-46）积分，并设最初 $t=0$ 时的电阻率增量为 $\Delta\rho_0$，得

$$-\ln\frac{\Delta\rho}{\Delta\rho_0} = B' t\exp\left(-\frac{E_m}{kT}\right) \tag{10-47}$$

由于上式中有 B' 和 E_m 这两个未知数，所以需获得两个不同温度下的电阻率随时间的变化关系，通过求出不同温度时 $\ln(\Delta\rho/\Delta\rho_0)$ 与 t 的直线斜率就可得到空位的迁移能 E_m。用该法求得的金的空位迁移能为 0.6 ~ 0.8 eV。

10.6.3　退火实验法

晶体退火时，空位向空位壑移动，导致空位的湮灭，位错、晶界、相界、自由表面均可为空位壑。研究者发现，测量不同退火温度下达到某确定状态所需时间 t，即可由公式：

$$\ln(t_2/t_1)=\frac{E_m}{k}\left(\frac{1}{T_2}-\frac{1}{T_1}\right) \quad (10\text{-}48)$$

求得空位的迁移能 E_m。电阻率的退火动力学测量结果表明，退火过程包括单空位的迁移、双空位的迁移，甚至是三空位的迁移。第一阶段主要是单空位的迁移，以便形成空位团；第二阶段是空位团的消失。

晶体中的自扩散是不依赖于浓度梯度的扩散现象，它是由扩散原子的热运动而引起的原子迁移。当晶格中只有一种原子时，自扩散的实质就是空位在晶体中的迁移。因此，自扩散的激活能就等于空位的形成能加上空位的迁移能。表 10-6 列出了研究者们用该法测定的几种金属中的空位形成能、迁移能和自扩散激活能的实验值，由表亦可看出，自扩散激活能约等于空位形成能和迁移能之和。

表 10-6 通过退火实验法所得的空位形成能、迁移能与金属的自扩散激活能

金属	空位形成能/eV	空位迁移能/eV	自扩散激活能/eV
Al	0.75	0.65	1.40
Ag	1.09	0.83	1.91
Au	0.98	0.82	1.81
Cu	1.00	1.00	2.04
Pt	1.20	1.10	2.96

思考和练习题

10-1 请问什么方法可以观测单独的空位或间隙原子？简述该法的原理以及不足。

10-2 在观察晶体表面形貌时，可采用扫描隧道电子显微镜，请简述其变电流法和恒电流法两者各自的优势和不足。

10-3 氧化亚铁中 Fe 含量为 75.72%（质量分数），已知其 1 个晶胞中包含 4 个 Fe（相对原子质量为 55.85）的阵点和 4 个 O（相对原子质量为 16.00）的阵点，其属立方晶系，晶格常数 $a=4.290\times10^{-10}$ m，测得其体积密度为 5.55 g/cm^3。请通过计算推断该物质的化学式。

附　　录

附录 1　国际单位制（SI 基本单位）

附表 1-1　SI 基本单位

量	单位名称	单位符号	
		中　文	国　际
长度	米	米	m
质量	千克	千克	kg
时间	秒	秒	s
电流	安［培］	安	A
热力学温度	开［尔文］	开	K
物质的量	摩［尔］	摩	mol
发光强度	坎［德拉］	坎	cd

出处：周世勋，陈灏，肖江．量子力学教程［M］．3 版．北京：高等教育出版社，2022.

附录 2　单位换算系数

附表 2-1　压力

单　　位	帕斯卡（Pa）	巴（bar）	标准大气压（atm）	毫米汞柱（托）［mmHg（Torr）］
帕斯卡（Pa）	1	1×10^{-5}	9.86923×10^{-6}	7.50062×10^{-3}
巴（bar）	10^5	1	0.986923	750.062
标准大气压（atm）	101325	1.01325	1	760
毫米汞柱（托）［mmHg（Torr）］	133.322	1.33322×10^{-3}	1.31570×10^{-3}	1

附表 2-2　能量

单　　位	焦耳（J）	大气压·升（atm·L）	热化学卡（cal_{th}）	国际蒸气表卡（cal_{IT}）
焦耳（J）	1	9.86923×10^{-3}	0.239006	0.238846
大气压·升（atm·L）	101.325	1	24.2173	24.2011
热化学卡（cal_{th}）	4.184	4.12929×10^{-2}	1	0.999331
国际蒸气表卡（cal_{IT}）	4.1868	4.13205×10^{-2}	1.00067	1

出处：肖衍繁，李文斌．物理化学［M］．天津：天津大学出版社，2005.

附录3　基 本 常 数

附表 3-1　基本常数

名　称	符号	计算用值	最佳值（1986年）	
			数值	不确定度/10^{-6}
真空中的光速	c	3.00×10^{8} m/s	2.99792458	（精确）
普朗克常数	h	6.63×10^{-34} J·s	6.6260755	0.60
	$\hbar$	$=h/2\pi=1.05\times10^{-34}$ J·s	1.05457266	0.60
玻耳兹曼常数	k	1.38×10^{-23} J/K	1.3806513	1.8
真空磁导率	μ_0	$4\pi\times10^{-7}$ H/m $=1.26\times10^{-6}$ H/m	1.25663706…	（精确）
真空介电常数	ε_0	$=1/\mu_0 c^2=8.85\times10^{-12}$ F/m	8.854187817…	（精确）
引力常数	G	6.67×10^{-11} m^3/(kg·s^2)	6.67259	128
阿伏加德罗常数	N_A	6.02×10^{23} mol^{-1}	6.0221367	0.59
元电荷	e	1.60×10^{-19} C	1.60217733	0.30
电子静质量	m_e	9.11×10^{-31} kg	9.1093897	0.59
质子静质量	m_p	1.67×10^{-27} kg	1.6726231	0.59
中子静质量	m_n	1.67×10^{-27} kg	1.6749286	0.59
1电子伏	eV	1 eV $=1.602\times10^{-19}$ J	1.60217733	0.30
1原子质量单位	u	1 u $=1.66\times10^{-27}$ kg $=931.5$ MeV/c^2	1.6605402	0.60
摩尔气体常数	R	8.31 J/(mol·K)	8.314510	8.4
水的三相点	T_3	273.16 K		（精确）
理想气体在标准状态下的摩尔体积	$V_{m,0}$	22.4 L/mol	22.4140	8.4
标准大气压	atm	1 atm $=1.013\times10^{5}$ Pa	1.01325	（精确）
法拉第常数	F	$9.6485309(29)\times10^{4}$ C/mol		

出处：张三慧．大学物理学［M］．北京：清华大学出版社，2011.

附录4　元素的相对原子质量

附表 4-1　元素的相对原子质量

Ar(^{12}C) = 12

元素符号	元素名称	相对原子质量	元素符号	元素名称	相对原子质量
Ac	锕		Ar	氩	39.948（1）
Ag	银	107.8682（2）	As	砷	74.92159（2）
Al	铝	26.981539（5）	At	砹	
Am	镅		Au	金	196.96654（3）

续附表4-1

元素符号	元素名称	相对原子质量	元素符号	元素名称	相对原子质量
B	硼	10.811（5）	Ni	镍	58.69（1）
Ba	钡	137.327（7）	No	锘	
Be	铍	9.012182（3）	Np	镎	
Bi	铋	208.98037（3）	O	氧	15.9994（3）
Bk	锫		Os	锇	190.2（1）
Br	溴	79.994（1）	P	磷	30.973762（4）
C	碳	12.011（1）	Pa	镤	231.03588（2）
Ca	钙	40.078（4）	Pb	铅	207.2（1）
Cd	镉	112.411（8）	Ga	镓	69.723（4）
Ce	铈	140.115（4）	Gd	钆	157.25（3）
Cf	锎		Ge	锗	72.61（2）
Cl	氯	35.4527（9）	H	氢	1.00794（7）
Cm	锔		He	氦	4.002602（2）
Co	钴	58.93320（1）	Hf	铪	178.49（2）
Cr	铬	51.9961（6）	Hg	汞	200.59（3）
Cs	铯	132.90543（5）	Ho	钬	164.93032（3）
Cu	铜	63.546（3）	I	碘	126.90447（3）
Dy	镝	162.50（3）	In	铟	114.82（1）
Er	铒	167.26（3）	Ir	铱	192.22（3）
Es	锿		K	钾	39.0983（1）
Eu	铕	151.965（9）	Kr	氪	83.80（1）
F	氟	18.9984032（9）	La	镧	138.9055（2）
Fe	铁	55.847（3）	Li	锂	6.941（2）
Fm	镄		Se	硒	78.96（3）
Fr	钫		Si	硅	28.0855（3）
Lr	铹		Sm	钐	150.36（3）
Lu	镥	174.967（1）	Sn	锡	118.710（7）
Md	钔		Sr	锶	87.62（1）
Mg	镁	24.3050（6）	Ta	钽	180.9479（1）
Mn	锰	54.93805（1）	Tb	铽	158.92534（3）
Mo	钼	95.94（1）	Tc	锝	
N	氮	14.00674（7）	Te	碲	127.60（3）
Na	钠	22.989768（6）	Th	钍	232.0381（1）
Nb	铌	92.90638（2）	Ti	钛	47.88（3）
Nd	钕	144.24（3）	Pd	钯	106.42（1）
Ne	氖	20.1797（6）	Pm	钷	

续附表 4-1

元素符号	元素名称	相对原子质量	元素符号	元素名称	相对原子质量
Po	钋		Sc	钪	44.955910（9）
Pr	镨	140.90765（3）	Tl	铊	204.3833（2）
Pt	铂	195.08（3）	Tm	铥	168.93421（3）
Pu	钚		U	铀	238.0289（1）
Ra	镭		V	钒	50.9415（1）
Rb	铷	85.4678（3）	W	钨	183.85（3）
Re	铼	186.207（1）	Xe	氙	131.29（2）
Rh	铑	102.90550（3）	Y	钇	88.90585（2）
Rn	氡		Yb	镱	173.04（3）
Ru	钌	101.07（2）	Zn	锌	65.39（2）
S	硫	32.066（6）	Zr	锆	91.224（2）
Sb	锑	121.75（3）			

注：所列相对原子质量的值适用于地球上存在的自然元素，后面的括号中表示末位数的误差范围。

出处：肖衍繁，李文斌．物理化学［M］．天津：天津大学出版社，2005．

附录 5　有效离子半径

附表 5-1　有效离子半径

离子	配位数	半径/nm	离子	配位数	半径/nm	离子	配位数	半径/nm
Ac^{3+}	6	0.112	Am^{2+}	9	0.131	Ba^{2+}	7	0.138
Ag^{+}	2	0.067	Am^{3+}	6	0.098		8	0.142
	4	0.100		8	0.109		9	0.147
	4（Sq）	0.102	Am^{4+}	6	0.085		10	0.152
	5	0.109		8	0.095		11	0.157
	6	0.115	As^{3+}	6	0.058		12	0.161
	7	0.122	As^{5+}	4	0.034	Be^{2+}	3	0.016
	8	0.128		6	0.046		4	0.027
Ag^{2+}	4（Sq）	0.079	At^{7+}	6	0.062		6	0.045
	6	0.094	Au^{+}	6	0.137	Bi^{3+}	5	0.096
Ag^{3+}	4（Sq）	0.067	Au^{3+}	4（Sq）	0.068		6	0.103
	6	0.075		6	0.085		8	0.117
Al^{3+}	4	0.039	Au^{5+}	6	0.057	Bi^{5+}	6	0.076
	5	0.048	B^{3+}	3	0.001	Bk^{3+}	6	0.096
	6	0.054		4	0.011	Bk^{4+}	6	0.083
Am^{2+}	7	0.121		6	0.027		8	0.093
	8	0.126	Ba^{2+}	6	0.135	Br^{-}	6	0.196

续附表 5-1

离子	配位数	半径/nm
Br^{3+}	4（Sq）	0.059
Br^{5+}	3（Py）	0.031
Br^{7+}	4	0.025
	6	0.039
C^{4+}	3	0.008
	4	0.015
	6	0.016
Ca^{2+}	6	0.100
	7	0.106
	8	0.112
	9	0.118
	10	0.123
	12	0.134
Cd^{2+}	4	0.078
	5	0.087
	6	0.095
	7	0.103
	8	0.110
	12	0.131
Ce^{3+}	6	0.101
	7	0.107
	8	0.114
	9	0.120
	10	0.125
	12	0.134
Ce^{4+}	6	0.087
	8	0.097
	10	0.107
	12	0.114
Cf^{3+}	6	0.095
Cf^{4+}	6	0.082
	8	0.092
Cl^{-}	6	0.181
Cl^{5+}	3（Py）	0.012
Cl^{7+}	4	0.008
	6	0.027
Cm^{3+}	6	0.097
Cm^{4+}	6	0.085
	8	0.095
Co^{2+}	4（HS）	0.058
	5	0.067
	6（LS）	0.065
	6（HS）	0.075
	8	0.090
Co^{3+}	6（LS）	0.055
	6（HS）	0.061
Co^{4+}	4	0.040
	6（HS）	0.053
Cr^{2+}	6（LS）	0.073
	6（HS）	0.080
Cr^{3+}	6	0.062
Cr^{4+}	4	0.041
	6	0.055
Cr^{5+}	4	0.035
	6	0.049
	8	0.057
Cr^{6+}	4	0.026
	6	0.044
Cs^{+}	6	0.167
	8	0.174
	9	0.178
	10	0.181
	11	0.185
	12	0.188
Cu^{+}	2	0.046
	4	0.060
	6	0.077
Cu^{2+}	4	0.057
	4（Sq）	0.057
	5	0.065
	6	0.073
Cu^{3+}	6（LS）	0.054
D^{+}	2	0.010
Dy^{2+}	6	0.107
	7	0.113
	8	0.119
Dy^{3+}	6	0.091
	7	0.097
	8	0.103
	9	0.108
Er^{3+}	6	0.089
	7	0.095
	8	0.100
	9	0.106
Eu^{2+}	6	0.117
	7	0.120
	8	0.125
	9	0.130
	10	0.135
Eu^{3+}	6	0.095
	7	0.101
	8	0.107
	9	0.112
F^{-}	2	0.129
	3	0.130
	4	0.131
	6	0.133
F^{7+}	6	0.008
Fe^{2+}	4（HS）	0.063
	4（Sq，HS）	0.064
	6（LS）	0.061
	6（HS）	0.078
	8（HS）	0.092
Fe^{3+}	4（HS）	0.049
	5	0.058
	6（LS）	0.055
	6（HS）	0.065
	8（HS）	0.078

续附表 5-1

离子	配位数	半径/nm	离子	配位数	半径/nm	离子	配位数	半径/nm
Fe^{4+}	6	0.059	In^{3+}	8	0.092	Mn^{4+}	4	0.039
Fe^{6+}	4	0.025	Ir^{3+}	6	0.068		6	0.053
Fr^{+}	6	0.180	Ir^{4+}	6	0.063	Mn^{5+}	4	0.033
Ga^{3+}	4	0.047	Ir^{5+}	6	0.057	Mn^{6+}	4	0.026
	5	0.055	K^{+}	4	0.137	Mn^{7+}	4	0.025
	6	0.062		6	0.138		6	0.046
Gd^{3+}	6	0.094		7	0.146	Mo^{3+}	6	0.069
	7	0.100		8	0.151	Mo^{4+}	6	0.065
	8	0.105		9	0.155	Mo^{5+}	4	0.046
	9	0.111		10	0.159		6	0.061
Ge^{2+}	6	0.073		12	0.164	Mo^{6+}	4	0.041
Ge^{4+}	4	0.039	La^{3+}	6	0.103		5	0.050
	6	0.053		7	0.110		6	0.059
H^{+}	1	0.038		8	0.116		7	0.073
	2	0.018		9	0.122	N^{3-}	4	0.146
Hf^{4+}	4	0.058		10	0.127	N^{3+}	6	0.016
	6	0.071		12	0.136	N^{5+}	3	0.010
	7	0.076	Li^{+}	4	0.059		6	0.013
	8	0.083		6	0.076	Na^{+}	4	0.099
Hg^{+}	3	0.097		8	0.092		5	0.100
	6	0.119	Lu^{3+}	6	0.086		6	0.102
Hg^{2+}	2	0.069		8	0.098		7	0.112
	4	0.096		9	0.103		8	0.118
	6	0.102	Mg^{2+}	4	0.057		9	0.124
	8	0.114		5	0.066		12	0.139
Ho^{3+}	6	0.090		6	0.072	Nb^{3+}	6	0.072
	8	0.102		8	0.089	Nb^{4+}	6	0.068
	9	0.107	Mn^{2+}	4（HS）	0.066		8	0.079
	10	0.112		5（HS）	0.075	Nb^{5+}	4	0.048
I^{-}	6	0.220		6（LS）	0.067		6	0.064
I^{5+}	3（Py）	0.044		6（HS）	0.083		7	0.069
	6	0.095		7（HS）	0.090		8	0.074
I^{7+}	4	0.042		8	0.096	Nd^{2+}	8	0.129
	6	0.053	Mn^{3+}	5	0.058		9	0.135
In^{3+}	4	0.062		6（LS）	0.058	Nd^{3+}	6	0.098
	6	0.080		6（HS）	0.065		8	0.111

续附表5-1

离子	配位数	半径/nm	离子	配位数	半径/nm	离子	配位数	半径/nm
Nd^{3+}	9	0.116	Pa^{3+}	6	0.104	Pt^{4+}	6	0.063
	12	0.127	Pa^{4+}	6	0.090	Pt^{5+}	6	0.057
Ni^{2+}	4	0.055		8	0.101	Pu^{3+}	6	0.100
	4（Sq）	0.049	Pa^{5+}	6	0.078	Pu^{4+}	6	0.086
	5	0.063		8	0.091		8	0.096
	6	0.069		9	0.095	Pu^{5+}	6	0.074
Ni^{3+}	6（LS）	0.056	Pb^{2+}	4（Py）	0.098	Pu^{6+}	6	0.071
	6（HS）	0.060		6	0.119	Ra^{2+}	8	0.148
Ni^{4+}	6（LS）	0.048		7	0.123		12	0.170
No^{2+}	6	0.110		8	0.129	Rb^{+}	6	0.152
Np^{2+}	6	0.110		9	0.135		7	0.156
Np^{3+}	6	0.101		10	0.140		8	0.161
Np^{4+}	6	0.087		11	0.145		9	0.163
	8	0.098		12	0.149		10	0.166
Np^{5+}	6	0.075	Pb^{4+}	4	0.065		11	0.169
Np^{6+}	6	0.072		5	0.073		12	0.172
Np^{7+}	6	0.071		6	0.078		14	0.183
O^{2-}	2	0.135		8	0.094	Re^{4+}	6	0.063
	3	0.136	Pd^{+}	2	0.059	Re^{5+}	6	0.058
	4	0.138	Pd^{2+}	4（Sq）	0.064	Re^{6+}	6	0.055
	6	0.140		6	0.086	Re^{7+}	4	0.038
	8	0.142	Pd^{3+}	6	0.076		6	0.053
OH^{-}	2	0.132	Pd^{4+}	6	0.062	Rh^{3+}	6	0.067
	3	0.134	Pm^{3+}	6	0.097	Rh^{4+}	6	0.060
	4	0.135		8	0.109	Rh^{5+}	6	0.055
	6	0.137		9	0.114	Ru^{3+}	6	0.068
Os^{4+}	6	0.063	Po^{4+}	6	0.094	Ru^{4+}	6	0.062
Os^{5+}	6	0.058		8	0.108	Ru^{5+}	6	0.057
Os^{6+}	5	0.049	Po^{6+}	6	0.067	Ru^{7+}	4	0.038
	6	0.055	Pr^{3+}	6	0.099	Ru^{8+}	4	0.036
Os^{7+}	6	0.053		8	0.113	S^{2-}	6	0.184
Os^{8+}	4	0.039		9	0.118	S^{4+}	6	0.037
P^{3+}	6	0.044	Pr^{4+}	6	0.085	S^{6+}	4	0.012
P^{5+}	4	0.017		8	0.096		6	0.029
	5	0.029	Pt^{2+}	4（Sq）	0.060	Sb^{3+}	4（Py）	0.076
	6	0.038		6	0.080		5	0.080

续附表 5-1

离子	配位数	半径/nm	离子	配位数	半径/nm	离子	配位数	半径/nm
Sb^{3+}	6	0.076	Tb^{3+}	8	0.104	Tm^{3+}	9	0.105
Sb^{5+}	6	0.060		9	0.110	U^{3+}	6	0.103
Sc^{3+}	6	0.075	Tb^{4+}	6	0.076	U^{4+}	6	0.089
	8	0.087		8	0.088		7	0.095
Se^{2-}	6	0.198	Tc^{4+}	6	0.065		8	0.100
Se^{4+}	6	0.050	Tc^{5+}	6	0.060		9	0.105
Se^{6+}	4	0.028	Tc^{7+}	4	0.037		12	0.117
	6	0.042		6	0.056	U^{5+}	6	0.076
Si^{4+}	4	0.026	Te^{2-}	6	0.221		7	0.084
	6	0.040	Te^{4+}	3	0.052	U^{6+}	2	0.045
Sm^{2+}	7	0.122		4	0.066		4	0.052
	8	0.127		6	0.097		6	0.073
	9	0.132	Te^{6+}	4	0.043		7	0.081
Sm^{3+}	6	0.096		6	0.056		8	0.086
	7	0.102	Th^{4+}	6	0.094	V^{2+}	6	0.079
	8	0.108		8	0.105	V^{3+}	6	0.064
	9	0.113		9	0.109	V^{4+}	5	0.053
	12	0.124		10	0.113		6	0.058
Sn^{4+}	4	0.055		11	0.118		8	0.072
	5	0.062		12	0.121	V^{5+}	4	0.036
	6	0.069	Ti^{2+}	6	0.086		5	0.046
	7	0.075	Ti^{3+}	6	0.067		6	0.054
	8	0.081	Ti^{4+}	4	0.042	W^{4+}	6	0.066
Sr^{2+}	6	0.118		5	0.051	W^{5+}	6	0.062
	7	0.121		6	0.061	W^{6+}	4	0.042
	8	0.126		8	0.074		5	0.051
	9	0.131	Tl^{+}	6	0.150		6	0.060
	10	0.136		8	0.159	Xe^{8+}	4	0.040
	12	0.144		12	0.170		6	0.048
Ta^{3+}	6	0.072	Tl^{3+}	4	0.075	Y^{3+}	6	0.090
Ta^{4+}	6	0.068		6	0.089		7	0.096
Ta^{5+}	6	0.064		8	0.098		8	0.102
	7	0.069	Tm^{2+}	6	0.103		9	0.108
	8	0.074		7	0.109	Yb^{2+}	6	0.102
Tb^{3+}	6	0.092	Tm^{3+}	6	0.088		7	0.108
	7	0.098		8	0.099		8	0.114

续附表 5-1

离子	配位数	半径/nm	离子	配位数	半径/nm	离子	配位数	半径/nm
Yb^{3+}	6	0.087	Zn^{2+}	5	0.068	Zr^{4+}	6	0.072
	7	0.093		6	0.074		7	0.078
	8	0.099		8	0.090		8	0.084
	9	0.104	Zr^{4+}	4	0.059		9	0.089
Zn^{2+}	4	0.060		5	0.066			

注：1. 本表摘自贺蕴秋，王德平，徐振平．无机材料物理化学［M］．北京：化学工业出版社，2010；后校于 SHANNON R D. Revised effective ionic radii and systematic studies of interatomie distances in Halides and Chaleogenides［J］. Acta Crystallographica，1976，A32：751-767；其中 Sq 表示正方形配位，Py 表示锥状配位，HS 表示高自旋态，LS 表示低自旋态。

2. 高自旋态（high-spin state）：在一定的晶体场中，氧化态相同的同种过渡元素离子，在其电子构型中，自旋方向一致的不成对电子数为最多时所处的状态；这是一种原子核总角动量很大的激发态，又称高角动量态。低自旋态（low-spin state）：在一定的晶体场中，氧化态相同的同种过渡元素离子，在其电子构型中，自旋方向一致的不成对电子数为最少时所处的状态。

附录6 元素周期表

元 素 周 期 表

根据IUPAC 1995年提供的五位有效数字原子量数据

氧化态(单质的氧化态为0，未列入；常见的氧化态带下划线) +2 +3 +4 +5 +6 | Am 95 镅⅄ $5f^77s^2$ 243.06^{+}
— 原子序数
— 元素符号(红色的为放射性元素)
— 元素名称(注⅄的为人造元素)
— 价层电子构型

以^{12}C=12为基准的原子量(相对原子质量)(注+的是半衰期最长同位素原子量)

s区元素　p区元素　d区元素　ds区元素　f区元素　稀有气体

族 / 周期	1 IA	2 IIA	3 IIIB	4 IVB	5 VB	6 VIB	7 VIIB	8 VIIIB	9 VIIIB	10 VIIIB	11 IB	12 IIB	13 IIIA	14 IVA	15 VA	16 VIA	17 VIIA	18 VIIIA	电子层
1	−1, +1 H 1 氢 $1s^1$ 1.0079																	He 2 氦 $1s^2$ 4.0026	K
2	+1 Li 3 锂 $2s^1$ 6.941	+2 Be 4 铍 $2s^2$ 9.0122											+3 B 5 硼 $2s^22p^1$ 10.811	−4, +2, +4 C 6 碳 $2s^22p^2$ 12.011	−3, −2, −1, +1, +2, +3, +4, +5 N 7 氮 $2s^22p^3$ 14.007	−2, −1 O 8 氧 $2s^22p^4$ 15.999	−1 F 9 氟 $2s^22p^5$ 18.998	Ne 10 氖 $2s^22p^6$ 20.180	L K
3	+1 Na 11 钠 $3s^1$ 22.990	+2 Mg 12 镁 $3s^2$ 24.305											+3 Al 13 铝 $3s^23p^1$ 26.982	−4, +2, +4 Si 14 硅 $3s^23p^2$ 28.086	−3, −2, +1, +3, +5 P 15 磷 $3s^23p^3$ 30.974	−2, +2, +4, +6 S 16 硫 $3s^23p^4$ 32.066	−1, +1, +3, +5, +7 Cl 17 氯 $3s^23p^5$ 35.453	Ar 18 氩 $3s^23p^6$ 39.948	M L K
4	+1 K 19 钾 $4s^1$ 39.098	+2 Ca 20 钙 $4s^2$ 40.078	+3 Sc 21 钪 $3d^14s^2$ 44.956	−1, 0, +2, +3, +4 Ti 22 钛 $3d^24s^2$ 47.867	0, +1, +2, +3, +4, +5 V 23 钒 $3d^34s^2$ 50.942	−3, 0, +1, +2, +3, +4, +5, +6 Cr 24 铬 $3d^54s^1$ 51.996	−2, 0, +1, +2, +3, +4, +5, +6, +7 Mn 25 锰 $3d^54s^2$ 54.938	−2, 0, +1, +2, +3, +4, +5, +6 Fe 26 铁 $3d^64s^2$ 55.845	0, +1, +2, +3, +4, +5 Co 27 钴 $3d^74s^2$ 58.933	0, +1, +2, +3, +4 Ni 28 镍 $3d^84s^2$ 58.693	+1, +2, +3, +4 Cu 29 铜 $3d^{10}4s^1$ 63.546	+1, +2 Zn 30 锌 $3d^{10}4s^2$ 65.39	+1, +3 Ga 31 镓 $4s^24p^1$ 69.723	+2, +4 Ge 32 锗 $4s^24p^2$ 72.61	−3, +3, +5 As 33 砷 $4s^24p^3$ 74.922	−2, +2, +4, +6 Se 34 硒 $4s^24p^4$ 78.96	−1, +1, +3, +5, +7 Br 35 溴 $4s^24p^5$ 79.904	+2, +4 Kr 36 氪 $4s^24p^6$ 83.80	N M L K
5	+1 Rb 37 铷 $5s^1$ 85.468	+2 Sr 38 锶 $5s^2$ 87.62	+3 Y 39 钇 $4d^15s^2$ 88.906	+1, +2, +3, +4 Zr 40 锆 $4d^25s^2$ 91.224	0, +1, +2, +3, +4, +5 Nb 41 铌 $4d^45s^1$ 92.906	0, +1, +2, +3, +4, +5, +6 Mo 42 钼 $4d^55s^1$ 95.94	0, +1, +2, +3, +4, +5, +6, +7 Tc 43 锝⅄ $4d^55s^2$ 97.907^{+}	0, +1, +2, +3, +4, +5, +6, +7, +8 Ru 44 钌 $4d^75s^1$ 101.07	0, +1, +2, +3, +4, +5, +6 Rh 45 铑 $4d^85s^1$ 102.91	0, +1, +2, +3, +4 Pd 46 钯 $4d^{10}$ 106.42	+1, +2, +3 Ag 47 银 $4d^{10}5s^1$ 107.87	+1, +2 Cd 48 镉 $4d^{10}5s^2$ 112.41	+1, +3 In 49 铟 $5s^25p^1$ 114.82	+2, +4 Sn 50 锡 $5s^25p^2$ 18.71	−3, +3, +5 Sb 51 锑 $5s^25p^3$ 121.76	−2, +2, +4, +6 Te 52 碲 $5s^25p^4$ 127.60	−1, +1, +3, +5, +7 I 53 碘 $5s^25p^5$ 126.90	+2, +4, +6, +8 Xe 54 氙 $5s^25p^6$ 131.29	O N M L K
6	+1 Cs 55 铯 $6s^1$ 132.91	+2 Ba 56 钡 $6s^2$ 137.33	+3 La★ 57 镧 $5d^16s^2$ 138.91	+1, +2, +3, +4 Hf 72 铪 $5d^26s^2$ 178.49	0, +1, +2, +3, +4, +5 Ta 73 钽 $5d^36s^2$ 180.95	0, +1, +2, +3, +4, +5, +6 W 74 钨 $5d^46s^2$ 183.84	0, +1, +2, +3, +4, +5, +6, +7 Re 75 铼 $5d^56s^2$ 186.21	0, +1, +2, +3, +4, +5, +6, +7, +8 Os 76 锇 $5d^66s^2$ 190.23	0, +1, +2, +3, +4, +5, +6 Ir 77 铱 $5d^76s^2$ 192.22	0, +2, +3, +4, +5, +6 Pt 78 铂 $5d^96s^1$ 195.08	+1, +2, +3, +5 Au 79 金 $5d^{10}6s^1$ 196.97	+1, +2, +3 Hg 80 汞 $5d^{10}6s^2$ 200.59	+1, +3 Tl 81 铊 $6s^26p^1$ 204.38	+2, +4 Pb 82 铅 $6s^26p^2$ 207.2	−3, +3, +5 Bi 83 铋 $6s^26p^3$ 208.98	−2, +2, +3, +4, +6 Po 84 钋 $6s^26p^4$ 208.98	+1, +5, +5 At 85 砹 $6s^26p^5$ 209.99	+2 Rn 86 氡 $6s^26p^6$ 222.02	P O N M L K
7	+1 Fr 87 钫⅄ $7s^1$ 223.02^{+}	+2 Ra 88 镭 $7s^2$ $22.6.03^{+}$	+3 Ac★ 89 锕 $6d^17s^2$ 227.03^{+}	Rf 104 𬬻⅄ $6d^27s^2$ 261.11^{+}	Db 105 𬭊⅄ $6d^37s^2$ 262.11^{+}	Sg 106 𬭳⅄ $6d^47s^2$ 263.12^{+}	Bh 107 𬭛⅄ $6d^57s^2$ 264.12^{+}	Hs 108 𬭶⅄ $6d^67s^2$ 265.13^{+}	Mt 109 鿏⅄ $6d^77s^2$ (268)	110 ⅄ (269)	111 ⅄ (272)	112 ⅄ (277)							Q P O N M L K

★镧系	+2, +3, +4 Ce 58 铈 $4f^15d^16s^2$ 140.12	+3, +4 Pr 59 镨 $4f^36s^2$ 140.91	+2, +3, +4 Nd 60 钕 $4f^46s^2$ 144.24	+3 Pm 61 钷⅄ $4f^56s^2$ 144.91^{+}	+2, +3 Sm 62 钐 $4f^66s^2$ 150.36	+2, +3 Eu 63 铕 $4f^76s^2$ 151.96	+3 Gd 64 钆 $4f^75d^16s^2$ 157.25	+3, +4 Tb 65 铽 $4f^96s^2$ 158.93	+3, +4 Dy 66 镝 $4f^{10}6s^2$ 162.50	+3 Ho 67 钬 $4f^{11}6s^2$ 164.93	+3 Er 68 铒 $4f^{12}6s^2$ 167.26	+2, +3 Tm 69 铥 $4f^{13}6s^2$ 168.93	+2, +3 Yb 70 镱 $4f^{14}6s^2$ 173.04	+3 Lu 71 镥 $4f^{14}5d^16s^2$ 174.97
★锕系	+3, +4 Th 90 钍 $6d^27s^2$ 232.04	+3, +4, +5 Pa 91 镤 $5f^26d^17s^2$ 231.04	+2, +3, +4, +5, +6 U 92 铀 $5f^36d^17s^2$ 238.03	+3, +4, +5, +6, +7 Np 93 镎 $5f^46d^17s^2$ 237.05^{+}	+3, +4, +5, +6, +7 Pu 94 钚 $5f^67s^2$ 244.06^{+}	+2, +3, +4, +5, +6 Am 95 镅⅄ $5f^77s^2$ 243.06^{+}	+3, +4 Cm 96 锔⅄ $5f^76d^17s^2$ 247.07^{+}	+3, +4 Bk 97 锫⅄ $5f^97s^2$ 247.07^{+}	+2, +3, +4 Cf 98 锎⅄ $5f^{10}7s^2$ 251.08^{+}	+2, +3 Es 99 锿⅄ $5f^{11}7s^2$ 252.08^{+}	+2, +3 Fm 100 镄⅄ $5f^{12}7s^2$ 257.10^{+}	+3, +3 Md 101 钔⅄ $5f^{13}7s^2$ 258.10^{+}	+2, +3 No 102 锘⅄ $5f^{14}7s^2$ 259.10^{+}	+3 Lr 103 铹⅄ $5f^{14}6d^1s^2$ 262.11^{+}

注：现将我国台湾省所使用某些元素中文名称分列如下：

原子序数	14	43	85	87	93	94	95	96	97	98	99
中文名称	矽	鎝	砈	鍅	錼	鈽	鋂	鋦	鉳	鉲	鑀

彩图

出处：杨宏秀，傅希贤，宋宽秀．大学化学［M］．天津：天津大学出版社，2001.

参 考 文 献

（文献排列按时间先后的次序，同一时间的按作者姓名的字母顺序）

[1] KOFSTAND P. Nonstoichiometry, diffusion, and electrical conductivity in binary metal oxides [M]. Hoboken: Wiley, 1972.

[2] KROGER F A. The chemistry of imperfect of crystals [M]. 2nd ed. Amsterdam: North-Holland Pub. Co., 1974.

[3] 方俊鑫，陆栋．固体物理学（上册）[M]．上海：上海科学技术出版社，1980.

[4] 方俊鑫，陆栋．固体物理学（下册）[M]．上海：上海科学技术出版社，1981.

[5] TAKAMURA J I, DOYAMA M, KIRITANI M. Point defects and defect interactions in metals [M]. Amsterdam: North-Holland Pub. Co., 1982.

[6] 余宗森，田中卓．金属物理 [M]．北京：冶金工业出版社，1982.

[7] HENDERSON B. 晶体缺陷 [M]．范印哲，译．北京：高等教育出版社，1983.

[8] 林祖纕，郭祝崑，孙成文，等．快离子导体 [M]．上海：上海科学技术出版社，1983.

[9] CRAWFORD J H, CHEN J Y, SIBLEY W A. Defect properties and processing of high-technology nonmetallic materials [M]. Amsterdam: Elsevier Science, 1984.

[10] HAYES W, STONEHAM A M. Defects and defect processes in nonmetallic solids [M]. Hoboken: Wiley, 1985.

[11] 苏勉曾．固体化学导论 [M]．北京：北京大学出版社，1986.

[12] VAROTSOS P A, ALEXOPOULOS K D. Thermodynamics of point defects and their relation with bulk properties [M]. Amsterdam: Elsevier Science, 1986.

[13] 冯端，丘第荣．金属物理学（第1卷）：结构与缺陷 [M]．北京：科学出版社，1987.

[14] TILLEY R J D. Defect crystal chemistry and its applications [M]. London: Chapman and Hall, 1987.

[15] 吴培英．金属材料学（修订版）[M]．北京：国防工业出版社，1987.

[16] AGULLO-LOPEZ F, CATLOW C R A, TOWNSEND P D. Point defects in materials [M]. Pittsburgh: Academic Press, 1988.

[17] 黄昆，韩汝琦．固体物理学 [M]．北京：高等教育出版社，1988.

[18] HAMMOND C. Introduction to crystallography [M]. Oxford: Oxford University Press, 1990.

[19] 吕世骥，范印哲．固体物理教程 [M]．北京：北京大学出版社，1990.

[20] 崔秀山．固体化学基础 [M]．北京：北京理工大学出版社，1991.

[21] ISIHARA A. Condensed matter physics [M]. Oxford: Oxford University Press, 1991.

[22] 陆佩文，等．硅酸盐物理化学 [M]．南京：东南大学出版社，1991.

[23] 陈继勤，陈敏熊，赵敬世．晶体缺陷 [M]．杭州：浙江大学出版社，1992.

[24] 周如松，徐约黄，王绍苓．金属物理（中册）[M]．北京：高等教育出版社，1992.

[25] 周如松，王子孝．金属物理（下册）[M]．北京：高等教育出版社，1992.

[26] 田顺宝，林祖纕，祝炳和，等．无机材料化学 [M]．北京：科学出版社，1993.

[27] CATLOW C R A. Defects and disorder in crystalline and amorphous solids [M]. Boston: Kluwer Academic Publishers, 1994.

[28] CHAIKIN P M, LUBENSKY T C. Principles of condensed matter physics [M]. Cambridge: Cambridge University Press, 1995.

[29] 林栋樑．晶体缺陷 [M]．上海：上海交通大学出版社，1996.

[30] 陆佩文．无机材料科学基础 [M]．武汉：武汉工业大学出版社，1996.

[31] 文先哲．晶体缺陷与金属强度［M］．长沙：中南工业大学出版社，1996.
[32] 唐景昌，徐伦彪．固体理论导论［M］．杭州：浙江大学出版社，1997.
[33] GEROLD V. 固体结构［M］．王佩璇，等译．北京：科学出版社，1998.
[34] RAO C N R，RAVEAU B. Transition metal oxides［M］．2nd ed. Weinheim：Wiley-VCH，1998.
[35] 陈贻瑞，王建．基础材料与新材料［M］．天津：天津大学出版社，1999.
[36] SNYDER R L，FIALA J，BUNGE H J. Defect and microstructure analysis by diffraction［M］．Oxford：Oxford University Press，1999.
[37] KRAFTMAKHER Y. Lecture notes on equilibrium point defects and thermophysical properties of metals［M］．Singapore：World Scientific，2000.
[38] 李见．材料科学基础［M］．北京：冶金工业出版社，2000.
[39] SMYTH D M. The defect chemistry of metal oxides［M］．Oxford：Oxford University Press，2000.
[40] 徐恒钧，刘国勋．材料科学基础［M］．北京：北京工业大学出版社，2001.
[41] 曾人杰．无机材料化学［M］．厦门：厦门大学出版社，2001.
[42] 丁大同．固体理论讲义［M］．天津：南开大学出版社，2001.
[43] 杜丕一，潘颐．材料科学基础［M］．北京：中国建材工业出版社，2002.
[44] 洪广言．无机固体化学［M］．北京：科学出版社，2002.
[45] 李正中．固体理论［M］．北京：高等教育出版社，2002.
[46] NELSON D R. Defects and geometry in condensed matter physics［M］．Cambridge：Cambridge University Press，2002.
[47] 樊先平，洪樟连，翁文剑．无机非金属材料科学基础［M］．杭州：浙江大学出版社，2004.
[48] 靳正国，郭瑞松，师春生，等．材料科学基础［M］．天津：天津大学出版社，2005.
[49] 陆佩文．无机材料科学基础［M］．武汉：武汉理工大学出版社，2005.
[50] 谢希文，过梅丽．材料科学基础［M］．北京：北京航空航天大学出版社，2005.
[51] BIRKS N，MEIER G H. Introduction to high temperature oxidation of metals［M］．2nd ed. Cambridge：Cambridge University Press，2006.
[52] 陶杰，姚正军，薛烽．材料科学基础［M］．北京：化学工业出版社，2006.
[53] 陈立佳．材料科学基础［M］．北京：冶金工业出版社，2007.
[54] 蒋平，徐至中．固体物理简明教程［M］．2 版．上海：复旦大学出版社，2007.
[55] 潘金生，范毓殿．核材料物理基础［M］．北京：化学工业出版社，2007.
[56] 潘群雄，王路明，蔡安兰．无机材料科学基础［M］．北京：化学工业出版社，2007.
[57] 温树林，马希骋，刘茜．材料结构科学与微观结构［M］．北京：科学出版社，2007.
[58] FISHER D J. Defects and diffusion in metals［M］．Uetikon-Zuerich：Trans Tech Publications Ltd.，2008.
[59] 刘剑虹．无机非金属材料科学基础［M］．北京：中国建材工业出版社，2008.
[60] 庞震．固体化学［M］．北京：化学工业出版社，2008.
[61] TILLEY R J D. Defects in solids［M］．Hoboken：Wiley，2008.
[62] 王育华．固体化学［M］．兰州：兰州大学出版社，2008.
[63] 贺可音．硅酸盐物理化学［M］．武汉：武汉理工大学出版社，2010.
[64] 贺蕴秋，王德平，徐振平．无机材料物理化学［M］．北京：化学工业出版社，2010.
[65] 胡赓祥，蔡珣，戎咏华．材料科学基础［M］．3 版．上海：上海交通大学出版社，2010.
[66] 李奇，陈光巨．材料化学［M］．2 版．北京：高等教育出版社，2010.
[67] 刘培生．晶体点缺陷基础［M］．北京：科学出版社，2010.
[68] 胡志强．无机材料科学基础教程［M］．2 版．北京：化学工业出版社，2011.
[69] 潘金生，仝健民，田民波．材料科学基础［M］．北京：清华大学出版社，2011.

[70] 阎守胜．固体物理基础［M］．3 版．北京：北京大学出版社，2011.
[71] KELLY A，GROVES G W，KIDD P. Crystallography and crystal defects［M］． 2nd ed. Hoboken：Wiley，2012.
[72] 理查德·J. D. 蒂利．固体缺陷［M］．刘培生，田民波，朱永法，译．北京：北京大学出版社，2012.
[73] WELLS A F. Structural inorganic chemistry. Revised Edn. Oxford：Oxford University Press，2012.
[74] 余永宁，杨平，强文江，等．材料科学基础［M］．2 版．北京：高等教育出版社，2012.
[75] 黄昆．固体物理学［M］．北京：北京大学出版社，2014.
[76] WEST A R. Solid state chemistry and its applications［M］． 2nd ed. Hoboken：John Wiley and Sons，2014.
[77] 靳正国，郭瑞松，侯信，等．材料科学基础［M］．2 版．天津：天津大学出版社，2015.
[78] 王国梅，万发荣．材料物理［M］．2 版．武汉：武汉理工大学出版社，2015.
[79] 吴代鸣．固体物理基础［M］．2 版．北京：高等教育出版社，2015.
[80] 赵品，谢辅洲，孙振国．材料科学基础教程［M］．2 版．哈尔滨：哈尔滨工业大学出版社，2016.
[81] 林建华，荆西平，李彦，等．无机材料化学［M］．2 版．北京：北京大学出版社，2018.
[82] CAHN R W，HAASEN P，KRAMER E J. Materials science and technology：A comprehensive treatment［M］． Weinheim：Wiley-VCH，2020.
[83] 宋晓岚，黄学辉．无机材料科学基础［M］．2 版．北京：化学工业出版社，2020.
[84] 陈长乐．固体物理学［M］．2 版．北京：科学出版社，2021.
[85] SHACKELFORD J F. Introduction to materials science for engineers［M］． 9th ed. London：Pearson，2021.
[86] 石德珂，王红洁．材料科学基础［M］．3 版．北京：机械工业出版社，2021.